Terraform 建置與執行 第三版
編寫基礎架構即程式碼

Terraform: Up & Running
Writing Infrastructure as Code

Yevgeniy Brikman 著
林班侯 譯

O'REILLY

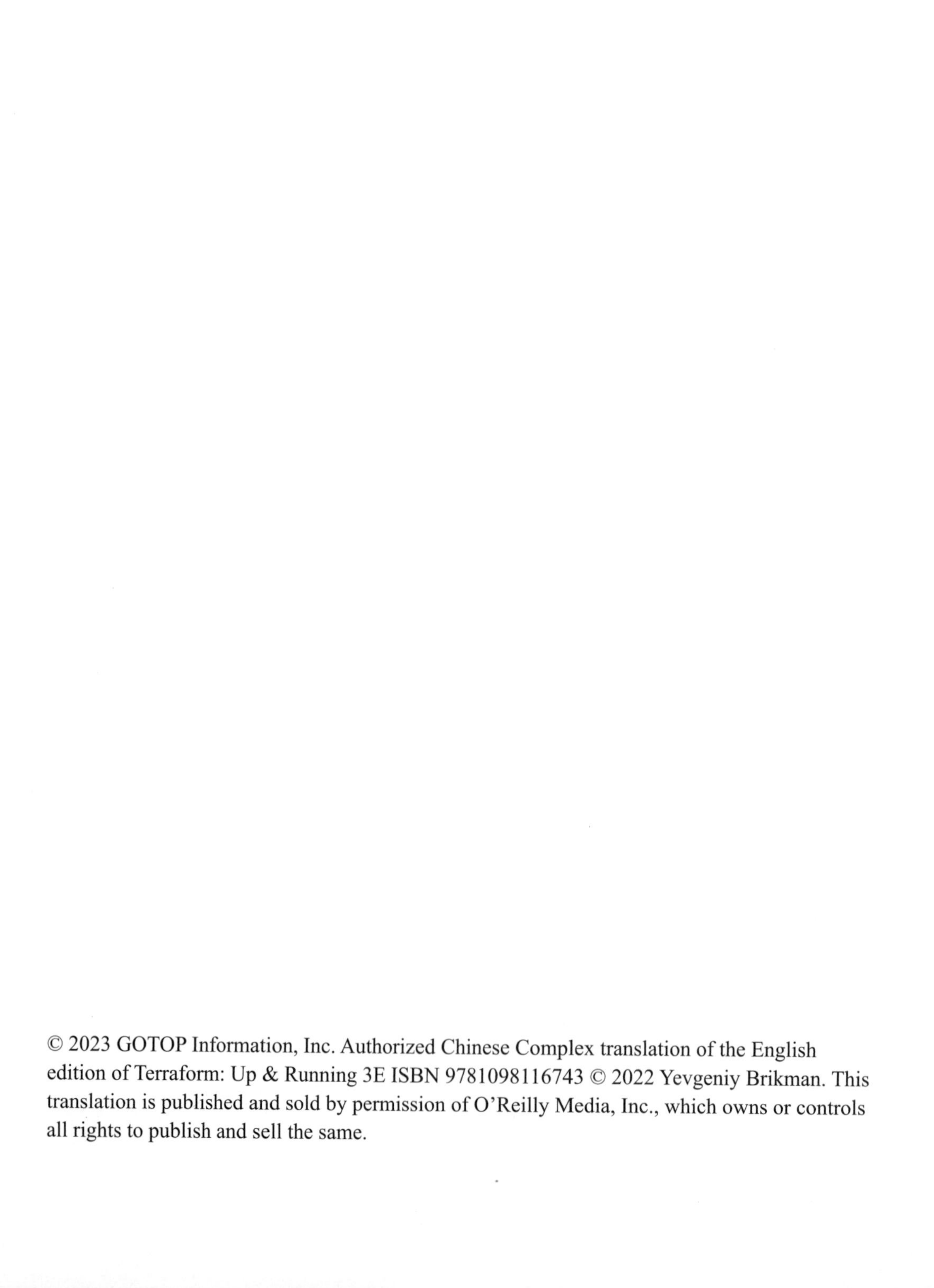

獻給老媽、老爸、*Lyalya* 和 *Molly*

目錄

前言

很久很久以前，在很遠很遠的一間資料中心裡，有著一個古老的強大族群，人們稱其為「系統管理員」（sysadmins），他們習於手動部署基礎設施。每一部伺服器、每一套資料庫、每一組負載平衡器、還有網路組態裡的一點一滴，都是由他們親手建立及管理的。那是一個充滿黑暗與恐懼的年代：害怕當機離線、害怕意外的錯誤設定、害怕既緩慢又脆弱的部署方式、甚至擔心萬一系統管理員投向黑暗面（譬如去休假）的後果。而如今，感謝 DevOps 運動的興起，這一切有了曙光，我們有更好的方式可以完成任務了：它就是 *Terraform*。

Terraform（*https://www.terraform.io*）是一套開放原始碼的工具，由 HashiCorp 所開發，只需透過一套簡單的宣告式語言（declarative language），你就可以用它來定義自己的基礎架構即程式碼（infrastructure as code），並將相關的基礎設施部署到各式各樣的公有雲供應商環境[譯註]當中（像是 Amazon Web Services（AWS）、微軟的 Azure、Google Cloud Platform、以及 DigitalOcean）等等，並自行管理，也可以只靠少量命令便部署到私有雲及虛擬化平台上（例如 OpenStack、VMware 等等）。舉例來說，你不需再於網頁中四處亂點、或是執行成打的命令，只需以下一小段程式碼，便可在 AWS 設定好一套伺服器：

```
provider "aws" {
  region = "us-east-2"
}
```

[譯註] 原本沒打算在前言中加上「譯註」，但是 provider 一詞確實需要釐清一番。原本如果以雲端供應商來說，將 provider 一詞譯為供應商並無不妥；但是當這個術語涵蓋的範圍愈發廣泛時，譯為供應商的準確性便有待商榷了。因此下文中再出現此一名詞時，如果超出雲端業者的服務範圍，譬如某些可以接受 Terraform 操作的介面或 API，便會以較為廣義的「供應端」來稱呼、或是直接引用原文名詞 provider，這兩者可能交互出現，但涵義是一樣的。

```
resource "aws_instance" "example" {
  ami           = "ami-0fb653ca2d3203ac1"
  instance_type = "t2.micro"
}
```

若要部署，只需這樣做：

```
$ terraform init
$ terraform apply
```

多虧了它的簡約和威力，Terraform 已經成長為 DevOps 領域的要角。它幫你把原本繁瑣、脆弱、需要手動進行的基礎設施管理動作，替換成可靠的自動化根基，讓你可以在這個基礎上建構其他 DevOps 成品（例如自動化測試、持續整合（Continuous Integration）、持續部署（Continuous Delivery））和各種工具（例如 Docker、Chef、Puppet）。

本書可說是將 Terraform 運作起來的捷徑。

讀者們會先著手部署最基本的「Hello, World」這個 Terraform 範例（其實我們剛剛已經做過了！），然後一路學到如何運行整套的技術堆疊（虛擬伺服器、Kubernetes 叢集、Docker 容器、負載平衡器、資料庫等等），而這個堆疊有能力支援大量的流量和成群的開發人員——這些都會在本書章節中一一說明。本書可說是一本動手做的指南，而不只是告訴你 DevOps 和基礎架構即程式碼（infrastructure as code，IaC）的相關理論，書中會帶領讀者們遍覽成打的範例程式碼，讓你可以自行嘗試，因此請務必準備一套可以放心實驗的電腦。

一旦讀完本書，你就可以在現實中運用 Terraform 了。

誰該閱讀本書

只要是必須在程式碼寫好後擔負相關責任的任何人，這本書都適合你。包括系統管理員、營運工程師、發行（release）工程師、站台可靠性工程師（site reliability engineers）、開發暨維運（DevOps）工程師、基礎架構開發者、全端（full-stack）開發者、工程經理人、甚至技術長也不例外。無論你的頭銜為何，只要你是負責管理基礎架構、部署程式碼、設定伺服器、擴充叢集、備份資料、監視應用程式、還有得在清晨三點接聽任何緊急電話的可憐人，都可以閱讀本書。

上述的任務常被統稱為**營運**（*operations*）。以往通常都可以找得到擅長撰寫程式碼的開發人員，但他們對營運所知有限；同理，熟稔營運的系統管理員也不難找，但這類人員通常不會動手寫程式。過去這種界線涇渭分明，但在如今的世界裡，當雲端及 DevOps 運動越發蓬勃，幾乎所有的開發人員都必須學習營運的相關技術、而系統管理員也必須懂得撰寫程式碼。

本書並不會逕自認定讀者已經是老練的程式設計師或系統管理員——只需對寫程式有基本的了解、會使用命令列操作、也有可用的伺服器軟體（例如網站）就夠了。其他所需的內容都可以邊做邊學，因此一旦讀完本書，就能充分地掌握當今開發與營運領域中最基本的一塊：管理基礎架構即程式碼。

事實上，讀者們會學到的並不僅限於如何用 Terraform 管理基礎架構即程式碼，還包括如何將它運用在當今整個 DevOps 世界當中。以下就是若干你在本書結尾時能夠得到解答的問題：

- 究竟為何需要使用 IaC？
- 組態管理（configuration management）、調度（orchestration）、配置（provisioning）和伺服器範本的差異究竟何在？
- 何時應該使用 Terraform、Chef、Ansible、Puppet、Pulumi、CloudFormation、Docker、Packer 或 Kubernetes？
- Terraform 如何運作、還有如何用它管理自己的基礎架構？
- 如何建置可以一再使用的 Terraform 模組？
- 如何在操作 Terraform 時安全地管理密語（secrets）？
- 如何在多個地域、以多個帳號、在各種雲端使用 Terraform？
- 如何寫出能用在正式環境當中的可靠 Terraform 程式碼？
- 如何測試你的 Terraform 程式碼？
- 如何將 Terraform 作為自動化部署程序的一部分？
- 讓團隊使用 Terraform 的最佳實施方式為何？

你所需的工具就只有一部電腦（Terraform 幾乎可以在任何作業系統上運作）、網際網路連線，和亟欲學習的意志。

我為何要寫這本書

Terraform 是很厲害的工具。它可以搭配所有廣受歡迎的雲端供應商。其操作語言既清爽又簡潔，在重複使用、測試和版本控管等方面又有絕佳的支援。它採用開放原始碼，其社群十分友善而活躍。但它只有一項缺陷：未竟成熟境界。

Terraform 大受歡迎，但它仍然算是相當新穎的技術，而且即使受到歡迎，但要協助你精通此一工具，卻又很難找到合適的參考書、部落格貼文、或是相關的專家。官方的 Terraform 文件在介紹基礎語法和功能方面做得相當出色，但對於慣用的樣式、最佳實施方式、測試、重複使用性和團隊工作流程方面卻著墨甚微。這就像是只靠背單字學法語、卻缺乏文法或口語練習一樣，是很難達到流利程度的。

筆者撰寫本書的緣由，就是要幫開發人員流利地運用 Terraform。我自己用了六年的 Terraform，這段期間多半是在我工作的企業 Gruntwork 裡（*https://gruntwork.io*），而 Terraform 問世也不過七年而已，在 Gruntwork，Terraform 是我們用來建構程式庫的核心工具之一，其中含有 30 萬行以上可以一再使用、而且飽經實戰的基礎架構程式碼，數百間公司都在正式環境中使用它。要在這些年間撰寫及維護這樣龐大的基礎架構程式碼，還要放在這麼多不同的公司和案例當中使用，讓我們從中學到不少教訓。我的目標就是要和讀者分享這些教訓，這樣你們就可以在短期內上手，不必走我們走過的冤枉路。

當然了，光是坐著捧讀本書是不可能熟稔這套工具的。想要法語流利，你得花時間和以法語為母語的人士交談、多看法語電視節目、還有聽法語歌。同理，要熟練掌握 Terraform，你就得動手撰寫實際的 Terraform 程式碼、用它管理真正的軟體、還要將軟體部署到實際的伺服器上。因此你要做好閱讀、撰寫及執行大量程式碼的心理準備。

本書的內容

以下是本書大綱：

第 *1* 章，「*為何是 Terraform*」

DevOps 如何改變了我們運行軟體的方式；基礎架構即程式碼工具的概覽，包括組態管理、伺服器範本、調度、以及配置工具；基礎架構即程式碼的優點；Terraform、Chef、Puppet、Ansible、Pulumi、OpenStack Heat 和 CloudFormation 的比較；如何組合像是 Terraform、Packer、Docker、Ansible 和 Kubernetes 等工具。

第 2 章，「開始使用 *Terraform*」

安裝 Terraform；Terraform 語法的概覽；Terraform 的 CLI 工具概覽；如何部署單獨一套伺服器；如何部署一套網頁伺服器；如何部署一組網頁伺服器叢集；如何部署負載平衡器；如何清除你建立的資源。

第 3 章，「如何管理 *Terraform* 的狀態」

何謂 Terraform 的狀態；如何儲存狀態供給多位團隊成員取用；如何鎖定狀態檔以防止競逐狀況（race conditions）；如何隔離狀態檔以免錯誤造成破壞；如何使用 Terraform 的工作空間（workspaces）；Terraform 專案的檔案與目錄格局的最佳實施方式；如何使用唯讀狀態。

第 4 章，「如何以 *Terraform* 模組建立可以重複使用的基礎架構」

何謂模組；如何建立基本模組；如何透過輸入和輸出將模組設定彈性化；局部值；模組的版本控管；模組的陷阱；以模組定義可重複使用、可以設定的基礎架構零件。

第 5 章，「*Terraform* 的奇招異術：迴圈、*If* 敘述、部署和其他竅門」

具有 `count` 參數、`for_each` 和 `for` 表示式、以及 `for` 字串指令的迴圈；具有 `count` 參數、`for_each` 和 `for` 表示式、以及 `if` 字串指令的條件句；內建函式；零停機時間的部署方式；常見的 Terraform 陷阱，包括 `count` 和 `for_each` 的限制、零停機時間部署的陷阱、明明有效的規劃怎會失敗、以及如何安全地重構 Terraform 程式碼。

第 6 章，「以 *Terraform* 管理密語」

密語管理介紹；各種類型密語的概覽、不同的密語儲存方式、以及不同的密語存取方式；比較常見的密語管理工具，像是 HashiCorp Vault、AWS Secrets Manager 和 Azure Key Vault；操作 provider 時如何管理密語、包括透過環境變數、IAM 角色和 OIDC 認證；在操作資源和資料來源時如何管理密語、包括如何使用環境變數、加密檔案和集中式的密語儲存；如何安全地處理狀態檔和規劃檔（plan files）。

第 7 章，「搭配多種 *Provider*」

仔細觀察 Terraform provider 如何運作，包括如何安裝、如何控制版本、以及如何在程式碼中運用它們；如何使用多份 provider 相同的副本，包括如何部署到多個 AWS 地域、如何部署到多個 AWS 帳號、以及如何建置可以重複使用在多個 provider 上的模組；如何同時使用多個 provider，包括在 AWS 上以 Terraform 運行 Kubernetes 叢集（EKS）、或是將 Docker 容器化的應用程式部署到叢集中的例子。

第 *8* 章，「正式環境等級的 *Terraform* 程式碼」

DevOps 專案為何總是比你預期的更耗時；正式環境等級的基礎架構檢查表；如何建立正式環境的 Terraform 模組；小型模組；組合式模組；可測試的模組；可以發行的模組；Terraform 的登錄所（Registry）；變數驗證； Terraform 的版本控管、Terraform 供應者、Terraform 模組和 Terragrunt；Terraform 的逃生門（escape hatches）。

第 *9* 章，「如何測試 *Terraform* 程式碼」

手動測試 Terraform 程式碼；沙箱環境與清理； Terraform 程式碼的自動化測試；Terratest；單元測試；整合測試；點到點測試；注入依存關係（dependency injection）；平行執行測試；測試階段；重複嘗試；測試的金字塔；靜態分析；規劃測試；伺服器測試。

第 *10* 章，「如何以團隊方式運用 *Terraform*」

如何在團隊中採用 Terraform；如何說服主管；部署應用程式碼的工作流程；部署基礎架構程式碼的工作流程；版本控管；Terraform 的黃金守則；程式碼審閱；程式碼撰寫指南；Terraform 的風格；Terraform 的持續整合與持續部署（CI/CD）；部署過程。

請隨意閱讀本書，不論是從頭讀到尾、或是挑你有興趣的章節跳著讀都無妨。注意每一章的範例都會參照先前章節的範例建置，因此如果你是跳著看，請利用開放原始碼的範例（如同第 xxii 頁的「開放原始碼的程式範例」一節所述）來補足你沒有自行練習建置的部分。本書結尾的附錄中有一個清單，其中列出建議的參考讀物，你可以從中學到更多關於 Terraform、營運、IaC 和 DevOps 的一切。

從再版到三版的變化

本書初版始於 2017 年，兩年後的 2019 年又推出了再版，而連我自己都難以置信的是，2022 年要改三版了。當真是時光飛逝。這幾年來的世事變化之大，值得記錄一番！

如果你曾讀過本書再版，想要知道這一版有何新進內容，抑或是你純粹只是好奇 Terraform 在 2019 年到 2022 年這幾年間有何重大變化，以下便是再版到三版之間的變化重點：

數百頁的更新內容

本書三版比再版時的篇幅多出約一百頁。筆者自己也大略預估過，約莫有三分之一到半數的原始再版頁面都經過改寫。你問我為何搞得這麼大？好吧，即使是 Terraform 本身，從再版到三版推出這段時間當中，也經過了六度大改版：0.13、0.14、0.15、1.0、1.1 和 1.2 版。此外，許多 Terraform 的 provider 自身也都經過了大幅升級，包括 AWS Provider，當本書再版時，它還只是第 2 版，現在已經升級到了第 4 版。還有 Terraform 社群在過去幾年中也出現了大幅成長，因而陸續催生了許多新穎的最佳實施方式、工具及模組。筆者試圖在三版中盡量補足這些異動內容，同時又加上兩個全新的章節，並將原有的章節大幅改寫，更動內容會在下面一一提及。

新的供應端功能

Terraform 在操作供應端（provider）方面有顯著的改進。筆者在三版當中加上了全新的第 7 章，其中描述了如何操作多個供應端：像是如何部署到多重地域（regions）、多重帳號、以及多種雲端。此外，基於普遍的需求，本章也納入了全新的範例，展示如何以 Terraform、Kubernetes、Docker、AWS 和 EKS 來運行容器化的應用程式。最後，筆者又更新了所有其他章節，其中特別強調了最近幾個版本才登場的新 provider 功能，像是從 Terraform 的 0.13 版引進的 `required_providers` 區塊、Terraform 0.14 版引進的鎖定檔案（lock file）、Terraform 0.15 版的 `configuration_aliases` 參數。

更出色的密語管理

使用 Terraform 程式碼時，你會經常需要接觸到各種類型的密語（secrets）：資料庫密碼、API 金鑰、雲端供應商的身分驗證、TLS 憑證等等。在本書三版當中，筆者用全新的第 6 章專門介紹這項主題，包括常見密語管理工具的比較，以及大量新增的範例程式碼，說明各種能在 Terraform 中安全地使用密語的技術，包括環境變數、加密檔案、集中式密語管理、IAM 的角色、OIDC 等等。

新的模組功能

Terraform 0.13 版在 `module` 區塊中添加了 `count`、`for_each` 和 `depends_on` 等功能，使得模組變得更強大、富於彈性、而且便於一再使用。第 5 章與第 7 章中可以找到豐富的範例，展示如何使用這些新增的功能。

新的驗證功能

在第 8 章中，筆者也添加了範例，說明如何利用自 Terraform 0.13 版起引進的驗證（`validation`）功能，以便對變數進行基本檢查（像是強制加上最小或最大值限制）、以及 Terraform 1.2 版起引進的 `precondition` 和 `postcondition` 功能，藉以對資源和資料來源進行基本檢查，它們可以在執行 `apply` 前進行（像是強制要使用者選擇 AMI 時必須選擇 x86_64 架構）、也可以在執行 `apply` 之後進行（像是檢查你使用的 EBS 卷冊是否成功地完成加密）。在第 6 章中，筆者會說明如何使用 Terraform 0.14 和 0.15 版引進的 `sensitive` 參數，它可以確保你執行 `plan` 或 `apply` 時、密語不會被記錄在日誌當中。

新的重構功能

Terraform 1.1 版引進了 `moved` 區塊，它以一種理想得多的方式來處理特定類型的重構（refactoring）動作，例如資源重新命名之類。以前這類的重構動作都必須由使用者手動執行極易出錯的 `terraform state mv` 操作，而如今正如同第 5 章的新範例所示，這個過程可以完全自動化，讓升級動作更形安全、相容性也更好。

更多測試選項

Terraform 程式碼的自動化測試也有工具可以代勞了。筆者在第 9 章添加了新的範例程式碼，並比較了 Terraform 的靜態分析工具，諸如 `tfsec`、`tflint`、`terrascan` 跟 `validate` 等命令；專供 Terraform 的測試工具 `plan`，包括 Terratest、OPA 和 Sentinel；以及伺服器測試工具，包括 `inspec`、`serverspec`、和 `goss` 等等。筆者也加上了一份對於現今各種測試手法的比較，便於讀者們自行挑選適用的方式。

穩定性提升

Terraform 1.0 版是 Terraform 的一大里程碑，它不僅僅意味著該工具已達到一定的成熟度，也代表著一系列對相容性的承諾。亦即所有的 1.x 版都能回溯相容，因此在 1.x 版中升級應該不再需要更動程式碼、工作流程或狀態檔案。Terraform 的狀態檔現已可以交叉相容於 Terraform 0.14、0.15 和所有的 1.x 版本，而 Terraform 的遠端狀態資料源也都可以交叉相容於 Terraform 0.12.30、0.13.6、0.14.0、0.15.0 和所有的 1.x 版本。筆者還改寫了第 8 章的範例，讓讀者們知道如何善加管理 Terraform 的版本控管（包括使用 `tfenv`）、Terragrunt（包括使用 `tgswitch`）、還有 Terraform providers（包括如何使用鎖定檔）。

更趨成熟

Terraform 的下載次數已超過 1 億次，開放原始碼貢獻者超過 1,500 人，財星 500 大企業中有將近 79% 使用該工具[1]，因此我們可以很有信心地說，過去數年來它的周邊生態系統已臻成熟境界。現在與 Terraform 相關的開發人員、providers、可重複使用模組、工具、外掛程式、類別、參考書籍和教材都越來越多，遠勝以往。此外研製 Terraform 的業者 HashiCorp 也在 2021 年首度公開發行上市（IPO，initial public offering），因此 Terraform 已不再是新創業者初試啼聲的產品，而是由頗具規模、穩定且已公開股市交易的公司來經營，而 Terraform 是它最大的命脈。

許多其他的更動

這其中還有許許多多其他的變化，包括引進 Terraform Cloud（一個使用 Terraform 的網頁式 UI）；像是 Terragrunt、Terratest 和 tfenv 等廣受歡迎的社群工具也日趨成熟；新增了許多 provider 功能（包括像是 instance refresh 之類的新式零停機時間部署方式，這會在第 5 章時談到）和新函式（例如筆者在第 5 章添加關於如何使用 `one` 函式、以及第 7 章談到的 `try` 函式）；許多舊功能也已棄而不用（例如 `template_file` 資料源，以及許多 `aws_s3_bucket` 的參數，像是 `list` 和 `map`、對於從外部參照 `destroy` provisioner 的支援），此外不勝枚舉。

從初版到再版的變化

再往前回溯，本書再版時就已比初版時添加了近 150 頁的新內容篇幅。以下便是更新部分的概述，其中也涵蓋了 Terraform 從 2017 年到 2019 年間的變化：

四次重大的 *Terraform* 改版發行

本書初版時，Terraform 還只在 0.8 版；從那之後直到本書再版，Terraform 又發行了四個新版本，一直進展到 0.12 版。這些發行版本引進了許多令人驚嘆的新功能，以下便會提到，此外還有為使用者進行的大量升級工作[2]！

自動化測試的改進

從 2017 年到 2019 年，Terraform 程式碼的工具及撰寫自動化測試的實務做法都有了長足的進展。在本書再版時，筆者添加了針對測試撰寫的全新第 9 章，其中涵蓋了單元測試、整合測試、點到點測試、注入依存關係、測試平行性、靜態分析等等。

---

1 請參閱 HashiCorp S1（*https://oreil.ly/PjtEX*）。

2 詳情請參閱 Terraform 升級指南（*https://oreil.ly/jfq9m*）。

模組的改進

建立 Terraform 模組的工具與實務也有可觀的變化。本書再版時，筆者加上了第 8 章，這個新章節當時包括了一份指南，教你如何建置出可以重複使用、經過實戰考驗、正式環境等級的 Terraform 模組——就是那種你可以安心當成公司營運託付對象的模組。

工作流程的改進

第 10 章則是再版時完全重寫的章節，其中反映了團隊如何將 Terraform 整合至工作流程當中的變化，包括如何將應用程式碼及基礎架構程式碼從開發進展到測試、再帶到正式環境中的詳盡指南。

HCL2

Terraform 0.12 大幅修改了底層語言，從 HCL 進化到 HCL2。其中包括了第一階表示式（first-class expressions）、豐富的型別限制、評估鬆散的條件表示式、支援 `null`、`for_each` 和 `for` 等表示式、動態的內嵌區塊等等。本書再版時所有的程式碼範例都已用 HCL2 改寫，而新語言的功能則在第 5 到第 8 章中廣泛加以說明。

Terraform 狀態改造

Terraform 0.9 引進了以後端（backends）作為儲存和分享 Terraform 狀態的第一階方式，包括對於鎖定（locking）的內建支援。Terraform 0.9 也首度以狀態環境（state environment）作為部署在多重環境的管理方式。在 Terraform 0.10 中，狀態環境再度被 Terraform 的工作空間（workspace）所取代。我會在第 3 章時介紹相關題材。

Terraform 分割了 *providers*

到了 Terraform 0.10，核心的 Terraform 程式碼做了分割，把所有供應商共用的程式碼（例如原本由 AWS、GCP 和 Azure 通用的程式碼）拆分開來。這樣一來，各家供應商便可以在自己的程式儲藏庫中（repositories ）、以自己的步調與版本進行開發。然而你每一次開始使用新模組時，都必須執行 `terraform init` 去下載供應商專屬的程式碼，這會在第 2 章與第 9 章時分別說明。

大量的 *provider* 登場

從 2016 年到 2019 年，Terraform 從原本寥寥可數的主流雲端供應商（也就是大家都猜得到的那幾家，像是 AWS、GCP 和 Azure），成長到超過一百種官方供應商、及其他社群供應商[3]。亦即你不僅僅可以用 Terraform 管理更多種其他類型的雲端（像是新興起的阿里雲、Oracle Cloud Infrastructure、VMware vSphere 等等），也可以用

3 完整的 Terraform 供應商清單請參閱 Terraform 的登錄所（*https://oreil.ly/A2Q5E*）。

程式碼的風格管理更多樣化的環境，像是 GitHub、GitLab 和 Bitbucket 等供應端的版本控制系統；MySQL、PostgreSQL 和 InfluxDB 等供應端的資料儲存；Datadog、New Relic 和 Grafana 等供應端的監控與警訊系統；Kubernetes、Helm、Heroku、Rundeck 和 RightScale 等供應端的平台工具；不勝枚舉。此外，每一種 provider 支援的功能都日趨完備：像 AWS provider 現在就支援大部分主要的 AWS 服務，而且甚至會在 CloudFormation 尚未支援之前、便搶先支援新的服務功能！

Terraform 登錄所

HashiCorp 在 2017 年建立了 Terraform 登錄所（Terraform Registry，*https://registry.terraform.io*），其介面十分便於瀏覽及取得開放原始碼、以及社群貢獻的可重複使用 Terraform 模組。在 2018 年時，HashiCorp 又添加了可以在你的機構內運行的私有 Terraform 登錄所（Private Terraform Registry）的功能。Terraform 0.11 加入了第一階語法，支援從 Terraform 登錄所取得模組。第 8 章時會介紹登錄所。

更出色的錯誤處理

Terraform 0.9 更新了狀態錯誤處理：如果在狀態寫入至遠端後台時發生錯誤，狀態便會先儲存在本地端的 *errored.tfstate* 檔案裡。Terraform 0.12 完全改寫了錯誤處理，它會提前捕捉錯誤，並清楚地顯示錯誤訊息，甚至包含檔案路徑、錯誤所在行數、以及程式碼片段。

許多其他的更動

這其中還有許許多多其他的變化，包括引進局部值（請參閱第 131 頁的「模組的局部值」）、新的「逃生門（escape hatches）概念」讓 Terraform 可以透過命令碼與外部互動（請參閱 321 頁的「Terraform 模組以外的須知」）、將 `plan` 當成 `apply` 命令的一部分來執行、修復 `create_before_destroy` 的循環問題、大幅改進 `count` 參數以便包含對於資料源及資源的參照、成打的新內建函式、大幅改寫 `provider` 的繼承功能等等。

本書不會有的內容

本書並非完備的 Terraform 參考手冊。筆者無意一一詳述各家雲端供應商的做法、或是每家雲端供應商所支援的所有資源，或是每一種可用的 Terraform 命令。像這樣鉅細靡遺的內容，請改為參閱 Terraform 文件（*https://www.terraform.io/docs*）。

文件中會包含許多有用的解答，但如果你是 Terraform、基礎架構即程式碼、或是維運等領域的新手，你可能會連該問些什麼都一頭霧水。因此本書會專注在文件**未曾**談到的部分：例如如何從入門範例更進一步，在現實世界中真正運用 Terraform。筆者的目標是先從為何你需要用到 Terraform 開始探討、如何在工作流程中運用 Terraform、以及哪些實施方式及樣式最能發揮效用，讓你能迅速上手。

為展示這些樣式，筆者納入了大量的程式碼範例。我儘可能地減少對於任何第三方來源的倚賴，便於讀者們可以在家中能簡要地自行嘗試這些範例。這也是為何幾乎所有的範例都只使用單一的雲端供應商 AWS，這樣一來你就只需登入一家第三方服務（此外 AWS 也大方地提供了免費層級的服務，因此執行範例程式碼應該不費什麼成本）。這也是何以本書範例程式碼不會涉及或需要 HashiCorp 付費服務、Terraform Cloud 或 Terraform Enterprise 的緣故。也因此筆者刻意將所有範例程式碼都開放釋出。

開放原始碼的程式範例

你可以在以下網址找到本書所有的程式碼範例：

https://github.com/brikis98/terraform-up-and-running-code

在你開始閱讀前，也許會想要先取得這個儲存庫，以便在自己的電腦上操作所有的範例：

```
git clone https://github.com/brikis98/terraform-up-and-running-code.git
```

這個儲存庫裡的範例程式碼，都放在 *code* 資料夾底下，並且會先按照工具或語言分類（例如 Terraform、Packer、OPA）、再按照章節區分。唯一的例外是第 9 章用來自動化測試的 Go 語言程式碼，它會被歸類在 *terraform* 資料夾底下，以便按照該章節建議的 *examples*、*modules* 和 *test* 等資料夾佈局來配置。表 P-1 列出了若干範例的編排示範，說明如何在儲存庫中找到各種不同類型的程式碼範例。

表 P-1　如何在儲存庫中找到各種不同類型的程式碼範例

程式碼類型	章節	在範例儲藏庫的哪個資料夾可以找得到
Terraform	第 2 章	*code/terraform/02-intro-to-terraform-syntax*
Terraform	第 5 章	*code/terraform/05-tips-and-tricks*
Packer	第 1 章	*code/packer/01-why-terraform*
OPA	第 9 章	*code/opa/09-testing-terraform-code*
Go	第 9 章	*code/terraform/09-testing-terraform-code/test*

值得一提的是，大部分的範例都會以它們在相關章節結尾時應有的模樣呈現給大家。倘若你想讓學習發揮最大的效果，最好自己從頭撰寫程式碼，到最後再來比對「官方正式」的解答。

從第 2 章起，讀者們便會開始自行撰寫程式碼，屆時就會學到如何從零開始、利用 Terraform 來部署一套基本的網頁伺服器叢集。然後再按照隨後章節中的說明，逐步發展和改進這套網頁伺服器叢集的範例。請依指示進行修改，並嘗試自行寫出程式碼，只有在需要檢查你自己的程式碼是否正確無誤、或是卡關需要攻略本協助時，再來比對 GitHub 儲存庫中的範例程式碼。

> **關於版本的說明**
>
> 本書所有的範例都是以 Terraform 1.x 和 AWS Provider 4.x 等版本測試的，這些都是本書付梓前最新的主要版本。由於 Terraform 還算是相當新進的工具，將來新發行的版本也可能做出無法回溯相容的更動，而且有些最佳實施方式也可能隨時間推移而更動。
>
> 筆者會盡量試著經常發佈更新，但由於 Terraform 專案步調非常快，讀者們也許得自己做一些功課來追上它的進展。關於 Terraform 與 DevOps 的新聞、部落格貼文以及討論，請務必參閱本書網頁並訂閱電子報！

使用範例程式

如果你使用範例程式碼時遇到技術方面的問題，請來信至 *bookquestions@oreilly.com* 發問。

本書的目的就是要幫助各位完成份內的工作。一般來說，只要是書中所舉的範例程式碼，都可以在你的程式和文件當中引用。除非你要公開重現絕大部分的程式碼內容，否則無須向我們提出引用許可。譬如說，自行撰寫程式並借用本書的程式碼片段，並不需要許可。但販售或散佈內含 O'Reilly 出版書中範例的媒介，則需要許可。引用本書並引述範例程式碼來回答問題，並不需要許可；但是把本書中的大量程式碼納入自己的產品文件，則需要許可。

還有，我們很感激各位註明出處，但並非必要舉措。註明出處時，通常包括書名、作者、出版商、以及 ISBN。例如：「*Terraform: Up and Running*, Third Edition by Yevgeniy Brikman (O'Reilly). Copyright 2022 Yevgeniy Brikman, 978-1-098-11674-3」。

如果覺得自己使用程式範例的程度超出上述的許可合理範圍，歡迎與我們聯絡：*permissions@oreilly.com*。

本書編排慣例

本書採用下列各種字體慣例：

斜體字（*Italic*）
: 代表新名詞、網址 URL、電郵地址、檔案名稱、以及檔案屬性。中文以楷體表示。

定寬字（`Constant width`）
: 用於標示程式碼，或是在本文內標示某些程式內的元素，像是變數或函式名稱、資料庫、資料型別、環境變數、敘述、關鍵字等等。

定寬粗體字（**`Constant Width Bold`**）
: 標示命令或其他由使用者逐字輸入的文字。

此圖示代表提示或建議。

此圖示代表一般性說明。

此圖示代表警告或應該注意。

致謝

Josh Padnick

沒有你的話，本書不可能誕生。是你首度將 Terraform 引介給我，並教導我所有的基礎知識，還幫我搞懂所有進階的內容。感謝你在我汲取集體經驗並設法將其轉換為書中內容時所給予的幫助。感謝你扮演絕佳的創業夥伴，不但建立了新創公司、同時還讓生活保持趣味盎然。特別要感謝你既是一位好友、又是一個好人。

O'Reilly Media

感謝各位願意再次出版我的著作。閱讀和寫作誠然改變了我的生活，而我也對於貴社能協助將我的著作公諸於世感到自豪。尤其要感謝 Brian Anderson、Virginia Wilson 和 Corbin Collins，感謝你們分別在本書初版、再版及三版時的協助。

Gruntwork 的同事們

我真不知要如何表達感謝之情，因為你們 (a) 加入了這家幼苗新創業者、(b) 打造了傑出的軟體、(c) 當我分神撰寫本書三版時仍堅守崗位、以及 (d) 兼飾出色的同事與友人兩角。

Gruntwork 的客戶們

感謝你們選擇了我們這麼一家渺小又不知名的業者，並志願成為我們實驗 Terraform 的對象。Gruntwork 的志願就是要大幅簡化對軟體的認知、開發及部署。我們並不總是能成功達成任務（我在本書中引用了許多曾犯下的錯誤！），因此我十分感謝你們的耐心、以及願意參與我們改善軟體世界的勇敢嘗試。

HashiCorp

感謝諸君打造出這麼一群了不起的 DevOps 工具，包括 Terraform、Packer、Consul 和 Vault 等等。你們不但改善了 DevOps 的世界，也改善了數百萬軟體開發人員的生活。

審閱人員

感謝 Kief Morris、Seth Vargo、Mattias Gees、Ricardo Ferreira、Akash Mahajan、Moritz Heiber、Taylor Dolezal 和 Anton Babenko，謝謝你們閱覽本書的草稿，並提出大量詳盡又富於建設性的回饋意見。你們的建議讓本書更上一層樓。

本書初版與再版的讀者們

謝謝你們在本書初版和再版時掏腰包買下它，因為這樣才會有三版的誕生。感謝大家的回饋意見、發問、要求下載和經常催促更新，如此才激勵出本書大幅更新的內容及新的篇幅。我希望大家會覺得這些更新確實有所助益，也期待大家持續的鞭策。

老媽、老爸、*Larisa* 和 *Molly*

我不小心又寫了一本書。這可能代表我過去這段時間沒有跟你們好好共度時光。無論如何都感謝你們。愛你們唷。

第一章

為何是 Terraform

所謂軟體，並不是只要讓程式碼可以在你的電腦上執行、就算完成了。即使已經通過測試，也不算完成。甚至是完成程式碼審閱（code review）後的某人開口說「出貨」也不算完成。只有直到你將軟體交付（*deliver*）給使用者的那一刻，才說得上是完成。

交付軟體（*software delivery*）這件事包羅萬象，它涵蓋了你將程式碼交到客戶手上之前、一切得完成的工作，像是在正式環境伺服器（production servers）上運作程式碼、讓程式碼經得起中斷和流量巔峰的考驗、還要保護它免受攻擊者覬覦。在你一頭栽進 Terraform 的天地之前，也許該先放慢腳步，看看 Terraform 是如何在交付軟體這張廣大藍圖中佔有一席之地的。

在本章當中，你會讀到以下題材：

- 何謂 DevOps？
- 何謂基礎架構即程式碼？
- 基礎架構即程式碼有何長處？
- Terraform 如何運作？
- Terraform 與其他 IaC 工具相較如何？

何謂 DevOps？

才不過幾年之前，如果你想打造一家軟體業者，就免不了要管理大量的硬體。你得設置許多機櫃、裝滿伺服器、佈一堆網路線把它們串在一起、安裝空調、建置容錯電力系統等等。然後自然還要有一個由開發人員（Developers，俗稱「Devs」）組成的團隊，專門負責撰寫軟體，另外還有一組人馬，也就是營運（Operations，俗稱「Ops」）團隊，專門負責管理上述的硬體。

典型的 Dev 團隊會建立應用程式，然後就「甩鍋」給 Ops 團隊[譯註 1]。接下來便是 Ops 的職責，他們要設法找出如何部署及運行應用程式的方式。大部分的工作都是以手動進行的。其實從某種程度上看，手動進行也是無可厚非的，因為過程中有很多動作涉及實際操作硬體（像是將伺服器上架、牽網路線等等）。但是，甚至連 Ops 負責的軟體工作部分，像是安裝應用程式及其依存關係元件等等，通常也是在伺服器上靠手動執行命令來完成的。

上述方式在一開始時都還算順暢，但隨著公司規模日漸成長，遲早都會開始出現問題。通常問題都是這樣開始的：由於軟體釋出（release）時都是以手動進行的，隨著伺服器數量的增加，釋出的過程也越發耗時，而變得遲緩、痛苦、而且又難以預料。Ops 團隊三不五時就會出錯，因而出現了所謂的**雪花伺服器**（*snowflake servers*），這種伺服器每台的組態都與別的機器略有差異（意即俗稱的**組態漂移**（*configuration drift*）問題。於是，臭蟲的數量因此與日俱增。開發人員的答案總是千篇一律的「它在我的機器上就能跑啊！[譯註 2]」，然後中斷及停機的時間也越發地頻繁。

接下來，Ops 團隊已經厭倦了每次在釋出後的凌晨三點就要被告警訊息叫醒，甘脆就把釋出的步調減緩到每週一次。然後又拉長到一個月一次。最後索性半年才來上一次。然後，在每個半年度釋出的幾週之前，各個團隊都要焦頭爛額地整合所有的專案，然後又引發大量混亂的合併衝突。沒有人能理得清各個釋出分支版本之間的異同並加以收斂整合。然後團隊間便陷入交相指責的惡境。彼此壁壘高築。公司內部的整合幾乎陷於停滯。

[譯註 1] 如果是寫軟體出身的讀者，覺得對「甩鍋」一詞有不悅的感受，譯者在此致歉；因為譯者就是開發軟體的人最討厭的那一群「只會裝機又裝不好、連我的軟體都跑不動」的 infra-guy 出身的。不過原文「toss it over the wall」也有戲謔之意。

[譯註 2] 後面沒說的那一句就是「你裝的機器不能跑必定是你的問題」。坊間甚至流傳一個笑話：Ops 團隊把 Dev 團隊的機器拿去裝箱打包出貨，因為「既然只有你的機器能跑，那就只好拿它去交付了」。

但如今，一場無聲但翻天覆地的變革正在進行。許多公司不再自行管理自家的資料中心，而是將其移轉至雲端，改以 Amazon Web Services（AWS）、Microsoft Azure 及 Google Cloud Platform（GCP）等服務取而代之。許多 Ops 團隊也不再大手筆地投資硬體，而是透過 Chef、Puppet、Terraform、Docker 和 Kubernetes 等工具，將所有的時間花在這類軟體上。許多系統管理員（sysadmins）早已不再上架伺服器和插拔網路線，而是改為撰寫軟體。

於是，Dev 和 Ops 其實都把大部分的時間花在軟體上了，兩者的區別也日漸模糊。也許分別維持兩個團隊仍有其必要，像是讓 Dev 團隊負責應用程式的程式碼、而 Ops 團隊負責的則是營運所需的程式碼，但顯而易見的是，Dev 和 Ops 團隊必須更密切地配合工作。這就是所謂 *DevOps 運動*（*DevOps movement*）的濫觴。

DevOps 並非什麼新穎的團隊名稱、也不是職掌頭銜、更不是什麼特殊的新技術。它不過是一系列的程序、想法和技術的結合。每個人心目中對於 DevOps 的認知都略有不同，但對本書而言，筆者傾向於以下的說法：

> *DevOps 的目標就是要大幅地提升交付軟體的效率。*

自此不再需要為了合併而傷神數日，你可以持續不斷地整合程式碼、而且自始至終都保持在隨時可以進入部署的狀態。你也不用再苦等每個月的程式碼部署，而是改為一天數度部署程式碼，甚至可以在每次單獨的提交（commit）後便進入部署階段。你可以打造出富於彈性、能自我修復的系統，並以監控及警示等機制來捕捉那些無法自動解決的問題，而不必再為每次釋出後的經常中斷及停機而苦惱。

經歷過 DevOps 轉型的公司，其成效往往令人驚豔。以 Nordstrom[譯註]為例，它在組織中採行 DevOps 的實施方法後，發現一個月當中可以交付的功能數量增長了一倍、但缺陷卻減少了一半，其*前置時間*（*lead times*，意指從想法成形到程式碼可以正式運作所需的時間）更縮短了 60%，而正式環境中的意外事件數目更減少了 60% 到 90%。另外，惠普的 LaserJet 韌體開發部門在採行 DevOps 實施方法後，其開發人員可以真正花在研製新功能上的時間，從 5% 一下增長至 40%，整體研發成本更是下降了 40%。Etsy 則是以 DevOps 實施方法擺脫了以往那種令人壓力破表、次數少得可憐、又容易引起大量中斷的部署方式，搖身一變成為一天可以部署 25 到 50 次的模式，而且中斷次數還更少[1]。

---

1 數字引用自 Gene Kim、Jez Humble、Patrick Debois 和 John Willis 等人合著的《*The DevOps Handbook: How to Create World-Class Agility, Reliability, & Security in Technology Organizations*》一書（IT Revolution Press，2016 年出版）。

[譯註] 美國的一間知名服飾百貨業者。

DevOp 運動的核心價值有四：文化（culture）、自動化（automation）、量測（measurement）和分享（sharing）（有時這四者的首字母會全部縮寫成 CAMS）。本書並非對於 DevOps 的全面概述（對此有興趣的讀者，請參閱附錄中的推薦參考讀物），因此筆者只會著重在四者之一，也就是自動化這個部分。

整體的目標可以說是要把交付軟體的過程盡量地自動化。亦即你不再仰賴在網頁中四處點來點去、或是手動執行 shell 命令的方式來管理你的基礎架構，而是透過程式碼的方式來進行。這便是俗稱的**基礎架構即程式碼**（*infrastructure as code*）的概念。

何謂基礎架構即程式碼（Infrastructure as Code）？

基礎架構即程式碼（簡稱 IaC）背後蘊含的想法是，你要定義、部署、更新及消除自己的基礎架構，就得自行撰寫和執行相關的程式碼。這意味著一項心態上的重大變革，亦即你要把一切營運現象都視為軟體——甚至是代表硬體的那一面（例如建置實體伺服器）也不例外。事實上，DevOps 的關鍵觀點之一，就是幾乎**一切事物**皆可以程式碼的形式來管理，包括伺服器、資料庫、網路、日誌檔案、應用程式組態、文件、自動化測試、部署過程等等，無一例外。

IaC 工具可分為五大類別：

- 老派的命令稿（scripts）
- 組態管理工具
- 伺服器範本編寫工具
- 調度（Orchestration）工具
- 配置（Provisioning）工具

以下我們將逐一檢視這些工具。

老派的命令稿

要將任何動作自動化，最直截了當的做法就是寫一個**老派的命令稿**（*ad hoc script*）。把原本手動進行的任務拆解成個別的步驟，再以你偏好的 scripting 語言（像是 Bash、Ruby、Python 等等）將每一個步驟定義成程式碼的形式，然後在你的伺服器上執行這份命令稿，如圖 1-1 所示。

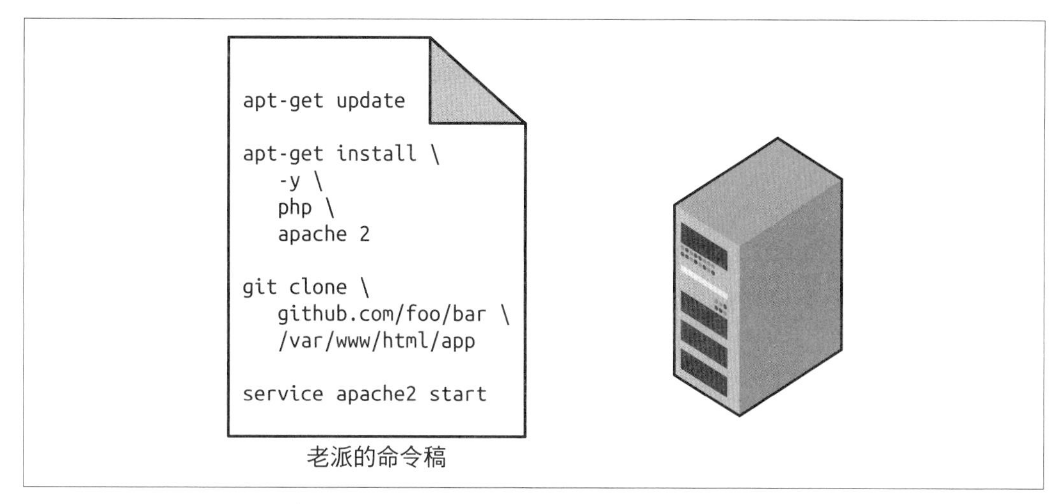

圖 1-1　要把事情自動化，最直覺的方式便是建立一支老派的命令稿，以便在伺服器上執行

舉個例子，這裡有一份名為 *setup-webserver.sh* 的 Bash 命令稿，它會逐步地安裝各種相互依存的部件、並從某個 Git 的程式庫取得某種程式碼、然後啟動一個 Apache 網頁伺服器，最終完成一套網頁伺服器的設定：

```
# Update the apt-get cache
sudo apt-get update

# Install PHP and Apache
sudo apt-get install -y php apache2

# Copy the code from the repository
sudo git clone https://github.com/brikis98/php-app.git /var/www/html/app

# Start Apache
sudo service apache2 start
```

老派命令稿的傑出之處，在於你只需利用廣受愛用的通用型程式語言，就可以寫出你所需的任何程式碼。但是，老派命令稿的糟糕之處，也是你得靠通用型程式語言，自己寫出所有需要用到的程式碼。

然而，特別針對 IaC 用途而建置的工具，卻能以簡潔的 API 來完成複雜的任務，如果你還在使用老派的通用型程式語言，所有的任務都得靠你自行撰寫全部的程式碼才能完成。此外，專為 IaC 設計的工具通常會要求在程式碼中採行特定的結構，但每個開發者在採用通用型程式語言時，卻往往會自行決定程式碼架構風格，因而各行其是。如果像先前那樣只是安裝 Apache 的八行命令稿程式碼，以上兩種差異不會造成什麼大問題，但是當你要用老派命令稿來管理幾十套伺服器、資料庫、負載平衡器、網路組態等標的物時，事情苗頭便不太對了。

如果你曾經受命管理過大批 Bash 命令稿的儲藏庫，就會知道到頭來總是會衍生出一大堆難以維護的麵條程式碼。對於一次性的小型任務而言，老派命令稿勝任自如，但如果你要以基礎架構即程式碼進行全面管理，最好還是考慮採用專為此項工作打造的 IaC 工具。

組態管理工具

Chef、Puppet 和 Ansible，都是所謂的**組態管理工具**（*configuration management tools*），亦即它們都是設計用來在既有伺服器上安裝及管理軟體的工具。譬如說，這裡有一個名為 *web-server.yml* 的 *Ansible role* 定義，它設定的 Apache 網頁伺服器，跟先前以 *setup-webserver.sh* 命令稿的成果是一模一樣的：

```
- name: Update the apt-get cache
  apt:
    update_cache: yes

- name: Install PHP
  apt:
    name: php

- name: Install Apache
  apt:
    name: apache2

- name: Copy the code from the repository
  git: repo=https://github.com/brikis98/php-app.git dest=/var/www/html/app

- name: Start Apache
  service: name=apache2 state=started enabled=yes
```

以上程式碼看起來與 Bash 命令稿頗為相似，但利用像是 Ansible 這樣的工具來實施，有幾項優勢：

程式碼有必須遵循的慣例

Ansible 會要求遵循一系列可預測的一致性架構，像是文件、檔案佈局、命名精確的參數、密語管理（secrets management）等等。但是在老派命令稿裡，每個開發者都是自行安排以上內容的，而大部分的組態管理工具則會有自己的一套慣例，讓人更容易瀏覽程式碼。

Idempotence

要寫出可以成功運行一回的老派命令稿並不是什麼難事；但是要寫出可以一再重複地執行、都能運作無誤的老派命令稿，就是另一回事了。每當你在命令稿中建立一個資料夾時，你都必須記得先檢查該資料夾是否已經存在；每當你為檔案加上一行組態設定時，都得再檢查一遍該行設定是否已經存在；每當你要執行某支應用程式（app）時，都得先檢查它是否已在運作當中。

不論執行幾次都能正確運作的程式碼，我們會說它是 *idempotent code*。要讓上一小節的 Bash 命令稿變得 idempotent，你得加上很多行的控制用程式碼，包括大量的 if 敘述。但是對於 Ansible 而言，其大多數的函式天生就是 idempotent 的。舉例來說，上述的 *web-server.yml* 這個 Ansible role，就只會在 Apache 尚未安裝的形況下才會著手安裝，而且也只會在 Apache 網頁伺服器不曾運行的時候才會嘗試啟動它。

分散式運作

老派的命令稿是設計用來在單一的本地端機器上執行的。而 Ansible 與其他組態管理工具卻是專門設計用來管理大量遠端伺服器的，如同圖 1-2 所示。

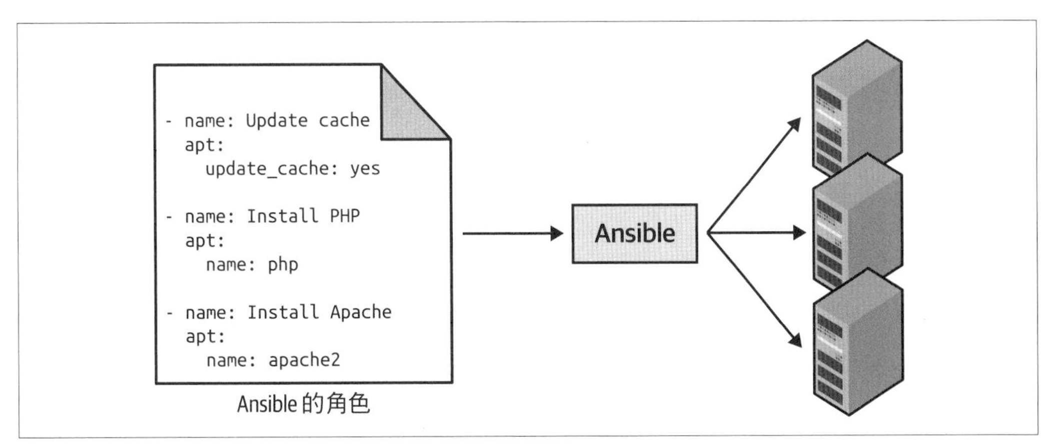

圖 1-2　像 Ansible 這樣的組態管理工具，可以在大量的伺服器上執行你的程式碼

譬如說，要把 *web-server.yml* 這個 role（角色）套用到五套伺服器上，你只需先建立一個名為 *hosts* 的檔案，其中包含這五套伺服器的 IP 位址就好：

```
[webservers]
11.11.11.11
11.11.11.12
11.11.11.13
11.11.11.14
11.11.11.15
```

然後像這樣定義你的 *Ansible playbook*：

```
- hosts: webservers
  roles:
  - webserver
```

最後像這樣執行 playbook：

```
ansible-playbook playbook.yml
```

如此便可指示 Ansible 同時設定所有五套的伺服器了。此外你還可以在 playbook 裡加上一個叫做 `serial` 的參數，以便改採所謂的**滾動式部署**（*rolling deployment*），亦即分批更新伺服器。譬如說，若是把 `serial` 的值訂為 2，便會指示 Ansible 一次只更新兩套伺服器，直到所有伺服器都更新完畢為止。但是在老派命令稿中，你至少得多寫好幾打、甚至上百行的控制用程式碼，才能重現同樣的邏輯與效果。

伺服器範本編寫工具

近年來，另一種替代組態管理的方式正日漸興起，並受到矚目與歡迎，它就是**伺服器範本編寫工具**（*server templating tools*），像是 Docker、Packer 及 Vagrant，都屬於這類工具。伺服器範本編寫工具所蘊含的概念，並非啟動一堆伺服器、然後在每一台上都執行相同的設定程式碼，而是建立整台伺服器的**映像檔**（*image*），這個映像檔是一個自給自足的整機系統「快照」（snapshot），其中包含作業系統（operating system，OS）、軟體、檔案、以及所有相關的細節。然後就可以再用其他 IaC 工具，把這個映像檔裝到所有的伺服器上，如圖 1-3 所示。

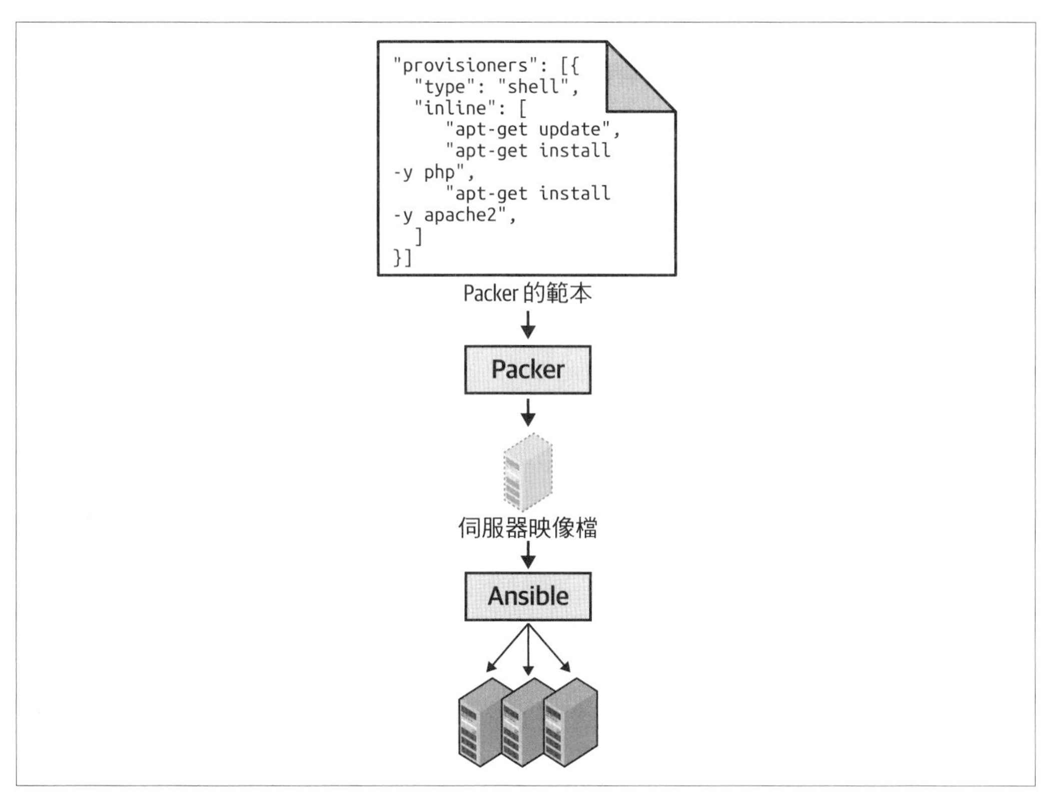

圖 1-3 你可以藉由 Packer 這類的伺服器範本編寫工具，來建置一個自給自足的伺服器映像檔。然後再以其他工具，譬如 Ansible，將該映像檔安裝至所有伺服器

操作映像檔的工具可分成兩大體系（如圖 1-4 所示）：

虛擬機器

所謂的**虛擬機器**（*virtual machine*，VM），係指模擬整套的電腦系統，包括硬體層。你需要先執行像是 VMware、VirtualBox、或是 Parallels 之類的一套**虛擬機監視環境**（*hypervisor*），才能在其中將電腦系統底層的 CPU、記憶體、硬碟及網路功能等部件加以虛擬化（virtualize，亦即上述的模擬動作）[譯註]。

[譯註]依照維基百科的解釋，hypervisor 還分成原生或裸機、以及寄居或代管兩種形式；前者係直接執行在硬體上，例如 VMware，後者則是安裝在既有的作業系統中，例如 VirtualBox。

這種形式的優點在於，你在 hypervisor 上運作的任何 ***VM 映像檔***，都只能接觸到經過虛擬化的硬體，因此它是完全與底層的宿主機器及其他 VM 映像檔隔離開來的，而且在所有環境中的運作方式都會一致（不管是在你的電腦上、在 QA 伺服器上、還是在正式環境伺服器上）。缺點則是，因為所有的硬體都必須虛擬化，而且每一套 VM 都必須運行自己獨立的作業系統，這會對 CPU 及記憶體的用量造成額外負載、啟動的時間也較長。你也可以用 Packer 和 Vagrant 之類的工具，以程式碼的形式定義 VM 映像檔。

容器

所謂的***容器***（*container*），係指模擬了作業系統的使用者空間（user space）[2]。你必須先執行像是 Docker、CoreOS rkt、或是 cri-o 之類的***容器引擎***（*container engine*），才能建置具有隔離效果的程序、記憶體、掛載點以及網路功能。

這種形式的優點在於，你在容器引擎上運行的任何容器，都只能接觸到它自己的使用者空間，因此它與底層的宿主機器及其他容器都是隔離開來的，而且在所有環境中的運作方式也都會一致（不管是在你的電腦上、在 QA 伺服器上、還是在正式環境伺服器上）。缺點則是，因為所有運行在單一伺服器上的容器，都是共用該伺服器的作業系統核心和硬體的，因此它難以達到 VM 所能提供的隔離程度及安全性[3]。然而，正由於核心及硬體都是共用的，你的容器可以在幾毫秒內便啟動，而且對 CPU 或記憶體幾乎不會造成額外負載。你也可以用 Docker 和 CoreOS rkt 之類的工具，以程式碼的形式定義容器映像檔；讀者們會在第 7 章時讀到如何運用 Docker 的例子。

2 在大多數近代的作業系統上，程式碼會在兩種「空間」之一當中運作：亦即**核心空間**或**使用者空間**。運作在核心空間當中的程式碼可以毫無限制地直接存取所有的硬體。這裡不會有安全上的限制（像是可以執行任何 CPU 指令、存取硬碟的任意部位、寫入記憶體的任一位址）、也不會有防護上的限制（譬如核心空間的故障崩毀（crash），絕對會導致整部電腦故障），因此核心空間通常都只保留給作業系統中最低階、最可信的功能（通常就是**核心**本身），才能在此運作。至於運作在使用者空間的程式碼，則是無法直接存取硬體，而只能利用作業系統核心提供的 API 來動作。這類 API 都會施加安全上的限制（例如使用者權限）和防護（例如使用者空間的 app 故障崩毀，就只會影響該 app 而已），因此幾乎所有應用程式的程式碼，都只能在使用者空間中運作。

3 一般來說，對於你自己的程式碼，容器提供的隔離程度已經足夠，但如果你需要執行第三方的程式碼（譬如你建置的是自己的雲端供應服務），而且對方有可能主動進行惡意動作，你可能就得提升隔離保障的程度，也就是改用 VM。

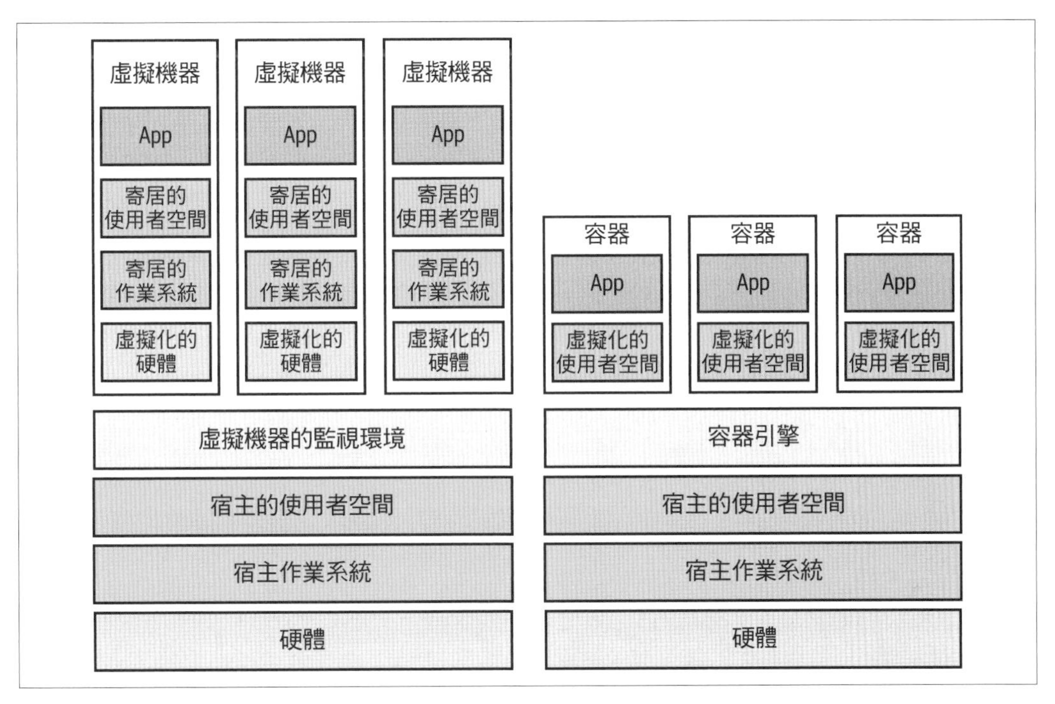

圖 1-4 映像檔的兩大類型：左邊是 VM、右邊是容器。VM 係將硬體虛擬化、而容器則是只把使用者空間虛擬化

這裡有一個 Packer 範本的例子，範本檔名是 *web-server.json*，它會產生出一個 *Amazon Machine Image*（AMI），這是一種亞馬遜 AWS 專用的虛擬機映像檔：

```
{
  "builders": [{
    "ami_name": "packer-example-",
    "instance_type": "t2.micro",
    "region": "us-east-2",
    "type": "amazon-ebs",
    "source_ami": "ami-0fb653ca2d3203ac1",
    "ssh_username": "ubuntu"
  }],
  "provisioners": [{
    "type": "shell",
    "inline": [
      "sudo apt-get update",
      "sudo apt-get install -y php apache2",
      "sudo git clone https://github.com/brikis98/php-app.git /var/www/html/app"
    ],
    "environment_vars": [
```

```
        "DEBIAN_FRONTEND=noninteractive"
      ],
      "pause_before": "60s"
    }]
  }
```

以上的 Packer 範本所設定的 Apache 網頁伺服器，與先前 *setup-webserver.sh* 用 Bash 程式碼所設定的完全一樣。兩者之間唯一的差異，就是 Packer 的範本沒有嘗試啟動 Apache 網頁伺服器（亦即呼叫 `sudo service apache2 start` 這樣的動作）。這是因為伺服器範本通常係用於在映像檔中置入軟體，因此只有當你實際運行該映像檔時——譬如將它部署到伺服器上——才會真正地運行事先安裝的軟體。

要從這份範本打造出一個 AMI，你得執行 `packer build webserver.json`。建置完成後，就可以把這個 AMI 裝到你所有的 AWS 伺服器上，並設定每部伺服器、令其開機後便執行 Apache（下一小節便會看到實際的例子），然後它們便會以完全相同的方式運作。

另外要注意的是，不同的伺服器範本編寫工具，其目的也會略有差別。像 Packer 通常都是用來建置映像檔，以便直接放到正式環境的伺服器上去運行的，就像你用正式環境的 AWS 帳號去運行一個 API 那樣。而 Vagrant 通常則是用來建置會運作在開發用電腦上的映像檔，就像你用 Mac 或 Windows 筆電運行的 VirtualBox 映像檔那樣。Docker 則通常是用來建置個別應用程式的專屬映像檔。不論正式環境還是開發用的電腦，只要該電腦上已經設有 Docker 引擎，你都可以拿來運行 Docker 映像檔。舉例來說，常見的做法會像這樣：你會用 Packer 建置一個內部裝有 Docker 引擎的 AMI，再把這個 AMI 部署到你的 AWS 帳號中的伺服器叢集，然後就只需將個別的 Docker 容器部署到叢集中，便可運作你的應用程式了。

伺服器範本編寫這個動作，可以看成是轉移至**不可變基礎架構**（*immutable infrastructure*）的關鍵元件。這個概念是啟發自函式化程式設計（functional programming），亦即變數是不輕易變動的（immutable），因此當你為變數賦值之後，就不能再變更該變數。就算你想更動某些東西，也得另外定義新變數。由於變數永遠不變，要推斷程式碼內容便容易得多。

不可變基礎架構背後蘊含的觀念也很類似：一旦你部署了伺服器，就不能再加以更改。如果你想更動些什麼，譬如要部署新版的程式碼，乾脆就從伺服器範本重新再建置一份新的映像檔，然後將其部署到新伺服器上。由於每一版伺服器都是不可變的，要推斷部署的內容自然簡單得多。

調度工具

伺服器範本編寫工具十分適合用來建置 VM 與容器，但實際上你要如何管理它們？在實際的運用範例中，你需要有辦法達成以下任務：

- 部署 VM 與容器，並有效地運用硬體。
- 更新現有的 VM 及容器群體時，以滾動式更新、兩階段式部署（又稱為藍 / 綠部署，blue-green deployment）、漸進式部署（又稱為金絲雀部署，canary deployment）等策略來進行更新。
- 監控 VM 與容器的健康狀態，並自動迭代異常的部位（亦即**自我療癒**，*auto healing*）。
- 視負載擴大或收束 VM 與容器的數量（scale up 或 scale down）（又稱為**自動規模調節**，*auto scaling*）。
- 將流量分散至各個 VM 和容器（**負載平衡**，*load balancing*）。
- 讓 VM 或容器都能透過網路找到對方並進行通訊（**服務探索**，*service discovery*）。

這些任務的處理，都算是**調度工具**（*orchestration tools*）的領域，例如 Kubernetes、Marathon/Mesos、Amazon Elastic Container Service（Amazon ECS）、Docker Swarm 和 Nomad 等等皆在此列。以 Kubernetes 為例，它允許你以程式碼的方式來定義如何管理 Docker 容器。首先你會部署一組 *Kubernetes* 叢集（*Kubernetes cluster*），其實就是一群伺服器，Kubernetes 透過它們來管理和應用 Docker 容器的運作。大多數主流的雲端服務商都支援原生的受管 Kubernetes 叢集部署，像是 Amazon Elastic Kubernetes Service（EKS）、Google Kubernetes Engine（GKE）、還有 Azure Kubernetes Service（AKS）等等。

一旦叢集可以運作，你就可以透過 YAML 檔案、以程式碼來定義你的 Docker 容器要如何運作：

```
apiVersion: apps/v1

# Use a Deployment to deploy multiple replicas of your Docker
# container(s) and to declaratively roll out updates to them
kind: Deployment

# Metadata about this Deployment, including its name
metadata:
  name: example-app

# The specification that configures this Deployment
spec:
  # This tells the Deployment how to find your container(s)
```

```
  selector:
    matchLabels:
      app: example-app

  # This tells the Deployment to run three replicas of your
  # Docker container(s)
  replicas: 3

  # Specifies how to update the Deployment. Here, we
  # configure a rolling update.
  strategy:
    rollingUpdate:
      maxSurge: 3
      maxUnavailable: 0
    type: RollingUpdate

  # This is the template for what container(s) to deploy
  template:

    # The metadata for these container(s), including labels
    metadata:
      labels:
        app: example-app

    # The specification for your container(s)
    spec:
      containers:

        # Run Apache listening on port 80
        - name: example-app
          image: httpd:2.4.39
          ports:
            - containerPort: 80
```

以上檔案指示 Kubernetes，如何建立一份部署（*Deployment*），以宣告式的方式（declarative way）定義出以下的內容：

- 同時運作一個或多個 Docker 容器。這一群容器被統稱為一個 *Pod*。以上程式碼所定義的 Pod 裡只包含了一個 Docker 容器，其中執行的則是 Apache。
- Pod 中每一個 Docker 容器的設定。以上程式碼中的 Pod 會設定 Apache 要傾聽 80 號通訊埠。

- 你的叢集中要運作幾份 Pod 的複本（亦即所謂的**抄本**（*replicas*））。以上的程式碼設定了三份抄本。Kubernetes 會透過排程運算法（scheduling algorithm），根據高可用性（high availability，例如試圖讓每個 Pod 運行在不同的個別伺服器上，以免單一伺服器崩毀影響你的 app）、資源（例如選出含有容器所需通訊埠、CPU、記憶體及其他容器所需資源的伺服器）、性能（例如試圖挑出負載最輕、其中所含容器最少的伺服器）等因素，挑出最合適的伺服器，並自動判斷要在叢集中的何處部署每一個 Pod。Kubernetes 還會不斷地監控叢集，以確保始終都有三組複本正在執行，同時在任何 Pod 崩毀或是停止回應時自動進行替換。
- 如何部署更新。在部署新版的 Docker 容器時，以上的程式碼會一口氣推出三份複本，等到它們趨於穩定（healthy）時，便將另外三份舊複本移除（undeploy）。

短短幾行 YAML，威力竟強大如斯！你只需執行 `kubectl apply -f example-app.yml` 便可指示 Kubernetes 部署你的 app。只需修改 YAML 檔案、再度執行 `kubectl apply`，就可以推出更新的內容。你也可以用 Terraform 來管理 Kubernetes 叢集和其中的 apps；第 7 章就會有範例加以說明。

配置工具

雖說組態管理、伺服器範本編寫、以及調度工具都可以用來定義每部伺服器上執行的程式碼，但是像 Terraform、Cloud-Formation、OpenStack Heat 及 Pulumi 這樣的**配置工具**（*provisioning tools*）則是可以用來建置伺服器本身的。事實上，你不只可以靠配置工具來建置伺服器，還可以建置資料庫、快取服務、負載平衡器、佇列服務、監控服務、子網路配置、防火牆設定、路由選徑規則、Secure Sockets Layer（SSL）的憑證、以及幾乎所有的基礎架構內容，如圖 1-5 所示。

譬如說，以下的程式碼便會以 Terraform 部署一套網頁伺服器：

```
resource "aws_instance" "app" {
  instance_type     = "t2.micro"
  availability_zone = "us-east-2a"
  ami               = "ami-0fb653ca2d3203ac1"

  user_data = <<-EOF
              #!/bin/bash
              sudo service apache2 start
              EOF
}
```

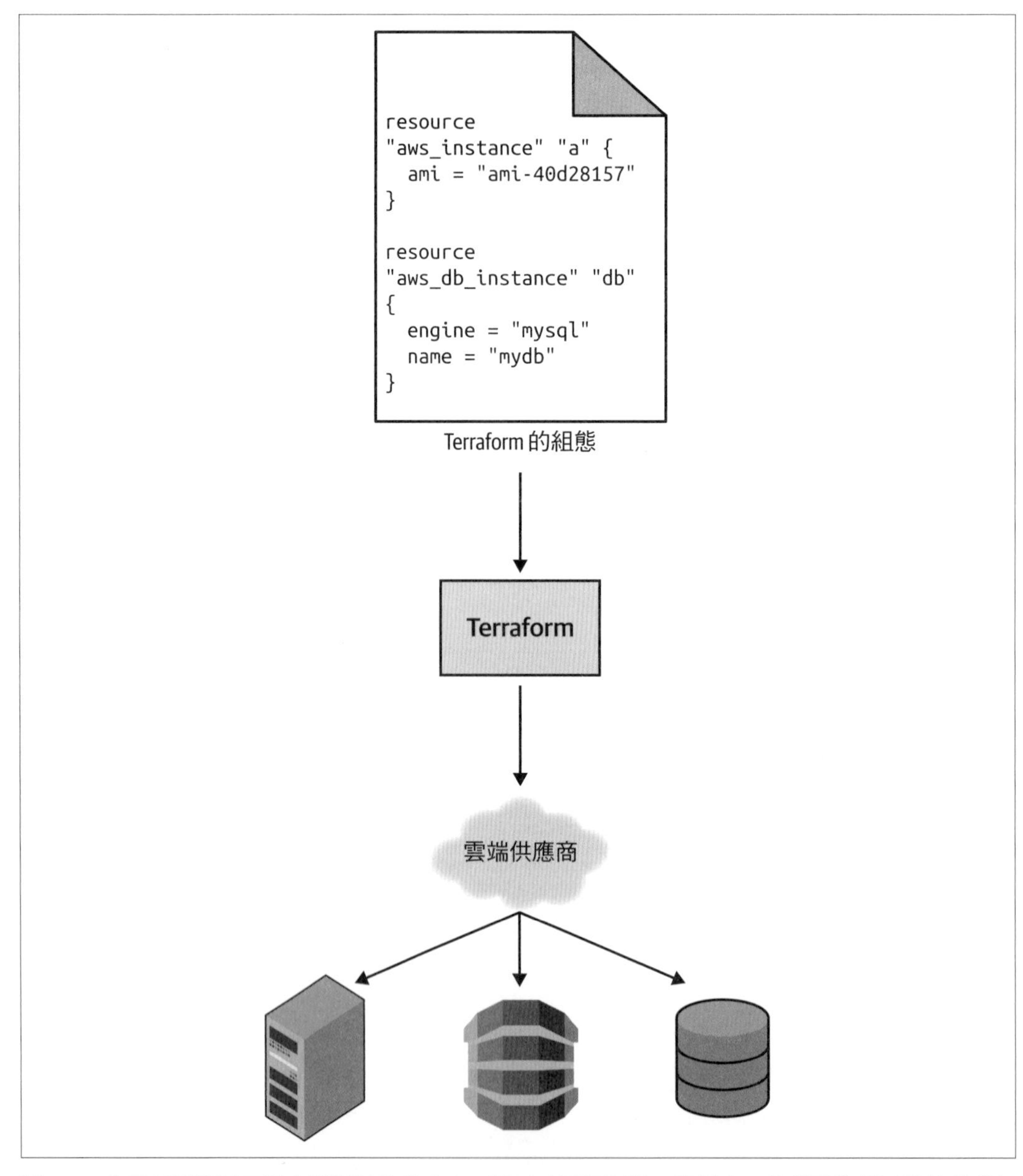

圖 1-5　你可以用配置工具來搭配雲端供應商，藉以建置伺服器、資料庫、負載平衡器及其他基礎架構所包含的部件

如果你對其中部分語法仍感到陌生，不用著急。目前只需專注在其中兩個參數就好：

`ami`

此一參數指定的是要部署在伺服器上的 AMI 識別碼（ID）。你可以借用前一小節中，Packer 範本檔案 *web-server.json* 裡的 AMI 識別碼來設定這裡的參數，該檔案還包括了 PHP、Apache 和應用程式的原始碼。

`user_data`

這是一支 Bash 命令稿，它會在網頁伺服器開機時執行。以上程式碼會借用這支命令稿來啟動 Apache。

換言之，這段程式碼兼具了配置及伺服器範本編寫的作用，在不可變的基礎架構中，這是很常見的模式。

基礎架構即程式碼有何長處？

現在你已經體驗過 IaC 的各種樣貌了，這時你該捫心自問：為什麼要這麼麻煩？為何要學上一堆新的語言與工具，讓自己陷於管理不完的程式碼？

答案是因為程式碼潛力無窮。將手動實施方式轉換為程式碼的前期投資，終將化為軟體交付能力的顯著提升。依據 2016 年的 State of DevOps Report（*https://oreil.ly/iQp7n*），凡是採用像是 IaC 這類 DevOps 實施方式的機構，其部署頻率會增加 200 倍、從錯誤中復原的速度會快上 24 倍、而交付所需的前置時間則只剩下原本的 2,555 分之一。

當你以程式碼定義基礎架構時，可以引進大量的軟體工程實施方式，藉以大幅改善交付軟體的過程，包括以下各部分：

自助服務

大部分以手動方式部署程式碼的團隊，其中都會有少數幾位是系統管理員（sysadmins，通常只有一位），而他（或他們）是唯一知道所有能有效部署的魔法、通常也是唯一能接觸正式環境的人。隨著公司規模增長，這會變成一大瓶頸。如果你的基礎架構是以程式碼定義而成，那麼整個部署過程便可自動化，而開發人員也可以在必要時自行發動部署。

速度與安全性

一旦部署過程自動化，速度便會明顯加快，這是因為電腦在執行部署動作時會比手動快上許多、而且也更為安全，因為自動化的過程更容易保持始終動作一致、也更容易一再執行，更重要的是不易受到手動錯誤的影響。

文件

如果你的基礎架構的全套劇本都只存在於一位系統管理員的腦袋裡，而該系統管理員又休假去了、或是突然另謀高就、甚至是出了車禍[4]，你可能就會突然驚覺自己完全無法掌控基礎架構了。相反地，如果你的基礎架構是以程式碼定義而成，那麼你的基礎架構狀態便都存在於原始碼檔案當中，任何人都可以閱覽分析。換言之，IaC 具備文件的效果，機構中的任何人都有機會理解系統的運作方式，就算系統管理員放大假也無妨。

版本控制

你可以將 IaC 的原始碼置於版本控管之下，亦即整套基礎架構的來龍去脈，都只需對提交日誌（commit log）按圖索驥便知分明。當你需要排除故障時，這也會是一項有力的工具，因為當問題初步浮現時，你只需先回頭檢查提交日誌，找出基礎設施裡異動過的部分，下一步可能的解決方式，則是倒退恢復到先前已知可以正常運作的 Iac 程式碼版本即可。

驗證

如果你的基礎架構係以程式碼定義而成，那麼每一次的異動都必定會先經過程式碼審閱（code review）、並執行一系列的自動化測試，然後才用靜態分析工具遞交程式碼——這些全都是已知可以大幅降低缺陷機率的實施方式。

再利用

你可以將基礎架構打包成便於再利用的模組，而不需要在每個環境中的每種產品都從零開始部署，你可以從文件完備、迭經歷練的已知部件開始著手[5]。

4 源自某個戲謔的術語**公車係數**（*bus factor*）：你的團隊所擁有的公車係數，相當於你要損失多少人力（例如被公車撞了）才會導致業務完全無法運作。當然你不希望自己的公車係數只有 1。

5 範例請參閱 Gruntwork 的 Infrastructure as Code Library（*https://bit.ly/2H3Y7yT*）。

愉悅感

至於何以應該採用 IaC，這裡有另一項極為重要、但也常被忽略的因素：愉悅感。手動部署程式碼及管理基礎架構，是一項既繁複又乏味的事。開發人員和系統管理員都不愛這類工作，因為它的過程缺乏創造力、又不具挑戰性，而且沒人會欣賞這種吃力不討好的貢獻。你甚至可能經年累月、從不犯錯地部署程式碼，但卻沒人感激你——直到某一天你闖禍為止。這會造就出一個壓力又大、又不愉快的環境。IaC 則提供一個不一樣的環境，讓電腦去做它最擅長的事（自動化），而開發人員只需專注在自己最擅長的事情上（寫程式）。

現在你知道 IaC 為何至關重要了，但緊隨而來的問題就是：Terraform 是不是最適合你的 IaC 工具？要了解這一點，筆者會先迅速地說明一下 Terraform 的運作，然後再將它與其他廣受愛用的 IaC 選項加以比較，例如 Chef、Puppet 和 Ansible 等等。

Terraform 如何運作？

這個小節要以高階觀點說明 Terraform 的運作方式，不過多少有點精簡。Terraform 是一款由 HashiCorp 研製的開放原始碼工具，以 Go 語言撰寫而成。Go 語言程式碼會編譯成單一二進位檔案（準確點說，是針對每一種可以支援的作業系統編譯一個二進位檔案），而檔案名稱毫不意外地就是叫做 `terraform`。

只需靠這個二進位檔案，就可以從你的筆電、或是建置用伺服器，部署基礎架構，甚至從任意其他電腦也可以進行，不需要運作額外的基礎架構也能做得到。這是因為 `terraform` 這個二進位檔案會在檯面下替你向各個 *provider* 進行 API 呼叫，包括 AWS、Azure、Google Cloud、DigitalOcean 和 OpenStack 等等。這意味著 Terraform 可以利用這些 provider 事先已經為自家 API 伺服器運作的基礎架構，同時也可以利用你原本就用來搭配這些 provider 的認證機制（例如你用在 AWS 上的 API 金鑰）。

那麼 Terraform 要如何得知該進行哪些 API 呼叫？答案就是你需要先建立 *Terraform* 組態（*Terraform configurations*），其實就是一系列用來定義所需基礎架構的文字檔。這些組態檔案，就是「基礎架構即程式碼」裡的「程式碼」那個部分。以下便是一個 Terraform 組態的例子：

```
resource "aws_instance" "example" {
  ami           = "ami-0fb653ca2d3203ac1"
  instance_type = "t2.micro"
}

resource "google_dns_record_set" "a" {
```

```
    name         = "demo.google-example.com"
    managed_zone = "example-zone"
    type         = "A"
    ttl          = 300
    rrdatas      = [aws_instance.example.public_ip]
  }
```

就算你從未見過 Terraform 的程式碼，應該也不難看懂以上的內容。這一小段程式碼會指示 Terraform，對 AWS 進行 API 呼叫、以便部署一套伺服器，然後再對 Google Cloud 也進行 API 呼叫，以便建立一筆指向 AWS 伺服器 IP 位址的網域名稱系統（Domain Name System，DNS）紀錄。只需這麼簡單的語法（第 2 章就會學到），你就能靠 Terraform 部署跨越多個雲端供應商的互連資源。

只需透過 Terraform 組態檔案，你就能定義出全套基礎架構 —— 伺服器、資料庫、負載平衡器、網路拓樸等等，然後將組態檔案交付給版本控管機制。只需執行 `terraform apply` 之類的特定 Terraform 命令，就可以部署上述的基礎架構。`terraform` 這個二進位檔案會剖析你的程式碼，將其轉譯為針對程式碼中所指定雲端供應商的一系列 API 呼叫，而且會盡量以富於效率的方式進行 API 呼叫，如圖 1-6 所示。

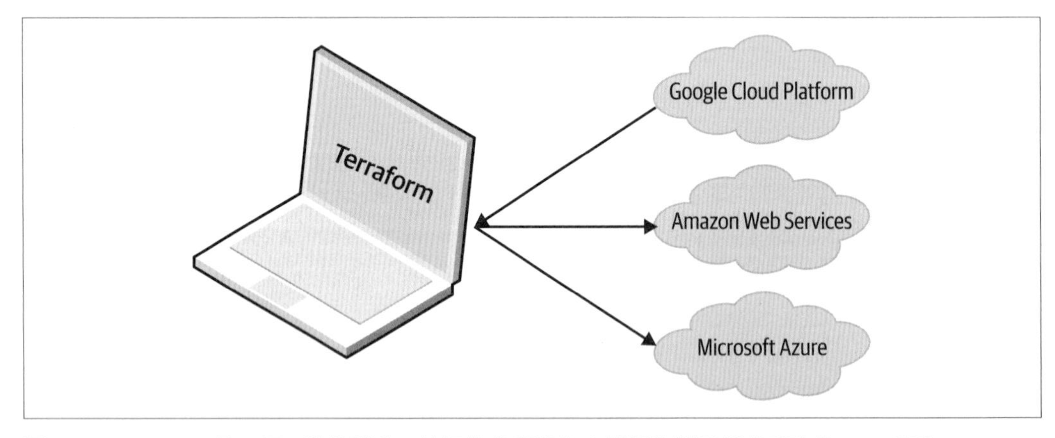

圖 1-6　Terraform 是一個二進位檔案，能把你的組態內容轉譯為對雲端供應商的 API 呼叫

當某些團隊成員想要更動基礎架構時，他們不需要直接在伺服器上手動修改基礎架構，而是只需更改 Terraform 的組態檔案，並透過自動測試和程式碼審閱等過程驗證變更的內容，接著提交給版本控制，最後執行 `terraform apply` 命令，讓 Terraform 進行必要的 API 呼叫，完成變動內容的部署。

各家雲端供應商之間的透明可攜性

由於 Terraform 支援各家不同的雲端供應商，因而引出一個常見的問題：各家雲端供應商之間是否存在某種透明的可攜性（*transparent portability*）？譬如說，如果你以 Terraform 在 AWS 中定義了一票伺服器、資料庫、負載平衡器及其他基礎架構，你是否能以同樣的定義方式、寥寥幾個命令便在 Azure 或 Google Cloud 等其他雲端供應商定義出一模一樣的基礎架構？

這問題其實有點模糊焦點。實情是，你無法在不同的雲端供應商環境中部署出「完全一模一樣的基礎架構」，這是因為各家雲端供應商提供的基礎架構類型並不完全一致的緣故！AWS 提供的伺服器、負載平衡器及資料庫，不論是在功能、組態、管理、安全性、規模延展性、可用性、可觀測性等方面，其本質都跟 Azure 及 Google Cloud 所提供的同類型服務大不相同。你沒辦法輕飄飄地用一句「透明性」就簡單克服這些差異，尤其是當某一家雲端供應商的功能，根本就不存在另一家雲端供應商環境中的時候。但 Terraform 的手法是，讓你可以寫出針對特定 provider 的程式碼，藉以充分運用該 provider 獨有的功能，然而在檯面底下，無論是針對哪一個 provider，撰寫程式碼所使用的語言、工具組、以及蘊含的 IaC 實施方式，都是彼此一致的。

Terraform 與其他 IaC 工具相較如何？

基礎架構即程式碼是很棒的概念，但是挑選 IaC 工具的過程就沒那麼愜意了。許多 IaC 的工具的功能都彼此重疊。有些屬於開放原始碼、有些則提供商業支援。除非你自己曾親身體驗過每一種工具，不然你也很難指出應該按照哪一項標準來挑選其中一種工具。

雪上加霜的是，大部分比較工具異同的資料，都只不過是各自列出長串的一般性質清單，而且乍看之下隨便哪一個都可以搞定一切。儘管從技術上這麼說並無謬誤，但卻毫無意義。這就像是對一名程式新手說，用 PHP、C 語言甚至組合語言，都能同樣打造出一個網站一樣——敘述本身沒有技術上的邏輯錯誤，但其中卻過分省略了太多的基本細節，而正確的抉擇卻正好需要這些細節。

在以下各小節中，筆者會詳盡地比較最受歡迎的幾種組態管理及配置用工具：Terraform、Chef、Puppet、Ansible、Pulumi、CloudFormation 和 OpenStack Heat。筆者的目的，是希望透過筆者自己的親身經歷，說明我的公司 Gruntwork 何以會選擇 Terraform 作為 IaC 工具，並順帶解釋本書的源起[6]，讓讀者們判斷 Terraform 是否適合各位。就像你在做其他技術決策時一樣，選擇時的問題多半離不開取捨和優先性，即使各位所考量的優先性與筆者也許不盡相同，我仍舊希望，藉由分享這段心路歷程，會對大家的決策有所助益。

以下是主要的取捨要點：

- 組態管理與配置
- 可變（mutable）基礎架構與不可變（immutable）的基礎架構
- 程序式語言（procedural language）與宣告式語言（declarative language）
- 一般用途的語言與特定領域專用的語言（domain-specific language）
- 有主控端（master）與無主控端（masterless）
- 有代理程式（agent）與無代理程式（agentless）
- 付費與免費
- 大眾與小眾
- 成熟穩定與尖端新穎
- 同時使用多種工具

組態管理與配置

如前所述，Chef、Puppet 和 Ansible 都屬於組態管理工具，而 CloudFormation、Terraform、OpenStack Heat 及 Pulumi 則都算是配置工具。

雖說組態管理與配置工具之間的區別有一大塊其實處於模糊地帶，但考慮到組態管理工具其實也可以做到某種程度的配置（例如你可以用 Ansible 部署伺服器），而配置工具也多少能兼顧組態（例如你可以在 Terraform 所配置的每部伺服器上跑組態命令稿），因此通常你就選最適合你的運用案例的工具就好了。

6 Docker、Packer 和 Kubernetes 不在比較之列，因為它們可以配合上述任何一種組態管理或配置工具使用。

特別是當你採用伺服器範本編寫工具的時候，其實大部分的組態管理需求都已經被前者代勞了。一旦你從 Dockerfile 或是 Packer 的範本製作了映像檔，剩下要做的就只是配置運行映像檔所需的基礎架構而已。而說到配置，自然以配置專用的工具為上選。各位會在第 7 章時看到示範的例子，如何搭配 Terraform 和 Docker，這是近年來特別受歡迎的一種組合。

換言之，如果你沒有用到伺服器範本編寫工具，那麼改用組態管理工具與配置工具的搭配組合，會比較合適。譬如說，用 Terraform 配置你的伺服器、再以 Ansible 來一一設定組態，就是很受歡迎的組合。

可變基礎架構與不可變的基礎架構

像是 Chef、Puppet 和 Ansible 之類的組態管理工具，通常都是可變基礎架構方法論的預設工具。

舉例來說，如果你指示 Chef 安裝新版的 OpenSSL，它就會依命行事，在你的伺服器上更新軟體，於是變動就這樣發生了。長此以往，當你套用的更新日積月累，每一台伺服器就各自出現了一本獨有的陳年變動舊帳。於是每一台伺服器就因此開始變得與別台略有出入，衍生出微妙的組態問題，而且既難以診斷、又不容易重現（這就跟當初以手動方式管理伺服器衍生出來的組態飄移問題是一樣的，只不過組態管理工具引發的飄移問題沒那麼嚴重，因為至少還有跡可循）。即使有自動化測試把關，這些組態問題依然難以捕捉；在測試伺服器上的組態管理變動也許沒有問題，但是在正式環境的伺服器上，同樣的變動可能反應全然不同，這是因為正式環境的伺服器上存在著其他經年累月變動的結果，而這些變動在測試伺服器上是不存在的。

如果你是以 Terraform 這類的配置工具來部署 Docker 或 Packer 所建置的機器映像檔，那麼大多數的「變動」其實就相當於重新部署一部全新的伺服器。譬如要部署新版的 OpenSSL 時，你會直接用 Packer 建置一個內含新版 OpenSSL 的新映像檔，再把這個映像檔部署到一組伺服器上，然後把舊版的伺服器停掉即可。由於每次部署使用的都是含有全新安裝伺服器的不可變映像檔，這種做法可以減少組態飄移造成錯誤的可能性，因而較容易正確判斷每一台伺服器上所運行軟體的狀態，也可以隨時改回部署舊版軟體（換回舊版映像檔即可）。這也讓你的自動測試更有效率，因為不可變的映像檔只要能在測試環境通過自動測試，在正式環境中以同樣方式運作的機會也更大。

當然啦，要讓組態管理工具同樣達到部署內容不可變的效果，也不是不可能，但組態管理工具原本就不該以這種方式運作的，這種特性應該讓配置工具來發揮才合理。還有值得一提的是，不可變的手法並非全無缺陷。譬如說，就算只是些微的變動，從伺服器範本重新建置映像檔、並重新部署到所有伺服器，可能也要花費相當的時間。更有甚者，不可變的特性只能維持到你真正開始運行映像檔的那一刻為止。只要伺服器一上線運作，它便會開始改動硬碟裡的內容，也就相當於某種程度的組態飄移又開始出現了（雖然這種現象可以靠經常性的部署來加以抑制）。

程序式語言與宣告式語言

當你撰寫程式碼時，Chef 與 Ansible 都鼓勵你採用**程序式**（*procedural*）的風格，亦即逐步定義如何達成應有的最終狀態。

但 Terraform、CloudFormation、Puppet、OpenStack Heat 和 Pulumi 則是鼓勵採用**宣告式**（*declarative*）的風格，亦即程式碼中直接指出要達成的最終狀態，但是讓 IaC 工具自己決定如何生成該狀態。

為了解釋其間差異，我們用一個實際案例來說明。假設你要部署 10 套伺服器（以 AWS 術語來說，伺服器就是 *EC2* **的運行實例**（*EC2 Instances*）），每一部採用的都是識別碼 `ami-0fb653ca2d3203ac1` 的 AMI（其實就是 Ubuntu 20.04）。以下示範的便是精簡過的 Ansible 範本，以程序式手法寫成：

```
- ec2:
    count: 10
    image: ami-0fb653ca2d3203ac1
    instance_type: t2.micro
```

這裡則有另一個精簡過的 Terraform 組態，達成的任務是一樣的，但採用的是宣告式手法：

```
resource "aws_instance" "example" {
  count         = 10
  ami           = "ami-0fb653ca2d3203ac1"
  instance_type = "t2.micro"
}
```

乍看之下兩種手法並無太大差異，當你分別以 Ansible 或 Terraform 初次執行它們，產生的結果也大致是相同的。但有趣的部分則是發生在當你要進行更改的時候。

再舉一例，設想流量日益增長，你決定要把伺服器總數提升到 15 台。對 Ansible 來說，先前寫好的程序式程式碼這時便沒有用了；如果你單純只是把原本程式碼中的伺服器數量改成 15，然後就執行改過的程式碼，就會變成又部署了 15 套伺服器，結果變成你總共有 25 套伺服器！因此，你必須事先得知已經部署過的內容，然後再寫出另一段全新的程序式命令稿，以便添加五套新伺服器：

```
- ec2:
    count: 5
    image: ami-0fb653ca2d3203ac1
    instance_type: t2.micro
```

如果是宣告式程式碼，則由於你需要做的只是宣告你想有的最終狀態，而 Terraform 會自己設法找出如何達成該狀態，而且它也會知道先前曾經建立的任何狀態。於是，若要再部署五套伺服器，你就真的只需把原本的 Terraform 組態拿來修改，把數目從 10 改成 15：

```
resource "aws_instance" "example" {
  count         = 15
  ami           = "ami-0fb653ca2d3203ac1"
  instance_type = "t2.micro"
}
```

如果你套用這個新組態，Terraform 就會知道先前已經建置過 10 套伺服器，因此它只需再建置五套新的就夠了。其實在套用這個新組態之前，你甚至還可以用 Terraform 的 `plan` 命令先預覽一下它即將做出的變更為何：

```
$ terraform plan

# aws_instance.example[11] will be created
+ resource "aws_instance" "example" {
    + ami            = "ami-0fb653ca2d3203ac1"
    + instance_type  = "t2.micro"
    + (...)
  }

# aws_instance.example[12] will be created
+ resource "aws_instance" "example" {
    + ami            = "ami-0fb653ca2d3203ac1"
    + instance_type  = "t2.micro"
    + (...)
  }

# aws_instance.example[13] will be created
+ resource "aws_instance" "example" {
    + ami            = "ami-0fb653ca2d3203ac1"
    + instance_type  = "t2.micro"
    + (...)
  }

# aws_instance.example[14] will be created
+ resource "aws_instance" "example" {
    + ami            = "ami-0fb653ca2d3203ac1"
```

```
      + instance_type   = "t2.micro"
      + (...)
    }

Plan: 5 to add, 0 to change, 0 to destroy.
```

好，那如果你想要做的是部署不同版本的 app，例如識別碼是 `ami-02bcbb802e03574ba` 的 AMI，又當如何處置？對程序式手法來說，這時先前寫的兩段 Ansible 範本都不能再用了，因此你必須又再寫一段新範本，先搞清楚之前部署的 10 套伺服器（也許已經變成 15 套了？），然後謹慎地逐一更新為新版本。但是對於 Terraform 的宣告式手法，只需再次沿用原本的組態檔，但是把 `ami` 參數修正為 `ami-02bcbb802e03574ba` 便大功告成：

```
resource "aws_instance" "example" {
  count         = 15
  ami           = "ami-02bcbb802e03574ba"
  instance_type = "t2.micro"
}
```

顯然以上的例子都是刻意將現實簡化過的。Ansible 其實也可以在部署新的實例以前，用標籤（tags）這種方式先找出既有的 EC2 實例（譬如 `instance_tags` 和 `count_tag` 等參數），但是針對 Ansible 管理的每一項資源，你必須都以手動方式確認相關狀態，如果每種資源存在的紀錄都「源遠流長」，這樣的確認動作可就苦不堪言了：譬如說，你也許得手動改寫程式碼，令其尋找既有資源，而且不一定只檢查標籤，甚至可能連同映像檔版本、可用性區域（Availability Zone）及其他參數都得一一檢查。因此這便突顯出程序式 IaC 工具的兩大問題：

程序式的程式碼無法完全捕捉到基礎架構的狀態

就算你讀完了以上三份 Ansible 的範本，仍不足以讓你一窺曾經部署的內容全貌。你可能還得搞清楚這些範本被套用的*順序*。如果套用的順序不一樣，也許產生的基礎架構便會大不相同，而且這一點光是從程式碼本身是看不出來的。換言之，若要推斷 Ansible 或 Chef 程式碼內容的用意和結果，你得搞清楚曾經套用過異動的所有來龍去脈才有可能。

程序式的程式碼限制了重複使用性

以程序式的程式碼而言，其可重複使用性相當有限，這是因為你必須自行以手動方式將基礎架構的現有狀態納入考量。而由於狀態始終在改變，因此一週前還可以使用的程式碼，也許到此時便不能再沿用，因為它原本的設計是要去修改一週前的基礎架構狀態的，但現有狀態卻可能已經與一週前全然不同。還有，日積月累下來，程序式的程式碼內容可能會累積到龐雜難以收拾的程度。

但若是採用 Terraform 的宣告式手法，則其程式碼在任何時刻都代表它部署後當下的基礎架構狀態。只需看一眼程式碼，你就能判斷出目前部署的內容、及其設定方式，完全不必煩惱那些陳年舊帳和部署時間點。同時，宣告式手法也有利於寫出可資重複使用的程式碼，因為你完全不用手動處理現有狀態。相反地，你只需專注描述該有的狀態就好，而 Terraform 會自己設法從一個狀態自動轉化成其他狀態。因此 Terraform 的程式碼往往較清爽精簡，而且容易理解。

一般用途的語言與特定領域專用的語言

Chef 與 Pulumi 都允許你透過**一般用途的程式語言**（*general-purpose programming language*，GPL）來管理基礎架構即程式碼：Chef 支援的程式語言是 Ruby；Pulumi 更支援多款 GPL，涵蓋 JavaScript、TypeScript、Python、Go、C#、Java 等等。而 Terraform、Puppet、Ansible、CloudFormation 及 OpenStack Heat 等工具，則另採所謂的**特定領域專用的語言**（*domain-specific language*，DSL）來管理基礎架構即程式碼：Terraform 使用的是 HCL；Puppet 自己有 Puppet Language，Ansible、CloudFormation 和 OpenStack Heat 則引用 YAML（CloudFormation 還額外支援 JSON）。

GPL 與 DSL 之間的區別其實並不明顯——不是那種壁壘分明的，反而比較像是某種心態上的不同——但基本上，DSL 原本就是設計用在單一特定領域的，而 GPL 則可任意運用在多種領域。以 HCL 為例，你用它寫出的 Terraform 程式碼，就只能搭配 Terraform 運作，而且其功能受限於 Terraform 所支援的內容，像是部署基礎架構之類。相較於 Pulumi 所使用的 JavaScript 這類的 GPL，以 JavaScript 寫出的程式碼不只可以透過 Pulumi 程式庫管理基礎架構，也有能力進行幾乎任何你想像得到的程式化任務，像是運行網頁式 app（事實上，Pulumi 還真的提供一個自動化 API（Automation API），讓你可以把 Pulumi 嵌入到應用程式的程式碼當中）、進行繁複的邏輯控制（迴圈、條件判斷、以及抽象化這些 GPL 比 DSL 更擅長的行為）、執行各種驗證與測試、整合其他工具和 API 等等。

DSL 較 GPL 優越的地方有：

容易學

由於 DSL 原本就是設計用在單一領域上的，因此它們天生就屬於更小巧簡單的語言，也因此比 GPL 更容易學習。大多數的開發人員在學習 Terraform 時，應該都會比學 Java 時的進展要快得多。

更清晰簡潔

由於 DSL 的設計是有特殊目的的，因此其內建的關鍵字都只有單純的用途，而跟 GPL 相比，如果用途相同，以 DSL 寫出的程式碼顯然較容易理解、而且看起來也更為簡潔。以 Terraform 所撰寫、在 AWS 裡部署單一伺服器的程式碼，通常都會比以 Java 寫出的同功能程式碼更簡短、也更容易理解。

更一致

大多數的 DSL 都限制了你可以執行的動作。這的確帶來一些缺點，筆者稍後便會說明，但是其優點之一則是，以 DSL 寫出的程式碼通常都採用一致的、更容易預測的架構，因此與 GPL 寫出的程式碼相比，前者很容易就能瀏覽及理解，但後者卻可能因為開發人員各自會以不同的思維處理相同的問題，而必須花更多時間閱讀和理解。用 Terraform 在 AWS 中部署伺服器確實只有一種做法；但是用 Java 做同樣的事，方法可就百百種了。

相反地，GPL 也有比 DSL 出色之處：

可能根本無須從頭學起

因為 GPL 應用領域甚眾，你可能根本不用重頭學習新語言。對於 Pulumi 尤為如此，因為它支援坊間多款流行的程式語言，包括 JavaScript、Python 和 Java。如果你已經熟稔 Java 語言，直接採用 Pulumi，也許還比你先學會 HCL 才能來應用 Terraform 要快得多。

生態系統廣泛、工具更成熟

由於 GPL 在許多領域都有涉獵，它們背後的使用者社群顯然更為人多勢眾、其工具也會比典型的 DSL 更為成熟。Java 所擁有的整合式開發環境（Integrated Development Environments，IDEs）、程式庫、樣式風格、測試工具等等，其數量及品質都毫無疑問地會遠超過 Terraform 所擁有的同類事物。

威力更強大

GPL 在設計上就是要用在幾乎任何可程式化的任務上的，也正因此它們的威力及功能自然優於 DSL。像是控制用邏輯（迴圈及條件判斷）、自動化測試、程式碼重複使用、抽象化、以及與其他工具的整合等等的特定任務，用 Java 來執行顯然要比 Terraform 容易得多。

有主控端與無主控端

Chef 和 Puppet 預設都需要運行一套主控伺服器（*master server*），用來儲存你的基礎架構狀態、並發佈更新。每當你需要更新基礎架構中的某個部分時，你就得從一個用戶端（client，例如命令列工具）對主控伺服器發出新命令，然後主控伺服器抑或是將更新推送至所有其他受管的伺服器，不然就是由這些伺服器定期從主控伺服器主動拉取最新的更新內容。

主控伺服器自然有其優越之處。首先，你只需從這一個中央位置就可以閱覽其管理你的基礎架構狀態。許多組態管理工具甚至為主控伺服器提供了網頁式的介面（像是 Chef Console、Puppet Enterprise Console 等等），讓你對於正在進行的一切事物都一目了然。其次，有些主控伺服器還會持續地在背景端運作，並強制實施你的組態。這樣一來，就算有人手動在受管的伺服器上進行更動，主控伺服器也能察覺，並將不該有的變動恢復成原狀，這樣便避免了組態漂移的現象。

然而運行主控伺服器並非毫無缺點，以下便是幾項致命的缺陷：

需要額外的基礎架構
: 光是為了運行主控伺服器，你得部署額外的伺服器，有時甚至得部署一個額外的伺服器叢集（為了確保高可用性和可調節性（scalability））。

需要額外的維護
: 主控伺服器本身也需要維護、升級、備份、監控、甚至調節規模。

需要額外的安全性
: 你需要讓用戶端能與主控伺服器通訊，也需要讓主控伺服器能和其他受管伺服器通訊，這通常意味著必須開放更多通訊埠、也必須設置額外的認證系統，這一切都擴大了易於遭受攻擊的層面。

Chef 和 Puppet 確實也支援某種程度的無主控端模式，也就是在每一部受管伺服器上運行代理程式，而且通常都會定期運行（像是透過每五分鐘執行一次的 cron job 之類），再藉此從版本控制系統（注意並非主控伺服器）下載最近的組態更新。這種方式很顯然可以減少過程中涉及的動作數量，但筆者在下一節也會提到，這種方式仍會造成一些難解的問題，尤其是如何事先配置伺服器並安裝代理程式軟體。

但是 Ansible、CloudFormation、Heat、Terraform 和 Pulumi 預設都是屬於無主控端運作模式。或者更正確地說，其中仍有部分要仰賴主控伺服器，但主控端的角色已經存在於你正在使用的基礎架構當中，因而無須管理多餘的設施。以 Terraform 為例，它會透過雲端供應商的 API 與雲端供應商通訊，因此從某種程度上說，API 伺服器便相當於主控伺服器，只不過它們已無須再設置額外的基礎架構或認證機制（例如只需延用你的 API 金鑰即可）。Ansible 甚至直接援用 SSH 來連接每一部受管伺服器，這樣一來你就不必仰賴額外的基礎架構、也不必另外管理認證機制了（例如只需沿用 SSH 金鑰）。

代理程式與無代理程式

Chef 和 Puppet 都需要在每一部你想要設定管理的伺服器上，先安裝**代理程式軟體**（*agent software*，例如 Chef Client、Puppet Agent 等等）。代理程式通常都在受管伺服器的背景端運作，它會負責安裝最新版的組態管理更新內容。

但它確實有些缺陷：

Bootstrapping

在一開始的時候，如果代理程式尚未安裝，你要如何在沒有代理程式協助的情況下，配置受管的伺服器並安裝代理程式？有些組態管理工具就是不管那麼多，它們就認定這種事該由外部程序代勞（例如你會先用 Terraform 部署一堆使用 AMI 的伺服器，而且其中已經裝好了代理程式）；有些組態管理工具則會採取特殊的自建程序（bootstrapping process），透過雲端供應商的 API，以一次性命令來配置伺服器，並經由 SSH 在伺服器上安裝代理程式軟體。

需要維護

你還得定期更新代理程式軟體，同時小心地維持它與主控伺服器（如果有的話）之間的同步。此外還必須監控代理程式軟體，以防它崩毀當機時必須從旁重啟。

安全性

如果代理程式軟體是從主控伺服器拉取（pull down）組態的（也可能是從其他非主控端的伺服器取得），這時你就得在每一部伺服器上開放對外通訊埠（outbound ports）。如果主控伺服器是以推送方式將組態傳給代理程式，那麼你就得反其道而行，在每一部伺服器上開放對內通訊埠（inbound ports）。無論對外還是對內，你都得設法讓代理程式能與它溝通的伺服器進行相互認證。這一切都使得可能受攻擊的層面愈發擴大。

再次強調，Chef 和 Puppet 確實也支援程度不等的無代理程式模式，但它們給人的感受就像是事後勉強亡羊補牢，而且在支援此類模式時，往往無法全盤提供組態管理工具應有的全副完整功能集合。這也是何以在實際的環境中，Chef 和 Puppet 的預設慣用組態，幾乎一定都會涵蓋一個代理程式和一組主控端，如圖 1-7 所示。

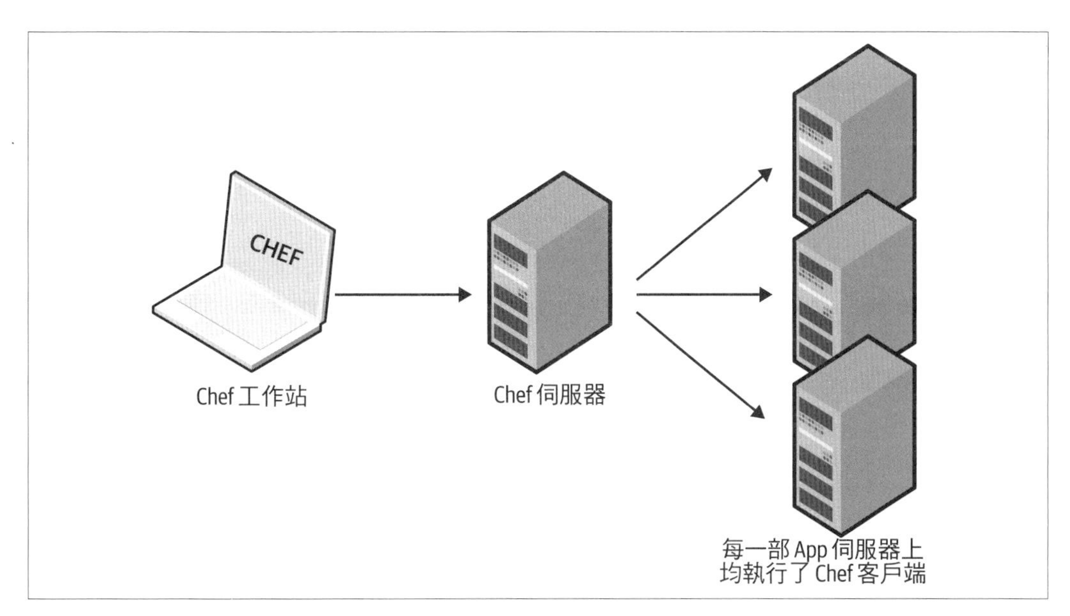

圖 1-7　Chef 與 Puppet 的典型架構涉及眾多可動的部分。譬如說，Chef 預定的設定方式便是在你的電腦上執行 Chef 用戶端，而它會與 Chef 的主控伺服器對話，後者會與其他的受管伺服器上運行的 Chef 用戶端通訊，藉以部署變更內容

所有上述的額外可動部分，都會對你的基礎架構造成大量意料外的新故障模式。每當你在凌晨三點收到錯誤報告時，都得設法查出問題所在：究竟是你的應用程式碼、還是 IaC 程式碼、抑或是組態管理用戶端、還是主控伺服器、乃至於用戶端與主控伺服器的通訊方式、甚至是其他受管伺服器與主控伺服器的通訊方式…太多地方可能出錯了…

然而，Ansible、CloudFormation、Heat、Terraform 和 Pulumi 都不需要你額外安裝任何代理程式。或者說正確一點，應該是它們其中有些仍然需要代理程式，但這類代理程式多半早已裝好，成為你使用的基礎架構中現成的一部分。譬如 AWS、Azure、Google Cloud 及其他任何一家雲端供應商，都會負責在自家的實體伺服器上安裝、管理及認證代理程式軟體。以 Terraform 的使用者而言，你完全不用操心這類的事情：只管下達命令，然後雲端供應商的代理程式便會為你在所有目標伺服器上執行命令，如圖 1-8 所示。而對於 Ansible 來說，伺服器只需運行 SSH daemon 就可以接收命令，而 SSH daemon 原本就是大多數伺服器必備的功能了。

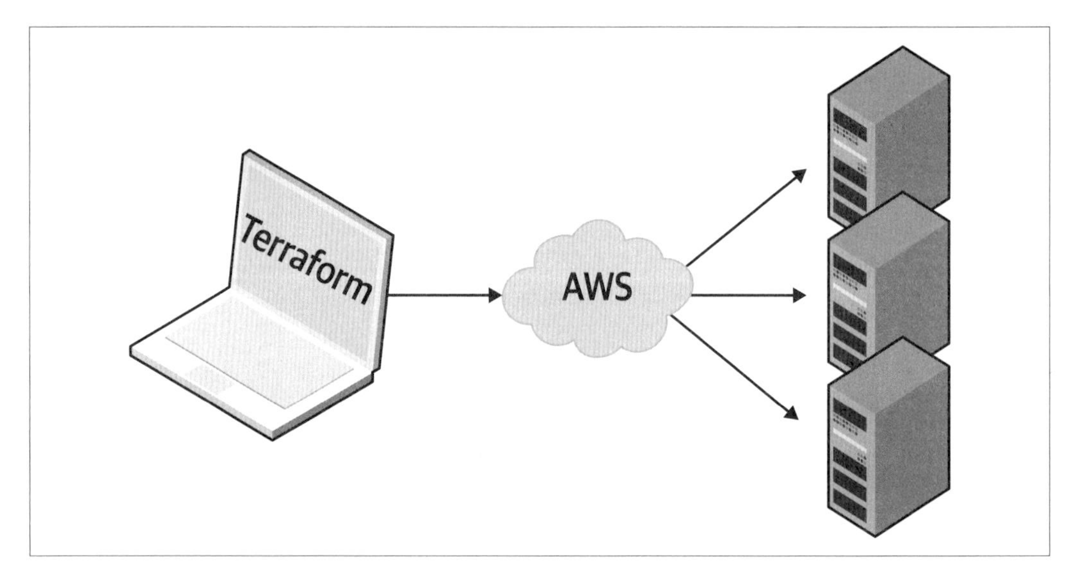

圖 1-8　Terraform 採用的是無主控端、無代理程式的架構。你只需執行 Terraform 的用戶端，它會負責透過 AWS 之類雲端供應商的 API，來處理其他的事務

付費與免費

CloudFormation 和 OpenStack Heat 都是完全免費的：但你用這些工具部署的資源就不一定也是免費的（例如位於雲端時），不過光就使用工具本身這件事來說，則一定是免費的。Terraform、Chef、Puppet、Ansible 及 Pulumi 都分別有免費和收費版本可用：以 Terraform 為例，你可以使用它的免費開放原始碼版本，或是付費使用 HashiCorp 的收費產品 Terraform Cloud。收費版軟體的計價、包裝和取捨重點都不在本書範疇之內。但筆者在此想要強調的問題是，在現實的正式環境運用案例中，免費版本的功能是否有所侷限、因而迫使你不得不改用付費產品？

坦白說，業者為上述任一產品提供收費服務這件事並無可厚非；其實如果你真的在正式環境中使用以上產品，筆者反而鄭重鼓勵大家要考慮購買付費服務，因為這類服務經常都物超所值。但你必須知道，這些付費服務並非你能掌控制的——廠商有可能倒閉或被收購（像是 Chef、Puppet 和 Ansible 就都經歷過收購，因而對他們的收費產品線產生了顯著的影響）、或是修改了計費模式（例如 Pulumi 就在 2021 修改了計價方式，有些使用者因而受惠，但其他人眼中的價格則是漲了近 10 倍）、或是更改產品甚至完全停產——因此最要緊的是，萬一你挑選的 IaC 工具因為某種原因而無法再使用其中一種付費服務時，該工具是否仍能繼續使用？

以筆者親身體驗來說，Terraform、Chef、Puppet 和 Ansible 的免費版本，在正式環境的運用案例中都能運作得很好；付費服務則可以讓這些產品更上一層樓，不過就算沒有買付費服務，工具使用上也不會有問題。然而，如果你沒有購買 Pulumi 的付費服務（Pulumi Service），要在正式環境中使用 Pulumi 就會比較困難。

管理基礎架構即程式碼的一項關鍵，便是要掌握其狀態（state，第 3 章會介紹 Terraform 如何管理狀態），而 Pulumi 預設便是要倚靠 Pulumi Service 作為儲存狀態資訊的後端。雖然你也可以切換成其他同樣支援儲存狀態資訊的後端，像是 Amazon S3、Azure Blob Storage 或 Google Cloud Storage 等等，但根據 Pulumi 的後台文件（*https://oreil.ly/gLugF*）指出，只有 Pulumi Service 能支援交易式檢查點功能（transactional checkpointing，這是為了提供容錯及復原等功能）、平行狀態鎖定（concurrent state locking，避免在團隊協作環境中破壞你的基礎架構狀態）、以及傳遞與靜止狀態的加密。筆者認為，若是沒有這些功能的協助，任一種正式環境（例如有多位開發人員協作時）都不適合考慮採用 Pulumi，因此如果你正要採用 Pulumi，多少都得掏腰包支付 Pulumi Service 的費用。

大眾與小眾

每當你決定選擇投入一項技術，其實也等於在挑選其所屬的社群。在許多案例中，對你的使用體驗來說，環繞著專案（意指你選用的 IaC 開放原始碼專案）的周邊環境系統所造成的影響，往往比技術本身品質的影響還要大。社群規模決定了有多少人在貢獻這個專案；有多少外掛程式、整合及擴充的內容可以用；在線上求助的難易程度（例如部落格貼文、Stack Overflow 上能找得到的問答等等）；以及能否聘僱到內行人來幫你（例如員工、顧問、乃至於提供支援服務的業者）。

要在社群之間進行準確的比較還是有點難度，但你如果在網路上搜尋一番，仍可一窺其中趨勢。表 1-1 列出了廣受歡迎的 IaC 工具及其間的比較，這是根據筆者在 2022 年 6 月間蒐集的資料製成的，包括該 IaC 工具屬於開放或封閉原始碼、它支援哪些雲端供應商、在 GitHub 上對其有所貢獻的人數或是收到讚賞的星數、該工具包含多少個開放原始碼程式庫、以及在 Stack Overflow 上關於該工具發問的數量等等[7]。

7 每一種工具的貢獻者人數和星星數的資料，均引用自它所擁有的開放原始碼儲藏庫（主要是 GitHub）。但由於 CloudFormation 屬於封閉原始碼，因此該工具的相關資訊從缺。

表 1-1　IaC 社群間的比較

	原始碼	雲端	貢獻人數	星數	程式庫	Stack Overflow
Chef	Open	所有	640	6,910	3,695[a]	8,295
Puppet	Open	所有	571	6,581	6,871[b]	3,996
Ansible	Open	所有	5,328	53,479	31,329[c]	22,052
Pulumi	Open	所有	1,402	12,723	15[d]	327
CloudFormation	Closed	AWS	?	?	369[e]	7,252
Heat	Open	所有	395	379	0[f]	103
Terraform	Open	所有	1,621	33,019	9,641[g]	13,370

[a] 此一數字源自 Chef Supermarket（*https://bit.ly/2MNXWuS*）中的 cookbook 數量統計。

[b] 此一數字源自 Puppet Forge（*https://forge.puppet.com*）中的模組數量統計。

[c] 此一數字源自 Ansible Galaxy（*https://galaxy.ansible.com*）中可重複使用的 role 數量統計。

[d] 此一數字源自 Pulumi Registry（*https://www.pulumi.com/registry*）中的套件數量統計。

[e] 此一數字源自 AWS Quick Starts（*https://aws.amazon.com/quickstart*）中的範本數量統計。

[f] 筆者找不到任何 Heat 範本的社群集散地可資參考。

[g] 此一數字源自 Terraform Registry（*https://registry.terraform.io*）中的模組數量統計。

顯然以上的比較不能算得上絕對公平。舉例來說，有的工具其實擁有不只一種儲藏庫：例如 Terraform 便從 2017 年起，把和 provider 相關的程式碼（例如針對 AWS、Google Cloud 和 Azure 等等的程式碼）拆分成個別的儲藏庫，因此上表所列的動態顯然低估了實情；有些工具則提供了 Stack Overflow 以外的場合供人發問；這些差異多少都會影響比較的根據。

但有些趨勢仍然是一目了然的。首先，除了 CloudFormation 是封閉原始碼、只支援 AWS 以外，本表中所有其他的 IaC 工具都是開放原始碼，而且支援多家雲端供應商。其次，Ansible 和 Terraform 顯然比其他工具更受歡迎。

另一項值得一提的有趣趨勢，就是從本書初版以來的統計數字變化。表 1-2 列出了筆者在 2016 年 9 月間所蒐集各項數字至今的變化百分比。（注意：本表中不包含 Pulumi，因為 2016 年本書初版時該產品尚未問世。）

同樣地，這份比較表也不算完全公平，但已經夠讓我們看出一項明顯的趨勢：Terraform 和 Ansible 都有爆炸性的成長。不論是在貢獻者人數、星星數、開放原始碼程式庫、以及 Stack Overflow 的問答貼文數量上，成長幅度都多到破表。這兩種工具如今都擁有人數眾多而且活躍的社群，若從此項趨勢看來，未來這兩者很有可能繼續成長。

表 1-2 IaC 社群自 2016 年 9 月至 2022 年 6 月間的成長變化

	原始碼	雲端	貢獻人數	星數	程式庫	Stack Overflow
Chef	Open	所有	+34%	+56%	+21%	+98%
Puppet	Open	所有	+32%	+58%	+55%	+51%
Ansible	Open	所有	+258%	+183%	+289%	+507%
CloudFormation	Closed	AWS	?	?	+54%[a]	+1,083%
Heat	Open	所有	+40%	+34%	0	+98%
Terraform	Open	所有	+148%	+476%	+24,003%	+10,106%

[a] 在本書稍早的版本中，筆者引用的 CloudFormation 範本的來源是 awslabs 這個 GitHub 儲藏庫，但它似乎已經不復存在，因此筆者在這一版中改為參照 AWS Quick Starts 的統計數字，因此嚴格來說，這樣比較的方式不能算是公平。

成熟穩定與尖端新穎

在挑選任何技術時，另一項值得考量的關鍵因素，就是成熟度。此一技術是否已經發展多年，而且坊間對它所有的使用樣式、最佳實施方式、問題及故障模式都已有充分的了解？還是它仍屬於尖端新技術，你必須重頭從痛苦中學到教訓？表 1-3 便列出了各家 IaC 工具的最初釋出年份、目前最新的版本（以 2022 年 6 月為準）、以及筆者自己對它們成熟度的觀點。

表 1-3 2022 年 6 月間各家 IaC 的成熟度比較

	最初發行	目前版本	成熟度觀感
Chef	2009	17.10.3	高
Puppet	2005	7.17.0	高
Ansible	2012	5.9.0	中
Pulumi	2017	3.34.1	低
CloudFormation	2011	???	中
Heat	2012	18.0.0	低
Terraform	2014	1.2.3	中

同理，這也不算是公平的比較：光看發行年份並不能全面代表其成熟度——版本編號多也不見得代表什麼（甚至不同的工具都有自己一套版本編號法則）。但趨勢仍舊很明顯。Pulumi 是這份比較表中最新進的 IaC 工具，因此看起來最不成熟（但這一點應該存疑）：如果你在網路上搜尋它的相關文件、最佳實施方式、社群提供的模組等資訊，其數量稀少的程度應該比較能呈現其成熟度仍有待提升。Terraform 的成熟度則是在近年來較有進展：工具已有改進、最佳實施方式也日益普及、學習資源也大量增加了（本書就是最佳證據！）、而且現在它也跨過了 1.0.0 版這個里程碑，亦即與本書初版及再版時相比，如今它已被視為相當穩定及成熟的工具。Chef 和 Puppet 則是最資深的工具，因此也算是清單中最為成熟的工具（這一點也該存疑）。

同時使用多種工具

雖然筆者在這整章當中都在比較 IaC 工具，但現實是你可能合併使用多種工具來建置基礎架構。每一種工具都有其長處與短處，因此你的職責便是為你的工作挑選合適的工具。

以下的小節會說明三種常見的工具組合，筆者都曾在數間公司目睹過這些組合、而且都運作良好。

配置加上組態管理

範例：Terraform 搭配 Ansible。你會以 Terraform 來部署所有底層的基礎架構，包括網路拓樸（例如虛擬私有雲（virtual private clouds [VPCs]）、子網路、路由表）、資料儲存（例如 MySQL、Redis）、負載平衡器、以及伺服器。然後再用 Ansible 把你的 apps 部署到這些伺服器上，如圖 1-9 所示。

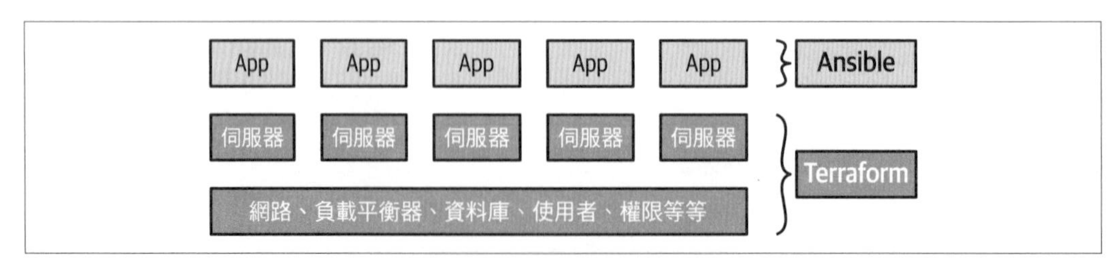

圖 1-9　Terraform 部署基礎架構，包括伺服器，然後 Ansible 將 apps 部署到這些伺服器上

這種方式很容易上手，因為完全不需要額外的基礎設施就能運作（Terraform 和 Ansible 都是只需有用戶端就能運作的應用程式），而且讓 Ansible 和 Terraform 搭配運作的方式非常多（例如用 Terraform 為伺服器加上特殊標籤（tags），然後 Ansible 便利用這些標

籤來辨識伺服器，進而進行必要的設定）。但主要的缺點則是 Ansible 通常需要撰寫大量的程序式程式碼，而且伺服器都會是可變的，因此當你的程式庫、基礎架構和團隊規模日益增長時，維護的難度也會增加。

配置加上伺服器範本編寫

範例：Terraform 搭配 Packer。你會以 Packer 把 apps 打包成 VM 映像檔。然後用 Terraform 把 VM 映像檔部署成為伺服器，同時也部署其他的基礎架構，像是網路拓樸（例如 VPC、子網路、路由表）、資料儲存（例如 MySQL、Redis）和負載平衡器，如圖 1-10 所示。

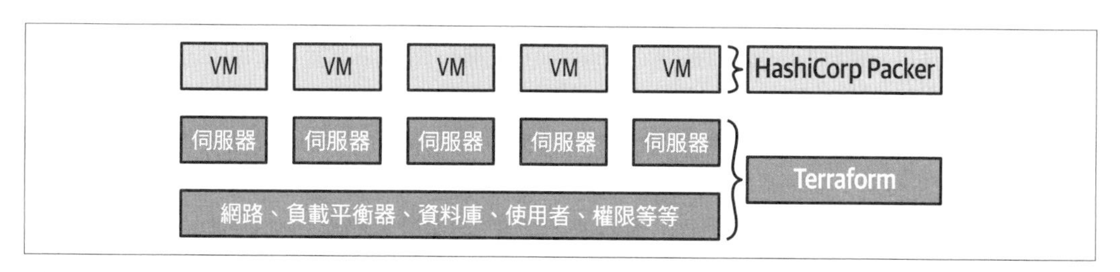

圖 1-10　Terraform 會部署基礎架構，包括伺服器，而 Packer 負責建置運行伺服器所需的 VM

這種方式同樣很容易上手，因為它也不需要額外的基礎設施就能運作（Terraform 和 Packer 都是只需有用戶端就能運作的應用程式），而本書稍後的篇幅中會有很多機會，讓讀者用 Terraform 練習部署 VM 映像檔。此外，這種手法建置出來的是不可變基礎架構，因此維護會簡單一些。然而仍有兩種主要的缺點。首先是 VM 的建置和部署都很耗時，這可能拖慢迭代的速度。其次是能以 Terraform 實作的部署策略會受限（例如你無法以 Terraform 直接進行藍 / 綠部署），這一點在稍後的章節中會提到，因此你必須撰寫大量繁複的部署命令稿、或是改為採用調度工具，如下一節所述。

配置加上伺服器範本編寫和調度

範例：Terraform 搭配 Packer、Docker 和 Kubernetes。你可以用 Packer 建置 VM 映像檔，而映像檔中會事先裝好 Docker 和 Kubernetes 的代理程式。然後用 Terraform 部署伺服器的叢集和其他的基礎架構，像是網路拓樸（例如 VPC、子網路、路由表）、資料儲存（例如 MySQL、Redis）和負載平衡器，而且叢集中的每一部伺服器都會運行你建置好的 VM 映像檔。最後當伺服器叢集啟動時，便會組成一個 Kubernetes 叢集，讓你可以在上面運作和管理 Docker 容器化的應用程式，如圖 1-11 所示。

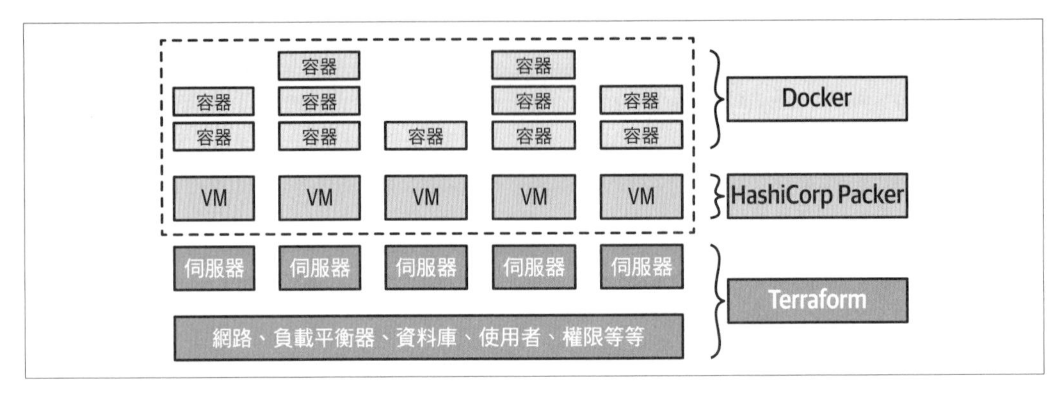

圖 1-11　Terraform 負責部署基礎架構，包括伺服器；Packer 則負責建置運行伺服器所需的 VM；而 Kubernetes 則會以叢集方式管理這些 VM，以便運行 Docker 容器

這種手法的好處在於，Docker 映像檔的建置相當快，你可以在自己的電腦上先運行與測試它們，還有，你可以利用 Kubernetes 所有的內建功能，像是各種部署策略、自我療癒、自動調節規模等等。缺點則是你需要運行額外的基礎架構（Kubernetes 叢集的部署和操作都有一定的難度、成本也較高，不過大部分的主流雲端供應商現在都已提供管理 Kubernetes 的服務，多少可以減輕一點這類工作的負擔）、還需要理解、管理和除錯額外的抽象層面（Kubernetes、Docker、Packer），這些都提高了複雜度。

讀者們會在第 7 章中看到這種手法的範例。

結論

綜合上述，表 1-4 顯示了最受歡迎的 IaC 工具的總結特徵。注意本表顯示的是各種 IaC 工具**預設**或**最常見**的應用方式，但就像本章先前所述，這些 IaC 工具其實也有足夠的彈性，可以用在其他設定方式上（例如你可以在沒有主控端的情形下使用 Chef、或是以 Puppet 打造不可變的基礎架構等等）。

表 1-4　大部分受歡迎的 IaC 工具的經常運用方式比較

	Chef	Puppet	Ansible	Pulumi	CloudFormation	Heat	Terraform
原始碼	開放	開放	開放	開放	封閉	開放	開放
雲端	全部	全部	全部	AWS	全部	全部	全部
類型	組態管理	組態管理	組態管理	配置	配置	配置	配置
基礎架構	可變	可變	可變	不可變	不可變	不可變	不可變
方法	程序式	宣告式	程序式	宣告式	宣告式	宣告式	宣告式
語言	GPL	DSL	DSL	GPL	DSL	DSL	DSL
主控端	有	有	無	無	無	無	無
代理程式	有	有	無	無	無	無	無
付費服務	選購	選購	選購	必備	N/A	N/A	選購
社群規模	大	大	巨大	小	小	小	巨大
成熟度	高	高	中	低	中	低	中

我們在 Gruntwork 所尋求的，是一種開放原始碼、有龐大社群支援且不限於雲端使用的配置工具，要有成熟的程式庫、而且支援不可變的基礎架構，要使用宣告式語言、無須仰賴主控端及代理程式等架構、而且不一定要購買收費服務才能使用。從表 1-4 來看，Terraform 雖然不算完美，卻最為接近我們所有的需求條件。

Terraform 是否也符合你的需求條件呢？如果是的話，請翻到第 2 章繼續讀下去，了解如何使用 Terraform。

第二章

開始使用 Terraform

在本章當中，讀者們會開始學習如何使用 Terraform 的基本知識。這是一種相當容易學習的工具，因此在約莫 40 頁的篇幅當中，各位會從初次執行第一個 Terraform 命令開始，一路進展到以 Terraform 來部署一整個伺服器叢集，加上可以在叢集間分散流量的負載平衡器。要運行一套可以調整規模、具備高可用性的網頁服務，此一基礎架構是絕佳的起點。在接下來的章節裡，讀者們會逐步地改良這個範例。

Terraform 不但可以跨越各家公有雲供應商以配置基礎架構，包括 AWS、Azure、Google Cloud 和 DigitalOcean，也能對私有雲及虛擬化平台進行配置，例如 OpenStack 和 VMware。但以本章及本書其餘章節中幾乎所有的範例程式碼而言，讀者們都將以 AWS 為操作對象。AWS 是學習 Terraform 的絕佳抉擇，因為：

- AWS 是截至目前為止最受歡迎的雲端基礎架構供應商。它佔有雲端基礎架構市場的 32%，比其他三家排名居次競爭者（微軟、Google 和 IBM）的市占率加總起來還要多 [1]。
- AWS 提供範圍廣泛的雲端託管服務，它們既可靠又便於調節規模，像是 Amazon Elastic Compute Cloud（Amazon EC2），你可以用它來部署虛擬伺服器；Auto Scaling Groups（ASGs）則有助於簡化虛擬伺服器叢集的管理；而 Elastic Load Balancers（ELBs）則可用於分散叢集內虛擬伺服器之間的流量 [2]。

1 來源：2021 年 10 月 28 日 Canalys 的報導「Global Cloud Services Spend Hits Record US$49.4 Billion in Q3 2021」（*https://oreil.ly/SOTcs*）。

2 如果你覺得 AWS 的術語越看越糊塗，記得去參閱 Amazon Web Services in Plain English 這篇趣文（*https://bit.ly/2KuLD4a*）。

- AWS 在第一年提供一個免費方案，應該足夠讓你免費（或以極低成本）運行本書中所有的範例[3]。如果你的免費方案點數已經用盡，本書的範例應該也不會花掉你太多錢，頂多幾元美金。

如果你從未使用過 AWS 或 Terraform，別擔心；以下教材是針對這兩項技術的新手設計的。筆者會帶領大家完成以下動作：

- 設定你的 AWS 帳號
- 安裝 Terraform
- 部署單一伺服器
- 部署單一網頁伺服器
- 部署一套可以設定的網頁伺服器
- 部署網頁伺服器叢集
- 部署負載平衡器
- 清理

範例程式

提醒大家，本書全部的範例程式碼皆可從 GitHub 取得（*https://github.com/brikis98/terraform-up-and-running-code*）。

設定你的 AWS 帳號

如果你還未擁有一個 AWS 帳號，請到 *https://aws.amazon.com* 申請一組。當你初次登錄 AWS 時，一開始會以 *root user*（**根使用者**）的身分登入。這個使用者帳號擁有整個 AWS 帳號的全部存取權限，可說是能為所欲為，因此從安全觀點來看，最好是不要用 root 使用者執行日常操作。事實上，你該用 root 使用者身分做的**唯一**一件事，就是去建立其他權限有限的使用者帳號，然後切換到那些帳號去操作[4]。

3 詳情請參閱 AWS 免費方案文件（譯註：本書所附 AWS 文件的短網址，均指向英文版；但你只需在畫面右上方選單切換至繁體中文，便能輕鬆地閱讀繁體中文資訊。）（*https://aws.amazon.com/free*）。

4 關於 AWS 使用者管理的最佳實施方式細節，請參閱文件（*https://amzn.to/2lvJ8Rf*）。

要建立一個受到較多限制的使用者帳號，你必須透過 *Identity and Access Management*（識別與存取管理，IAM）服務來進行。你應該在 IAM 裡管理使用者帳號及相關的權限。要建立新的 *IAM user*，請進入 IAM Console（*https://amzn.to/33fM2jf*），點選 Users，然後點選 Add Users 按鍵。輸入使用者名稱，並確認「Access key - Programmatic access」選項已打勾，如圖 2-1 所示（注意，AWS 三不五時會修改網頁主控台（web console）的畫面，因此你看到的畫面很可能會與本書擷取的畫面略有出入）。

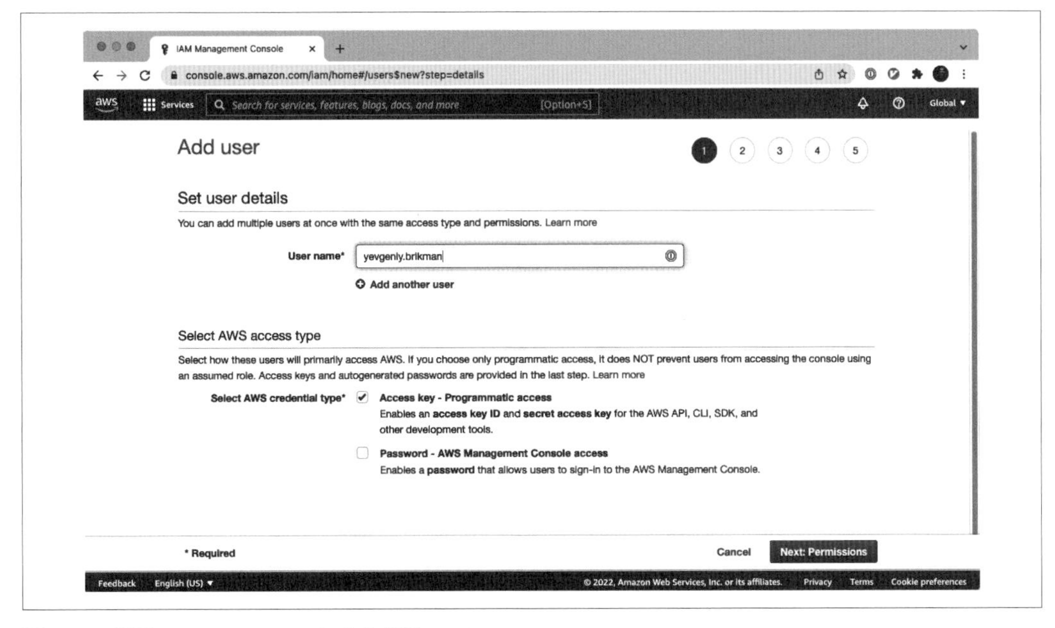

圖 2-1　利用 AWS Console 來建立新的 IAM user

點選 Next 按鍵。AWS 會要求你為使用者添加權限。根據預設，新建的 IAM 使用者不具備任何一丁點的權限，因此在 AWS 帳號裡可說是寸步難行。要讓你的 IAM 使用者有能力做點事情，你必須把這個使用者帳號和一個以上的 IAM Policies 做關聯。所謂的 *IAM Policy* 其實就是一個 JSON 文件，其中定義了使用者能做與不能做的事情。你也可以自訂 IAM Policies、或是乾脆沿用你的 AWS 帳號中內建的 IAM Policies，這種又被稱為 *Managed Policies*[5]。

5　關於 IAM Policies 的詳情，請參閱 AWS 網站（*https://amzn.to/2lQs1MA*）。

要執行本書所附的範例，最簡單的起頭做法就是為你的 IAM 使用者加上 AdministratorAccess 這個 Managed Policy（請搜尋並找出這個 policy，然後勾選它旁邊的空格），如圖 2-2 所示[6]。

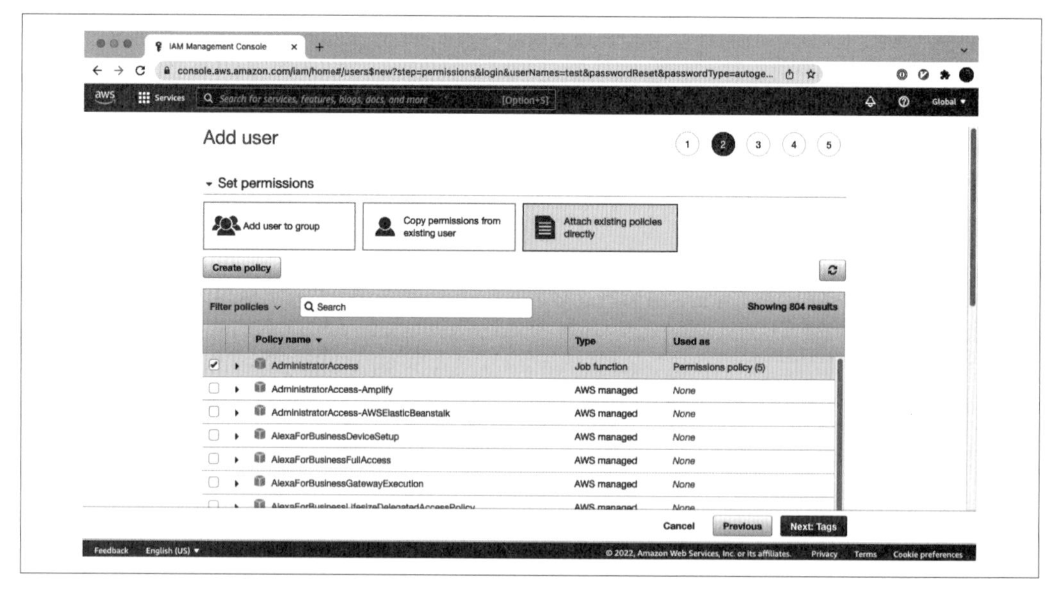

圖 2-2　為你新建的 IAM user 加上 AdministratorAccess 這個 Managed IAM Policy

連續點選幾次 Next 按鍵，最後按下「Create user」按鍵。AWS 會把該使用者的 security credentials 顯示出來，其中包含了一組 *Access Key ID* 和 *Secret Access Key*，如圖 2-3 所示。你必須立刻妥善記錄及保管這些資訊，因為它們不會再顯示第二次，而且你在稍後的練習中就馬上要用到它們。記住，這些是有權操作你的 AWS 帳號的 credentials，因此務必將其妥善保管於安全處所（例如 1Password、LastPass、或是 macOS Keychain 這類的密碼管理工具當中），而且千萬不要洩漏給旁人。

當你儲存好你的 credentials 之後，點選 Close 按鍵。現在你已經準備好可以開始使用 Terraform 了。

6　筆者假設大家都是使用一個專供學習和測試用的 AWS 帳號來執行本書範例的，因此 AdministratorAccess 這個 Managed Policy 賦予的廣泛權限不至於造成太大的風險。但如果你要在一個更敏感的環境中執行範例——筆者要在此白紙黑字地聲明：不要這樣做！——而且你也不在意另外建立自訂的 IAM Policies，那麼你可以到本書的範例程式碼儲存庫中參考一組更為精簡的權限設定方式（*https://oreil.ly/Gdk4p*）。

關於 *Default Virtual Private Clouds* 的說明

本書所有的 AWS 範例，都是使用 AWS 帳號中的 *Default VPC*。所謂的 *VPC* 是虛擬私有雲（virtual private cloud）的縮寫，它是你的 AWS 帳號中的一個隔離區域，具有它自己的虛擬網路和 IP 定址空間。幾乎每一個 AWS 資源都會部署到一個 VPC 當中。如果你沒有明確地指定一個 VPC，這個資源便會被部署到 Default VPC 當中，從 2013 年起建立的每一個 AWS 帳號都會包含 Default VPC。如果你基於其他緣由而將自己帳號中的 Default VPC 刪掉了，要不就是切換到另一個地域（region，每個地域都有自己的 Default VPC）、抑或是從 AWS Web Console 再重建一個新的 Default VPC（*https://amzn.to/31lVUWW*）。不然的話，你就得自行更改本書幾乎所有的範例，把 `vpc_id` 或 `subnet_id` 等參數指向你自訂的 VPC。

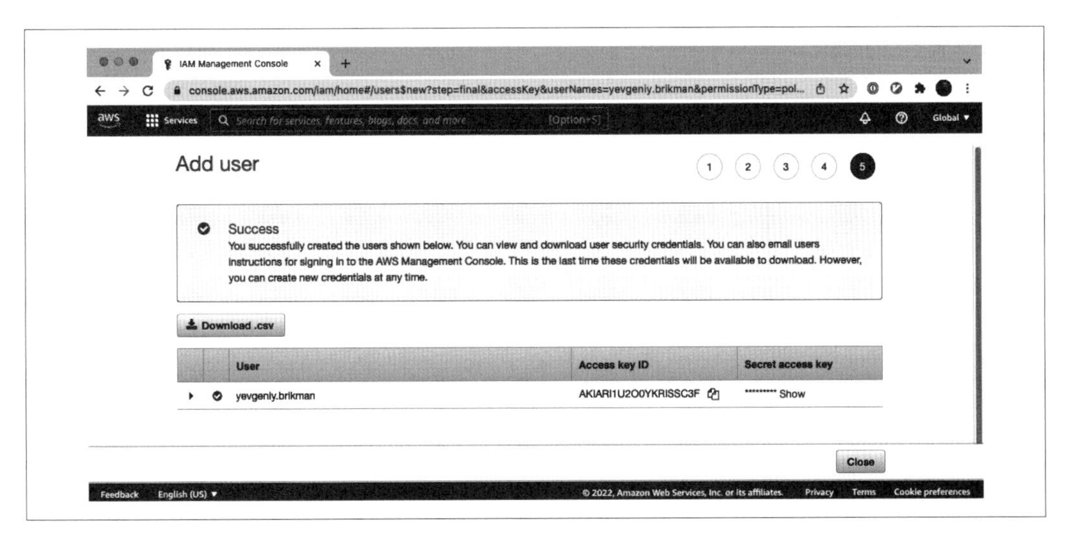

圖 2-3　把你的 AWS 另存到安全處所。切勿與他人共享（別擔心，此處畫面顯示的是虛構資訊）

安裝 Terraform

要安裝 Terraform，最簡單的方式是透過你作業系統裡的套件管理工具。舉例來說，如果你在 macOS 上使用 Homebrew，就這樣安裝：

```
$ brew tap hashicorp/tap
$ brew install hashicorp/tap/terraform
```

而如果你是在 Windows 上使用 Chocolatey，就這樣安裝：

```
$ choco install terraform
```

至於其他作業系統（包括各種 Linux 發行版）的安裝方式說明，請參閱 Terraform 的文件（*https://oreil.ly/xGjiS*）。

抑或是你可以選擇自行手動安裝 Terraform，請到 Terraform 的官網首頁（*https://www.terraform.io*，點選下載連結，選擇適合你作業系統的套件，然後下載經過壓縮的 ZIP 檔案，然後到你要安裝 Terraform 的目錄底下，將檔案解壓縮。解壓縮的檔案會提出單獨一個二進位可執行檔 *terraform*，然後你必須把這個檔案的所在目錄放到環境變數 `PATH` 裡面。

要確認一切是否能如常運作，請執行 `terraform` 命令，然後應該就會看到使用說明的文字訊息：

```
$ terraform
Usage: terraform [global options] <subcommand> [args]

The available commands for execution are listed below.
The primary workflow commands are given first, followed by
less common or more advanced commands.

Main commands:
  init          Prepare your working directory for other commands
  validate      Check whether the configuration is valid
  plan          Show changes required by the current configuration
  apply         Create or update infrastructure
  destroy       Destroy previously-created infrastructure

(...)
```

要讓 Terraform 可以在你的 AWS 帳號內進行更動，你得把先前剛剛建立的 IAM 使用者所設定的 AWS credentials，放進 `AWS_ACCESS_KEY_ID` 和 `AWS_SECRET_ACCESS_KEY` 這兩個環境變數裡。譬如在 Unix/Linux/macOS 的終端機畫面，就這樣設定環境變數：

```
$ export AWS_ACCESS_KEY_ID=(your access key id)
$ export AWS_SECRET_ACCESS_KEY=(your secret access key)
```

如果是在 Windows 的命令提示字元畫面，就改為這樣做：

```
$ set AWS_ACCESS_KEY_ID=(your access key id)
$ set AWS_SECRET_ACCESS_KEY=(your secret access key)
```

注意，這些環境變數只對當下套用的 shell 有效，因此每當你重啟電腦、或者甚至只是重開另一個新的終端機視窗，就得重新再匯出一次這些變數。

其他的 *AWS* 認證選項

除了環境變數以外，Terraform 也支援與所有的 AWS CLI 和 SDK 工具相同的認證機制。因此你也可以執行 `aws configure`，透過自動產生並放在 *$HOME/.aws/credentials* 底下的 credentials 進行認證，或是透過 IAM roles 進行認證，而 role 可以指派給幾乎任何 AWS 裡的資源。詳情可參閱「A Comprehensive Guide to Authenticating to AWS on the Command Line」一文（*https://bit.ly/2M11muR*）。等到第 6 章時，各位會看到更多樣化的 Terraform providers 認證方式。

部署單一伺服器

Terraform 的程式碼係以 *HashiCorp Configuration Language*（HCL）寫成，並儲存在副檔名為 *.tf* 的檔案中[7]。由於它屬於宣告式語言，因此讀者們的目標是用它來描述你想要的基礎架構，讓 Terraform 自己去設法替你兜出來。Terraform 可以在多種平台上（Terraform 將其統稱為 *providers*）建置基礎架構，包括 AWS、Azure、Google Cloud、DigitalOcean 等等。

任何文字編輯器都可以拿來編寫 Terraform 的程式碼。如果你在網路上搜尋一番，就可以發現大多數的編輯器都支援 Terraform 語法的突顯（syntax highlighting）功能（但注意你在搜尋時必須去找 *HCL* 的字樣，而非 *Terraform*），像是 vim、emacs、Sublime Text、Atom、Visual Studio Code 和 IntelliJ 等等（後者甚至額外支援重構（refactoring）、搜尋用法（find usages）、和 go to 宣告等等）。

使用 Terraform 的第一步，通常是先設定你要使用的 provider(s)。請建立一個空資料夾，再放一個名為 *main.tf* 檔案進去，檔案裡要有以下內容：

```
provider "aws" {
  region = "us-east-2"
}
```

7 你也可以用純粹的 JSON 檔案來撰寫 Terraform 程式碼，副檔名則要變成 *.tf.json*，。你可以在 Terraform 文件（*https://oreil.ly/8WHEh*）中學到 Terraform 的 HCL 及 JSON 語法的進一步詳情。

這會告訴 Terraform，你要以 AWS 作為你的 provider、而且你要把基礎架構部署到 us-east-2 區域（region）[譯註]。AWS 在全球各地都設有資料中心，並以區域為統整中心。一個 *AWS region* 即代表一個自成一體的地理區域（geographic area），像是 us-east-2（位於美國俄亥俄州）、eu-west-1（位於愛爾蘭）、以及 ap-southeast-2（位於澳洲雪梨）等等。在每一個區域內，都會擁有多個彼此隔離的資料中心，統稱為**可用區域**（*Availability Zones*，AZs），像是 us-east-2a、us-east-2b 等等[8]。針對這個 provider 其實你還有很多其他組態可以設定，但是目前我們就保持簡單明瞭，等到第 7 章時再來深入探討 provider 的組態。

針對每個類型的 provider，都有許多種不同的資源（*resources*）可以建立，像是伺服器、資料庫、以及負載平衡器等等。在 Terraform 中建立一項資源的一般語法如下：

```
resource "<PROVIDER>_<TYPE>" "<NAME>" {
  [CONFIG ...]
}
```

以上的 PROVIDER 指的便是 provider 的名稱（像是 aws）、而 TYPE 指的則是要在這個 provider 中建立的資源類型（譬如 instance）、NAME 則是你可以在整段 Terraform 程式碼中代表該項資源的識別名稱（identifier，譬如 my_instance），至於 CONFIG 包含的則是一個以上專屬於該資源的**引數**（*arguments*）。

譬如說，若要在 AWS 上部署單一的（虛擬）伺服器，也就是一個 *EC2* **的執行個體**（*EC2 Instance*），請在 *main.tf* 檔案裡定義一個 aws_instance 資源如下：

```
resource "aws_instance" "example" {
  ami           = "ami-0fb653ca2d3203ac1"
  instance_type = "t2.micro"
}
```

aws_instance 資源支援許多不同的引數，但目前我們只需設置必要的兩種：

ami

代表要用來運行 EC2 執行個體的 Amazon Machine Image（AMI）。你可以在 AWS Marketplace（*https://aws.amazon.com/marketplace*）裡找到免費和收費的 AMI，或是用 Packer 這樣的工具自己製作。以上的程式碼係將 ami 參數設為 Ubuntu 20.04 這個 AMI 的 ID（識別碼），並設置在 us-east-2 區域。這個 AMI 是可以免費使用

8 有關 AWS 區域（regions）與可用區域（Availability Zones）等相關詳情，可參閱 AWS 網站（*https://bit.ly/1NATGqS*）。

[譯註] AWS 的中文文件將 region 譯為區域。但是又把 availability zone 譯為可用區域。譯者比較傾向把 region 譯為地域，比較符合其地理區域的涵義。但既然官網譯為區域，在此仍從眾議以免混淆。

的。請注意，每個 AWS 區域使用的 AMI ID 都會有所不同，因此你若是把 `region` 參數改成了 `us-east-2` 以外的地區，就必須自行找出該區域中同版本 Ubuntu 相應的 AMI ID[9]，然後剪貼到 `ami` 參數裡。等到第 7 章時，各位會讀到如何完全自動地取得（fetch）AMI ID。

`instance_type`

這是你要運行 EC2 執行個體的類型。每個類型的 EC2 執行個體都會具備數量不一的 CPU、記憶體、磁碟空間和網路功能容量。EC2 Instance Types（*https://amzn.to/2H49EOH*）這個網頁會列出所有可用的選項。以上的例子使用的則是 `t2.micro`，它具備一個虛擬 CPU、1 GB 的記憶體，而且屬於 AWS 免費方案的一部分。

善用文件！

Terraform 支援的 providers 種類可以成打計算，而它們各自又支援成打的資源，每種資源又有成打的引數。想把它們全都記住根本是不可能的事。因此當你撰寫 Terraform 程式碼時，應該經常參閱 Terraform 文件，找出可用的資源、以及如何運用它們。舉例來說，這是 `aws_instance` 資源的文件（*https://oreil.ly/8GqO8*）。我自己用了 Terraform 這麼些年，卻還是經常要參酌這些文件，一天好幾次呢！

在終端機畫面中，請進到你剛才建立 *main.tf* 檔案所在的資料夾，並執行 `terraform init` 命令：

```
$ terraform init

Initializing the backend...

Initializing provider plugins...
- Reusing previous version of hashicorp/aws from the dependency lock file
- Using hashicorp/aws v4.19.0 from the shared cache directory

Terraform has been successfully initialized!
```

二進位檔案 `terraform` 中包含了 Terraform 的基本功能，但它並未包含任何 providers 所需的程式碼（例如 AWS Provider、Azure provider、GCP provider 等等），因此當你初次使用 Terraform 時，必須執行 `terraform init`，告訴 Terraform 先把程式碼掃描一遍，並查出你要使用的是哪些 providers，然後下載所需的程式碼。根據預設，provider 程式碼都會下載到 *.terraform* 這個資料夾裡，這是 Terraform 的暫存目錄（你可能得把

9 找出 AMI ID 所需的動作複雜到令人吃驚，請參閱這篇 Gruntwork 的部落格貼文（*https://oreil.ly/PqfxS*）。

它也加到 *.gitignore* 裡）。 Terraform 也會把下載而來的 provider 程式碼相關資訊記錄到 *.terraform.lock.hcl* 檔案裡（在第 313 頁的「模組要有版本控制」一節會再詳細說明這一點）。後面的章節還會再介紹一些關於 `init` 命令和 *.terraform* 資料夾的其他用途。但目前你只需知道，每當你啟用新的 Terraform 程式碼時，就必須執行一次 `init`，而且 `init` 無論執行多少次都沒有關係（這個命令是 idempotent 的）。

現在你已經下載了 provider 程式碼，請執行 `terraform plan` 命令：

```
$ terraform plan

(...)

Terraform will perform the following actions:

  # aws_instance.example will be created
  + resource "aws_instance" "example" {
      + ami                          = "ami-0fb653ca2d3203ac1"
      + arn                          = (known after apply)
      + associate_public_ip_address  = (known after apply)
      + availability_zone            = (known after apply)
      + cpu_core_count               = (known after apply)
      + cpu_threads_per_core         = (known after apply)
      + get_password_data            = false
      + host_id                      = (known after apply)
      + id                           = (known after apply)
      + instance_state               = (known after apply)
      + instance_type                = "t2.micro"
      + ipv6_address_count           = (known after apply)
      + ipv6_addresses               = (known after apply)
      + key_name                     = (known after apply)
      (...)
  }

Plan: 1 to add, 0 to change, 0 to destroy.
```

`plan` 這個命令會在 Terraform 實際進行變更之前，先讓你看到它會採取何種動作。這個妙招會在你將程式碼發佈到現實環境之前，先進行完整性檢查。而 `plan` 命令的輸出也會跟 Unix、Linux 和 `git` 當中的 `diff` 命令輸出頗為神似：任何帶有加號（+）的內容都會建立起來，而帶有減號（–）的內容就會被刪除，至於帶有波浪符號（~）的內容就會被更動。在以上的輸出訊息中，大家可以看出，Terraform 準備要建立一個 EC2 執行個體，除此無它，而這正就是我們的目的。

為了真正把執行個體建立起來，請執行 terraform apply 命令：

```
$ terraform apply

(...)

Terraform will perform the following actions:

  # aws_instance.example will be created
  + resource "aws_instance" "example" {
      + ami                          = "ami-0fb653ca2d3203ac1"
      + arn                          = (known after apply)
      + associate_public_ip_address  = (known after apply)
      + availability_zone            = (known after apply)
      + cpu_core_count               = (known after apply)
      + cpu_threads_per_core         = (known after apply)
      + get_password_data            = false
      + host_id                      = (known after apply)
      + id                           = (known after apply)
      + instance_state               = (known after apply)
      + instance_type                = "t2.micro"
      + ipv6_address_count           = (known after apply)
      + ipv6_addresses               = (known after apply)
      + key_name                     = (known after apply)
      (...)
  }

Plan: 1 to add, 0 to change, 0 to destroy.

Do you want to perform these actions?
  Terraform will perform the actions described above.
  Only 'yes' will be accepted to approve.

  Enter a value:
```

各位會注意到，apply 命令顯示的內容，與先前 plan 的輸出一樣，這時它會要求你確認，是否真的要繼續完成這個計畫。因此，雖說 plan 是作為一個獨立命令來使用，但它主要的用途仍是便於在程式碼審閱時迅速進行完整性檢查（第 10 章會再詳談此一題材），而大部分時間裡都是直接執行 apply，同時順便檢視此時顯示的計畫。

鍵入 **yes** 並按下 Enter 鍵，以便部署一個 EC2 執行個體：

```
Do you want to perform these actions?
  Terraform will perform the actions described above.
  Only 'yes' will be accepted to approve.

  Enter a value: yes
```

```
aws_instance.example: Creating...
aws_instance.example: Still creating... [10s elapsed]
aws_instance.example: Still creating... [20s elapsed]
aws_instance.example: Still creating... [30s elapsed]
aws_instance.example: Creation complete after 38s [id=i-07e2a3e006d785906]

Apply complete! Resources: 1 added, 0 changed, 0 destroyed.
```

恭喜，你剛剛已經用 Terraform 在你的 AWS 帳號中部署了一個 EC2 執行個體！要驗證成果，請轉到 EC2 console（*https://amzn.to/2GOFxdI*），應該就會看到類似圖 2-4 的內容。

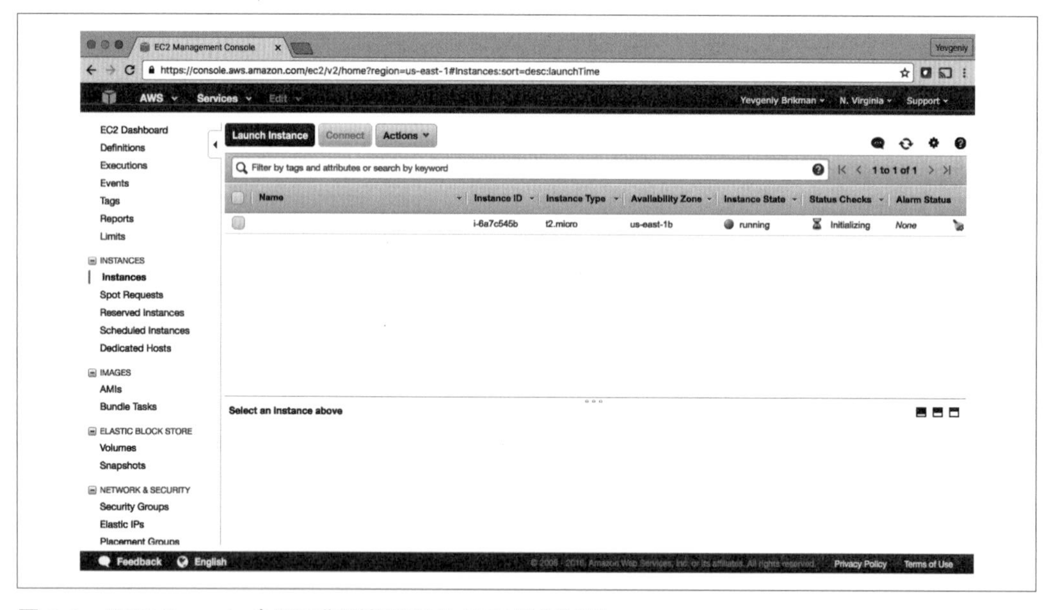

圖 2-4 AWS Console 會顯示你剛部署好的 EC2 執行個體

不意外，執行個體的確已經存在，只不過你不得不承認，這還不算是最出色的例子。我們再來添加一點趣味。首先請注意這個 EC2 執行個體沒有名字。為了取個名字，你得在 `aws_instance` 資源裡加上 `tags`：

```
resource "aws_instance" "example" {
  ami           = "ami-0fb653ca2d3203ac1"
  instance_type = "t2.micro"
```

```
  tags = {
    Name = "terraform-example"
  }
}
```

再次執行 terraform apply，看看有何變化：

```
$ terraform apply

aws_instance.example: Refreshing state...
(...)

Terraform will perform the following actions:

  # aws_instance.example will be updated in-place
  ~ resource "aws_instance" "example" {
        ami                          = "ami-0fb653ca2d3203ac1"
        availability_zone            = "us-east-2b"
        instance_state               = "running"
        (...)
      + tags                         = {
          + "Name" = "terraform-example"
        }
        (...)
    }

Plan: 0 to add, 1 to change, 0 to destroy.

Do you want to perform these actions?
  Terraform will perform the actions described above.
  Only 'yes' will be accepted to approve.

  Enter a value:
```

Terraform 會記得它已經為這套組態檔建置過的所有資源，因此它也會知道你的 EC2 執行個體確實已經存在（注意，當你執行 apply 命令時，Terraform 顯示的訊息是 Refreshing state…），而且它會指出目前已經部署好的內容、與你的 Terraform 程式碼之間的差異（這便是採用宣告式語言代替程序式語言的好處之一，正如我們在第 21 頁的「Terraform 與其他 IaC 工具相較如何？」一節中所述）。以上顯示的差異正顯示出 Terraform 只要加上一個名為 Name 的標籤，這正是你想要達成的，所以請鍵入 **yes**、再按下 Enter 鍵。

當你更新 EC2 console 的畫面後，就會看到類似圖 2-5 的樣貌。

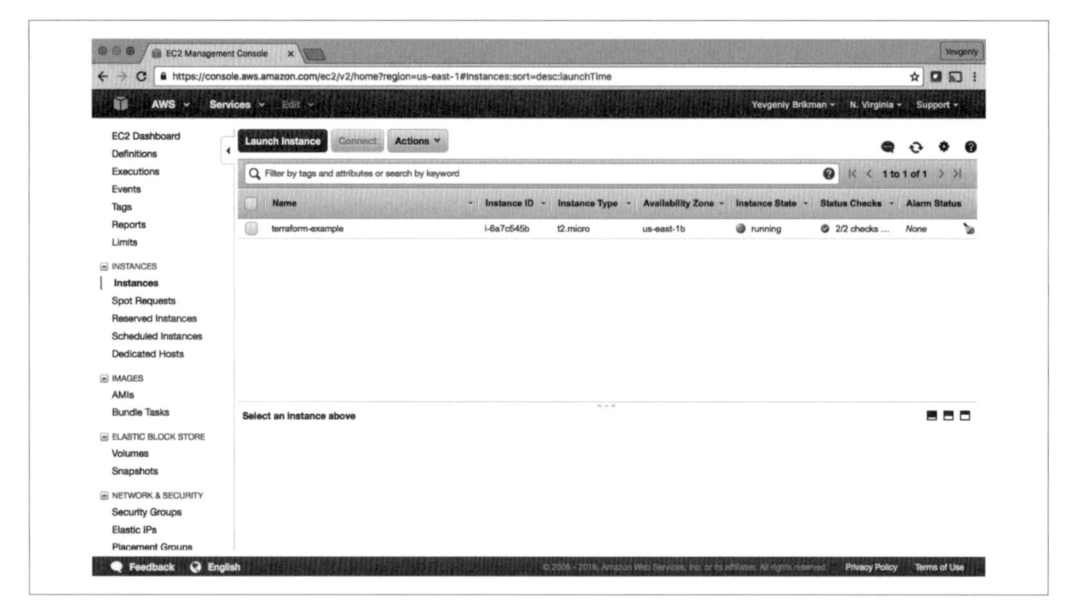

圖 2-5　EC2 執行個體現在有名稱標籤了

現在你手邊已經有一些可以運作的 Terraform 程式碼了，或許你會想把它們納入版本控管。這樣一來，你就可以與其他團隊成員分享程式碼內容，同時追蹤所有的基礎架構異動紀錄，並利用提交日誌（commit log）來輔助故障排除。舉例來說，以下動作會建立一個本地端的 Git 儲存庫（repository）[譯註]，並用它來儲存你的 Terraform 組態檔案及鎖定檔（第 8 章會再詳細說明鎖定檔，目前各位只需知道鎖定檔也應該和程式碼一樣納入版本控管就好）：

```
git init
git add main.tf .terraform.lock.hcl
git commit -m "Initial commit"
```

此外你也應該把以下內容列入 *.gitignore* 檔案：

```
.terraform
*.tfstate
*.tfstate.backup
```

[譯註] 還記得在第 47 頁時初次建立的空資料夾嗎？你的 *main.tf* 檔案放在此處？現在 Git 便是針對此一目錄下的內容建立版本控管。

以上的 *.gitignore* 檔案內容會讓 Git 忽略 *.terraform* 資料夾，因為該資料夾僅供 Terraform 作為臨時暫存目錄而已，無須納入版本控管，此外，**.tfstate* 檔案也無須控管，因為這些是 Terraform 用來儲存狀態的檔案（第 3 章便會說明為何狀態檔不應被放入（checked in）版本控管範圍。此外，*.gitignore* 檔案本身也應該納入版本控管：

```
git add .gitignore
git commit -m "Add a .gitignore file"
```

為了與團隊同仁共享程式碼，你必須建立一個共用的 Git 儲存庫，讓大家都能存取。做法之一便是利用 GitHub。請打開 GitHub 網頁，如果你還沒有自己的 GitHub 帳號，就申請一組，然後建立新的儲存庫。然後請把你的本地 Git 儲存庫設定成可以將新建的 GitHub 儲存庫作為遠端的端點，命名為 `origin`，就像這樣：

```
git remote add origin git@github.com:<YOUR_USERNAME>/<YOUR_REPO_NAME>.git
```
[譯註 1]

現在起，每當你要把提交的內容分享給團隊成員時，就將其**推送**（*push*）至 `origin`：

```
git push origin main
```
[譯註 2]

而每當你想看看團隊成員修改的內容時，就從 `origin` 做一次**拉取**（*pull*）的動作：

```
git pull origin main
```

當你一邊閱讀本書其他篇幅內容、一邊使用 Terraform 時，務必記住要經常地進行 `git commit` 及 `git push` 等動作，以便提交你更動過的內容。這樣一來，你不僅可以與團隊成員一起協作這段程式碼內容，而且你所有的基礎架構異動內容都會被提交日誌記錄下來，這在除錯時會非常有幫助。第 10 章會再詳盡說明團隊使用 Terraform 的方式。

部署單一網頁伺服器

下一步就該在這個執行個體上運行一套網頁伺服器了。目標是要部署形式最簡單的網頁架構：單一的網頁伺服器，可以對 HTTP 請求做出回應，如圖 2-6 所示。

[譯註 1] 使用 git@github.com: 的連線方式，涉及你必須建立一對 SSH 的公開與私密金鑰，然後你得把公開金鑰放到 github 上，這樣才能自動用本地的私密金鑰來向 github.com 認證。

[譯註 2] 如果你的 Git 本地分支預設名稱仍是 master，請上網參閱修正方式；或逕自改回 git push origin master 也無妨。

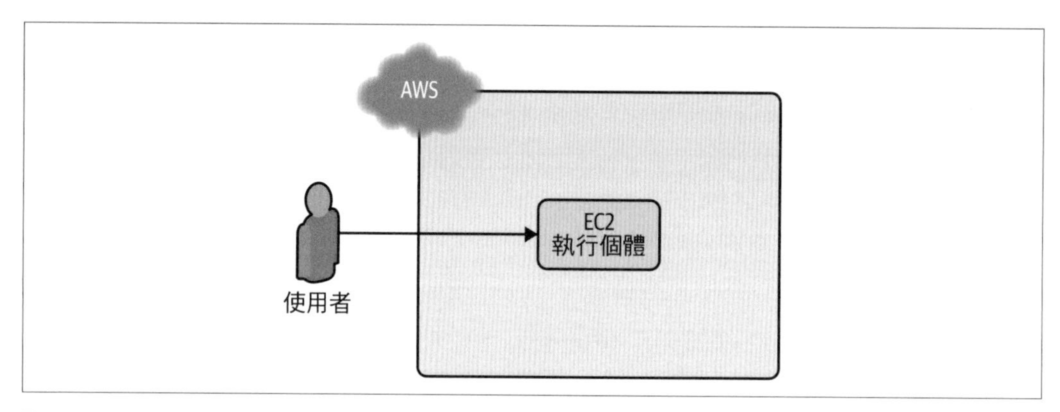

圖 2-6　從簡單的架構著手：在 AWS 中運行單一網頁伺服器、並回應 HTTP 請求

在現實環境的案例中，你可能會透過像是 Ruby on Rails 或 Django 這樣的網頁框架來建置網頁伺服器，但是為了讓範例保持簡單，我們只要運行一個最簡單的網頁伺服器，它只會固定傳回「Hello, World」的字樣[10]：

```
#!/bin/bash
echo "Hello, World" > index.html
nohup busybox httpd -f -p 8080 &
```

這其實只是一個 Bash 命令稿，它會將「Hello, World」的字樣寫到 *index.html* 檔案裡，並執行一個名為 `busybox` 的工具（Ubuntu 預設就會先安裝該工具）來啟動一個網頁伺服器，然後傾聽 8080 號通訊埠、並在此提供以上 html 檔案的內容作為回應。筆者用 `nohup` 字樣和另一個 `&` 字符將這段 `busybox` 命令包起來，因此這個網頁伺服器就會持續地在背景端運作，而 Bash 命令稿就可以視為執行完畢並退出。

通訊埠編號

在上例中，使用 8080 號通訊埠來取代 HTTP 預設的 80 號通訊埠，是因為要讓執行程序傾聽任何低於 1024 以下的通訊埠，都需要動用 root 使用者權限。這是有安全風險的，因為任何攻擊者只要能破解你的伺服器，便能變相地取得 root 的特權。

因此，要運行網頁伺服器的最佳實施方式，是以權限有限的 nonroot 使用者身分來執行它。亦即你必須改為傾聽數字較高的通訊埠，但是本章後面也會提到，你還可以再設置一個負載平衡器，讓它去傾聽 80 號通訊埠，再把流量轉往你的伺服器正在傾聽的高數值通訊埠。

---

10 你可以在 GitHub 上（*https://bit.ly/2OIIrr2*）找到一個簡便清單，其中都是單行內容就能啟動的 HTTP 伺服器。

如何讓 EC2 執行個體乖乖地執行這段命令稿？通常就像第 8 頁的「伺服器範本編寫工具」一節中所說的，你會利用像是 Packer 之類的工具去建置一套自訂的 AMI，其中已經裝有一套網頁伺服器。但由於本例只是一個用 busybox 和單行內容就跑起來的陽春網頁伺服器，你可以只用普通 Ubuntu 20.04 的 AMI，再令其將「Hello, World」命令稿作為 EC2 執行個體中的 *User Data* 組態的一部分、並加以執行即可。當你啟動 EC2 執行個體時，有一個選項可以將 shell 命令稿或是 cloud-init 的目錄傳遞給 User Data，然後 EC2 執行個體便會在初次啟動時去執行它。在本例中，你是在 Terraform 程式碼中設置了 user_data 這個引數，然後藉由它將 shell 命令稿傳給 User Data 組態：

```
resource "aws_instance" "example" {
  ami                    = "ami-0fb653ca2d3203ac1"
  instance_type          = "t2.micro"

  user_data = <<-EOF
              #!/bin/bash
              echo "Hello, World" > index.html
              nohup busybox httpd -f -p 8080 &
              EOF

  user_data_replace_on_change = true

  tags = {
    Name = "terraform-example"
  }
}
```

以上程式碼中有兩點需要注意：

- <<-EOF 和 EOF 都是 Terraform 專用的 *heredoc* 語法，它可以讓你產生跨行的字元、但卻不必加上換行字元 \n。
- user_data_replace_on_change 參數被設為 true，因此當你更改 user_data 參數並執行 apply 時，Terraform 會終止（terminate）原本的執行個體、並重新啟動一個全新的執行個體。Terraform 原本預設的行為模式是只會更新既有的執行個體，但由於 User Data 這個組態只會在每次重新啟動時才會執行，而你原本的執行個體先前便已歷經過一次啟動程序、在執行當中了，因此你必須設法強迫重新建立一個執行個體，才能確保新改好的 User Data 命令稿會真的再被執行一次。

要讓這個網頁伺服器能夠運作，你還有一件事要做。按照預設，AWS 是不允許某個 EC2 執行個體接收對內流量、也不允許對外發出流量的。要讓 EC2 執行個體能在 8080 號通訊埠接收流量，還必須建立一個**安全群組**（*security group*）：

```
resource "aws_security_group" "instance" {
  name = "terraform-example-instance"

  ingress {
    from_port   = 8080
    to_port     = 8080
    protocol    = "tcp"
    cidr_blocks = ["0.0.0.0/0"]
  }
}
```

以上程式碼會建立一種名為 `aws_security_group` 的新資源（注意，所有與 AWS Provider 相關的資源命名皆以 `aws_` 開頭），並指定這個群組允許來自 CIDR 區塊 0.0.0.0/0、通往 8080 號通訊埠的對內 TCP 連線請求。*CIDR* **區塊**是一種指定 IP 位址範圍的簡便方式。譬如說，10.0.0.0/24 這個 CIDR 區塊便代表從 10.0.0.0 到 10.0.0.255 之間所有的 IP 位址。而 CIDR 區塊 0.0.0.0/0 則代表任何可能的 IP 位址，因此這個安全群組確實會允許來自任何 IP 往 8080 號通訊埠的對內連線請求[11]。

光是建立安全群組是不夠的；你還得告訴 EC2 執行個體去實際使用這個安全群組，做法則是把資源群組的識別碼（ID）設為 `aws_instance` 資源的 `vpc_security_group_ids` 引數。要做到這一點之前，你得先理解一下 Terraform 裡**表示式**（*expressions*）的概念。

Terraform 的表示式其實就是任何可以傳回資料值的寫法。你剛剛已經見識過最簡單的表示式類型，亦即**字面值**（*literals*），像是字串（例如 `"ami-0fb653ca2d3203ac1"`）和數字（例如 `5`）等等。Terraform 支援多種類型的表示式寫法，各位在本書後面還會看到很多例子。

有一種類型的表示式尤為有用，它就是**參照**（*reference*），你可以靠它來取得位於程式碼中其他部位的資料值。要取得安全群組資源的識別碼，你得利用所謂的**資源屬性參照**（*resource attribute reference/*），其語法如下：

```
<PROVIDER>_<TYPE>.<NAME>.<ATTRIBUTE>
```

這裡的 `PROVIDER` 就是 provider 的名稱（例如 `aws`），而 `TYPE` 就是資源類型（例如 `security_group`），`NAME` 則是資源名稱（例如這個安全群組的名稱就是 `"instance"`），最後的 `ATTRIBUTE` 當然就是資源的任何引數之一（例如 `name`）或是被該資源**匯出**（*exported*）的屬性之一（至於每種資源有哪些可用的屬性清單，請參閱文件）。安全群組會匯出的屬性之一便是 `id`，因此它的參照表示式就要寫成這樣：

```
aws_security_group.instance.id
```

11 要進一步理解 CIDR 如何運作，請參閱這篇維基百科（*https://bit.ly/2l8Ki9g*）。如果需要能方便轉換 IP 位址範圍與 CIDR 寫法的計算機，可在瀏覽器中開啟 *https://cidr.xyz/*、或是在終端機中安裝 `ipcalc` 命令。

現在你可以把這個安全群組識別碼放到 aws_instance 的 vpc_security_group_ids 引數裡了，就像這樣：

```
resource "aws_instance" "example" {
  ami                    = "ami-0fb653ca2d3203ac1"
  instance_type          = "t2.micro"
  vpc_security_group_ids = [aws_security_group.instance.id]

  user_data = <<-EOF
              #!/bin/bash
              echo "Hello, World" > index.html
              nohup busybox httpd -f -p 8080 &
              EOF

  user_data_replace_on_change = true

  tags = {
    Name = "terraform-example"
  }
}
```

當你在一個資源中新增對另一個資源的參照時，其實就等於建立了一個**隱性的依存關係**（*implicit dependency*）。Terraform 會剖析所有的依存關係，並據以建立依存關係圖（dependency graph），然後便會根據這份關係圖自動判斷出建立資源應有的順序。譬如說，如果你是從零開始部署這段程式碼，Terraform 就會知道，由於 EC2 執行個體需要參照安全群組的識別碼，因此它必須先建立安全群組、然後才建立 EC2 執行個體。你甚至可以叫 Terraform 把依存關係圖顯示給你看，辦法就是執行 graph 命令：

```
$ terraform graph

digraph {
        compound = "true"
        newrank = "true"
        subgraph "root" {
                "[root] aws_instance.example"
                  [label = "aws_instance.example", shape = "box"]
                "[root] aws_security_group.instance"
                  [label = "aws_security_group.instance", shape = "box"]
                "[root] provider.aws"
                  [label = "provider.aws", shape = "diamond"]
                "[root] aws_instance.example" ->
                  "[root] aws_security_group.instance"
                "[root] aws_security_group.instance" ->
                  "[root] provider.aws"
                "[root] meta.count-boundary (EachMode fixup)" ->
                  "[root] aws_instance.example"
```

```
                "[root] provider.aws (close)" ->
                  "[root] aws_instance.example"
                "[root] root" ->
                  "[root] meta.count-boundary (EachMode fixup)"
                "[root] root" ->
                  "[root] provider.aws (close)"
        }
}
```

以上輸出是以一種名為 DOT 的圖形描述語言顯示出來的，你甚至可以透過像是 Graphviz 之類的桌面應用程式、或是 GraphvizOnline（*https://bit.ly/2mPbxmg*）之類的網頁應用[12]，將它轉換成視覺圖像，就像圖 2-7 顯示的依存關係圖那樣。

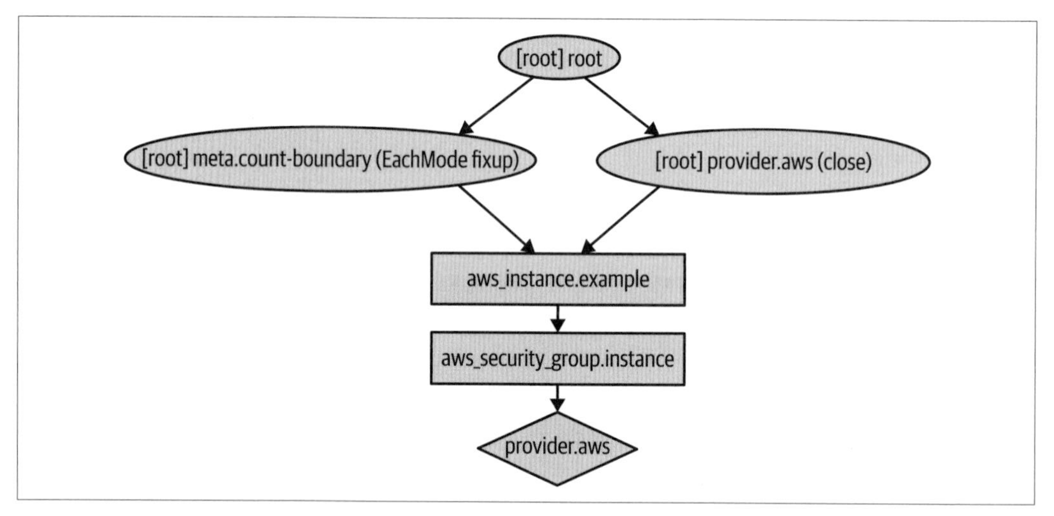

圖 2-7　這便是以 Graphviz 繪製的 EC2 執行個體與其安全群組之間的依存關係圖

當 Terraform 巡視你的依存關係樹時，它會盡量同時建立多個資源，也就因為如此，它才能相當有效率地套用你變更過的內容。這正是宣告式語言美妙之處：你只需指出你的目的，然後 Terraform 會自行決定最有效率的達成方式。

當你執行 apply 命令時，就會看到 Terraform 正要建立一個安全群組、同時用新進的使用者資料去替換 EC2 執行個體：

```
$ terraform apply

(...)
```

12 注意，就算 graph 命令確實對於少量資源之間的關係視覺化有所助益，但是當資源數量以成打計算甚至上百時，這張圖便會變得龐雜無比，失去了一目了然的功用。

```
Terraform will perform the following actions:

  # aws_instance.example must be replaced
-/+ resource "aws_instance" "example" {
        ami                          = "ami-0fb653ca2d3203ac1"
      ~ availability_zone            = "us-east-2c" -> (known after apply)
      ~ instance_state               = "running" -> (known after apply)
        instance_type                = "t2.micro"
        (...)
      + user_data                    = "c765373..." # forces replacement
      ~ volume_tags                  = {} -> (known after apply)
      ~ vpc_security_group_ids       = [
          - "sg-871fa9ec",
        ] -> (known after apply)
        (...)
    }

  # aws_security_group.instance will be created
  + resource "aws_security_group" "instance" {
      + arn                    = (known after apply)
      + description            = "Managed by Terraform"
      + egress                 = (known after apply)
      + id                     = (known after apply)
      + ingress                = [
          + {
              + cidr_blocks      = [
                  + "0.0.0.0/0",
                ]
              + description      = ""
              + from_port        = 8080
              + ipv6_cidr_blocks = []
              + prefix_list_ids  = []
              + protocol         = "tcp"
              + security_groups  = []
              + self             = false
              + to_port          = 8080
            },
        ]
      + name                   = "terraform-example-instance"
      + owner_id               = (known after apply)
      + revoke_rules_on_delete = false
      + vpc_id                 = (known after apply)
    }

Plan: 2 to add, 0 to change, 1 to destroy.
```

```
Do you want to perform these actions?
  Terraform will perform the actions described above.
  Only 'yes' will be accepted to approve.

  Enter a value:
```

在 plan 的輸出中，-/+ 意謂著「替換」；請到 plan 的輸出訊息裡找一段「forces replacement」的字樣，就可以看出是哪一部分要求 Terraform 要進行替換。由於你把 user_data_replace_on_change 的值設成了 true、又添加了 user_data 參數，如此就會強迫進行替換，亦即原本的 EC2 執行個體會終止、然後會另外建置一個全新的執行個體。這正是第 8 頁的「伺服器範本編寫工具」一節中所述，不可變基礎架構樣式的一個例子。值得一提的是，當網頁伺服器被替換之時，任何網頁伺服器的使用者都會感受到服務離線了一陣子；第 5 章會教大家如何進行零停機時間的部署。

由於執行計畫看起來沒有大礙，就鍵入 **yes**，然後你就會看到新的 EC2 執行個體正在部署，如圖 2-8 所示。

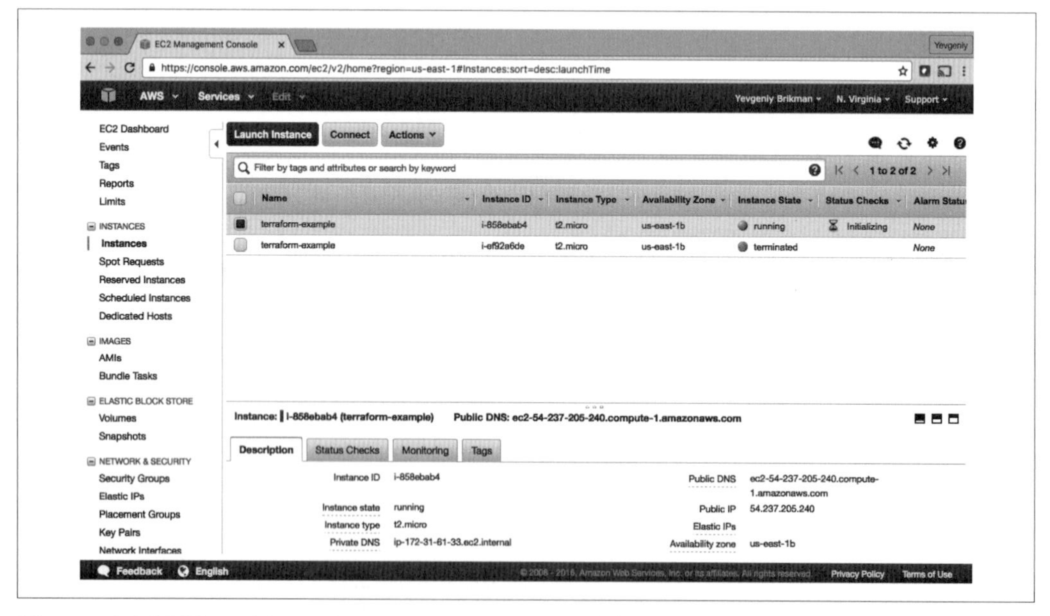

圖 2-8　含有網頁伺服器程式碼的新 EC2 執行個體取代了舊有的執行個體

如果你去點選新的執行個體，就會在螢幕下方描述欄位中看到它的公開 IP 位址。請靜候一兩分鐘，讓執行個體完成開機啟動，然後用瀏覽器或 curl 之類的工具程式去打開該 IP 位址及 8080 號通訊埠，嘗試發出 HTTP 請求：

```
$ curl http://<EC2_INSTANCE_PUBLIC_IP>:8080
Hello, World
```

讚啦！現在你在 AWS 上有一台網頁伺服器正在運作了！

> **網路安全性**
>
> 本書範例為求簡單起見，都只部署到 Default VPC（先前已經說明過），此外還會放到該 VPC 的預設**子網路**（*subnets*）當中。VPC 內部會被分隔成一個以上的子網路，每一個都有自己的 IP 位址群。而 Default VPC 當中的子網路，全都是所謂的**公開子網路**（*public subnets*），亦即它們的 IP 位址都可以從公開的網際網路上操作得到。正因如此你才能從家中的電腦測試 EC2 執行個體上的網頁。
>
> 如果只是要快速地體驗測試一下，部署到公開子網路倒還無妨，但如果是在現實世界中的案例，安全風險可就大了。全球的黑客們可都是**一天到晚**都在隨機掃描 IP 位址、刺探有無弱點存在。如果你的伺服器公開暴露，只要有那麼一個缺乏防護的通訊埠不小心開放了、或是執行了含有已知弱點的過時程式碼，遲早都會有人闖進來。
>
> 有鑑於此，你應該把正式環境系統的所有伺服器、當然也包括資料儲存這部分的資源，都部署到**私有子網路**（*private subnets*）上，這裡的 IP 位址一律都只能從 VPC 內部才能存取，從公開的網際網路是接觸不到的。唯一應該放到公開子網路運行的伺服器，就是少量的反向代理伺服器（reverse proxies）和盡量鎖定只接受特定連線的負載平衡器（本章稍後便有範例會介紹如何部署一組負載平衡器）。

部署一套可以設定的網頁伺服器

或許你已經注意到，網頁伺服器的程式碼中有兩處重複指定了 8080 號通訊埠，一處是安全群組、另一處是 User Data 的組態區段。這顯然違背了所謂的**萬事只要做一次就好**（*Don't Repeat Yourself*（*DRY*））法則：任何一份資訊，在系統中都應該只有一處、而且是以明確無疑義的權威形式存在[13]。如果你在兩個地方都設定了通訊埠號，那將來就很有可能只記得更新了一處、但卻忘記另一處也要做同樣的更正。

13 引用自 Andy Hunt 與 Dave Thomas 合著的《*The Pragmatic Programmer*》（Addison-Wesley Professional 出版）。

為了確保程式碼盡量遵循 DRY 法則、而且也容易設定起見，Terraform 允許定義所謂的**輸入變數**（*input variables*）。以下便是宣告變數時的語法：

```
variable "NAME" {
  [CONFIG ...]
}
```

變數宣告的本體可以包含以下選用的（不一定都要有）參數：

`description`

用這個參數來記錄變數使用的方式，絕對是良好的習慣。你的團隊成員可以隨時看到這段描述，無論是在閱讀程式碼內容的時候、還是在執行 `plan` 或 `apply` 命令的時候（很快就會有例子可以看）。

`default`

要餵一個值給變數，做法有好幾種，像是在命令列執行時直接傳入（利用 `-var` 選項）、或是利用檔案傳入（利用 `-var-file` 選項）、甚至是引用環境變數（Terraform 會尋找名稱格式為 `TF_VAR_<variable_name>` 的變數，這種就是環境變數）。萬一沒有值傳入給變數，變數便會自動以預設值來賦值。要是連預設值也從缺，Terraform 便會以互動的方式提示使用者，請他們指定一個變數值。

`type`

這可以對使用者傳入的變數施加**型別約束條件**（*type constraints*）。Terraform 支援好幾種型別約束條件，包括 `string`、`number`、`bool`、`list`、`map`、`set`、`object`、`tuple`、以及 `any`。加上型別約束條件是一項好習慣，它可以捕捉到一些簡單的錯誤。如果你沒有指定型別，Terraform 便會逕自將型別訂為 `any`。

`validation`

這會讓你替輸入變數定義自訂驗證規則，而且檢查的複雜度遠高於基本的型別檢查，像是對數值檢查下限或上限值等等。第 8 章中會介紹與驗證有關的範例。

`sensitive`

如果你把輸入變數的這個參數設為 `true`，Terraform 就不會在你執行 `plan` 或 `apply` 時把變數值記錄在日誌內。如果你透過變數將任何密語（secrets，例如密碼、API 金鑰等等）傳給 Terraform 程式碼，就該加上這個參數。我會在第 6 章時再詳談這一點。

以下是一個輸入變數的例子，它會檢查並驗證你傳入的值確實是一個數字：

```
variable "number_example" {
  description = "An example of a number variable in Terraform"
  type        = number
  default     = 42
}
```

以下是一個會檢查資料值型別是否為清單（list）的例子：

```
variable "list_example" {
  description = "An example of a list in Terraform"
  type        = list
  default     = ["a", "b", "c"]
}
```

你也可以把型別約束條件加以組合。舉例來說，以下有一個清單型別的輸入變數，但清單中所有的元素（items）必須一律都是數字：

```
variable "list_numeric_example" {
  description = "An example of a numeric list in Terraform"
  type        = list(number)
  default     = [1, 2, 3]
}
```

這裡則是一個所有內含資料值都必須是字串的 map ：

```
variable "map_example" {
  description = "An example of a map in Terraform"
  type        = map(string)

  default = {
    key1 = "value1"
    key2 = "value2"
    key3 = "value3"
  }
}
```

當然你還可以定義更為複雜的結構化型別（*structural types*），也就是物件型別約束條件：

```
variable "object_example" {
  description = "An example of a structural type in Terraform"
  type        = object({
    name    = string
    age     = number
    tags    = list(string)
    enabled = bool
  })
```

```
  default = {
    name    = "value1"
    age     = 42
    tags    = ["a", "b", "c"]
    enabled = true
  }
}
```

上例建立了一個輸入變數，其資料值型別為物件，而且物件中含有名稱為 `name` 的鍵（鍵值必須是字串）、`age` 鍵（鍵值必須是數字）、`tags` 鍵（其值必須是字串組成的清單）、以及 `enabled` 鍵（其值必須為布林值）。如果你嘗試將這個變數中的鍵值設為不符型別需求，Terraform 馬上就會拋出型別錯誤的警訊。下例便展示一個刻意製造的錯誤，它對 `enabled` 鍵賦值了一個字串、而不是約束條件規定的布林值：

```
variable "object_example_with_error" {
  description = "An example of a structural type in Terraform with an error"
  type        = object({
    name    = string
    age     = number
    tags    = list(string)
    enabled = bool
  })

  default = {
    name    = "value1"
    age     = 42
    tags    = ["a", "b", "c"]
    enabled = "invalid"
  }
}
```

結果當然馬上就現世報了：

```
$ terraform apply

Error: Invalid default value for variable

  on variables.tf line 78, in variable "object_example_with_error":
  78:   default = {
  79:     name    = "value1"
  80:     age     = 42
  81:     tags    = ["a", "b", "c"]
  82:     enabled = "invalid"
  83:   }

This default value is not compatible with the variable's type constraint: a
bool is required.
```

現在回到我們原本網頁伺服器的例子，你需要用一個變數來儲存通訊埠號：

```
variable "server_port" {
  description = "The port the server will use for HTTP requests"
  type        = number
}
```

注意 `server_port` 這個輸入變數沒有 `default` 屬性（也就是沒指定預設值），因此若你馬上就執行了 `apply` 命令，Terraform 便會以互動方式提示，同時把變數的 `description` 屬性顯示出來（所以你才能知道變數用途為何），提醒你為 `server_port` 輸入一個值：

```
$ terraform apply

var.server_port
  The port the server will use for HTTP requests

  Enter a value:
```

如果你不想處理這種互動方式，當然也可以在執行時用 `-var` 這個命令列選項來提供變數值：

```
$ terraform plan -var "server_port=8080"
```

甚至可以乾脆直接設定一個名為 `TF_VAR_<name>` 環境變數，這裡的 `<name>` 就是你要套用的變數名稱，這樣 Terraform 就可以從環境變數 `TF_VAR_<name>` 得知變數 `<name>` 的值：

```
$ export TF_VAR_server_port=8080
$ terraform plan
```

又或者你根本不想在每次執行 `plan` 或 `apply` 時，還要去記憶額外的命令列引數，乾脆就指定一個 `default` 的值豈不更好：

```
variable "server_port" {
  description = "The port the server will use for HTTP requests"
  type        = number
  default     = 8080
}
```

現在若要引用 Terraform 程式碼中已經定義好的輸入變數值，就要使用另一個新型的表示式寫法，也就是**變數參照**（*variable reference*），其語法如下：

```
var.<VARIABLE_NAME>
```

譬如說，如果你想把 from_port 和 to_port 這兩個安全群組的參數值都設成跟 server_port 變數一樣的話，就要這樣做：

```
resource "aws_security_group" "instance" {
  name = "terraform-example-instance"

  ingress {
    from_port   = var.server_port
    to_port     = var.server_port
    protocol    = "tcp"
    cidr_blocks = ["0.0.0.0/0"]
  }
}
```

然後，如果能在 User Data 的命令稿中也用同一個變數來指定通訊埠號，才算達到了 DRY 的目的。為了要在字串的字面值中達到引用變數的效果，你必須再引進另一種新型的表示式，它就是**變數展開**（*interpolation*），其語法如下：

```
"${...}"
```

任何有效的參照都可以放到大括號裡，Terraform 會嘗試將變數析出並轉換成字串。譬如把 var.server_port 放到 User Data 要用的字串裡：

```
  user_data = <<-EOF
              #!/bin/bash
              echo "Hello, World" > index.html
              nohup busybox httpd -f -p ${var.server_port} &
              EOF
```

除了輸入變數，Terraform 還允許你定義所謂的**輸出變數**（*output variables*），其語法如下：

```
output "<NAME>" {
  value = <VALUE>
  [CONFIG ...]
}
```

NAME 會是輸出變數的名稱，而 VALUE 則可以是任何你希望輸出的 Terraform 表示式。CONFIG 裡可以包含以下選用的參數：

description
  用這個參數來記錄輸出變數所包含的資料型別，絕對是良好的習慣。

sensitive

把這個參數設為 true，Terraform 就不會在 plan 或 apply 的執行尾聲時把輸出變數值記錄在日誌內。當輸出變數中含有任何密語（例如密碼、私密金鑰等等）時，這個參數就會很有用。注意，如果你的輸出變數會參照另一個輸入變數、或是資源屬性，而被參照的對象也被標示為 sensitive = true，那麼你**務必**也要把輸出變數標示為 sensitive = true，代表你是有意輸出這段密語的。

depends_on

Terraform 通常會根據你程式碼中的參照關係，自動判斷出依存關係圖，但在極少數的狀況下，你必須給它額外的提示。譬如說，你或許有一個輸出變數是會傳回伺服器 IP 位址的，但是必須等到伺服器套用的安全群組（其作用相當於防火牆）先正確設定過後，才能取得這個 IP。這時你就可以透過 depends_on，明確地告訴 Terraform，在 IP 位址輸出變數和安全群組資源之間是有依存關係存在的。

舉例來說，你無須在 EC2 console 四處用滑鼠點來點去才能找到伺服器的 IP 位址，只需以輸出變數取得 IP 位址即可：

```
output "public_ip" {
  value       = aws_instance.example.public_ip
  description = "The public IP address of the web server"
}
```

這段程式碼再度利用了屬性參照，只不過這回參照的是 aws_instance 資源的 public_ip 屬性。如果你再次執行 apply 命令，Terraform 不會套用任何變更（因為你未更動任何資源），但它卻會在結尾時顯示新的輸出：

```
$ terraform apply

(...)

aws_security_group.instance: Refreshing state... [id=sg-078ccb4f9533d2c1a]
aws_instance.example: Refreshing state... [id=i-028cad2d4e6bddec6]

Apply complete! Resources: 0 added, 0 changed, 0 destroyed.

Outputs:

public_ip = "54.174.13.5"
```

如上所見，一旦你執行 `terraform apply`，console 便會顯示輸出變數，而你的 Terraform 程式碼用戶應該會覺得它十分有用（例如現在你就知道，一旦部署好網頁伺服器後，該用哪一個 IP 來測試它了）。你也可以不套用任何變更，就能用 `terraform output` 這個命令來列出所有的輸出變數：

```
$ terraform output
public_ip = "54.174.13.5"
```

你甚至可以執行 `terraform output <OUTPUT_NAME>`，來指定取得 `<OUTPUT_NAME>` 這個特定輸出的值：

```
$ terraform output public_ip
"54.174.13.5"
```

這個功能在撰寫命令稿時尤其有用。譬如說，你可以寫出一段部署命令稿，其中會執行 `terraform apply` 以便部署網頁伺服器，再以 `terraform output public_ip` 取得伺服器的公開 IP，然後就可以對該 IP 執行 `curl`、當作是一次簡單的冒煙測試（smoke test），藉以驗證部署是否如預期運作。

要建立可以設定、又可以重複使用的基礎架構，輸入與輸出變數都是最基本的要素，第 4 章會進一步介紹這項主題。

部署網頁伺服器叢集

運行單一伺服器是很好的起點，但是在現實的世界裡，單一伺服器就代表著單一咽喉弱點。萬一這台伺服器掛了，或是它因為流量過大而超載，使用者便無法再使用你的網站。解法是運行一個伺服器叢集，讓流量繞過無法運作的伺服器，並依照流量高低增減叢集的規模[14]。

要手動管理這樣的一個叢集，需要大量的作業。還好 AWS 的 Auto Scaling Group（ASG）可以代勞，其概念如圖 2-9 所示。ASG 會完全自動地為你處理大量的任務，包括啟動一組 EC2 執行個體的叢集、監控每個執行個體的健康狀況、汰換故障的執行個體，並根據負載來調節叢集的規模。

14 要深入了解如何在 AWS 上建置兼具高可用性與可調節規模的系統，請參閱 Josh Padnick 所寫的「A Comprehensive Guide to Building a Scalable Web App on Amazon Web Services - Part 1」一文（*https://bit.ly/2mpSXUZ*）。

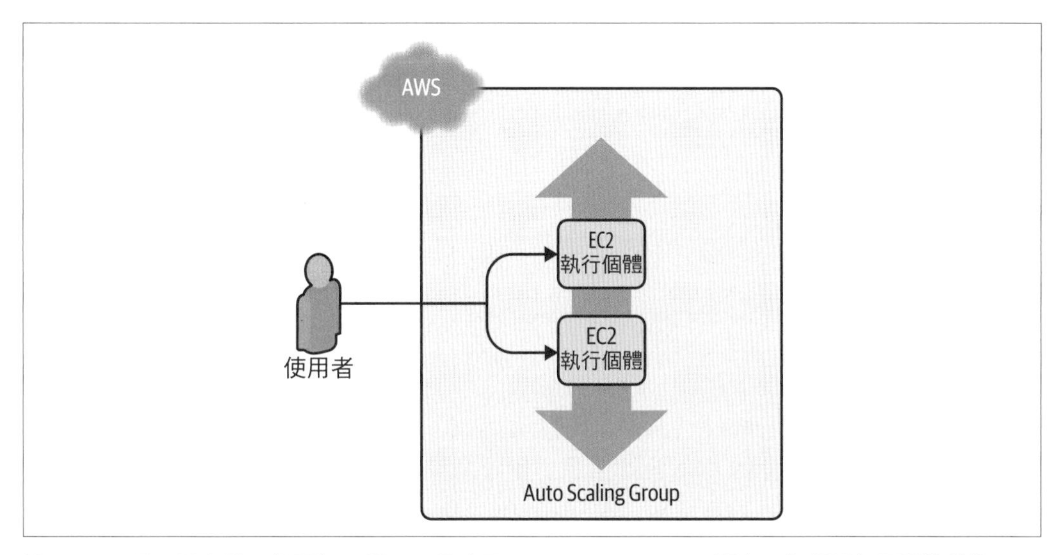

圖 2-9　不要只運行單一網頁伺服器，而是改用 Auto Scaling Group 運行一個網頁伺服器的叢集

要建立一個 ASG，第一步是要先產生一個 *launch configuration*（啟動組態），其中會指定如何設定 ASG 裡的每一個 EC2 執行個體[15]。aws_launch_configuration 這個資源所使用的參數，幾乎全都跟 aws_instance 資源一樣，例外只有三處：其一是它不支援標籤（標籤功能要改由 aws_autoscaling_group 這個資源來掌控）、其二是它沒有 user_data_replace_on_change 參數（因為 ASG 原本預設就是要啟動新的執行個體，因此它不需要這個參數）、其三則是有兩個參數的名字變了（ami 改成 image_id、而 vpc_security_group_ids 變成 security_groups），因此你要把 aws_instance 改寫成以下的 aws_launch_configuration：

```
resource "aws_launch_configuration" "example" {
  image_id        = "ami-0fb653ca2d3203ac1"
  instance_type   = "t2.micro"
  security_groups = [aws_security_group.instance.id]

  user_data = <<-EOF
              #!/bin/bash
              echo "Hello, World" > index.html
              nohup busybox httpd -f -p ${var.server_port} &
              EOF
}
```

15 最近你應該不要再使用啟動組態，而是應該改用 *launch template*（啟動範本，資源名稱為 aws_launch_template）來搭配 ASG。然而，筆者在本書範例中還是會用啟動組態來說明，因為等到第 5 章要解釋零停機時間的部分概念時，用它來當教材比較方便。

現在你可以用 `aws_autoscaling_group` 這個資源來建立 ASG 本身了：

```
resource "aws_autoscaling_group" "example" {
  launch_configuration = aws_launch_configuration.example.name

  min_size = 2
  max_size = 10

  tag {
    key                 = "Name"
    value               = "terraform-asg-example"
    propagate_at_launch = true
  }
}
```

這個 ASG 會運行 2 到 10 個 EC2 執行個體（預設初步啟動叢集時是 2 個），而每個執行個體的標籤名稱都會標為 `terraform-asg-example`。注意 ASG 也會利用參照的寫法來填入啟動組態的名稱。這就帶來了一個問題：啟動組態本身是不可變的（immutable），那一旦你更改了啟動組態中的任何參數時，Terraform 就會嘗試以完全取代的方式重建啟動組態。通常 Terraform 在取代某項資源時，都會先把舊資源刪掉、再新建用於取代的新資源，但由於此時你的 ASG 已經參照到舊的資源（也就是啟動組態），於是 Terraform 就無從刪除了。

這時該怎麼辦呢？辦法是要靠 *lifecycle* 這個設定。每一種 Terraform 的資源都支援好幾種 lifecycle 設定，它可以決定該資源要如何建立、更新、或刪除。最有用的 lifecycle 設定就是 `create_before_destroy`。如果你把 `create_before_destroy` 設為 `true`，Terraform 就會把它更新資源的順序反過來做，也就是先建立用來取代的新資源（也包括更新任何指向舊資源的參照、改為指向新資源），然後再刪除舊資源。請在你的 `aws_launch_configuration` 裡新增一個 `lifecycle` 區塊：

```
resource "aws_launch_configuration" "example" {
  image_id        = "ami-0fb653ca2d3203ac1"
  instance_type   = "t2.micro"
  security_groups = [aws_security_group.instance.id]

  user_data = <<-EOF
              #!/bin/bash
              echo "Hello, World" > index.html
              nohup busybox httpd -f -p ${var.server_port} &
              EOF

  # Required when using a launch configuration with an auto scaling group.
  lifecycle {
    create_before_destroy = true
```

```
  }
}
```

此外還有另一個參數是 ASG 要運作所不可或缺的：就是 `subnet_ids`。這個參數會為 ASG 指定要把 EC2 執行個體部署到哪些 VPC 子網路裡（關於子網路的說明，請參閱第 63 頁的「網路安全性」）。每個子網路都位於一個獨立的 AWS AZ（AZ 就是所謂的可用區域（Availability Zone），通常指分開獨立的資料中心），因此將你的執行個體部署到多個子網路中，可以確保萬一某些資料中心發生問題時，你的服務仍可以維持運作。當然你可以把子網路清單直接寫進（hardcode）程式碼，但這樣便缺乏維護彈性及可攜性，因此較好的做法是利用 *data sources*（資料來源）來取得你 AWS 帳號中的子網路清單。

一個資料來源代表了你在執行 Terraform 時，可以從 provider（例如這裡就是指 AWS）取出的一段唯讀資訊。在 Terraform 組態當中加入資料來源並不會新添加什麼事物；它只是一種可以向 provider 的 API 查閱資料的方式，而且查到的資料可以讓其他的 Terraform 程式碼所引用。每一個 Terraform 的 provider 都會提供各式各樣的資料來源。譬如說，AWS Provider 便含有各種資料來源，可以用來查詢 VPC 的相關資料、子網路的資料、AMI 識別碼、IP 位址範圍、現行使用者的身分識別等等，不勝枚舉。

資料來源的使用語法，與資源的語法非常相像：

```
data "<PROVIDER>_<TYPE>" "<NAME>" {
  [CONFIG ...]
}
```

這裡的 `PROVIDER` 自然是 provider 的名稱（例如 `aws`），`TYPE` 則是你要使用的資料來源類型（例如 `vpc`）、`NAME` 就是你在整段 Terraform 程式碼中要參閱這個資料來源時所使用的識別名稱 ，`CONFIG` 包含的便是該資料資源特有的各種引數。譬如說，以下便是你要如何藉由 `aws_vpc` 這個資料來源來查詢你使用的 Default VPC（請回頭參閱第 45 頁的「關於 Default Virtual Private Clouds 的說明」）裡的相關資料：

```
data "aws_vpc" "default" {
  default = true
}
```

注意，對於資料來源來說，你傳入的引數通常就是搜尋篩選條件，用來向資料源指示你要查詢的資訊。以 `aws_vpc` 資料來源而言，你在此只需要 `default = true` 這個篩選條件，這會指示 Terraform 去找出你 AWS 帳號裡的 Default VPC。

要從這個資料來源取出資料，要靠以下的屬性參照語法：

```
data.<PROVIDER>_<TYPE>.<NAME>.<ATTRIBUTE>
```

譬如說，如果你要從 aws_vpc 這個資料來源得知 VPC 的識別碼（ID），就要這樣做：

```
data.aws_vpc.default.id
```

現在你可以把它拿來結合另一個資料來源 aws_subnets，以便查出該 VPC 內的子網路：

```
data "aws_subnets" "default" {
  filter {
    name   = "vpc-id"
    values = [data.aws_vpc.default.id]
  }
}
```

至此總算你有辦法可以取得 aws_subnets 資料來源裡的子網路識別碼了，然後就可以據以設定你 ASG 裡的 vpc_zone_identifier 引數（雖說這引數名稱看起來怪怪的），要使用這些子網路：

```
resource "aws_autoscaling_group" "example" {
  launch_configuration = aws_launch_configuration.example.name
  vpc_zone_identifier  = data.aws_subnets.default.ids

  min_size = 2
  max_size = 10

  tag {
    key                 = "Name"
    value               = "terraform-asg-example"
    propagate_at_launch = true
  }
}
```

部署負載平衡器

進展至此，你已經可以部署自己的 ASG 了，但還有一個小問題：現在的伺服器已經不只一台，每一台都有自己的 IP 位址，但你通常都只會提供單一 IP 給使用者操作。解決這個問題的方法，就是部署一個**負載平衡器**（*load balancer*），以便將流量均分給所有伺服器，然後只需將負載平衡器的 IP（其實是提供 DNS 名稱才對）提供給所有使用者就行了。要建置一套兼具高可用性及能夠調節規模的負載平衡器，需要許多動作才能完成。但你可以再次讓 AWS 來代勞，這回要仰仗的是亞馬遜的 *Elastic Load Balancer*（ELB）服務，如圖 2-10 所示。

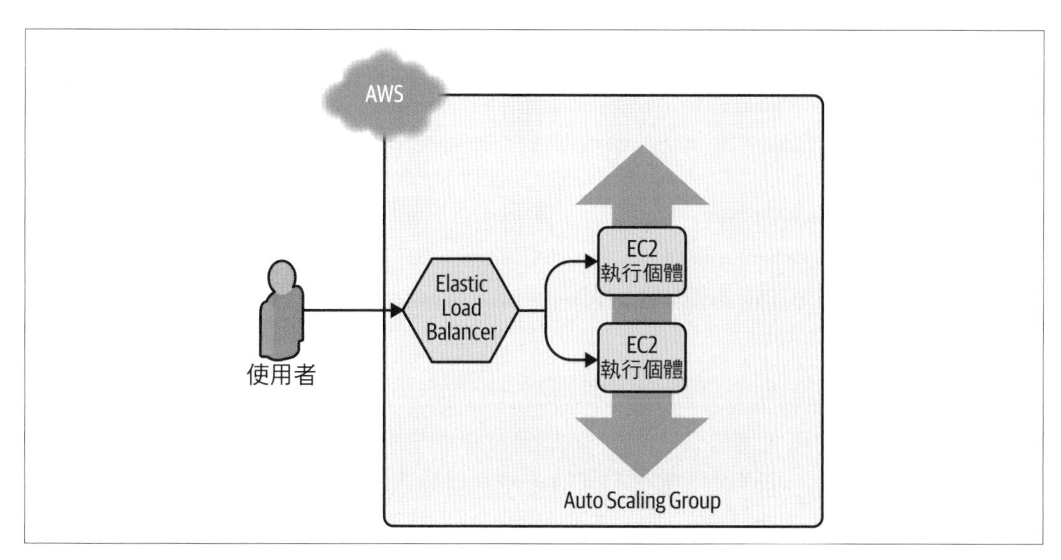

圖 2-10　利用亞馬遜的 ELB 把流量分散至 Auto Scaling Group 當中

AWS 提供三種類型的負載平衡器：

應用程式負載平衡器（*Application Load Balancer*，*ALB*）
: 最適於作為 HTTP 及 HTTPS 流量的負載平衡使用。其運作位於開放系統互連（Open Systems Interconnection，OSI）模型的應用層（Layer 7）。

網路負載平衡器（*Network Load Balance*，*NLB*）
: 最適於作為 TCP、UDP 和 TLS 等流量的負載平衡使用。它可以視負載高低去增減規模，而且反應速度要比 ALB 來得迅速（NLB 的設計就是要能適應每秒數千萬筆連線請求的）。其運作位於 OSI 模型的傳輸層（Layer 4）。

傳統負載平衡器（*Classic Load Balancer*，*CLB*）
: 這就是「老式的」負載平衡器，它的出現遠早於 ALB 和 NLB。CLB 能同時處理 HTTP、HTTPS、TCP 和 TLS 的流量，但是其功能卻遠比 ALB 或 NLB 要少得多。其運作同時位於 OSI 模型的應用層（Layer 7）和傳輸層（Layer 4）。

近日以來的應用程式都可以使用 ALB 或 NLB。由於你目前練習用的示範網頁伺服器，只是簡單的 HTTP app，沒有極端的性能需求，因此 ALB 就很夠用了。

ALB 包含幾個部件，如圖 2-11 所示：

接聽程式（*Listener*）

它會傾聽特定通訊埠（例如 80）和通訊協定（例如 HTTP）。

接聽程式規則（*Listener rule*）

它會收下進入接聽程式的連線請求，再按照符合的特定路徑（例如 `/foo` 或 `/bar`）、或符合的主機名稱（例如 `foo.example.com` 和 `bar.example.com`）將其送往特定的目標群組（target groups）。

目標群組（*Target groups*）

至少一部以上的伺服器會從負載平衡器接收連線請求。目標群組也會對己方的伺服器進行健康檢查，並確保只會將連線請求轉送給健康的伺服器節點。

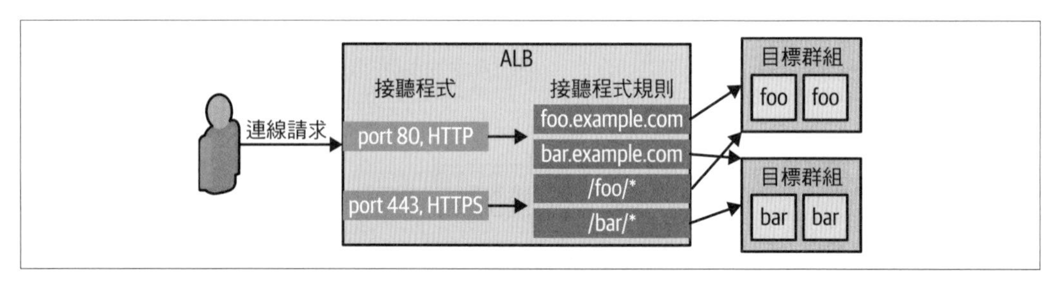

圖 2-11　一個 ALB 裡包含接聽程式、接聽程式規則、以及目標群組

先利用 `aws_lb` 資源來建立 ALB 本體，這是第一步：

```
resource "aws_lb" "example" {
  name               = "terraform-asg-example"
  load_balancer_type = "application"
  subnets            = data.aws_subnets.default.ids
}
```

注意，這裡的 `subnets` 參數會設定負載平衡器，透過 `aws_subnets` 資料來源 [16]，讓負載平衡器使用 Default VPC 裡所有的子網路。AWS 負載平衡器不會只包含單一伺服器，而是分別運行在個別子網路中（也因此分佈在個別資料中心）的多部伺服器。AWS 會按照流量自動調節負載平衡器的伺服器數量，同時在其中任一伺服器離線時處理故障切換（failover），你也因此獲得了現成的高可用性及規模調節功能。

16 為簡化此一範例起見，EC2 執行個體和 ALB 都在相同的子網路中運作。但是在正式環境的運用上，你可能得把它們放在不同的子網路中運作，其中 EC2 執行個體位於私有子網路（這樣可以確保無法從公開的網際網路接觸到它們），而 ALB 們則位於公開子網路（這才是讓網頁使用者可以直接操作的介面）。

下一步是用 aws_lb_listener 資源替 ALB 定義一個接聽程式：

```
resource "aws_lb_listener" "http" {
  load_balancer_arn = aws_lb.example.arn
  port              = 80
  protocol          = "HTTP"

  # By default, return a simple 404 page
  default_action {
    type = "fixed-response"

    fixed_response {
      content_type = "text/plain"
      message_body = "404: page not found"
      status_code  = 404
    }
  }
}
```

這支接聽程式會把 ALB 設定成傾聽預設的 HTTP 埠、亦即 80 號通訊埠，並以 HTTP 為操作協定，同時在連線請求無法對應任何接聽程式規則時，傳回一個簡單的 404 網頁作為預設回應方式。

注意，根據預設，所有的 AWS 資源一開始時都不允許接收或發出任何流量，連 ALB 也不例外，因此你必須另外再建立一個 ALB 專用的新安全群組。這個新的安全群組會允許對 80 號通訊埠的入內連線請求，以便透過 HTTP 存取負載平衡器，另外也會允許從任意通訊埠發出對外連線請求，以便讓負載平衡器進行健康檢測：

```
resource "aws_security_group" "alb" {
  name = "terraform-example-alb"

  # Allow inbound HTTP requests
  ingress {
    from_port   = 80
    to_port     = 80
    protocol    = "tcp"
    cidr_blocks = ["0.0.0.0/0"]
  }

  # Allow all outbound requests
  egress {
    from_port   = 0
    to_port     = 0
    protocol    = "-1"
    cidr_blocks = ["0.0.0.0/0"]
  }
}
```

你還得讓 aws_lb 資源知道，可以透過 security_groups 引數來引用這個安全群組：

```
resource "aws_lb" "example" {
  name               = "terraform-asg-example"
  load_balancer_type = "application"
  subnets            = data.aws_subnets.default.ids
  security_groups    = [aws_security_group.alb.id]
}
```

接著你要再建立 aws_lb_target_group 資源，作為 ASG 的目標群組：

```
resource "aws_lb_target_group" "asg" {
  name     = "terraform-asg-example"
  port     = var.server_port
  protocol = "HTTP"
  vpc_id   = data.aws_vpc.default.id

  health_check {
    path                = "/"
    protocol            = "HTTP"
    matcher             = "200"
    interval            = 15
    timeout             = 3
    healthy_threshold   = 2
    unhealthy_threshold = 2
  }
}
```

這個目標群組會定期對你的每一個執行個體發出 HTTP 連線請求，作為健康檢測動作，只有當執行個體傳回的回應與你定義的 matcher 相符時，才會被視為「健康」（例如你可以設定一個專門找 200 OK 這種回應字樣的 matcher）。如果某個執行個體由於離線、或是因故超載而無法回應，就會被標定為「不健康」，而目標群組便會自動停止將流量再轉發給這個執行個體，以便將使用者感受到的干擾降到最低。

那麼，目標群組又該如何得知該把連線請求發給哪些 EC2 執行個體？你可以利用 aws_lb_target_group_attachment 這個資源，把一個含有 EC2 執行個體的靜態清單掛到目標群組當中，但是對於 ASG 來說，執行個體其實是來來去去、隨時可以終止並另外啟動的，因此上述的靜態清單不切實際。相反地，你應該善用 ASG 與 ALB 之間絕妙的整合方式。請回頭檢視 aws_autoscaling_group 這個資源，然後將它的 target_group_arns 引數指向剛剛新建的目標群組：

```
resource "aws_autoscaling_group" "example" {
  launch_configuration = aws_launch_configuration.example.name
  vpc_zone_identifier  = data.aws_subnets.default.ids
```

```
  target_group_arns = [aws_lb_target_group.asg.arn]
  health_check_type = "ELB"

  min_size = 2
  max_size = 10

  tag {
    key                 = "Name"
    value               = "terraform-asg-example"
    propagate_at_launch = true
  }
}
```

同時還要記得把 health_check_type 改成 "ELB"。原本預設的 health_check_type 是 "EC2"，這是最起碼程度的健康檢測，它只會在 AWS 的 hypervisor 認定 VM 完全關閉離線、或無法觸及時，才會將 VM 視為不健康。但 "ELB" 健康檢測更富韌性，因為它會指示 ASG 改以目標群組的健康檢測手段來判定一個執行個體的健康與否，並在目標群組回報說執行個體不健康時，自動汰換該執行個體。這樣一來，執行個體不僅會在完全離線時被汰換，當它們因記憶體耗盡或關鍵執行程序崩毀時也同樣會被汰換[譯註]。

終於所有的組件都已到齊，你可以著手把所有組件兜起來了，做法是用一個 aws_lb_listener_rule 資源建立接聽程式規則：

```
resource "aws_lb_listener_rule" "asg" {
  listener_arn = aws_lb_listener.http.arn
  priority     = 100

  condition {
    path_pattern {
      values = ["*"]
    }
  }

  action {
    type             = "forward"
    target_group_arn = aws_lb_target_group.asg.arn
  }
}
```

以上的程式碼添加了一條接聽程式規則，它會將符合路徑的連線請求送往含有你指定 ASG 的目標群組。

[譯註] 舉個最簡單的例子，設想你有一台虛擬伺服器，它的 OS 還在運作，因此 hypervisor 將其視為健康；但它身上跑的 web 伺服器其實已經掛了，這樣其實已經算是不健康的，而且只能靠 ASG 的健康檢測方式才能發現，光靠 hypervisor 的健康檢測方式是不夠的。

在部署這套新負載平衡器之前，還有最後一個動作——把先前單一 EC2 執行個體的舊輸出變數 public_ip 替換成另一個會顯示 ALB 的 DNS 名稱的輸出變數：

```
output "alb_dns_name" {
  value       = aws_lb.example.dns_name
  description = "The domain name of the load balancer"
}
```

現在執行一次 terraform apply，然後詳閱 plan 的輸出。大家應該會發現原本單獨一個的 EC2 執行個體被移掉了，然後 Terraform 在原處建立了一系列的 launch configuration、ASG、ALB 和安全群組。如果 plan 看來沒有問題，請鍵入 **yes** 再按下 Enter 鍵。當 apply 完成動作，就會看到 alb_dns_name 的新輸出資訊：

```
Outputs:
alb_dns_name = "terraform-asg-example-123.us-east-2.elb.amazonaws.com"
```

把這個網址複製起來。執行個體得花幾分鐘啟動，然後才會在 ALB 中顯示為健康狀態。在此同時，你可以順便檢視一下自己已經部署了什麼。開啟 EC2 console 裡的 ASG 區段（*https://amzn.to/2MH3mId*），大家應該就可以看到剛剛建立的 ASG，如圖 2-12 所示。

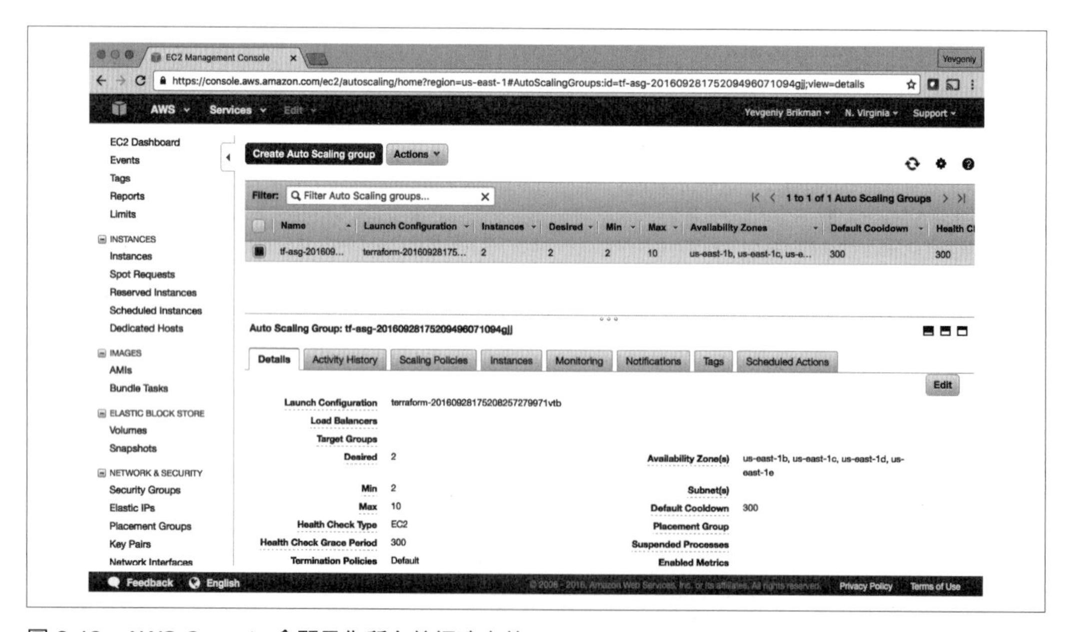

圖 2-12　AWS Console 會顯示你所有曾經建立的 ASG

如果你切換到 Instances 分頁，就會看到已啟動了兩組 EC2 執行個體，如圖 2-13 所示。

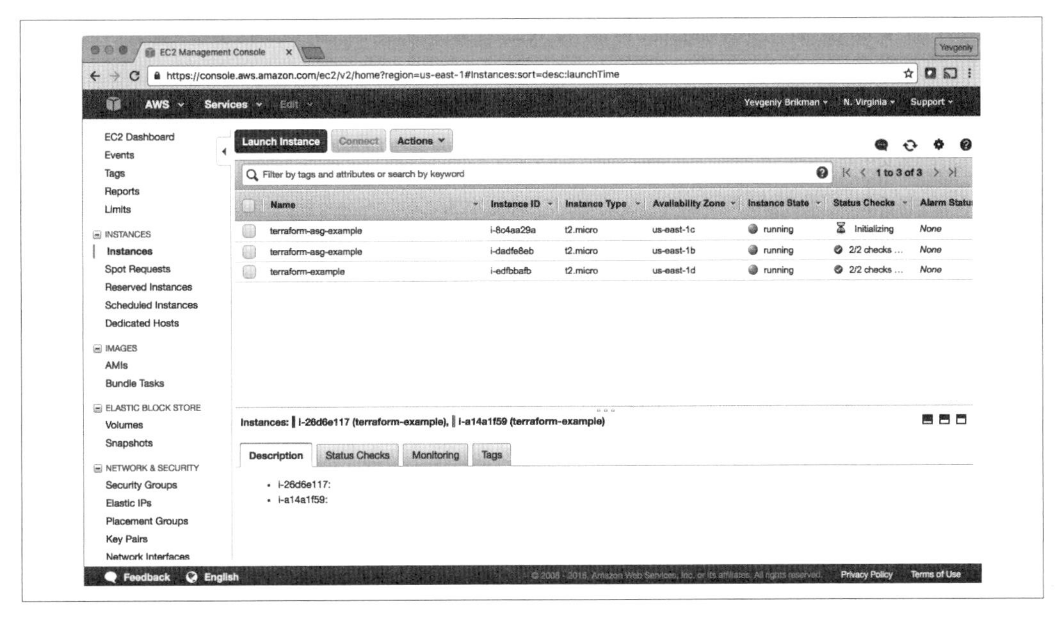

圖 2-13　ASG 裡的 EC2 執行個體正在啟動

如果你點開 Load Balancers 分頁，就會看到你的 ALB，如圖 2-14 所示。

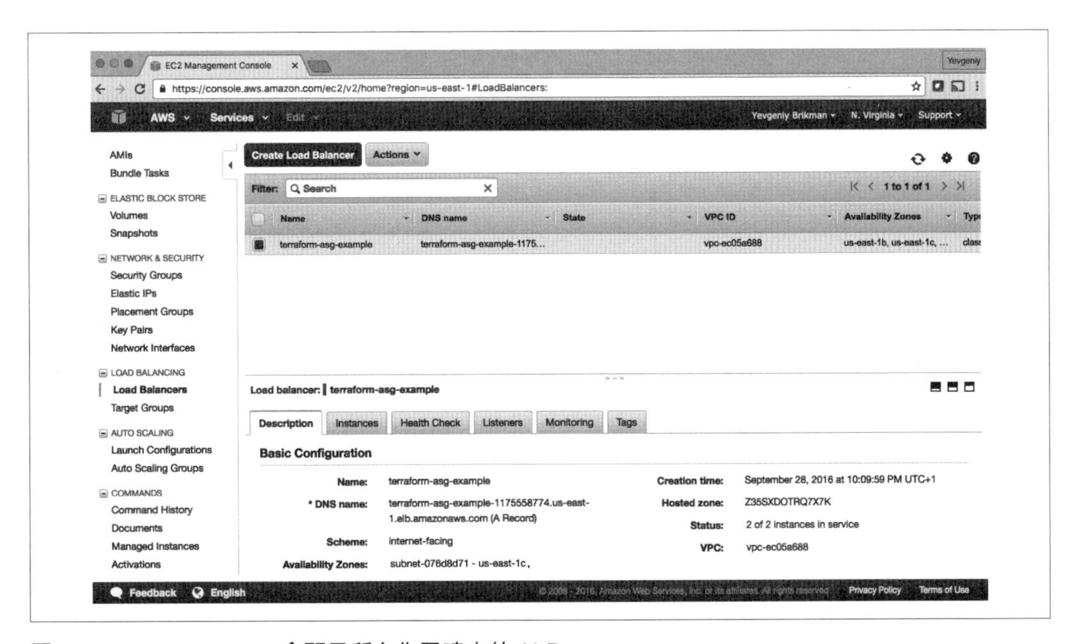

圖 2-14　AWS Console 會顯示所有你已建立的 ALB

最後，如果你點開 Target Groups 分頁，就會看到你的目標群組，如圖 2-15 所示。

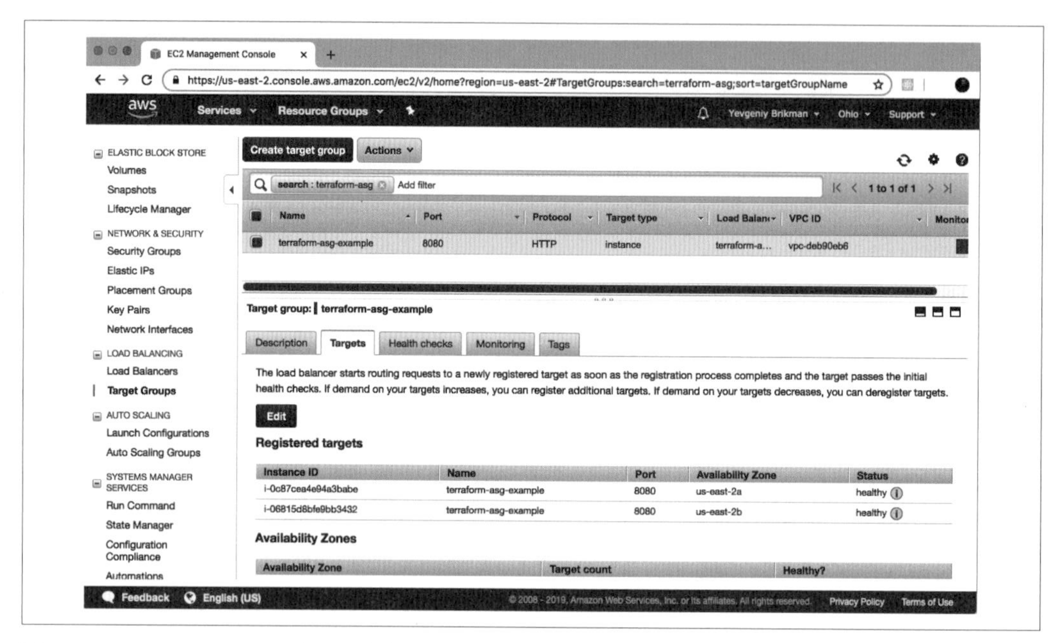

圖 2-15　AWS Console 也會顯示所有你已建立的目標群組

如果你點開目標群組，然後找出畫面下半側的 Targets 分頁，就可以看到你的執行個體正在登錄目標群組，同時進行健康檢測。等到 Status indicator 顯示兩者皆為「healthy」為止。通常需要等上一兩分鐘。一旦確定健康無虞，請測試你剛剛從 `alb_dns_name` 的輸出複製而來的網址：

```
$ curl http://<alb_dns_name>
Hello, World
```

行了！ALB 確實將流量轉往你的 EC2 執行個體。每當你存取這個 URL 時，ALB 便會挑選一個不一樣的執行個體來處理你的連線請求。現在你手上有一個功能完整的網頁伺服器叢集了！

這時你可以看到叢集是如何做出反應，去啟動新的、或是關閉舊的執行個體。譬如說，你可以切換到 Instances 分頁，勾選其中一個執行個體，接著點選頂端的 Actions 按鍵，然後將 Instance State 設為 Terminate，藉此將其終止。然後接著測試 ALB 的 URL，你會發現每次連線仍能得到 200 OK 的正常回應，即使其中一個執行個體還在終止階段也是如此，這是因為 ALB 會自動偵測到有執行個體已經離線，因此不會再把流量轉送給它。

更有意思的是，當原本的執行個體關閉後沒多久，ASG 就會知道正在運作的執行個體少於兩組，因而會自動再啟動一個新的執行個體來取代被關閉的那一個（自我療癒！）。你也可以在 Terraform 程式碼中加上 desired_capacity 參數，然後再執行一次 apply，藉此觀察 ASG 是如何重新調整自己的規模。

清理

當你做完 Terraform 實驗後，不論是本章的練習還是其他章節，最好是都把所有建立起來的資源移除，以免 AWS 真的跟你收費。由於 Terraform 會記錄和追蹤你曾建立過的資源，因此要清除是輕而易舉。你只需執行 destroy 命令即可[譯註]：

```
$ terraform destroy

(...)

Terraform will perform the following actions:

  # aws_autoscaling_group.example will be destroyed
  - resource "aws_autoscaling_group" "example" {
      (...)
    }

  # aws_launch_configuration.example will be destroyed
  - resource "aws_launch_configuration" "example" {
      (...)
    }

  # aws_lb.example will be destroyed
  - resource "aws_lb" "example" {
      (...)
    }

  (...)

Plan: 0 to add, 0 to change, 8 to destroy.

Do you really want to destroy all resources?
  Terraform will destroy all your managed infrastructure, as shown above.
  There is no undo. Only 'yes' will be accepted to confirm.

  Enter a value:
```

[譯註] 記得老派動作或科幻片裡少不了的自爆鍵吧？把 terraform destroy 想成那個大紅鈕就是了。

當然了，你幾乎不會有機會在正式環境中走到 `destroy` 這一步！要記得這一步是有去無回的，動作一做下去的後果是無法還原的，因此 Terraform 會最後再提醒你一次，讓你檢視正要發生的事，顯示所有你即將刪除的資源清單，並提示你是否要確認刪除。如果一切看起來沒有問題，才鍵入 **`yes`** 並按下 Enter 鍵；Terraform 會建立依存關係圖，並按照正確的順序、盡量同時刪除所有資源。一兩分鐘後，你的 AWS 帳號底下便會清潔溜溜了。

注意，在本書接下來的章節裡，你還會繼續發展本章的範例，因此不要把 Terraform 的程式碼也給刪掉哦！不過你隨時都可以放心地對已經部署的資源執行 `destroy`。這就是基礎架構即程式碼的妙處，因為所有跟資源有關的資訊都保存在程式碼當中，任何時候你要重建它們，只需一道命令：`terraform apply`。事實上你還可以把最近修改過的程式碼提交給 Git，這樣就能追蹤基礎架構的變動紀錄了。

結論

現在，你已對如何使用 Terraform 有基本的了解了。宣告式語言可以輕易地、精準地描述你想要建立的基礎架構。`plan` 命令則可以讓你驗證異動的內容、並在實際部署前找出問題。變數、參照和依存關係則有助於消除程式碼中重複的部分，讓設定變得更準確不易出錯。

然而，目前你還只是接觸到皮毛而已。讀者們會在第 3 章中學到，Terraform 是如何追蹤已經建立的基礎架構，以及它對你應如何建構 Terraform 程式碼所造成的深遠影響。而在第 4 章裡，大家會學到如何以 Terraform 模組建立可以重複利用的基礎架構。

第三章

如何管理 Terraform 的狀態

在第 2 章中，當我們正在用 Terraform 建置及更新資源的當下，讀者們或許已經注意到，每次當你執行 `terraform plan` 或是 `terraform apply` 的時候，Terraform 總是有辦法找出它先前建置過的資源、並據以進行更新。但 Terraform 是如何得知應該去管理哪些資源？你在 AWS 帳號中可能會擁有各式各樣的基礎架構，並透過各種機制部署而成（有些是手動部署的、有些則是透過 Terraform、還有一些也許是直接以 CLI 進行部署），那麼 Terraform 要從何得知，哪些基礎架構在它的職掌範圍內？

在這一章裡，讀者們會看到 Terraform 如何追蹤你基礎架構的狀態、以及狀態對於 Terraform 專案中的檔案佈局（file layout）、隔離（isolation）及鎖定（locking）等等的影響。以下是筆者會探討的關鍵主題：

- 何謂 Terraform 的狀態？
- 狀態檔案的共享儲存
- Terraform 的 Backends 所受的限制
- 狀態檔案的隔離
  - 以 workspaces 來隔離
  - 以檔案佈局來隔離
- 特殊資料來源 `terraform_remote_state`

範例程式碼

提醒讀者們，你可以在 GitHub（*https://github.com/brikis98/terraform-up-and-running-code*）找到本書所有的範例程式碼。

何謂 Terraform 的狀態？

每當你執行 Terraform 時，它都會把自己建置過的基礎架構相關資訊，記錄在一個 *Terraform* 狀態檔（*Terraform state file*）裡。根據預設，當你在 */foo/bar* 這個資料夾底下執行 Terraform 時，它就會建立 */foo/bar/terraform.tfstate* 這個檔案。該檔案中含有自訂的 JSON 格式，其中記錄了你組態檔中的 Terraform 資源、與現實世界中所呈現資源的對應關係。舉個例子，假設你的 Terraform 組態檔含有以下內容：

```
resource "aws_instance" "example" {
  ami           = "ami-0fb653ca2d3203ac1"
  instance_type = "t2.micro"
}
```

執行過 `terraform apply` 之後，*terraform.tfstate* 檔案裡便會出現一小段內容如下（為方便閱讀起見，內容已經過裁減）：

```
{
  "version": 4,
  "terraform_version": "1.2.3",
  "serial": 1,
  "lineage": "86545604-7463-4aa5-e9e8-a2a221de98d2",
  "outputs": {},
  "resources": [
    {
      "mode": "managed",
      "type": "aws_instance",
      "name": "example",
      "provider": "provider[\"registry.terraform.io/hashicorp/aws\"]",
      "instances": [
        {
          "schema_version": 1,
          "attributes": {
            "ami": "ami-0fb653ca2d3203ac1",
            "availability_zone": "us-east-2b",
            "id": "i-0bc4bbe5b84387543",
            "instance_state": "running",
            "instance_type": "t2.micro",
            "(...)": "(truncated)"
```

```
                }
              }
            ]
          }
        ]
      }
```

透過這樣的 JSON 格式，Terraform 便能得知，有一個型別是 `aws_instance`、其名稱為 `example` 的資源，會對應到你 AWS 帳號中 ID 為 `i-0bc4bbe5b84387543` 的這個 EC2 執行個體。每當你執行 Terraform 時，它便會從 AWS 取得這個 EC2 執行個體的最新狀態，並拿來與你的 Terraform 組態內容做比較，藉以判斷需要套用何種變更。換言之，`plan` 命令的輸出，便是你電腦中的程式碼與現實世界中已部署基礎架構之間的差異，亦即透過狀態檔中的識別碼（ID）找出來的。

狀態檔案屬於私有 *API*

狀態檔案的格式屬於私有 API（private API），亦即只有 Terraform 內部才能用得到它。你絕不應自行手動編輯 Terraform 狀態檔案，也不該嘗試撰寫直接讀取狀態檔內容的程式碼。

如果你非不得已必須操縱狀態檔案——這種情形應極為罕見——請使用 `terraform import` 或是 `terraform state` 等命令為之（第 5 章會看到這兩者的例子）。

如果你是在個人專案中使用 Terraform，將狀態儲存在本地端的單一 *terraform.tfstate* 檔案裡倒也無妨。但若是你要在真正的產品中讓一整個團隊都可以使用 Terraform，就會遇上下列的問題：

狀態檔案的共享儲存

　要以 Terraform 來更新你的基礎架構，每位團隊成員都必須能存取相同的一組 Terraform 狀態檔案。亦即你必須將這些檔案儲存在某個共用的位置。

狀態檔案鎖定

　一旦資料分享出來，會再遇上一個新問題：鎖定（locking）。若缺乏鎖定機制，萬一團隊中有兩位成員同時正在執行 Terraform，那麼當多個 Terraform 程序要同時更新狀態檔時，你就會陷入競逐狀況（race conditions），導致內容衝突、資料漏失、甚至狀態檔受損等問題。

隔離狀態檔案

在修改基礎架構時，最好的實施方式是將不同的環境隔離開來。譬如說，在更改測試或暫時（staging）的環境時[譯註]，你會想要設法確保不至於一不小心把正式環境弄壞了。但要是你所有的基礎架構都定義在同一個 Terraform 狀態檔裡的時候，要如何區隔你所做的更動呢？

在以下各個小節裡，筆者將逐一深入這些問題，並告訴大家如何因應。

狀態檔案的共享儲存

要讓多位團隊成員能存取共同一組檔案，最常見的技術便是透過版本控制（例如 Git）。雖說你原本就該把 Terraform 的程式碼納入版本控管，但把 Terraform 的狀態檔放進版本控管卻委實是個*餿主意*，理由如下：

人為錯誤

在你執行 Terraform 之前，你很可能會忘記從版本控制環境中取出最近的異動內容，也可能在執行過 Terraform 之後也忘記把最近的異動內容推送到版本控制環境中。遲早都會有粗心的團隊成員用了過期的狀態檔來執行 Terraform，因而意外地倒退回到先前的部署環境、或是重複地部署。

鎖定

大部分的版本控管系統都不提供任何形式的鎖定機制，因而無法防止兩個團隊成員對同一個狀態檔同時執行 `terraform apply`。

密語

Terraform 狀態檔裡的所有資料都是以明文儲存。由於特定的 Terraform 資源需要儲存敏感性資料，因而會造成問題。譬如說，如果你用了 `aws_db_instance` 資源來建置資料庫，Terraform 便會把資料庫的使用者名稱和密碼都以明文形式放進狀態檔，而你絕不該把明文的密語放進版本控制環境。

除了版本控制以外，要管理狀態檔案的共享儲存，最好的辦法便是利用 Terraform 內建支援的 remote backends。Terraform 的 *backend* 會決定 Terraform 要如何載入與儲存狀態。預設的 backend，也就是截至目前為止你一直在採用的方式，就是所謂的 *local backend*，它會將狀態檔存放在你的本地磁碟。*remote backends* 允許你將狀態檔案存放到遠端的共享儲

[譯註] staging 環境和「暫時」環境是同義詞，以下會交互出現。

存場所。Terraform 支援好幾種 remote backends，包括 Amazon S3、Azure Storage、Google Cloud Storage、還有 HashiCorp 自家的 Terraform Cloud 跟 Terraform Enterprise 等等。

remote backends 可以解決上述的三種問題：

人為錯誤

設定好 remote backend 後，每當你執行 `plan` 或 `apply`，Terraform 便會自動從這個 backend 載入狀態檔案，而且也會在每一次 `apply` 之後自動將狀態檔案儲存到 backend，因此人為錯誤的機會微乎其微。

鎖定

大多數的 remote backends 天生就支援鎖定功能。要執行 `terraform apply`，Terraform 會自動取得一個鎖；如果有別人已經在執行 `apply`，他們便會持有這個鎖，因此你就只能等待。你可以在執行 `apply` 時加上 `-lock-timeout=<TIME>` 參數，藉以告知 Terraform 要在 `TIME` 指定的區隔時間內，等待鎖定解除釋出（例如 `-lock-timeout=10m` 就代表會等上 10 分鐘）。

密語

大部分的 remote backends 天生就支援傳輸加密、也會加密狀態檔案。此外，這些 backends 通常也會提供可以設置存取權限的方式（例如利用 IAM 原則搭配 Amazon S3 bucket），讓你控制誰可以存取狀態檔、以及其中可能會包含的密語。當然了，若是 Terraform 自身就能將狀態檔裡的密語做加密處理，情況會更為理想，但因為狀態檔至少已並非以明文形式儲存在任何一處的磁碟當中，這些 remote backends 其實已經大幅減少了安全疑慮。

如果你是搭配 AWS 來使用 Terraform，那麼 Amazon S3（Simple Storage Service）這個 Amazon 的受管檔案儲存服務，就會是 remote backend 的最佳抉擇，理由如下：

- 它屬於受管服務，所以你不必部署或管理額外的基礎架構，直接就可以使用它。
- 其設計兼具 99.999999999% 的可靠性（durability）和 99.99% 的可用性（availability），亦即你無須煩惱資料遺失或離線故障[1]。
- 它支援加密功能，這可以減緩你對於將敏感性資料儲存在狀態檔中的疑慮。但你仍應謹慎地處理團隊成員中有何人能存取 S3 bucket，不過至少你可以確信，靜態存放的資料必定經過加密（Amazon S3 採用 AES-256 等級的伺服端加密（server-side encryption））、傳輸過程中也會加密（Terraform 與 Amazon S3 通訊時均採用 TLS）。

1　關於 S3 的服務保證，詳情請參閱 AWS 網站（*https://amzn.to/31ihjAg*）

- 它透過 DynamoDB 支援鎖定（稍後便會介紹）。
- 它支援**版本控制**（*versioning*），因此狀態檔的每一個版本都會儲存在案，如果出了毛病，隨時可以回復至舊版。
- 它很平價，大多數 Terraform 的操作都只會用到 AWS 的免費方案[2]。

要以 Amazon S3 啟用儲存遠端狀態檔，首先就是要建立一個 S3 bucket。請在另一個目錄新建一個 *main.tf* 檔案（這個目錄應該要跟先前第 2 章儲存組態檔的目錄不同），在檔案開頭就要指定 AWS 作為 provider：

```
provider "aws" {
  region = "us-east-2"
}
```

接著請以 `aws_s3_bucket` 資源建立一個 S3 bucket：

```
resource "aws_s3_bucket" "terraform_state" {
  bucket = "terraform-up-and-running-state"

  # Prevent accidental deletion of this S3 bucket
  lifecycle {
    prevent_destroy = true
  }
}
```

這段程式碼設有以下引數：

`bucket`

　這是 S3 bucket 的名稱。注意 S3 bucket 名稱必須在**全球**所有的 AWS 客戶中都保持獨一無二。因此你得把上例中的 `bucket` 參數改成你自己專用的名稱，不能沿用 `"terraform-up-and-running-state"`（因為筆者已經用過這個名稱了）。請務必記下你設定的名稱、同時也記下你指定的 AWS 區域，因為這兩樣資訊馬上就會用到。

`prevent_destroy`

　`prevent_destroy` 是你到目前為止看到的第二種 lifecycle 設定（第一種是第 2 章裡看過的 `create_before_destroy`）。一旦你將資源的 `prevent_destroy` 設為 `true`，那麼只要有任何刪除該資源的企圖出現（例如執行 `terraform destroy`），Terraform 就會發出錯誤並退出執行。這是防止意外刪除重大資源的好辦法，尤其像是 S3 bucket 這樣的資源，因為其中存有所有的 Terraform 狀態。當然了，如果你真的需要刪除某項資源，也可以回頭來把這個引數註銷。

2　S3 的計價詳情，也請參閱 AWS 網站（*https://amzn.to/2yTtnw1*）。

現在讓我們替這個 S3 bucket 再加上幾樣額外的保護層。

首先，用 `aws_s3_bucket_versioning` 這項資源來啟用 S3 bucket 的版本控制，這樣一來，每次你更新 bucket 中的檔案時，其實就是新建一個該檔案的新版本。如此你就能繼續看到同一個檔案的舊版本，而且隨時可以還原到這些舊版本的內容，萬一出了問題，這是十分好用的還原方式：

```
# Enable versioning so you can see the full revision history of your
# state files
resource "aws_s3_bucket_versioning" "enabled" {
  bucket = aws_s3_bucket.terraform_state.id
  versioning_configuration {
    status = "Enabled"
  }
}
```

其次是以 `aws_s3_bucket_server_side_encryption_configuration` 這項資源，將伺服端加密訂為預設即啟用，保護所有寫入這個 S3 bucket 的資料。如此便可確保你的狀態檔及任何可能儲存在內的密語，在儲存至 S3 的磁碟時始終保持在加密型態：

```
# Enable server-side encryption by default
resource "aws_s3_bucket_server_side_encryption_configuration" "default" {
  bucket = aws_s3_bucket.terraform_state.id

  rule {
    apply_server_side_encryption_by_default {
      sse_algorithm = "AES256"
    }
  }
}
```

再來就是用 `aws_s3_bucket_public_access_block` 這項資源來阻擋所有來自公開網際網路對 S3 bucket 的存取。S3 buckets 原本預設是私有的（private），但由於它們常被用來存放靜態內容——像是網站用的影像、字型、CSS、JS、HTML 等等——因此你是可以輕易地將 buckets 設為可供公開存取的。但由於你的 Terraform 狀態檔可是含有敏感性資料與密語的，因此你絕對有必要加上這一層額外的防護，確保團隊中無人會不慎將這個 S3 bucket 公開在外：

```
# Explicitly block all public access to the S3 bucket
resource "aws_s3_bucket_public_access_block" "public_access" {
  bucket                  = aws_s3_bucket.terraform_state.id
  block_public_acls       = true
```

```
    block_public_policy     = true
    ignore_public_acls      = true
    restrict_public_buckets = true
  }
```

最後就是建立一個 DynamoDB 資料表，作為鎖定之用。DynamoDB 是 Amazon 的一套分散式鍵 - 值儲存庫。它支援嚴謹的一致性讀取（consistent reads）和條件式寫入（conditional writes），這些都是分散式鎖定系統必備的條件。此外，它是完全受管的，因此你無須自行運作任何基礎架構，而且它也是平價服務，AWS 免費方案就能輕易涵蓋大部分的 Terraform 用途[3]。

要使用 DynamoDB 來鎖定 Terraform，你必須先建置一個 DynamoDB 的資料表（table），其中的主鍵（primary key）名稱為 `LockID`（注意此處的大寫字母和拼寫**務必**一致）。然後用 `aws_dynamodb_table` 資源建立這個資料表：

```
resource "aws_dynamodb_table" "terraform_locks" {
  name         = "terraform-up-and-running-locks"
  billing_mode = "PAY_PER_REQUEST"
  hash_key     = "LockID"

  attribute {
    name = "LockID"
    type = "S"
  }
}
```

執行一次 `terraform init`，將 provider 程式碼下載回來，然後執行 `terraform apply` 進行部署。一切部署就緒後，你就會看到一個 S3 bucket 跟一個 DynamoDB 資料表了，但此時你的 Terraform 狀態仍然還儲存在本地端。要讓 Terraform 將狀態存放到你的 S3 bucket（還加上加密和鎖定等功能），就得替你的 Terraform 程式碼加上 `backend` 設定。這個設定是屬於 Terraform 自身的，因此它位於 `terraform` 區塊內，其語法如下：

```
terraform {
  backend "<BACKEND_NAME>" {
    [CONFIG...]
  }
}
```

這裡的 `BACKEND_NAME` 便是你要使用的 backend 名稱（例如 `"s3"`），而 `CONFIG` 則含有該 backend 所特有的、一個以上的引數（像是要使用的 S3 bucket 名稱等等）。以下就是一個 S3 bucket 該有的 `backend` 組態模樣：

3 DynamoDB 的計價資訊，請參閱 AWS 網站（*https://amzn.to/2OJiyHp*）。

```
terraform {
  backend "s3" {
    # Replace this with your bucket name!
    bucket         = "terraform-up-and-running-state"
    key            = "global/s3/terraform.tfstate"
    region         = "us-east-2"

    # Replace this with your DynamoDB table name!
    dynamodb_table = "terraform-up-and-running-locks"
    encrypt        = true
  }
}
```

我們來一一檢視這些設定：

`bucket`
: 這是要引用的 S3 bucket 名稱。請確認將其改成你自己稍早建立的 S3 bucket 名稱。

`key`
: 你要將 Terraform 狀態檔案寫入至 S3 bucket 當中的檔案路徑。稍後大家便會知道為何它要寫成 `global/s3/terraform.tfstate`。

`region`
: S3 bucket 所處的 AWS 區域。請務必將其修改為你自己的 S3 bucket 所在區域。

`dynamodb_table`
: 用於鎖定的 DynamoDB 資料表。同樣確認將其改為你稍早建置的 DynamoDB 資料表名稱。

`encrypt`
: 將這個值訂為 `true`，可確保 Terraform 的狀態在寫入到 S3 磁碟時也是經過加密的。我們剛剛已經替 S3 bucket 本身啟用了預設加密，因此這裡算是額外一重的防護，確保資料的確經過加密。

為了讓 Terraform 將你的狀態檔存放到這個 S3 bucket，你必須再次執行 `terraform init` 命令。這次此一命令不只會下載 provider 程式碼、還會一併設定你的 Terraform backend（稍後各位還會看到另一項用途）。此外，`init` 命令是 idempotent 的，所以跑幾次都無妨：

```
$ terraform init

Initializing the backend...
```

```
Acquiring state lock. This may take a few moments...
Do you want to copy existing state to the new backend?
  Pre-existing state was found while migrating the previous "local" backend
  to the newly configured "s3" backend. No existing state was found in the
  newly configured "s3" backend. Do you want to copy this state to the new
  "s3" backend? Enter "yes" to copy and "no" to start with an empty state.

  Enter a value:
```

Terraform 會自動偵測出你在本地端已經有一個狀態檔，因而會提示你將它複製到新建的 S3 backend。如果你鍵入 **yes**，就會看到以下訊息：

```
Successfully configured the backend "s3"! Terraform will automatically
use this backend unless the backend configuration changes.
```

執行完畢後，你的 Terraform 狀態便已儲存到 S3 bucket 裡了。你可以用瀏覽器到 S3 Management Console（*https://amzn.to/2Kw5qAc*）裡去點選你的 bucket 檢視一番。外觀應該類似圖 3-1。

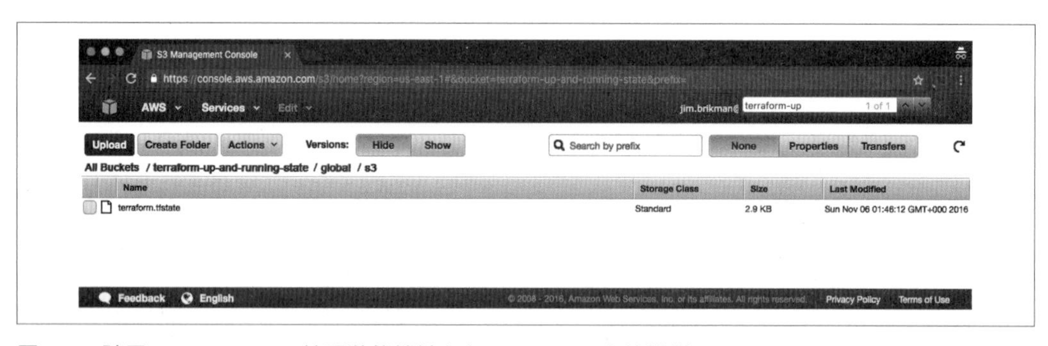

圖 3-1　請用 AWS Console 檢視狀態檔儲存在 S3 bucket 中的模樣

一旦啟用這個 backend，每當你執行一道命令之前，Terraform 都會自動地從這個 S3 bucket 取出最近的狀態，同時也會在命令執行完畢後，同樣自動地將更新過的狀態推送到 S3 bucket 上。要實際觀察成果，不妨試著加上兩個輸出變數：

```
output "s3_bucket_arn" {
  value       = aws_s3_bucket.terraform_state.arn
  description = "The ARN of the S3 bucket"
}

output "dynamodb_table_name" {
  value       = aws_dynamodb_table.terraform_locks.name
  description = "The name of the DynamoDB table"
}
```

這些變數會將你的 S3 bucket 及 DynamoDB 資料表所擁有的 Amazon 資源名稱（Amazon Resource Name，ARN）顯現出來。執行 `terraform apply` 觀察試試：

```
$ terraform apply

(...)

Acquiring state lock. This may take a few moments...

aws_dynamodb_table.terraform_locks: Refreshing state...
aws_s3_bucket.terraform_state: Refreshing state...

Apply complete! Resources: 0 added, 0 changed, 0 destroyed.

Releasing state lock. This may take a few moments...

Outputs:

dynamodb_table_name = "terraform-up-and-running-locks"
s3_bucket_arn = "arn:aws:s3:::terraform-up-and-running-state"
```

注意 Terraform 現在在執行 `apply` 之前是如何取得鎖定、事後又是如何釋放鎖定的！

現在再次檢視 S3 console，更新一下頁面，並點選 Versions 旁邊的灰色 Show 按鍵。這時應該就會看到你的 *terraform.tfstate* 檔案在 S3 bucket 中的各個版本，如圖 3-2 所示。

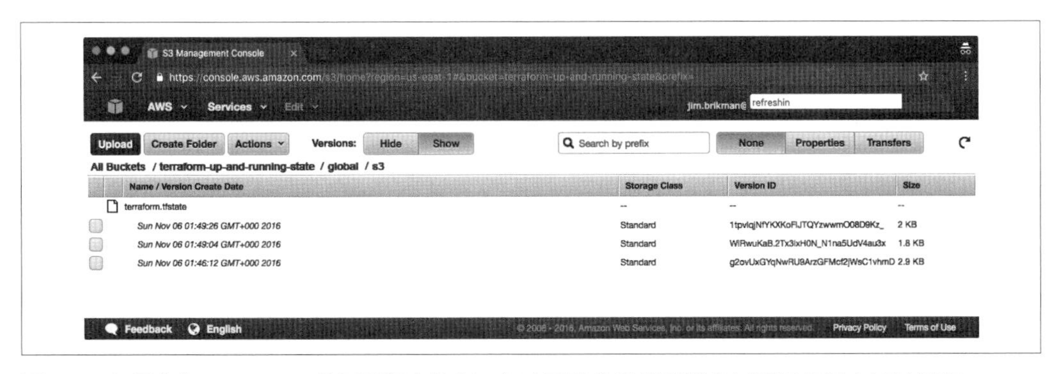

圖 3-2　如果你為 S3 bucket 啟用了版本控制，每次更改的狀態檔都會以不同的版本加以儲存

這代表 Terraform 確實已自動從 S3 拉取或推送狀態資料了，而且 S3 也會把每一個版本的狀態檔都如實保存，這樣一來就算是出了毛病，你也有機會進行除錯、並還原到舊版的狀態了。

Terraform 的 Backends 所受的限制

Terraform 的 backends 確實還是有一些限制跟陷阱，是大家不得不防的。首先，如果你是以 Terraform 來建置 S3 bucket、又用這個 S3 bucket 來儲存 Terraform 的狀態，第一個遇上的限制便是一個雞生蛋、蛋生雞的問題[譯註]。要因應這一點，你必須採行兩階段步驟：

1. 先寫出建置 S3 bucket 與 DynamoDB 資料表的 Terraform 程式碼，然後以本地端 backend 部署相關程式碼。

2. 回到 Terraform 的程式碼，加上 remote backend 的設定，開啟使用新建的 S3 bucket 和 DynamoDB 資料表，然後執行 `terraform init`，將你的本地端狀態複製到 S3。

如果你要刪除 S3 bucket 和 DynamoDB 資料表，也一樣要採行兩階段步驟，順序則要反過來：

1. 進入 Terraform 程式碼，把 backend 的設定拿掉，再重新執行 `terraform init`，將 Terraform 的狀態複製回到你的本地磁碟。

2. 執行 `terraform destroy`，把 S3 bucket 跟 DynamoDB 資料表刪掉。

這種兩階段過程頗為尷尬，但還好你可以在所有的 Terraform 程式碼中共用單一的 S3 bucket 和 DynamoDB 資料表，所以你也許只需要做一次就完事（如果你擁有多個帳號，那麼每個 AWS 帳號都要來上一回）。一旦 S3 bucket 存在，你在其餘的 Terraform 程式碼中皆可直接指定 backend 設定，不必再多花功夫建置了。

第二項限制就比較惱人了：Terraform 的 backend 區塊會不允許你使用任何變數及參照。亦即以下的程式碼會*無法*運作：

```
# This will NOT work. Variables aren't allowed in a backend configuration.
terraform {
  backend "s3" {
    bucket         = var.bucket
    region         = var.region
    dynamodb_table = var.dynamodb_table
    key            = "example/terraform.tfstate"
    encrypt        = true
  }
}
```

[譯註] 這個問題指的是 S3 bucket 自身的 Terraform 狀態，要如何儲存到 S3 bucket 自身所代表的 remote backend。

這意味著你得自行把 S3 bucket 的名稱、所在區域、DynamoDB 資料表的名稱等資訊，一一手動複製貼上到每一個 Terraform 的模組裡（讀者們會在第 4 章和第 8 章中學到 Terraform 模組的一切；但目前大家只需知道，模組是一種組織及重複利用 Terraform 程式碼的手法，在現實環境中，Terraform 的程式碼經常由許多較小的模組合組而成）。更慘的是，你必須十分小心，非但不能把 key 的值也給複製貼上到每一個要部署的 Terraform 模組裡，還得確認每一個 Terraform 模組裡的 key 值都獨一無二[譯註]，這樣才不至於一不小心把某些模組的狀態給覆蓋掉！這麼多的複製貼上動作、再加上大量的人為手動檢查，鐵定容易出錯，尤其是當你必須在多個環境之間部署及管理大量 Terraform 模組的時候。

要減少複製貼上的動作，做法之一是改用所謂的**部分組態**（*partial configurations*），亦即把你 Terraform 程式碼中的 backend 設定裡的特定參數給拿掉，然後改以命令列執行 `terraform init` 時的引數 -backend-config，將這些參數傳入。譬如說，你可以把 bucket 和 region 這類會重複使用的 *backend* 引數都先取出，再把它們塞到另一個獨立檔案 *backend.hcl* 裡：

```
# backend.hcl
bucket         = "terraform-up-and-running-state"
region         = "us-east-2"
dynamodb_table = "terraform-up-and-running-locks"
encrypt        = true
```

記得只把 key 參數留在 Terraform 程式碼裡，因為你還是需要為每一個模組一一設定不一樣的 key 值：

```
# Partial configuration. The other settings (e.g., bucket, region) will be
# passed in from a file via -backend-config arguments to 'terraform init'
terraform {
  backend "s3" {
    key = "example/terraform.tfstate"
  }
}
```

然後把這些部分組態兜進來，執行 `terraform init` 時要加上 -backend-config 引數：

```
$ terraform init -backend-config=backend.hcl
```

[譯註] 等到介紹模組時大家就能體會，每個模組所代表的資源當然要有自己的狀態檔來追蹤狀態，資源 A 當然不能隨便去覆蓋資源 B 的狀態，不然豈不天下大亂。

Terraform 會把 *backend.hcl* 裡的部分組態跟你 Terraform 程式碼中的部分組態合併，產生出模組要使用的完整組態。同一個 *backend.hcl* 檔案可以搭配所有的模組共用，這樣一來就可以大幅減少重複性的動作；但是每個模組裡的 key 值仍須你自己手動設置，以保持獨一無二。

另一種可望減少複製貼上動作的方式，是透過 Terragrunt（*https://terragrunt.gruntwork.io*），這是一種開放原始碼工具，它會補足 Terraform 的若干不足之處。Terragrunt 會把所有基本的 backend 設定（bucket 名稱、區域、DynamoDB 資料表名稱等等）都定義在一個檔案內，並自動地將 key 引數指向模組的相對資料夾路徑，幫你把整套 backend 組態都保持在 DRY（Don't Repeat Yourself，萬事只要做一次就好）。

第 10 章會有範例說明如何使用 Terragrunt。

狀態檔案的隔離

有了 remote backend 跟鎖定等功能的奧援，協作的問題已經得以解決。然而還有一個問題待解：隔離。當你初次開始使用 Terraform 時，也許你會想把手中所有的基礎架構都定義在相同資料夾下的同一個 Terraform 檔案、或是同一組 Terraform 檔案裡。這種做法的問題在於，現在你全部的 Terraform 狀態也都儲存在單一狀態檔案當中，任何一個地方出了點問題，就有可能毀掉一切。

舉例來說，當你嘗試將新版本的 app 部署到 staging 環境中，就有可能把正式環境（production）中的 app 給弄壞。更慘的是，你可能弄壞整個狀態檔案，也許是因為你沒使用鎖定、或是因為罕見的 Terraform 自身的臭蟲造成，但不論如何，這時你在所有環境中的全部基礎架構確定是完蛋了[4]。

採用隔離的環境的重點在於，它們彼此是各自獨立的，因此如果你把所有環境放在同一組 Terraform 組態中管理，這個隔離便不存在。就像造船時會在船艙中設計防水艙壁那樣，艙壁可以作為屏障，當船體部分進水時，只需封閉進水部分，防水艙壁便可有效地防止進水繼續滲漏至船體他處，你也應該在自己的 Terraform 設計中加上「防水艙壁」的概念，正如圖 3-3 所示。

4 如果你未嘗把 Terraform 狀態隔離開來，這篇文章裡有一件淒慘的案例教訓（*https://bit.ly/2lTsewM*）。

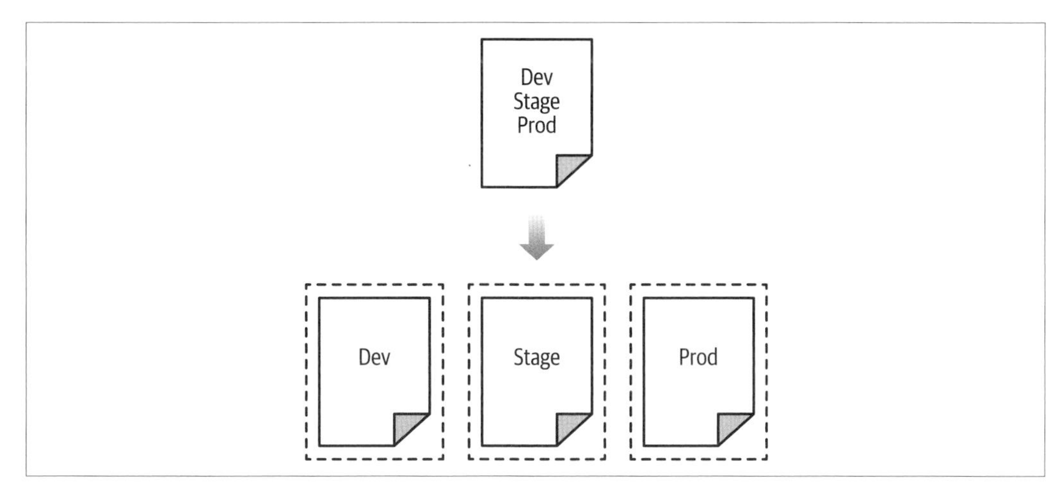

圖 3-3 用分離的 Terraform 組態分別定義每一個環境，藉以在你的各種環境之間建立隔離（「防水艙壁」）

正如圖 3-3 所顯示的，你並非把所有環境定義在單獨一組 Terraform 組態當中（圖中上方），而是在分開的各組組態中定義每一個環境（圖中下方），這樣一來，任一環境中的問題便完全跟其他環境隔離開來了。隔離狀態檔案的方式有兩種：

以 workspaces 來隔離[譯註]
: 對於需要以隔離方式迅速測試同樣的組態時很方便

以檔案佈局來隔離
: 適合正式環境的運用案例，因為這時你更需要在環境間實施真正徹底的隔離

以下兩個小節會深入說明這兩種方式。

以 Workspaces 來隔離

Terraform workspaces 讓你可以把 Terraform 的狀態儲存到多個分開的具名（named）workspaces 當中。Terraform 通常都會從名為「default」的單一 workspace 展開運作，因此若是你不曾特定指名一個 workspace，那麼 default 就會是你始終在使用的那一個 workspace。若要新建一個 workspace、或是在 workspace 之間切換，你得靠 `terraform workspace` 命令。讓我們拿一段只會部署單一 EC2 執行個體的 Terraform 程式碼，來實驗一下 workspace 的概念：

[譯註] workspace 字面上是工作空間之意，以下為方便起見皆以原文稱之。

```
resource "aws_instance" "example" {
  ami           = "ami-0fb653ca2d3203ac1"
  instance_type = "t2.micro"
}
```

為這個執行個體指定使用 S3 bucket 和 DynamoDB 資料表作為 backend，這兩者在本章稍早均已建立，但唯一不同之處，是要把 key 改成 workspaces-example/terraform.tfstate：

```
terraform {
  backend "s3" {
    # Replace this with your bucket name!
    bucket         = "terraform-up-and-running-state"
    key            = "workspaces-example/terraform.tfstate"
    region         = "us-east-2"

    # Replace this with your DynamoDB table name!
    dynamodb_table = "terraform-up-and-running-locks"
    encrypt        = true
  }
}
```

現在執行 terraform init 和 terraform apply 來部署這段程式碼：

```
$ terraform init


Initializing the backend...

Successfully configured the backend "s3"! Terraform will automatically
use this backend unless the backend configuration changes.

Initializing provider plugins...

(...)

Terraform has been successfully initialized!



$ terraform apply

(...)

Apply complete! Resources: 1 added, 0 changed, 0 destroyed.
```

這套部署的狀態會儲存在 default workspace 裡。如要確認這一點，請執行 `terraform workspace show` 命令試試，這會顯示出你目前所在的 workspace：

```
$ terraform workspace show
default
```

default workspace 裡存有你的狀態，而儲存位置正如同你在 `key` 組態中所指定的路徑。如圖 3-4 所示，如果你檢查一下你的 S3 bucket 就會發現 *terraform.tfstate* 檔案正位於 *workspaces-example* 資料夾之下。

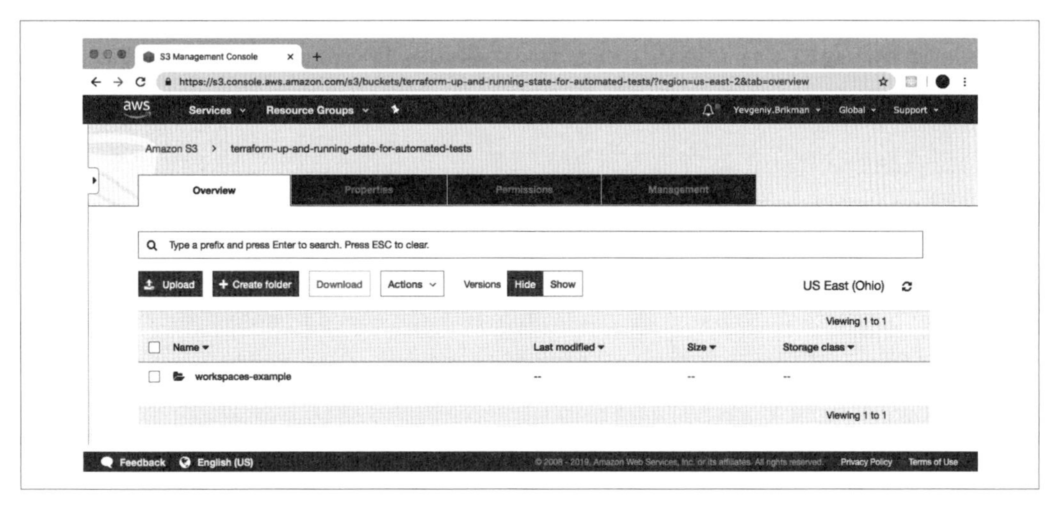

圖 3-4　當你使用 default workspace 時，S3 bucket 裡只會有一個資料夾，其中有你的狀態檔案

現在我們用 `terraform workspace new` 命令來新建一個 workspace，命名為「example1」：

```
$ terraform workspace new example1
Created and switched to workspace "example1"!

You're now on a new, empty workspace. Workspaces isolate their state,
so if you run "terraform plan" Terraform will not see any existing state
for this configuration.
```

這時請注意，若你執行 `terraform plan`，會發生什麼事：

```
$ terraform plan

Terraform will perform the following actions:

  # aws_instance.example will be created
  + resource "aws_instance" "example" {
      + ami                           = "ami-0fb653ca2d3203ac1"
```

```
      + instance_type                = "t2.micro"
      (...)
    }

Plan: 1 to add, 0 to change, 0 to destroy.
```

Terraform 會去建立一個全新的 EC2 執行個體！這是因為每個 workspace 中的狀態檔都是彼此隔離的，也因為這時你正身處 example1 workspace 當中，Terraform 自然不會去參照原本位於 default workspace 的狀態檔，自然也就不會看到剛剛在那邊建立的 EC2 執行個體了。

試著執行 `terraform apply` 把第二個 EC2 執行個體部署至新的 workspace：

```
$ terraform apply

(...)

Apply complete! Resources: 1 added, 0 changed, 0 destroyed.
```

重複練習一次以上步驟，再建立一個名為「example2」的 workspace：

```
$ terraform workspace new example2
Created and switched to workspace "example2"!

You're now on a new, empty workspace. Workspaces isolate their state,
so if you run "terraform plan" Terraform will not see any existing state
for this configuration.
```

再度執行 `terraform apply`，部署第三個 EC2 執行個體：

```
$ terraform apply

(...)

Apply complete! Resources: 1 added, 0 changed, 0 destroyed.
```

現在你手中有三個 workspaces 了，用 `terraform workspace list` 命令就可以得知：

```
$ terraform workspace list
  default
  example1
* example2
```

然後你隨時可以用 `terraform workspace select` 命令在它們中間切換：

```
$ terraform workspace select example1
Switched to workspace "example1".
```

要理解檯面下到底如何運作，請再度觀察你的 S3 bucket；現在會多出一個 *env:* 資料夾，如同圖 3-5 所示。

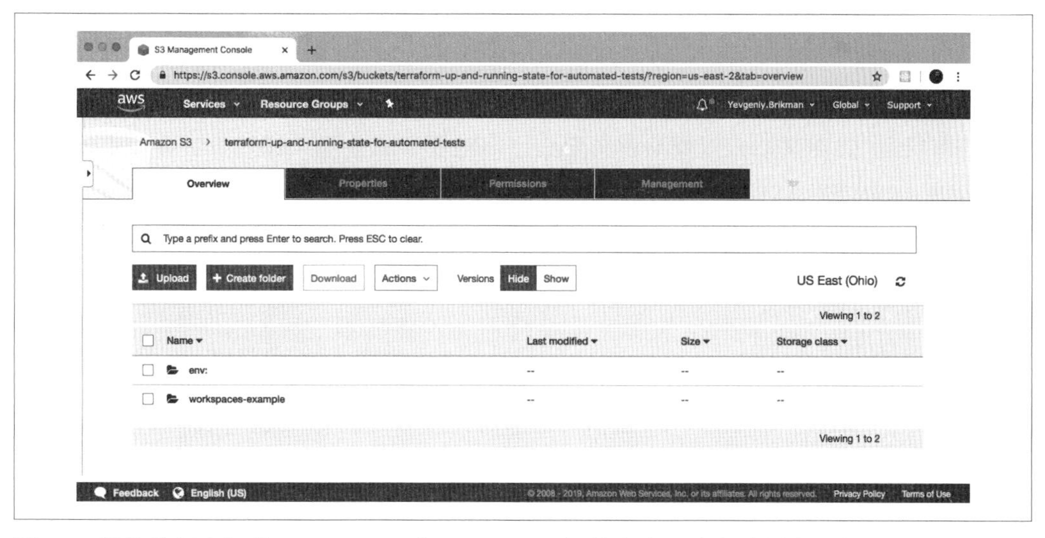

圖 3-5　當你使用自訂的 workspaces 時，S3 bucket 裡就會出現多個資料夾，每個裡面都有狀態檔案

在 *env:* 資料夾裡，你會發現每一個 workspaces 都有自己的資料夾，如圖 3-6 所示。

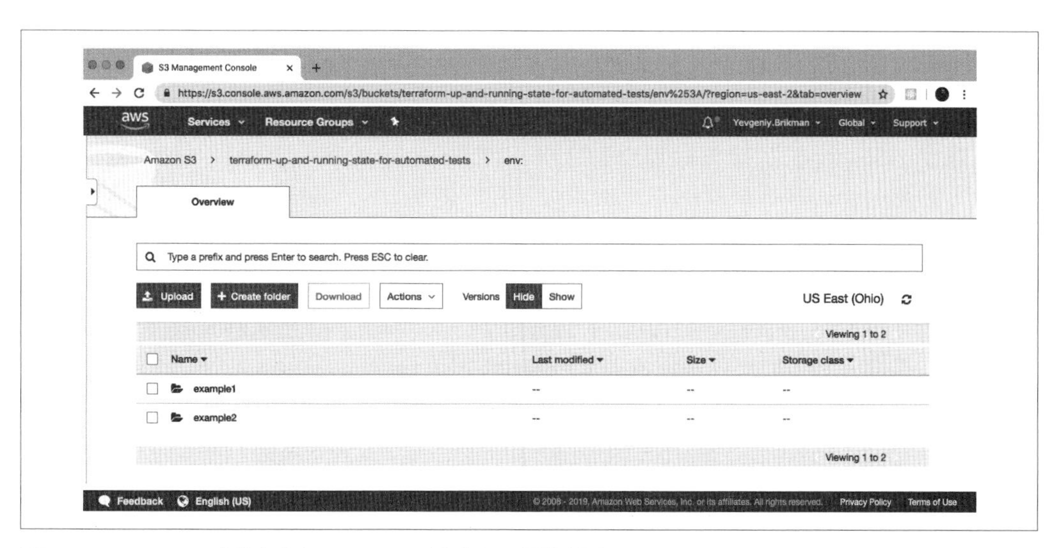

圖 3-6　Terraform 會為每個 workspace 都建立一個資料夾

在每個 workspaces 裡，Terraform 都會參照你在 backend 組態中指定的 key，因此它們各自的狀態檔路徑就會是 *example1/workspaces-example/terraform.tfstate* 和 *example2/workspaces-example/terraform.tfstate*。換言之，當你切換到另一個 workspace 時，也就相當於更換了狀態檔案的儲存路徑。

當你已經部署了某個 Terraform 模組、而你想對它做點實驗（例如你正試著要重構程式碼的時候），但你又不希望實驗會影響到已經部署好的基礎架構時，這會非常方便。Terraform 的 workspaces 允許你執行 `terraform workspace new`，再部署一份完全一樣的基礎架構副本，但其狀態卻是存放在另一個不同的檔案裡。

事實上，你甚至還可以利用 `terraform.workspace` 這個表示式來讀取 workspace 的名稱，再按照所在的 workspace 來變更模組的行為。譬如說，以下就是如何在 default workspace 中將執行個體的類型設為 `t2.medium`，但在所有其他的 workspaces 則維持使用 `t2.micro` 類型（當然是為了實驗時可以省一點錢）：

```
resource "aws_instance" "example" {
  ami           = "ami-0fb653ca2d3203ac1"
  instance_type = terraform.workspace == "default" ? "t2.medium" : "t2.micro"
}
```

以上的程式碼利用了所謂的*三元語法*（*ternary syntax*），視 `terraform.workspace` 的值而有條件地將 `instance_type` 設為 `t2.medium` 或是 `t2.micro`。第 5 章時會詳細介紹 Terraform 裡的三元語法和條件邏輯。

若要迅速地啟用或卸除不同版本的程式碼，Terraform workspaces 是絕佳的招式，但它還是有一些缺陷：

- 所有 workspaces 的狀態檔仍舊存放在同一個 backend（亦即同一個 S3 bucket）。亦即所有 workspaces 都是使用同一組認證和存取控制方式，這是 workspaces 不適合作為環境隔離機制（例如隔離 staging 與正式環境）的主因之一。
- 不論是在程式碼內、還是在終端機上，你都無從得知 workspaces 的資訊（除非在後者當中下達 `terraform workspace` 命令求證）。在瀏覽程式碼時，已部署在某一 workspace 當中的模組，看起來就跟部署在另外 10 個 workspaces 中的模組如出一轍。這增加了維護的難度，因為你無法清楚地掌握自己的基礎架構現況。

- 綜合以上兩點，結論便是 workspaces 很難不出錯。缺乏可見度（visibility）會讓人很容易忘記自己身處哪一個 workspace，進而意外地將變更內容部署到錯誤的（例如原本應該在「暫時」的 workspace 裡下達 `terraform destroy` 命令，卻意外地在「正式環境」的 workspace 中發出了這個毀滅性命令），而且因為你對所有的 workspaces 都使用相同的認證機制，因而更缺乏多一層的防護來抵禦上述的錯誤（如果認證不一樣，至少還有避免在錯誤 workspaces 進行動作的機會）。

基於以上缺點，workspaces 並不適合用來隔離各個環境：像是把暫時和正式環境分開來[5]。要正確地隔離環境，你最好是改採檔案佈局的隔離方式、而不是 workspaces，下一小節便會說明檔案佈局隔離法。

在繼續讀下去之前，記得到那三個 workspaces 裡，逐一執行 `terraform workspace select <name>` 和 `terraform destroy`，以便清除剛剛部署的三個 EC2 執行個體。

以檔案佈局來隔離

要做到環境之間完全的隔離，你必須做到以下幾點：

- 把每一個環境的 Terraform 組態檔放到各自獨立的資料夾底下，譬如說，所有暫時環境的組態都可以放在名為 *stage* 的資料夾底下，而所有正式環境的組態則集中到名為 *prod* 的資料夾底下。
- 為每個環境設置不同的 backend，並各自使用不一樣的認證機制及存取控制：譬如每個環境應該分別置於個別的 AWS 帳號當中，並以分開的 S3 bucket 作為 backend。

透過這種方式，使用不同的資料夾會讓你清楚地識別出正在部署哪一個環境，而分離的狀態檔加上分開的認證機制，就可以大幅降低一個環境被搞砸時牽連到另一個環境的可能性。

事實上，你甚至可能希望把隔離的概念向下延伸到「個別元件」的層級，而不僅侷限在環境而已，這裡所指的元件，代表你通常會一併部署的一組相關的資源。舉例來說，一旦你設置了自己的基礎架構所需的基本網路拓樸之後——用 AWS 的術語來說，就是你設好了一組虛擬私有雲（Virtual Private Cloud，VPC），內含所有相關的子網路、路由規則、VPNs 及網路存取控制清單（ACLs）等等——你也許好幾個月才會更動一次這個部分。但話說回來，你可能會一天部署好幾次的新版網頁伺服器。如果你在同一組 Terraform 組態中同時管理 VPC 元件和網頁伺服器元件所需的基礎架構，等於一天當中

5 workspaces 的文件中（*https://oreil.ly/YrBrG*）也有一模一樣的論點，但卻埋藏在許多文字段落當中，而且 workspaces 又慣常被稱作是「環境」，筆者注意到許多使用者仍會迷惑於何時應該（或不該）使用 workspaces。

會有好幾次都把整套網路拓樸也置於受損的風險當中（也許是程式碼中一個簡單的打錯字、或是某人不小心下錯了命令），這應該要加以避免。

因此筆者建議，對每一個環境（例如暫時環境、正式環境等等）、甚至於該環境中的元件（像是 VPC、服務、資料庫等等），都採用分開的 Terraform 資料夾（因此狀態檔也各自分開）。要觀察這種方式實際的外觀，我們來實際走訪一個 Terraform 專案應有的檔案佈局。

圖 3-7 顯示了筆者自己的一個典型 Terraform 專案的檔案佈局。

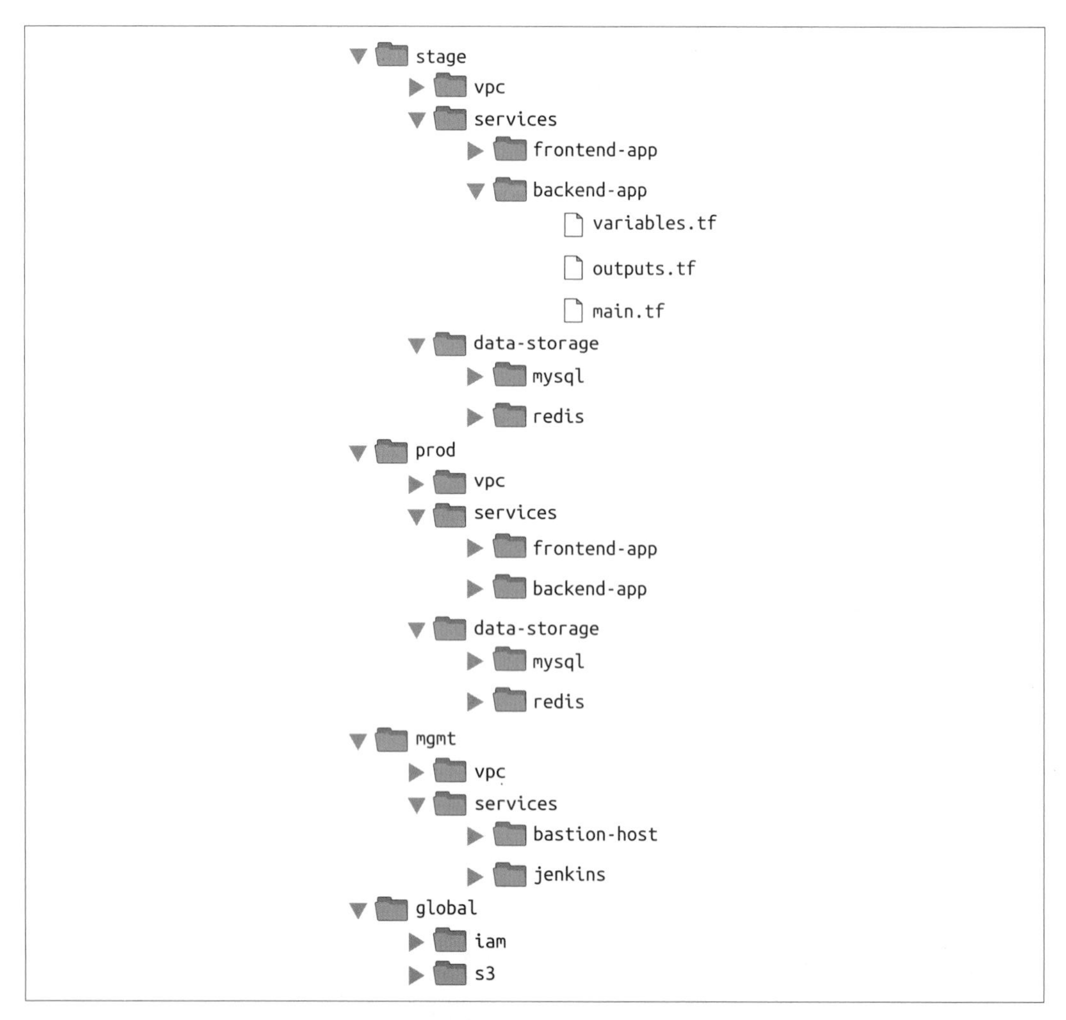

圖 3-7　一個 Terraform 專案的典型檔案佈局，會為每個環境採用分開的資料夾，而該環境中的元件也會有自己的資料夾

在最頂層，是每一個「環境」各自分開的資料夾。每種專案的環境規劃不盡相同，但總離不開以下典型幾種：

stage
: 專供進入正式環境前（pre-production）的工作內容所使用的環境（例如測試）

prod
: 專供正式環境的工作內容所使用的環境（例如實際供使用者操作的 apps）

mgmt
: 專供 DevOps 工作運行的環境（例如要塞主機（bastion host）、持續整合用的伺服器（CI server）等等）

global
: 這裡容納的是所有環境都會用到的資源（例如 S3、IAM 等等）

在每個環境中，都有自己的每個「元件」所各自使用的分離資料夾。每種專案會用到的元件也不盡相同，但總離不開以下這幾種典型：

vpc
: 這個環境的網路拓樸。

services
: 在這個環境中運行的 apps 或微服務（microservices），像是 Ruby on Rails 這種前端、或是 Scala 這樣的後端等等。你甚至應該把每個 app 都置於自己的資料夾當中，以便與其他 apps 隔離開來。

data-storage
: 運行在這個環境中的資料儲存（data stores），像是 MySQL 或 Redis 之類。每一種資料儲存也應該置於自己的資料夾內，以便與所有其他的資料儲存隔離。

在每個元件裡也都會有實際的 Terraform 組態檔，通常都會按照以下的命名慣例來組織它們：

variables.tf
: 輸入變數

outputs.tf

輸出變數

main.tf

資源及資料來源

當你執行 Terraform 時，它只會在現行目錄底下去找所有附檔名是 *.tf* 的檔案，因此你愛用什麼檔案名稱都無所謂。但是就算 Terraform 不在乎檔名為何，你的團隊組員卻可能十分需要一致的檔名。採用一致的、能望文生義的命名慣例，有助於讓人更容易瀏覽你的程式碼：像是你一看檔名就知道，在哪裡可以找到定義了輸入變數、輸出變數或資源等等的程式碼。

注意，以上提及的慣例還只是**最起碼**要遵循的慣例而已，因為幾乎在所有的 Terraform 應用當中，能迅速地找到輸入變數、輸出變數及資源，都算是十分有用的功能，但你所需的可能還不僅於此。以下再舉幾個例子：

dependencies.tf

把你所有的資料來源放進 *dependencies.tf* 檔案，讓人可以輕易識別程式碼必須仰賴哪些外部事物，這是很常見的做法。

providers.tf

你也許會想把 `provider` 區塊也放到 *providers.tf* 檔案裡，這樣就可以一目了然地看出來，程式碼正在操作哪一種 providers、以及你必須提供何種認證資訊。

main-xxx.tf

如果你的 *main.tf* 檔案因為含有大量資源而變得冗長，就該將它拆散成較小的檔案，並依照關係邏輯將資源集中在一起：像是 *main-iam.tf* 便包含所有的 IAM 資源、*main-s3.tf* 含有的就會是所有的 S3 資源等等。為檔名加上 *main-* 這樣的前綴，只需先依首字母排序一番，就可以很方便地在資料夾中掃視檔案清單，而所有的資源也會各自集中在一起[譯註]。另外值得注意的是，如果你發覺自己手中管理著大量資源、又苦於要將它們打散到許多檔案當中，這便暗示著你該考慮把程式碼拆成更小的模組了，這是筆者在第 4 章會深入探討的題材。

[譯註] 在 *https://jhooq.com/terraform-split-main-tf/#1-why-someone-need-to-split-the-terraform-maintf-into-multiple-files* 有一篇很好的文章說明這種做法，Terraform 會自己去整合位在同一目錄下所有各種資源的 *.tf* 檔案。但其實模組會是更好的寫法。

讓我們把第 2 章時寫好的網頁伺服器叢集程式碼翻出來，再加上這一章新寫好的 Amazon S3 和 DynamoDB 等程式碼，用圖 3-8 裡的資料夾結構重新加以編排。

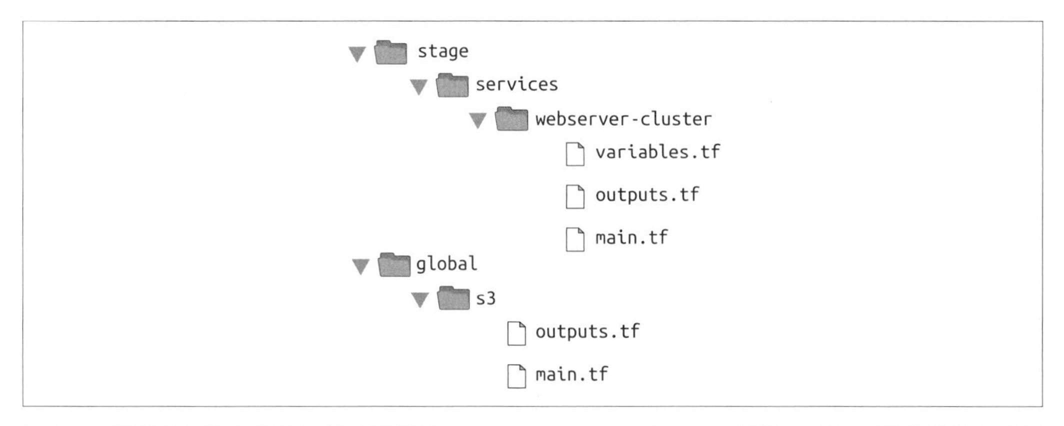

圖 3-8　把網頁伺服器叢集的程式碼移到 *stage/services/webserver-cluster* 資料夾底下，藉此指出這是網頁伺服器的一個測試用或暫時版本

你在這一章建置的 S3 bucket 應該要移到 *global/s3* 資料夾底下。同時請把輸出變數（s3_bucket_arn 跟 dynamodb_table_name）移到 *outputs.tf* 檔案裡。移動資料夾時，別忘了把（隱藏的）*.terraform* 資料夾也一併複製到新的位置，這樣就不必再重新跑一次起始動作（reinitialize）。

而第 2 章時建立的網頁伺服器叢集則該移到 *stage/services/webserver-cluster* 底下（請把這個想像成是網頁伺服器叢集的「測試」或「暫時」版本；下一章就會把「正式」的版本補上來）。同樣地，別忘了把 *.terraform* 資料夾也複製過去，同時把輸入變數移往 *variables.tf*，而輸出變數則移往 *outputs.tf*。

你還得把網頁伺服器叢集改成以 S3 作為 backend。你可以逐字地從 *global/s3/main.tf* 複製貼上 backend 的設定，但是要記得把 key 裡的資料夾路徑改成跟網頁伺服器的 Terraform 程式碼位置相呼應：*stage/services/webserver-cluster/terraform.tfstate*。這樣一來就可以讓版本控制系統中的 Terraform 程式碼檔案佈局一一對應 S3 裡的 Terraform 狀態檔位置，讓兩者之間的關聯一目了然。s3 的模組在設定 key 時已經採用這種慣例了[譯註]。

[譯註] 請回頭參閱第 92 頁中 S3 bucket 的 Terraform 程式碼，當時就已針對現在的程式碼檔案佈局，將 key 指向 S3 bucket 中佈局相同的資料夾了。

這樣的檔案佈局有幾個好處：

清楚的程式碼／環境佈局

你很容易就可以瀏覽程式碼、並看懂每個環境中部署了哪些元件。

隔離

這種佈局可以在環境間提供良好的隔離效果，甚至對於同一環境中的元件之間也有隔離效果，這樣便可確保萬一出了毛病，損壞範圍頂多就只會是整個基礎架構中的一小部分而已。

但在某些方面，這些優點的另一面也是缺點：

必須操作多個資料夾

將元件拆散到個別的資料夾，固然可以預防你一道指令便意外毀掉整個基礎架構，但它同樣也會讓你無法只靠一道命令就建立起整個基礎架構。如果單一環境中所有的元件都定義在一個 Terraform 組態裡，當然就只需跑一次 `terraform apply` 便能啟動整個環境。但要是所有的元件分別位於各自的資料夾當中，你就只能到每個資料夾一一執行 `terraform apply` 才行。

解法：如果你用了 Terragrunt，就可以靠 `run-all` 命令同時跨越多個資料夾執行命令（*https://oreil.ly/tmmii*）。

複製／貼上

本小節中提及的檔案佈局，其實有很多部分的內容是重複的。例如在 *stage* 和 *prod* 資料夾中都有同樣的 `frontend-app` 和 `backend-app`。

解法：你其實不用真的複製貼上所有的程式碼！第 4 章會告訴大家，如何靠 Terraform 的模組來達到讓程式碼 DRY 的效果。

資源的依存關係

將程式碼拆散到多個資料夾，會讓你難以運用資源的依存關係。如果你的 app 程式碼跟資料庫程式碼都定義在同樣的 Terraform 組態檔案裡，那麼 app 的程式碼便能透過屬性參照的方式直接取得資料庫的屬性（例如用 `aws_db_instance.foo.address` 取得資料庫位址）。但若是 app 程式碼和資料庫程式碼都照筆者建議的那樣，各自位於不同的資料夾，這一招就不靈了。

解法：辦法之一就是像第 10 章會介紹到的那樣，利用 Terragrunt 的 `dependency` 區塊。另一個辦法則是利用 `terraform_remote_state` 這個特殊的資料來源，下一小節就會介紹它。

特殊資料來源 terraform_remote_state

在第 2 章時，大家已經試過以 `aws_subnets` 這種資料來源（data sources）取得 AWS 中的唯讀資訊，它會傳回 VPC 當中的子網路清單。此外還有一種資料來源，是在處理狀態時特別有用的：它就是 `terraform_remote_state`。你可以用它取得儲存在另一組 Terraform 組態裡的 Terraform 狀態檔案。

來看一個實際的例子。設想你的網頁伺服器叢集需要與一套 MySQL 資料庫溝通。要運作一套兼顧可調節規模、安全、持久耐用又兼具高可用性的資料庫，可是一項大工程。但你還是可以仰賴 AWS 為你代勞，這回要借重的是 Amazon 的 *Relational Database Service*（RDS），如圖 3-9 所示。RDS 支援各式各樣的資料庫，包括 MySQL、PostgreSQL、SQL Server 和 Oracle 等等。

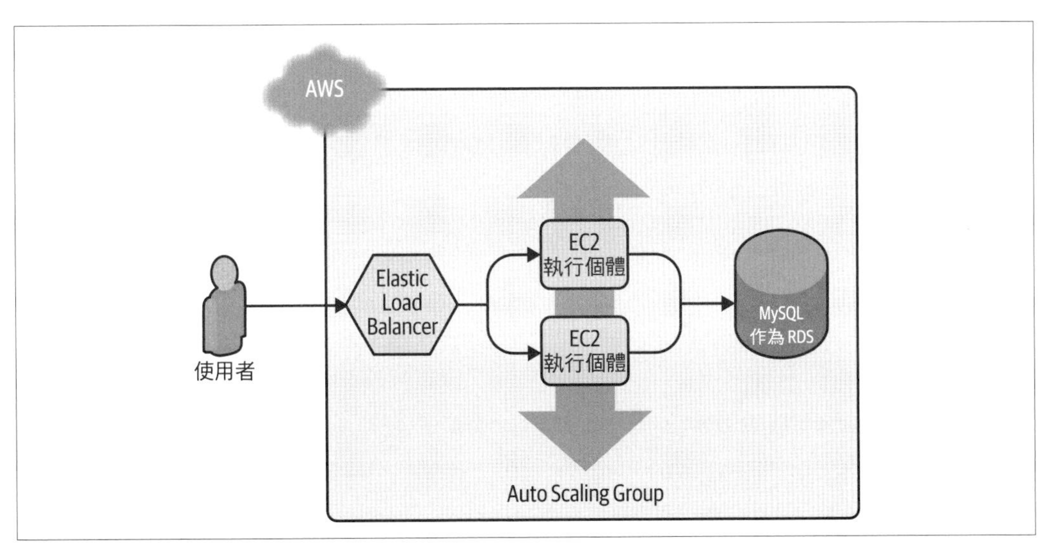

圖 3-9　網頁伺服器叢集會與 MySQL 通訊，後者係透過 Amazon RDS 部署而成

你或許不想用包含了網頁伺服器叢集的組態檔案來定義 MySQL 資料庫，因為網頁伺服器叢集搞不好一天要部署更新好幾次，可別因為這樣就一不小心連資料庫也給搞壞了。

因此你首先要做的，就是另建一個新資料夾 *stage/data-stores/mysql*，然後在其中建立基本的 Terraform 檔案（不出 *main.tf*、*variables.tf*、*outputs.tf* 這幾個檔案），如圖 3-10 所示。

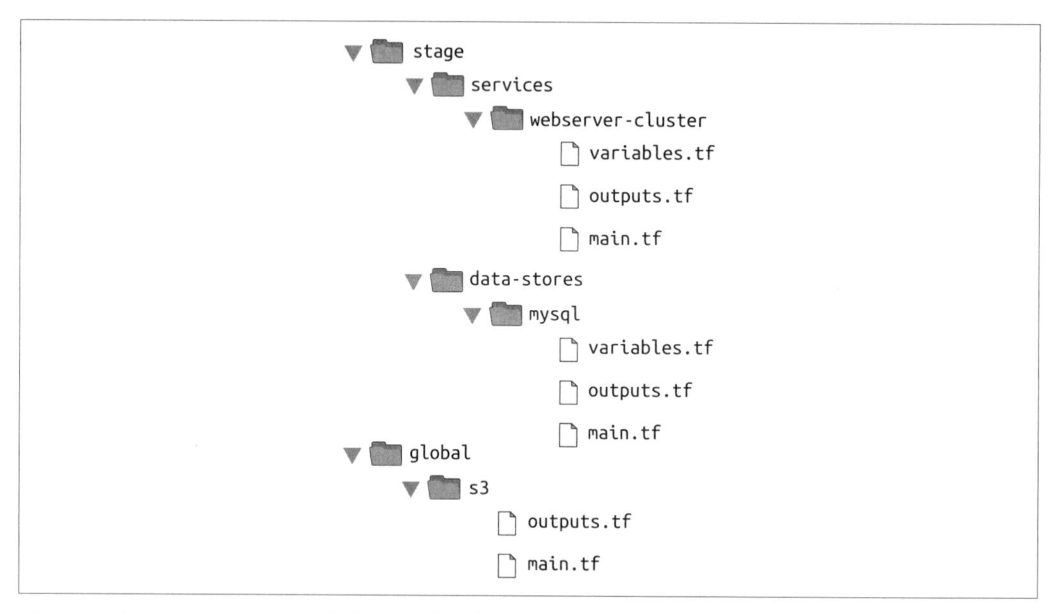

圖 3-10　在 stage/data-stores 資料夾中建立資料庫所需的程式碼

接著用 *stage/data-stores/mysql/main.tf* 建立資料庫資源：

```
provider "aws" {
  region = "us-east-2"
}

resource "aws_db_instance" "example" {
  identifier_prefix   = "terraform-up-and-running"
  engine              = "mysql"
  allocated_storage   = 10
  instance_class      = "db.t2.micro"
  skip_final_snapshot = true
  db_name             = "example_database"

  # How should we set the username and password?
  username = "???"
  password = "???"
}
```

在檔案頂端，各位看到了典型的 `provider` 區塊，但接下來便是全新的資源：`aws_db_instance`。這項資源會在 RDS 中建立一個資料庫，其中設定如下：

- 資料庫引擎是 MySQL。
- 儲存空間為 10 GB。
- 採用 db.t2.micro 執行個體，它具備一顆虛擬 CPU、1 GB 的記憶體，這些都屬於 AWS 免費方案。
- 最終快照（final snapshot）是停用的，因為這段程式碼終究不過只是供學習和測試用而已（如果你忘記停用快照、或是不曾以 final_snapshot_identifier 參數指定快照名稱，最後要跑 destroy 時便會失敗）。

注意，你有兩個參數必須傳給 aws_db_instance 資源，分別是主要使用者名稱和主要密碼（master username 和 master password）。由於這兩者都算是密語，你絕不該以明文形式將它們直接寫在程式碼裡！筆者在第 6 章時會探討關於各種如何安全地在 Terraform 中處理密語的選項。目前我們先暫時使用另一種方式來避免用明文儲存密語，這種方式用起來很簡單：只需將資料庫密碼之類的密語儲存到 Terraform 以外的場所（例如你自己的密碼管理工具當中，像是 1Password、LastPass 或是 macOS Keychain 之類），然後透過環境變數，將密語傳給 Terraform 就行了。

先到 *stage/datastores/mysql/variables.tf* 裡宣告兩個變數 db_username 和 db_password：

```
variable "db_username" {
  description = "The username for the database"
  type        = string
  sensitive   = true
}

variable "db_password" {
  description = "The password for the database"
  type        = string
  sensitive   = true
}
```

首先應注意的是，這些變數都被標示為 sensitive = true，代表它們含有密語。這樣便可防止 Terraform 在你執行 plan 或 apply 時把相關資料值寫到日誌裡。其次要注意，這些變數都沒有設定 default。這是故意為之的，因為你絕不可以把資料庫身分或任何敏感性資訊，以明文形式暴露在任何地方。相反地，你應當把這些變數設為環境變數。

但讓我們先把程式碼寫完。首先把兩個新的輸入變數放進 aws_db_instance 資源裡：

```
resource "aws_db_instance" "example" {
  identifier_prefix   = "terraform-up-and-running"
  engine              = "mysql"
  allocated_storage   = 10
```

```
  instance_class      = "db.t2.micro"
  skip_final_snapshot = true
  db_name             = "example_database"

  username = var.db_username
  password = var.db_password
}
```

接著設定這個模組，讓它把狀態也儲存到你先前建立 S3 bucket 的路徑 *stage/data-stores/mysql/terraform.tfstate* 底下：

```
terraform {
  backend "s3" {
    # Replace this with your bucket name!
    bucket         = "terraform-up-and-running-state"
    key            = "stage/data-stores/mysql/terraform.tfstate"
    region         = "us-east-2"

    # Replace this with your DynamoDB table name!
    dynamodb_table = "terraform-up-and-running-locks"
    encrypt        = true
  }
}
```

最後再到 *stage/data-stores/mysql/outputs.tf* 加上兩個輸出變數，以便傳回資料庫使用的位址和通訊埠：

```
output "address" {
  value       = aws_db_instance.example.address
  description = "Connect to the database at this endpoint"
}

output "port" {
  value       = aws_db_instance.example.port
  description = "The port the database is listening on"
}
```

現在總算可以透過環境變數來傳送資料庫使用者名稱和密碼了。先提醒一下，對於 Terraform 組態中定義的每一個輸入變數 `foo`，都可以利用環境變數 `TF_VAR_foo` 將其值提供給 Terraform。所以對於 `db_username` 和 `db_password` 這兩個輸入變數來說，你就要在 Linux/Unix/macOS 等系統中這樣設置 `TF_VAR_db_username` 和 `TF_VAR_db_password` 兩個環境變數：

```
$ export TF_VAR_db_username="(YOUR_DB_USERNAME)"
$ export TF_VAR_db_password="(YOUR_DB_PASSWORD)"
```

如果是在 Windows 系統上，就這樣做：

```
$ set TF_VAR_db_username="(YOUR_DB_USERNAME)"
$ set TF_VAR_db_password="(YOUR_DB_PASSWORD)"
```

執行 `terraform init` 和 `terraform apply` 建置資料庫。注意，就算只是小小一個資料庫，Amazon RDS 也可能得花上約莫 10 分鐘才能配置完畢，所以請耐心等上一會。等 `apply` 跑完以後，應該就會在終端機畫面看到輸出：

```
$ terraform apply

(...)

Apply complete! Resources: 1 added, 0 changed, 0 destroyed.

Outputs:

address = "terraform-up-and-running.cowu6mts6srx.us-east-2.rds.amazonaws.com"
port = 3306
```

這些輸出現在也會寫到資料庫的 Terraform 狀態中了，也就是位於你的 S3 bucket 路徑 *stage/data-stores/mysql/terraform.tfstate* 底下。

如果你回到自己的網頁伺服器叢集程式碼裡，這時就可以在 *stage/services/webserver-cluster/main.tf* 裡加上 `terraform_remote_state` 這項資料來源，讓網頁伺服器得以從資料庫的狀態檔案讀取以上的輸出了：

```
data "terraform_remote_state" "db" {
  backend = "s3"

  config = {
    bucket = "(YOUR_BUCKET_NAME)"
    key    = "stage/data-stores/mysql/terraform.tfstate"
    region = "us-east-2"
  }
}
```

這一段 `terraform_remote_state` 資料來源會設定網頁伺服器的程式碼，讓它從同一個 S3 bucket 和對應資料庫資源的資料夾中，讀取資料庫儲存的狀態檔案，如圖 3-11 所示。

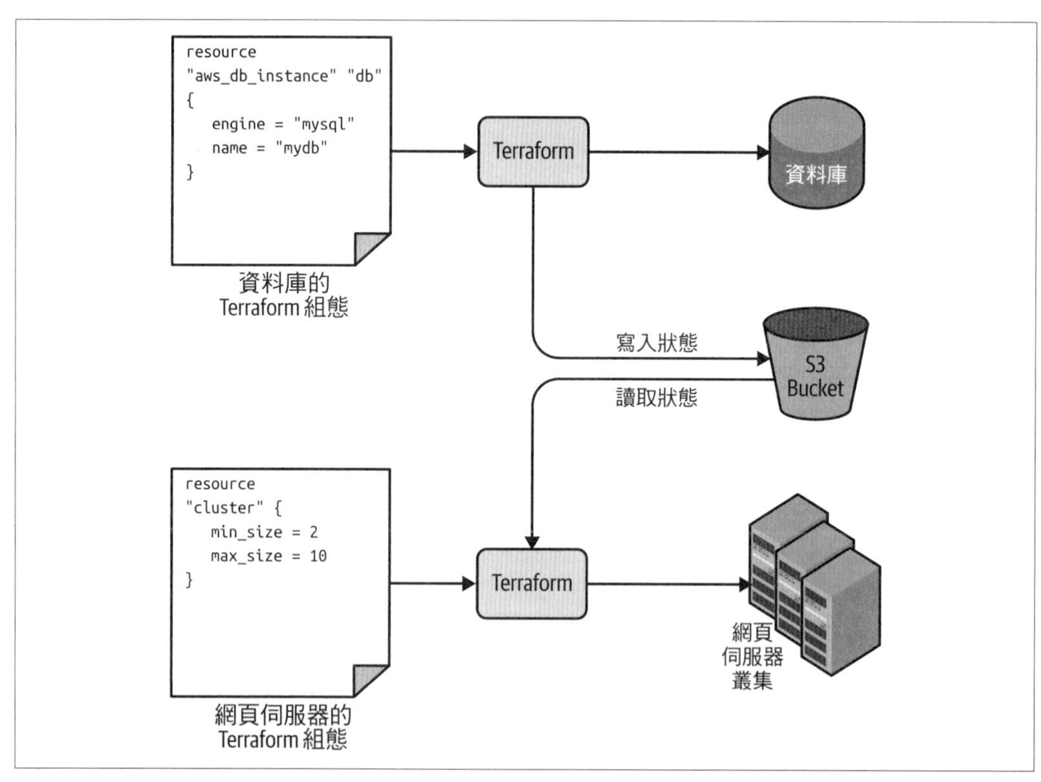

圖 3-11　資料庫會把自己的狀態寫到 S3 bucket（上部），然後網頁伺服器叢集便會到同一個 bucket 裡把狀態讀出來（下部）

重點是，`terraform_remote_state` 傳回的資料，就跟其他 Terraform 的資料來源一樣是唯讀的。因此不管你在網頁伺服器叢集的 Terraform 程式裡怎麼搞，它都不至於會動到資料庫的狀態，因此你大可放心地取出 database 的狀態資料，而不用冒任何會造成資料庫自身問題的風險。

所有的資料庫輸出變數都儲存在狀態檔案裡，因而你可以透過 `terraform_remote_state` 這項資料來源的屬性參照來讀取其內容：

```
data.terraform_remote_state.<NAME>.outputs.<ATTRIBUTE>
```

舉例來說，若你想更新網頁伺服器叢集執行個體裡的 User Data，以便從 terraform_remote_state 資料來源取出資料庫位址和通訊埠、並將這些資訊顯示到 HTTP 回應當中的話，可以這樣寫：

```
user_data = <<EOF
#!/bin/bash
echo "Hello, World" >> index.html
echo "${data.terraform_remote_state.db.outputs.address}" >> index.html
echo "${data.terraform_remote_state.db.outputs.port}" >> index.html
nohup busybox httpd -f -p ${var.server_port} &
EOF
```

隨著 User Data 命令稿越寫越冗長，在此定義其內容也越來越難弄。一般來說，當你把某種程式語言（Bash）嵌在另一種程式語言（Terraform）當中時，就會讓兩者的維護工作都越發困難，因此我們要在此打住，先把 Bash 命令稿給摘出來。這時你就要靠內建函式 `templatefile` 了。

Terraform 含有多種**內建函式**（*built-in functions*），你可以透過如下表示式的格式執行它：

```
function_name(...)
```

譬如說這個 `format` 函式：

```
format(<FMT>, <ARGS>, ...)
```

它會依照 `FMT` 字串中與 `sprintf` 雷同的語法，對 `ARGS` 裡的引數做格式化處理[6]。要實驗內建函式的最佳方式，就是執行 `terraform console` 命令，用一個互動式的 console 來測試 Terraform 語法、查詢基礎架構的狀態，而且馬上就能驗收效果：

```
$ terraform console

> format("%.3f", 3.14159265359)
3.142
```

注意，Terraform console 是唯讀的，所以不必擔心會不慎動到基礎架構或狀態。

可以用來操縱字串、數字、清單（lists）甚至 maps 的內建函式有很多種[7]。其中之一就是 `templatefile` 函式：

```
templatefile(<PATH>, <VARS>)
```

6 關於 `sprintf` 的語法文件，可參酌 Go 網站（*https://oreil.ly/Gh70y*）。

7 完整的內建函式清單，請參閱 Terraform 網站（*https://oreil.ly/anAtE*）。

這個函式會讀取 PATH 中的檔案，把它當成改寫範本，然後以字串的形式傳回改寫的結果。我之所以說它是「改寫範本」，意思是指 PATH 中的檔案可以利用 Terraform 的變數展開替換語法（interpolation syntax，${...}），讓 Terraform 把檔案內容加以改寫，從 VARS 把變數參照的部分填入。

若要親眼目睹其運作方式，請把 User Data 命令稿的內容先放到 *stage/services/webserver-cluster/user-data.sh* 檔案裡：

```
#!/bin/bash

cat > index.html <<EOF
<h1>Hello, World</h1>
<p>DB address: ${db_address}</p>
<p>DB port: ${db_port}</p>
EOF

nohup busybox httpd -f -p ${server_port} &
```

注意這個 Bash 命令稿寫法的變化：

- 它會借用 Terraform 標準的展開替換語法來尋找變數，只不過它能看得到的變數，僅限於那些用 `templatefile` 第二個參數傳入的（馬上就會看到例子），這樣一來你就不必靠 prefix 來引用它們：例如你應該寫成 `${server_port}`、而不是 `${var.server_port}`。
- 指令碼中現在含有若干 HTML 語法（例如 `<h1>`），這是為了讓輸出的內容在瀏覽器中看起來會更順眼一些。

最後一步，是更新 `aws_launch_configuration` 資源裡的 `user_data` 參數，讓它改為呼叫 `templatefile` 函式，然後將函式需要的變數以 map 的形式傳入：

```
resource "aws_launch_configuration" "example" {
  image_id        = "ami-0fb653ca2d3203ac1"
  instance_type   = "t2.micro"
  security_groups = [aws_security_group.instance.id]

  # Render the User Data script as a template
  user_data = templatefile("user-data.sh", {
    server_port = var.server_port
    db_address  = data.terraform_remote_state.db.outputs.address
    db_port     = data.terraform_remote_state.db.outputs.port
  })

  # Required when using a launch configuration with an auto scaling group.
  lifecycle {
```

```
    create_before_destroy = true
  }
}
```

啊啊，這樣一來，比起原本直接把網頁內容寫在 Bash 命令稿裡清爽多了！

如果你用 terraform apply 部署這個叢集，請等待執行個體登錄至 ALB，然後才用瀏覽器開啟 ALB 的網址，就會看到像圖 3-12 的畫面。

恭喜你，你的網頁伺服器叢集現在能透過 Terraform 的程式化方式，取得資料庫位址和通訊埠了。如果你使用的是貨真價實的網頁框架（例如 Ruby on Rails），你可以把位址及通訊埠設為環境變數，或是將其寫入 config 檔案，以便讓資料庫的程式庫（例如 ActiveRecord）用來和資料庫溝通。

圖 3-12　網頁伺服器叢集可以透過程式化的方式取得資料庫位址和通訊埠

結論

我們之所以要花這麼多心思在隔離、鎖定和狀態等資訊上，原因是基礎架構即程式碼（IaC）比起一般的程式設計，還要面臨不同的取捨之處（trade-offs）。當你撰寫典型的 app 程式碼時，大部分的臭蟲缺陷都尚屬輕微，頂多只會弄壞單一 app 裡的一小部分。但當你撰寫的是控制基礎架構的程式碼時，臭蟲的影響就嚴重得多，因為最糟甚至會毀掉所有的 apps——連帶還毀掉所有的資料儲存（data stores）、以及整個網路拓樸，乃至於基礎架構中的一切。因此筆者建議，在處理 IaC 的程式時，務必要加上比一般程式碼更多的「安全機制」[8]。

8　關於軟體安全機制的進一步詳情，請參閱 Agility Requires Safety 一文（*https://bit.ly/2YJuqJb*）。

若是運用本章所建議的檔案佈局，常見的疑慮在於它所帶來的程式碼重複問題。如果你要同時在暫時和正式環境各自運作一組網頁伺服器叢集，試問要如何避免在 *stage/services/webserver-cluster* 和 *prod/services/webserver-cluster* 兩個目錄之間複製和貼上大量雷同的程式碼？答案就是你必須引進 Terraform 的模組功能，這會是第 4 章的主題。

第四章

如何以 Terraform 模組建立可以重複使用的基礎架構

在第 3 章尾聲時，你已部署了如同圖 4-1 所顯示的架構。

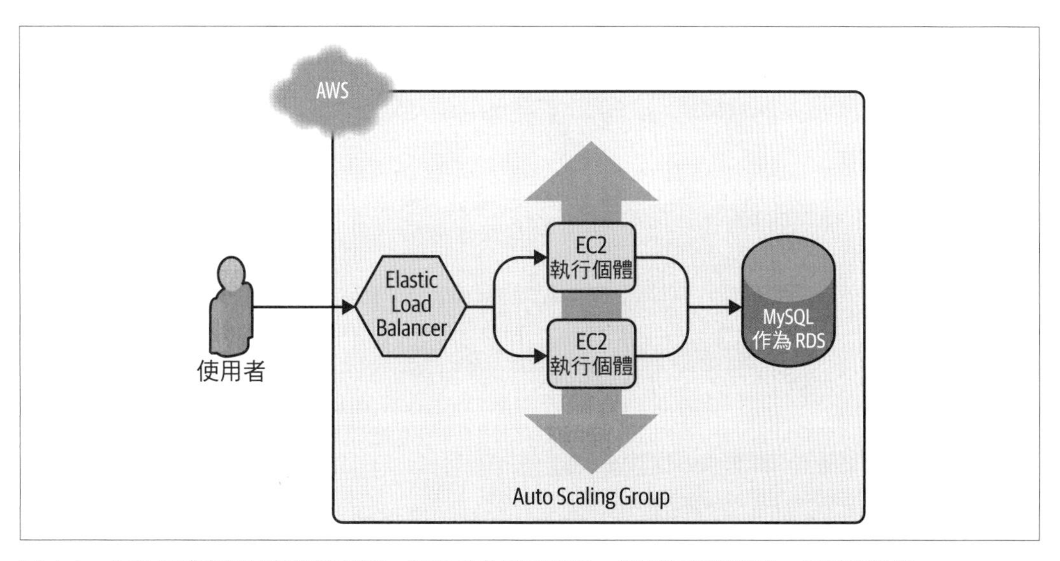

圖 4-1　你在先前章節所部署的架構，涵蓋了負載平衡器、網頁伺服器叢集、以及資料庫

對於首度運行的環境來說，這就可以運作得很好了，但你通常會需要至少兩套環境：一套供團隊內部測試用（所謂的「staging」，亦即暫時環境），另一套則是真正供使用者操作的（「production」，亦即正式環境），如圖 4-2 所示。理想上兩套環境應該幾乎是完全相同的，雖說你可能會囿於預算，而在暫時環境中運行較少量的 / 小型的伺服器。

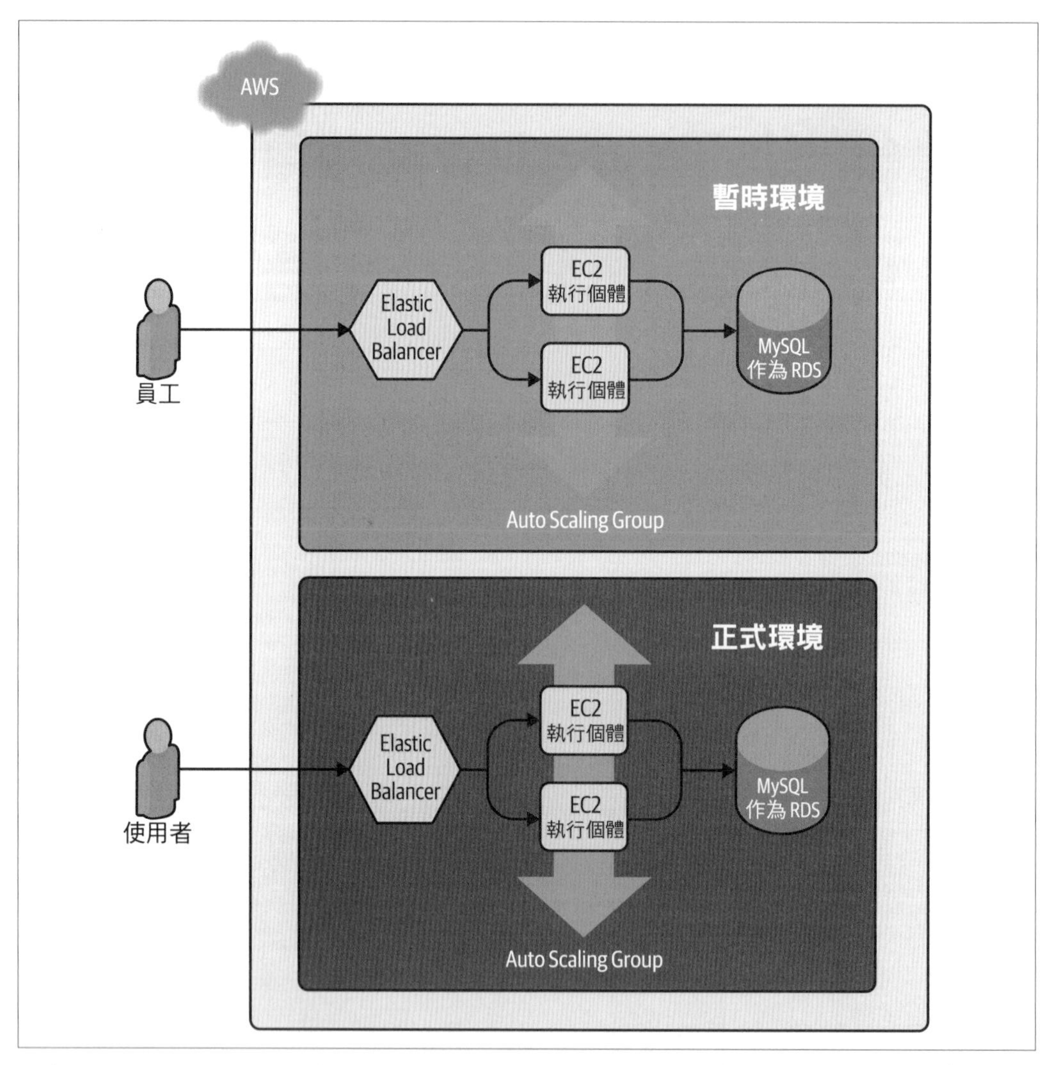

圖 4-2　你在本章部署的架構會有兩套環境，每一套都具備自己的負載平衡器、網頁伺服器叢集和資料庫

你要如何在不必從暫時環境複製和貼上所有程式碼的前提下，添加這套正式環境？譬如說，如何避免把所有的程式碼從 *stage/services/webserver-cluster* 跟 *stage/data-stores/mysql* 全部複製一次，然後依樣畫葫蘆地貼到 *prod/services/webserver-cluster* 和 *prod/data-stores/mysql* 底下？

在一般的程式語言當中，譬如說 Ruby 好了，如果你必須一再地把一樣的程式碼複製和貼上到好幾處，代表這時你該把這段程式碼放進函式，然後在他處引用該函式即可：

```
# Define the function in one place
def example_function()
  puts "Hello, World"
end

# Use the function in multiple other places
example_function()
```

而在 Terraform 裡，你可以把這樣的程式碼放到一個 *Terraform* 模組（*module*）當中，然後在程式碼中的其他位置重複使用這個模組就行了。這樣一來，你就不必在暫時和正式環境之間複製和貼上同樣的程式碼，而是讓兩者都使用來自相同模組的程式碼，如同圖 4-3 所示。

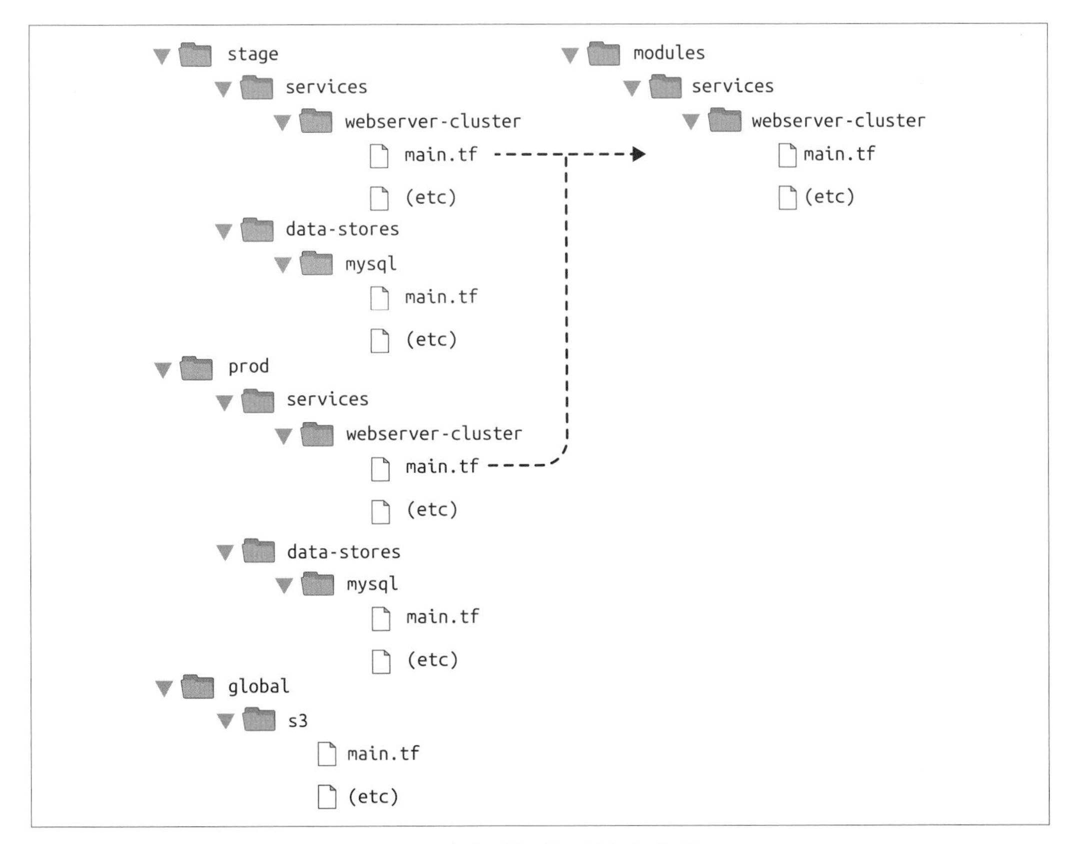

圖 4-3　將程式碼放進模組，讓你可以在多處重複利用該段程式碼

這可真是了不起。要想寫出可以重複使用的、易於維護、又方便測試的 Terraform 程式碼，模組絕對是關鍵要素。一旦你開始使用模組，你就回不去了（笑）。你會開始把每件事物都改造成模組，甚至建立模組程式庫在公司內分享，或是引用網路上找到的模組，乃至於把整套基礎架構都想像成是可重複使用模組的集合。

在本章當中，筆者會教大家如何建立和使用 Terraform 模組，我們會談及以下題材：

- 模組的基礎
- 模組的輸入
- 模組的局部值
- 模組的輸出
- 模組的竅門
- 模組的版本控管

範例程式碼

再提醒一下，本書所有程式碼在 GitHub 上都可以找得到（*https://github.com/brikis98/terraform-up-and-running-code*）。

模組的基礎

Terraform 模組的概念很簡單：任何一組位在資料夾底下的 Terraform 組態檔案，就可以算是一個模組。其實你到目前為止所寫出來的所有組態，技術上來說都算是模組，之所以看起來好像沒啥特殊，那是因為你都是直接把它們拿來部署：如果你直接對模組執行 `apply`，它就會被視為**根模組**（*root module*）。若要看出模組真正的能耐，你得寫出**可以重複使用的模組**（*reusable module*），也就是可以被其他模組引用的模組。

為了舉例說明起見，我們現在要把 *stage/services/webserver-cluster* 裡的程式碼改寫成一個可以重複使用的模組，其中包含了一個 Auto Scaling Group（ASG）、一組應用程式負載平行器（Application Load Balancer，ALB）、安全群組（security groups）、以及其他多項資源。

首先，請在 *stage/services/webserver-cluster* 底下執行 `terraform destroy`，把你稍早建立的相關資源都清空。接著建立一個新的頂層資料夾，命名為 *modules*，然後把 *stage/services/webserver-cluster* 底下的檔案全都搬到 *modules/services/webserver-cluster*。然後你的目錄結構就會變成圖 4-4 那樣。

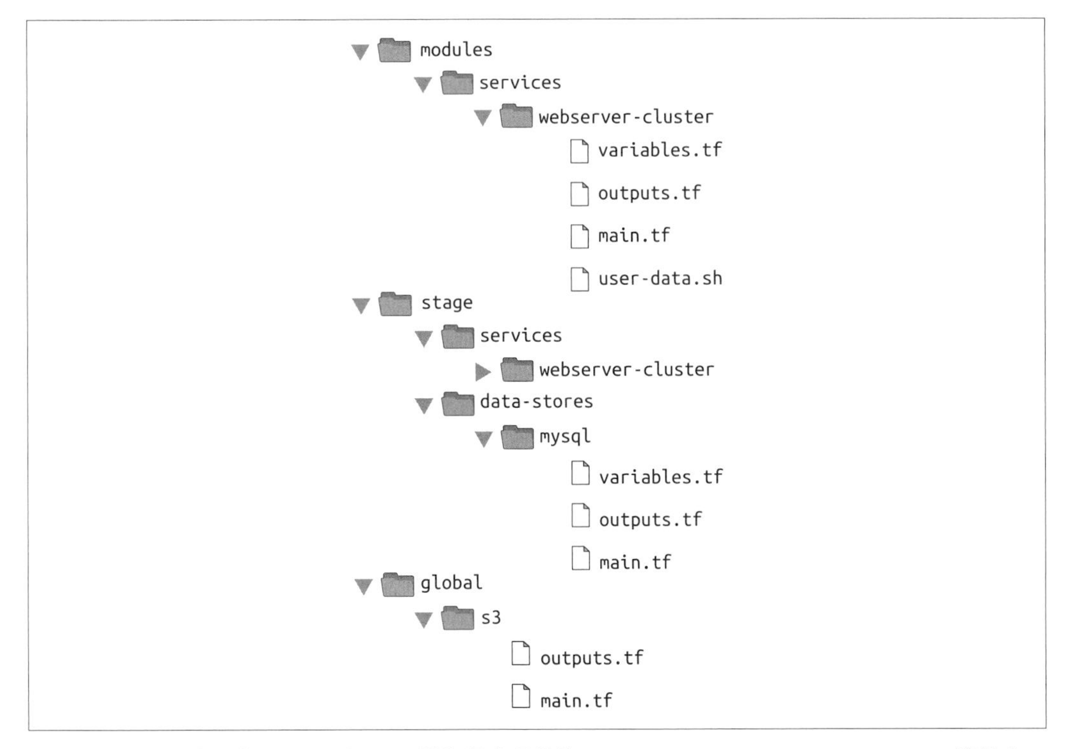

圖 4-4　把你要重複使用的網頁伺服器叢集程式碼移往 modules/services/webserver-cluster 資料夾

打開 *modules/services/webserver-cluster* 底下的 *main.tf* 檔案，然後把 `provider` 的定義拿掉。因為 providers 的設定應該只出現在根模組當中，而不能放在要重複使用的模組裡（第 7 章會再大幅介紹 providers）。

現在你可以在暫時環境中引用這個模組了。引用模組的語法如下：

```
module "<NAME>" {
  source = "<SOURCE>"

  [CONFIG ...]
}
```

NAME 是你在整段 Terraform 程式碼中參照某個模組時使用的識別名稱（例如 webserver_cluster），SOURCE 則代表模組程式碼所在的路徑（例如 *modules/services/webserver-cluster*），而 CONFIG 裡則含有與該模組有關的引數。譬如說，你可以新建 *stage/services/webserver-cluster/main.tf* 這個檔案，然後在其中引用 webserver-cluster 模組如下：

```
provider "aws" {
  region = "us-east-2"
}

module "webserver_cluster" {
  source = "../../../modules/services/webserver-cluster"
}
```

同一個模組也可以依樣畫葫蘆地在正式環境中使用，只需新建 *prod/services/webserver-cluster/main.tf* 檔案，並在其中加上如下的內容：

```
provider "aws" {
  region = "us-east-2"
}

module "webserver_cluster" {
  source = "../../../modules/services/webserver-cluster"
}
```

就這樣：你可以在多個環境中重複利用程式碼，並把重複程度降到最低。注意，每當你在 Terraform 組態中新增模組、或是更改了某個模組的來源參數，記得要先重新執行一次 init 命令，才可以繼續執行 plan 或 apply：

```
$ terraform init
Initializing modules...
- webserver_cluster in ../../../modules/services/webserver-cluster

Initializing the backend...

Initializing provider plugins...

Terraform has been successfully initialized!
```

現在你知道 init 的葫蘆裡賣的是什麼藥了：它會安裝 providers、還會設定你的 backends、下載模組等等，全都一招搞定。

在你真正對這段新程式碼執行 apply 命令之前，請記住 webserver-cluster 模組現在還有一個大問題：其中所有的名稱都是寫死的（hardcoded）。也就是說，其中提到的 security groups、ALB 和其他所有資源的名稱，全都是一次寫死的，因此要是你真的在同一個 AWS 帳號中重複使用這個模組，就會冒出一大堆的衝突錯誤。甚至連如何讀取資料庫狀態的動作細節都是寫死的，因為你搬到 *modules/services/webserver-cluster* 底下的 *main.tf* 檔案，其中是以 `terraform_remote_state` 這個資料來源去尋找資料庫位址和通訊埠的，但這個 `terraform_remote_state` 卻又被寫死成只會在暫時環境中進行搜尋。

要訂正這個缺陷，你得為 `webserver-cluster` 模組加上可以設定的輸入，這樣它才會在不同的環境中做出不同的反應。

模組的輸入

像 Ruby 這種一般程式語言，為了讓函式變得是可調整的（configurable），你可以在函式中加上輸入參數：

```
# A function with two input parameters
def example_function(param1, param2)
  puts "Hello, #{param1} #{param2}"
end

# Pass two input parameters to the function
example_function("foo", "bar")
```

在 Terraform 裡，模組也具有輸入參數可用。要定義參數，你必須採用至今已經熟稔的機制：輸入變數。請開啟 *modules/services/webserver-cluster/variables.tf* 檔案，並加上三個新的輸入變數：

```
variable "cluster_name" {
  description = "The name to use for all the cluster resources"
  type        = string
}

variable "db_remote_state_bucket" {
  description = "The name of the S3 bucket for the database's remote state"
  type        = string
}

variable "db_remote_state_key" {
  description = "The path for the database's remote state in S3"
  type        = string
}
```

接著到 *modules/services/webserver-cluster/main.tf* 裡面，用 `var.cluster_name` 取代原本寫死的名稱（像是 `"terraform-asg-example"` 之類）。譬如說，你可以這般處理 ALB 安全群組：

```
resource "aws_security_group" "alb" {
  name = "${var.cluster_name}-alb"

  ingress {
    from_port   = 80
    to_port     = 80
    protocol    = "tcp"
    cidr_blocks = ["0.0.0.0/0"]
  }

  egress {
    from_port   = 0
    to_port     = 0
    protocol    = "-1"
    cidr_blocks = ["0.0.0.0/0"]
  }
}
```

注意 `name` 參數是如何設成 `"${var.cluster_name}-alb"` 的。你需要把其他的 `aws_security_group` 資源（例如改名為 `"${var.cluster_name}-instance"`）、`aws_alb` 資源、以及 `aws_autoscaling_group` 資源中的 `tag` 段落等等，也用類似的方式如法炮製。

你還得把 `terraform_remote_state` 資料來源也調整一下，改以 `db_remote_state_bucket` 和 `db_remote_state_key` 分別作為 `bucket` 和 `key` 參數的值，如此才可確保會從正確的環境讀取狀態檔案：

```
data "terraform_remote_state" "db" {
  backend = "s3"

  config = {
    bucket = var.db_remote_state_bucket
    key    = var.db_remote_state_key
    region = "us-east-2"
  }
}
```

現在在暫時環境裡的 *stage/services/webserver-cluster/main.tf*，你可以把這些新的輸入變數一一設定進來了：

```
module "webserver_cluster" {
  source = "../../../modules/services/webserver-cluster"
```

```
  cluster_name           = "webservers-stage"
  db_remote_state_bucket = "(YOUR_BUCKET_NAME)"
  db_remote_state_key    = "stage/data-stores/mysql/terraform.tfstate"
}
```

你還應該把正式環境 *prod/services/webserver-cluster/main.tf* 裡的變數也設好，但是這裡要對應的是該環境應有的值：

```
module "webserver_cluster" {
  source = "../../../modules/services/webserver-cluster"

  cluster_name           = "webservers-prod"
  db_remote_state_bucket = "(YOUR_BUCKET_NAME)"
  db_remote_state_key    = "prod/data-stores/mysql/terraform.tfstate"
}
```

正式環境的資料庫現下還不存在。但作為練習起見，我把這個當成給讀者的練習，請大家自行新增一套與暫時環境類似的正式環境資料庫。

大家已經看到，我們可以透過像是替資源指定引數那樣的語法，為模組設置輸入變數。輸入變數便是模組的 API，可以控制模組在不同環境中的行為模式。

目前你已為名稱及資料庫遠端狀態加上了輸入變數，但你可能還得把模組中的其他參數也變成是可調整的。譬如說，在暫時環境中，你也許想要跑一套規模較小的網頁伺服器叢集，比較省錢，但是在正式環境裡，你可能需要規模較大的網頁伺服器叢集才能處理大量的流量。要做到這一點，你必須在 *modules/services/webserver-cluster/variables.tf* 裡加上三個新的輸入變數：

```
variable "instance_type" {
  description = "The type of EC2 Instances to run (e.g. t2.micro)"
  type        = string
}

variable "min_size" {
  description = "The minimum number of EC2 Instances in the ASG"
  type        = number
}

variable "max_size" {
  description = "The maximum number of EC2 Instances in the ASG"
  type        = number
}
```

現在把作為啟動用組態的 *modules/services/webserver-cluster/main.tf* 修改一下，把其中的 `instance_type` 參數改成新的輸入變數 `var.instance_type`：

```
resource "aws_launch_configuration" "example" {
  image_id        = "ami-0fb653ca2d3203ac1"
  instance_type   = var.instance_type
  security_groups = [aws_security_group.instance.id]

  user_data = templatefile("user-data.sh", {
    server_port = var.server_port
    db_address  = data.terraform_remote_state.db.outputs.address
    db_port     = data.terraform_remote_state.db.outputs.port
  })

  # Required when using a launch configuration with an auto scaling group.
  lifecycle {
    create_before_destroy = true
  }
}
```

同樣地，你也該把同一個檔案裡的 ASG 定義更新一下，把 `min_size` 和 `max_size` 等參數分別改成新訂的 `var.min_size` 和 `var.max_size` 輸入變數：

```
resource "aws_autoscaling_group" "example" {
  launch_configuration = aws_launch_configuration.example.name
  vpc_zone_identifier  = data.aws_subnets.default.ids
  target_group_arns    = [aws_lb_target_group.asg.arn]
  health_check_type    = "ELB"

  min_size = var.min_size
  max_size = var.max_size

  tag {
    key                 = "Name"
    value               = var.cluster_name
    propagate_at_launch = true
  }
}
```

現在，在暫時環境中（*stage/services/webserver-cluster/main.tf*），你可以輕易地縮減叢集規模、並節省費用了，做法就是對模組把 `instance_type` 設為 `"t2.micro"`、同時也把 `min_size` 和 `max_size` 都訂為 2：

```
module "webserver_cluster" {
  source = "../../../modules/services/webserver-cluster"

  cluster_name           = "webservers-stage"
```

```
  db_remote_state_bucket = "(YOUR_BUCKET_NAME)"
  db_remote_state_key    = "stage/data-stores/mysql/terraform.tfstate"

  instance_type = "t2.micro"
  min_size      = 2
  max_size      = 2
}
```

另一方面，在正式環境裡，你就可以設定較大型的 `instance_type`，以便配置更多 CPU 和記憶體，像是 `m4.large`（注意，這種類型的執行個體便不屬於 AWS 的免費方案了，所以你若只想練習這個部分、但不想真的付錢，請繼續將 `instance_type` 設為 `"t2.micro"`），但你仍可把 `max_size` 調成 `10`，讓叢集可以依照負載縮放自如（別擔心，叢集一開始就會啟動兩個執行個體）：

```
module "webserver_cluster" {
  source = "../../../modules/services/webserver-cluster"

  cluster_name           = "webservers-prod"
  db_remote_state_bucket = "(YOUR_BUCKET_NAME)"
  db_remote_state_key    = "prod/data-stores/mysql/terraform.tfstate"

  instance_type = "m4.large"
  min_size      = 2
  max_size      = 10
}
```

模組的局部值

利用輸入變數來定義模組所需的輸入是很棒的功能，但若是你只想在模組裡定義一個變數來進行短暫的計算時，或是單純只是想讓模組程式碼也符合 DRY 原則，但你不想讓這種變數公開出來、變成可供調整輸入的變數時，又該當如何應對？譬如說，位在 *modules/services/webserver-cluster/main.tf* 這個 `webserver-cluster` 模組裡的負載平衡器，會傾聽 80 號通訊埠、亦即預設的 HTTP 通訊埠。這個通訊埠號現在剪貼得到處都是，甚至在負載平衡器的接聽程式中也是如此：

```
resource "aws_lb_listener" "http" {
  load_balancer_arn = aws_lb.example.arn
  port              = 80
  protocol          = "HTTP"

  # By default, return a simple 404 page
  default_action {
    type = "fixed-response"
```

```
      fixed_response {
        content_type = "text/plain"
        message_body = "404: page not found"
        status_code  = 404
      }
    }
  }
```

還有負載平衡器的安全群組亦是如此：

```
resource "aws_security_group" "alb" {
  name = "${var.cluster_name}-alb"

  ingress {
    from_port   = 80
    to_port     = 80
    protocol    = "tcp"
    cidr_blocks = ["0.0.0.0/0"]
  }

  egress {
    from_port   = 0
    to_port     = 0
    protocol    = "-1"
    cidr_blocks = ["0.0.0.0/0"]
  }
}
```

放在安全群組裡的資料值，像是「all IPs」的 CIDR 區塊 `0.0.0.0/0`、「any port」的資料值 `0`、還有「any protocol」的資料值 `"-1"` 等等，先前也都是用複製貼上的方式，弄得模組裡到處都是。就因為到處都藏著這些寫死的資料值搞鬼，弄得程式碼更難閱讀和維護。你可以把這些資料值抽出來放到輸入變數裡，但使用你的模組的使用者可能會（一不小心地）把這些資料值覆蓋過去，這是你不想要的。但因此你可以不要使用輸入變數、而是改在 `locals` 區塊裡將其定義為*局部資料值*（*local values*）：

```
locals {
  http_port    = 80
  any_port     = 0
  any_protocol = "-1"
  tcp_protocol = "tcp"
  all_ips      = ["0.0.0.0/0"]
}
```

藉由局部資料值，你可以為任何 Terraform 表示式指派一個名稱，然後就可以在模組裡隨處任意引用該名稱。這些名稱只有在該模組裡才看得到，所以不會影響其他的模組、你也不至於在模組外部將資料值覆蓋。你必須透過**局部參照**（*local reference*）來讀取局部資料值，其語法如下：

```
local.<NAME>
```

請用這段語法把你的負載平衡器接聽程式中的 `port` 參數都改寫：

```
resource "aws_lb_listener" "http" {
  load_balancer_arn = aws_lb.example.arn
  port              = local.http_port
  protocol          = "HTTP"

  # By default, return a simple 404 page
  default_action {
    type = "fixed-response"

    fixed_response {
      content_type = "text/plain"
      message_body = "404: page not found"
      status_code  = 404
    }
  }
}
```

同樣地，且也把模組裡安全群組中幾乎所有的參數都改寫，包括負載平衡器安全群組在內：

```
resource "aws_security_group" "alb" {
  name = "${var.cluster_name}-alb"

  ingress {
    from_port   = local.http_port
    to_port     = local.http_port
    protocol    = local.tcp_protocol
    cidr_blocks = local.all_ips
  }

  egress {
    from_port   = local.any_port
    to_port     = local.any_port
    protocol    = local.any_protocol
    cidr_blocks = local.all_ips
  }
}
```

局部變數有助於提升程式碼的易讀性和維護程度，所以儘管放心使用。

模組的輸出

ASG 有一個很厲害的功能，就是你可以設定要它因應負載量增加或減少運行的伺服器數量。方法之一便是利用**排程動作**（*scheduled action*），它可以在一天當中排定的時間點更改叢集規模。譬如說，如果進入你叢集的流量在平常上班時間會高得多，就可以排定動作，要在早上 9 點增加伺服器數量、然後下午 5 點降回原點。

如果你是在 `webserver-cluster` 模組裡定義排程動作的，它就會同時對暫時和正式的環境都發生作用。但因為你不需要對暫時環境做這樣的調節，因此目前你可以在正式環境的組態裡直接定義自動調節的排程（到第 5 章時，讀者們會學到如何視條件定義資源，屆時就可以把排程動作移到 `webserver-cluster` 模組裡了）。

要定義一個排程動作，請把以下兩項 `aws_autoscaling_schedule` 資源放到 *prod/services/webserver-cluster/main.tf* 裡面：

```
resource "aws_autoscaling_schedule" "scale_out_during_business_hours" {
  scheduled_action_name = "scale-out-during-business-hours"
  min_size              = 2
  max_size              = 10
  desired_capacity      = 10
  recurrence            = "0 9 * * *"
}

resource "aws_autoscaling_schedule" "scale_in_at_night" {
  scheduled_action_name = "scale-in-at-night"
  min_size              = 2
  max_size              = 10
  desired_capacity      = 2
  recurrence            = "0 17 * * *"
}
```

這段程式碼利用 `aws_autoscaling_schedule` 資源，會在上午時段把伺服器數量增加到 `10`（`recurrence` 參數借用了 cron 的語法，所以 `"0 9 * * *"` 的意思就是「每天早上 9 點」），而第二個 `aws_autoscaling_schedule` 資源則會在傍晚前把伺服器數量調降回來（`"0 17 * * *"` 的意思就是「每天下午 5 點」）。但是這兩項 `aws_autoscaling_schedule` 在使用上都還缺少一個必要參數，就是 `autoscaling_group_name`，這個參數會指定 ASG 的名稱。但 ASG 本身卻是定義在 `webserver-cluster` 模組裡的，那麼要如何取得該名稱？在像是 Ruby 這樣的一般程式語言裡，函式是可以傳回資料值的：

```
# A function that returns a value
def example_function(param1, param2)
  return "Hello, #{param1} #{param2}"
```

```
end

# Call the function and get the return value
return_value = example_function("foo", "bar")
```

而在 Terraform 裡，模組也可以傳回資料值。而且各位應該已經猜到做法了：它就是輸出變數。因此你可以在 */modules/services/webserver-cluster/outputs.tf* 裡加上含有 ASG 名稱的輸出變數：

```
output "asg_name" {
  value       = aws_autoscaling_group.example.name
  description = "The name of the Auto Scaling Group"
}
```

要取得這個模組變數的語法則是這樣的：

```
module.<MODULE_NAME>.<OUTPUT_NAME>
```

譬如說：

```
module.frontend.asg_name
```

在 *prod/services/webserver-cluster/main.tf* 裡，你可以用以下語法把每個 `aws_autoscaling_schedule` 資源裡的 `autoscaling_group_name` 參數都改寫：

```
resource "aws_autoscaling_schedule" "scale_out_during_business_hours" {
  scheduled_action_name = "scale-out-during-business-hours"
  min_size              = 2
  max_size              = 10
  desired_capacity      = 10
  recurrence            = "0 9 * * *"

  autoscaling_group_name = module.webserver_cluster.asg_name
}

resource "aws_autoscaling_schedule" "scale_in_at_night" {
  scheduled_action_name = "scale-in-at-night"
  min_size              = 2
  max_size              = 10
  desired_capacity      = 2
  recurrence            = "0 17 * * *"

  autoscaling_group_name = module.webserver_cluster.asg_name
}
```

此外，在 `webserver-cluster` 模組裡還有一個輸出變數是要公開出來的：它就是 ALB 自身的 DNS 名稱，這樣一旦叢集部署完成，你才能知道要測試哪一個 URL。要達成目的，你得到 */modules/services/webserver-cluster/outputs.tf* 裡再加上一個輸出變數：

```
output "alb_dns_name" {
  value       = aws_lb.example.dns_name
  description = "The domain name of the load balancer"
}
```

然後就可以像下面那樣，把這個輸出「傳遞」給 *stage/services/webserver-cluster/outputs.tf* 和 *prod/services/webserver-cluster/outputs.tf* 兩個組態了：

```
output "alb_dns_name" {
  value       = module.webserver_cluster.alb_dns_name
  description = "The domain name of the load balancer"
}
```

你的網頁伺服器叢集差不多已經可以要部署了。唯一還從缺的是要考慮幾項竅門。

模組的竅門

建立模組時，請注意以下竅門：

- 檔案路徑
- 內嵌區塊

檔案路徑

第 3 章的時候，我們曾把網頁伺服器叢集的 User Data 所需的命令稿移往外部檔案 *user-data.sh*，再以內建函式 `templatefile` 從磁碟讀取該檔案。使用 `templatefile` 函式時的訣竅在於，你在指定檔案路徑時必須寫成相對路徑（切勿使用絕對路徑，因為你的 Terraform 程式碼可能會在許多不同的電腦上使用，但每一部電腦內的磁碟佈局不見得一致）——但既然是相對路徑，那相對的是什麼？

按照預設，Terraform 會按照相對於現行工作目錄的位置來解譯路徑。如果引用 `templatefile` 函式的 Terraform 組態檔案，而檔案路徑便是你執行 `terraform apply` 時的目錄（亦即你是在根模組中引用 `templatefile` 函式），就可以運作；但如果你是在位於其他目錄的模組（也就是可以重複使用的模組）中引用 `templatefile`，相對路徑便會無法如預期運作。

為了因應這種問題，你可以改用另一種表示式的寫法，亦即**路徑參照**（*path reference*），其寫法為 `path.<TYPE>`。Terraform 支援以下三種類型的路徑參照：

`path.module`
: 這會傳回定義這個表示式的模組所在的檔案系統路徑。

`path.root`
: 這會傳回根模組所在的檔案系統路徑。

`path.cwd`
: 這會傳回現行工作目錄的檔案系統路徑。如果在正常情況下使用 Terraform，這個值應該會與 `path.root` 一致，但有些較為進階的 Terraform 用法則是從根模組所在目錄以外的目錄執行它，這時它傳回的路徑便會與根模組所在路徑不同。

至於 User Data 的命令稿，你會需要以相對於模組本身位置的路徑來找到它，因此你在 *modules/services/webserver-cluster/main.tf* 中呼叫 `templatefile` 函式時，就得用 `path.module` 來找命令稿：

```
user_data = templatefile("${path.module}/user-data.sh", {
  server_port = var.server_port
  db_address  = data.terraform_remote_state.db.outputs.address
  db_port     = data.terraform_remote_state.db.outputs.port
})
```

內嵌區塊

有些 Terraform 資源的組態可以用內嵌區塊的形式定義、或是以個別資源的形式來定義。所謂的**內嵌區塊**（*inline blocks*），其實是指你在資源中設置的一個引數，其格式如下：

```
resource "xxx" "yyy" {
  <NAME> {
    [CONFIG...]
  }
}
```

這裡的 `NAME` 便是內嵌區塊的名稱（譬如 `ingress`）、而 `CONFIG` 則包含了一個以上專屬於該內嵌區塊的引數（譬如 `from_port` 和 `to_port`）。但對於 `aws_security_group` 這種資源來說，其實有兩種方式可以定義入內和外出規則：要不就是用內嵌區塊（例如 `ingress { … }`）、不然就是用個別分開的 `aws_security_group_rule` 資源來定義。

但如果你嘗試同時混用內嵌區塊和個別分開的資源來定義規則，基於 Terraform 的設計方式，這種搞法會鬧出問題，在組態衝突及彼此重疊之處導致錯誤。因此你一次只能使用一種方式。以下是筆者的建議：當你建立模組時，應該以個別分開資源的方式為佳。

採用分開資源的方式，好處在於它們可以隨處添加，而內嵌區塊卻只能放到建立資源用的模組裡。因此單純只採用分開資源的寫法，有助於讓模組變得更富於彈性、也更容易調整。

舉例來說，你可以在 `webserver-cluster` 模組（*modules/services/webserver-cluster/main.tf*）裡，以內嵌區塊來定義入內與外出規則：

```
resource "aws_security_group" "alb" {
  name = "${var.cluster_name}-alb"

  ingress {
    from_port   = local.http_port
    to_port     = local.http_port
    protocol    = local.tcp_protocol
    cidr_blocks = local.all_ips
  }

  egress {
    from_port   = local.any_port
    to_port     = local.any_port
    protocol    = local.any_protocol
    cidr_blocks = local.all_ips
  }
}
```

若像這樣使用內嵌區塊，使用這個模組的人便無法從模組以外的場合，添加額外的入內或外出規則。要讓模組更有彈性，你應該改以分開的 `aws_security_group_rule` 資源，來定義相同的入內或外出規則（注意模組裡的兩個安全群組都要改寫）：

```
resource "aws_security_group" "alb" {
  name = "${var.cluster_name}-alb"
}

resource "aws_security_group_rule" "allow_http_inbound" {
  type              = "ingress"
  security_group_id = aws_security_group.alb.id

  from_port   = local.http_port
  to_port     = local.http_port
  protocol    = local.tcp_protocol
  cidr_blocks = local.all_ips
```

```
}

resource "aws_security_group_rule" "allow_all_outbound" {
  type              = "egress"
  security_group_id = aws_security_group.alb.id

  from_port   = local.any_port
  to_port     = local.any_port
  protocol    = local.any_protocol
  cidr_blocks = local.all_ips
}
```

你還應當在 *modules/services/webserver-cluster/outputs.tf* 中，把 `aws_security_group` 的識別碼（ID）也改寫成輸出變數，以便將其匯出：

```
output "alb_security_group_id" {
  value       = aws_security_group.alb.id
  description = "The ID of the Security Group attached to the load balancer"
}
```

現在，若你只想在暫時環境中開放一個額外的通訊埠（例如僅供測試用），只需在 *stage/services/webserver-cluster/main.tf* 中添加這一段 `aws_security_group_rule` 資源，就可以做到：

```
module "webserver_cluster" {
  source = "../../../modules/services/webserver-cluster"

  # (parameters hidden for clarity)
}

resource "aws_security_group_rule" "allow_testing_inbound" {
  type              = "ingress"
  security_group_id = module.webserver_cluster.alb_security_group_id

  from_port   = 12345
  to_port     = 12345
  protocol    = "tcp"
  cidr_blocks = ["0.0.0.0/0"]
}
```

如果你還在他處殘餘有內嵌區塊形式的入內或外出規則，就算只剩一條，也會讓程式碼無法運作。注意這類的問題也會影響到其他幾種 Terraform 資源，像是以下這幾種：

- aws_security_group 和 aws_security_group_rule
- aws_route_table 和 aws_route
- aws_network_acl 和 aws_network_acl_rule

到此你終於可以把網頁伺服器叢集同時部署到暫時和正式環境裡了。請像平時那樣執行 terraform apply，然後就可以享有兩套彼此分離、但幾乎一模一樣的基礎架構了。

網路的隔離

本章的範例所建立的兩套環境，在 Terraform 的程式碼中確實隔離開來了，同時它們的負載平衡器、伺服器和資料庫也確實都是分開的，但它們在網路層面卻不算是分開的。本書範例為了保持簡單起見，因此所有的資源均部署在相同的 VPC 當中。這意味著暫時環境裡的伺服器是可以跟正式環境中的伺服器溝通的，反之亦然。

在現實世界的案例中，在同一個 VPC 裡同時運行兩個環境，會形成兩種風險。首先，一個環境裡的錯誤可能會影響另一個環境。譬如說，你若是在更改暫時環境時不慎動到路由表組態，那正式環境的路由也會受到影響。其次，萬一攻擊者進入了其中一個環境，他們就有機會進入另一個環境。要是你在暫時環境中做了一些急就章的更動，結果不慎讓一個通訊埠暴露在外，任何黑客便有機會從中突破，到時他們取得的便不只是暫時環境的資料，連正式環境的資料也岌岌可危。

因此，如果不是為了簡化範例和實驗，你仍應該把每一個環境放到不同的 VPC 中運作。事實上，為了確保安全，你甚至應該用完全分開的 AWS 帳號來運作每一個環境。

模組的版本控管

如果你的暫時和正式環境都是指向相同的模組資料夾，那麼每當你更動模組資料夾，你每部署一次，都會同時影響到兩個環境。這樣的關聯會使得你很難在暫時環境測試異動內容時不會影響到正式環境。比較好的方式，是建立**有版本區分的模組**（*versioned modules*），這樣你就可以在正式環境中使用一個版本（例如 v0.0.2）、但在正式環境中仍使用另一個舊版本（例如 v0.0.1），如圖 4-5 所示。

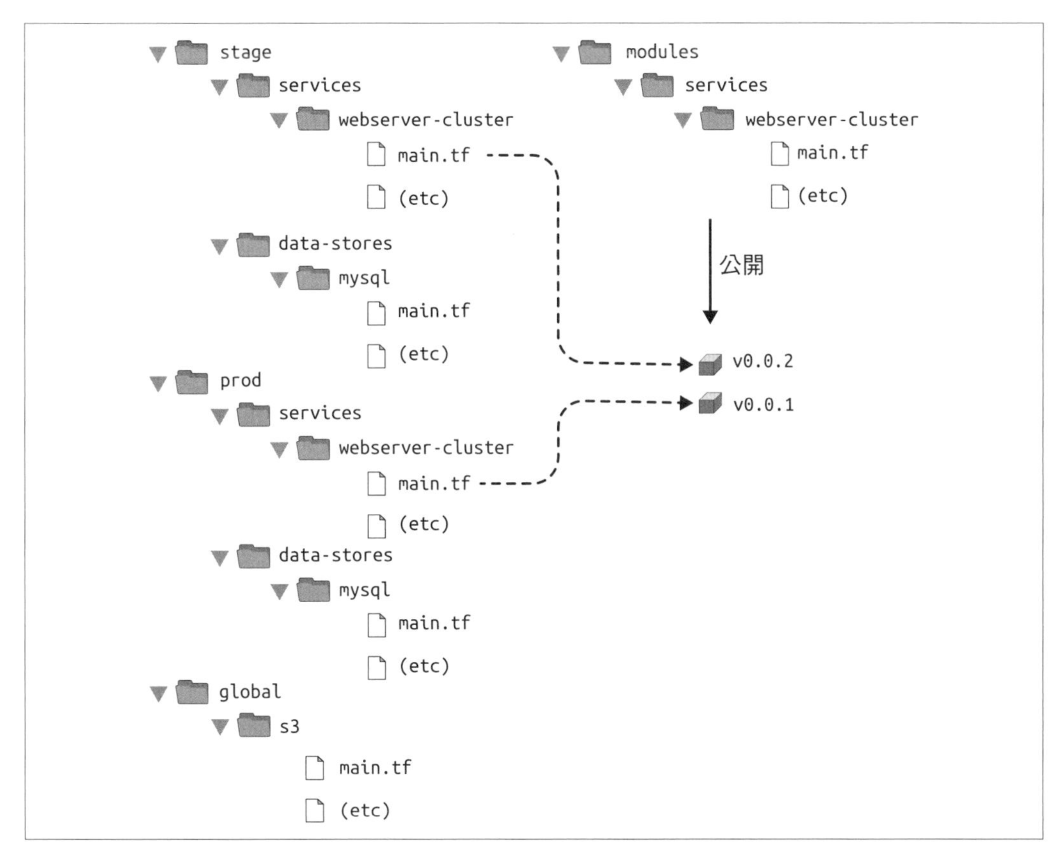

圖 4-5　一旦模組實施了版本控管，你就可以在不同的環境中套用不同的版本：例如正式環境就使用 v0.0.1、暫時環境才使用 v0.0.2

在我們到目前為止所看過的模組範例中，每當要用到模組時，都是把模組中的 `source` 參數指向一個本地磁碟的檔案路徑。除卻檔案路徑之外，Terraform 還支援其他類型的模組來源，像是 Git URLs、Mercurial URLs、以及任意的 HTTP URLs[1]。

要建立有版本區分的模組，最簡單的辦法就是把模組程式碼放到分開不同的 Git 儲存庫裡，然後把 `source` 參數設成指向該儲存庫的 URL。亦即你的 Terraform 程式碼會分散到以下（至少）兩個儲存庫裡：

modules

　這個儲存庫裡定義的是可以重複使用的模組。你不妨把每個模組想像成是用來定義你基礎架構中特定部分的「藍圖」。

1　有關來源 URLs 的細節，請參閱 Terraform 官網（*https://oreil.ly/buyX7*）。

live

這個儲存庫定義的是你在每個環境中所運行的基礎架構活體（像是暫時環境、正式環境、管理環境等等）。你不妨把這部分想像成是根據 *modules* 儲存庫的「藍圖」建造的「房屋」。

翻新過的 Terraform 程式碼資料夾架構，現在看起來會像圖 4-6 所示。

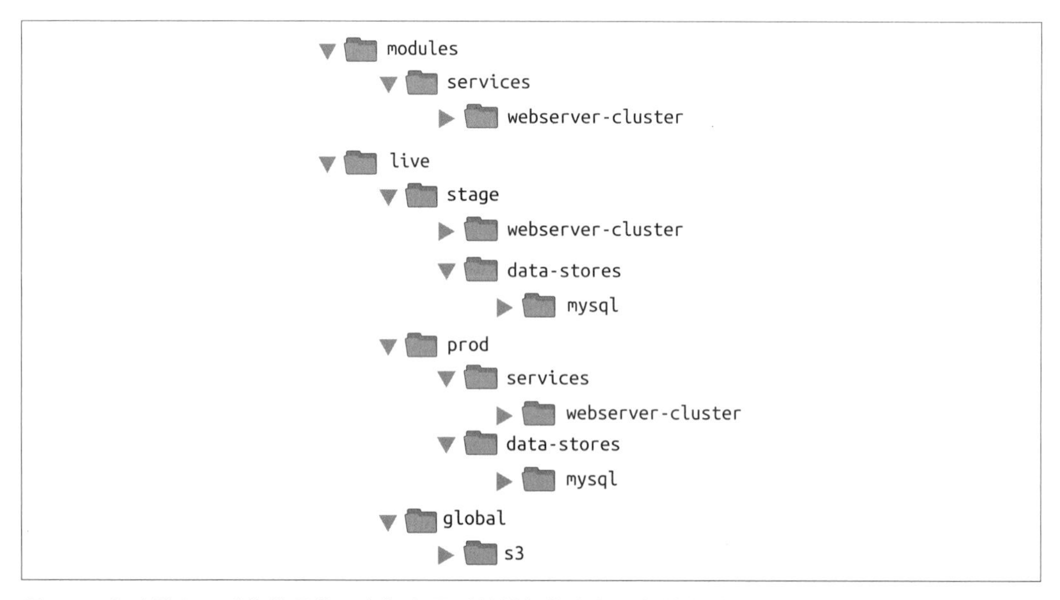

圖 4-6　你應該把可重複使用的、有版本區別的模組集中在一個儲存庫（modules），然後把運作中的環境組態放到另一個儲存庫（live）

要設置這樣的目錄架構，你得先把 *stage*、*prod* 和 *global* 等資料夾移到另一個名為 *live* 的新資料底下。接著把 *live* 和 *modules* 資料夾各自對應到不同的 Git 儲存庫。以下是針對 *modules* 資料夾的相關動作：

```
$ cd modules
$ git init
$ git add .
$ git commit -m "Initial commit of modules repo"
$ git remote add origin "(URL OF REMOTE GIT REPOSITORY)" 譯註
$ git push origin main
```

譯註 記住必須是和先前不一樣的儲存庫（repository）哦。

你還可以為 *modules* 儲存庫加上一個標籤（tag），以便標示版本編號。如果你還搭配使用 GitHub，可以用 GitHub 的網頁介面加上發行版次（*https://bit.ly/2Yv8kPg*），其實骨子裡就是加上一個標籤而已。

如果你沒在用 GitHub，從 Git CLI 也一樣可以達到目的：

```
$ git tag -a "v0.0.1" -m "First release of webserver-cluster module"
$ git push --follow-tags
```

現在你可以在 `source` 參數中指定 Git URL、藉以同時在暫時和正式環境裡使用有版本區分的模組了。如果你的 *modules* 儲存庫位於 GitHub 儲存庫網址 *github.com/foo/modules*，那麼在 *live/stage/services/webserver-cluster/main.tf* 裡的參數就要這樣寫（注意以下 Git URL 裡的雙斜線是刻意要這樣寫的）：

```
module "webserver_cluster" {
  source = "github.com/foo/modules//services/webserver-cluster?ref=v0.0.1"

  cluster_name           = "webservers-stage"
  db_remote_state_bucket = "(YOUR_BUCKET_NAME)"
  db_remote_state_key    = "stage/data-stores/mysql/terraform.tfstate"

  instance_type = "t2.micro"
  min_size      = 2
  max_size      = 2
}
```

如果你需要測試有版本區分的模組、又不想弄亂 Git 儲存庫，可以改用本書 GitHub 儲存庫裡的模組程式碼範例（為了讓 URL 可以擠得下書頁寬度，筆者不得不把網址拆成好幾行，但它其實是完整的一行）：

```
source = "github.com/brikis98/terraform-up-and-running-code//
  code/terraform/04-terraform-module/module-example/modules/
  services/webserver-cluster?ref=v0.3.0"
```

網址裡的 `ref` 參數可以讓你透過 sha1 hash 指定某一次特定的 Git 提交動作（commit），或是指定某一個分支名稱（branch name），甚至像本例一樣，用來指定某一個 Git 標籤。筆者通常建議把 Git 標籤當成模組的版本編號。分支名稱並不穩定，由於你總是會對分支進行最新的提交動作，因此你每跑一次 `init` 命令都會有所變動，而 sha1 hashes 用起來又不利於人為判讀。Git 標籤則跟提交一樣穩定（事實上標籤就只是指向每次提交內容的指標而已），但標籤的名稱判讀起來則容易得多。

對標籤尤其有用的命名方式，是**語意式版本編號**（*semantic versioning*）。這種版本編號方式的格式是 `MAJOR.MINOR.PATCH`（例如 `1.0.4`），它自有一套規範，規定何時應該遞增版號中的哪個部分。準確地說，應該是按照以下方式遞增：

- 當你更動的 API 前後不會相容時，就該遞增版號的 `MAJOR` 部分
- 當你添加的是可以回溯相容的功能時，便只遞增版號的 `MINOR` 部分
- 當你進行可以回溯相容的錯誤修正時，便只遞增版號的 `PATCH` 部分

語意式的版本編號有助於你和模組使用者之間的溝通，讓他們知道你做了什麼程度的更動、以及升級會有的影響。

由於你已讓自己的 Terraform 程式碼改用具有版本編號模組的 URL，你必須重新執行 `terraform init`，這樣才能告訴 Terraform 去下載模組的程式碼：

```
$ terraform init
Initializing modules...
Downloading git@github.com:brikis98/terraform-up-and-running-code.git?ref=v0.3.0
for webserver_cluster...

(...)
```

這時你可以看到 Terraform 會改從 Git 下載模組程式碼，而不再是從本地端檔案系統取得了。一旦模組程式碼下載完畢，就可以像平常一樣使用 `apply` 命令了。

現在你已採用具有版本區別的模組了，我們來試一下如何進行變更。假設你更改了 `webserver-cluster` 模組，然後你只想在暫時環境中測試它們。那麼首先你要把更動內容提交至 *modules* 儲存庫：

```
$ cd modules
$ git add .
$ git commit -m "Made some changes to webserver-cluster"
$ git push origin main
```

接著你要在 *modules* 儲存庫裡加上新的標籤：

```
$ git tag -a "v0.0.2" -m "Second release of webserver-cluster"
$ git push --follow-tags
```

私人的 *Git* 儲存庫

如果你的 Terraform 模組所在地是私有的 Git 儲存庫，那麼要將這個儲存庫當成模組的 `source` 時，你必須要讓 Terraform 有辦法跟 Git 儲存庫認證。筆者建議利用 SSH 的認證方式，這樣就不必把儲存庫的身分認證資訊寫死在程式碼當中。若採用 SSH 的認證方式，每個開發人員只需自行產生一個 SSH 金鑰，並把金鑰跟他們自己的 Git 使用者綁在一起，再把金鑰放進 `ssh-agent`，然後如果你使用了 SSH 格式的 `source` URL，Terraform 便可自動用這個金鑰去進行認證[2]。

`source` 的 URL 格式長得像這樣：

```
git@github.com:<OWNER>/<REPO>.git//<PATH>?ref=<VERSION>
```

實際就會寫成這樣，例如：

```
git@github.com:acme/modules.git//example?ref=v0.1.2
```

若要檢查你的 URL 格式是否無誤，請試著在終端機畫面用 `git clone` 去複製根網址（base URL）：

```
$ git clone git@github.com:acme/modules.git
```

如果命令執行無誤，便表示 Terraform 也可以使用這個私有儲存庫了。

現在你可以只更新暫時環境中（亦即 *live/stage/services/webservercluster/main.tf*）所使用的來源 URL，讓它引進新版本了：

```
module "webserver_cluster" {
  source = "github.com/foo/modules//services/webserver-cluster?ref=v0.0.2"

  cluster_name           = "webservers-stage"
  db_remote_state_bucket = "(YOUR_BUCKET_NAME)"
  db_remote_state_key    = "stage/data-stores/mysql/terraform.tfstate"

  instance_type = "t2.micro"
  min_size      = 2
  max_size      = 2
}
```

至於正式環境（*live/prod/services/webserver-cluster/main.tf*），你還是可以高枕無憂地使用 v0.0.1 版：

2 關於如何運用 SSH 金鑰，在 GitHub 有一份極好的指導參考文件（*https://bit.ly/2ZFLJwe*）。

```
module "webserver_cluster" {
  source = "github.com/foo/modules//services/webserver-cluster?ref=v0.0.1"

  cluster_name           = "webservers-prod"
  db_remote_state_bucket = "(YOUR_BUCKET_NAME)"
  db_remote_state_key    = "prod/data-stores/mysql/terraform.tfstate"

  instance_type = "m4.large"
  min_size      = 2
  max_size      = 10
}
```

只有當 v0.0.2 在暫時環境中已經通過徹底的測試、也證明足夠穩定後，你才會把正式環境也一併更新。但若是 v0.0.2 還有毛病也沒關係，因為它對正式環境的真正使用者全無影響。只管修正問題、再釋出新版本，然後重複以上過程，直到你手上出現一個更穩定的版本為止。

開發模組

當你要部署到共用的環境（例如暫時或正式環境）時，有版本區分的模組是非常便利的，但當你只是在自己的電腦上測試時，就會想要改回使用本地端檔案路徑的方式。這樣一來每次在替換內容時都會快捷得多，因為你可以在模組資料夾中進行修改，然後馬上就可以在該資料夾中執行 `plan` 或 `apply` 命令，無須每次還要大費周章地提交程式碼、公佈新版本、然後重新執行 `init`。

由於本書的目標是要幫助讀者們儘快地學會 Terraform 並進行實驗，因此在本書其餘的篇幅裡，模組的範例程式碼都會恢復採用本地檔案路徑的方式。

結論

一旦你開始用模組化的方式來定義基礎架構即程式碼，就可以將各種軟體工程的最佳實施方式套用在自己的基礎架構上。你可以透過程式碼審閱和自動化測試來驗證每一次的更動，也可以為每個模組賦予具有語意的版本編號，還可以安全地在不同的環境中測試不同版本的模組，而且要是出了毛病，也能輕易地切換回先前的版本。

這一切都大幅地提升了你迅速打造出穩定可靠基礎架構的能力，因為開發人員可以一再地引用整套經過實證、測試、而且文件記錄完備的基礎架構。舉例來說，你可以先建立定義單一微服務的典範模組——涵蓋如何運行叢集、如何因應負載調節叢集規模、以及如何將連線請求的流量分配到叢集當中——然後每個團隊都只需靠幾行程式碼，就可以用這個模組去管理他們自己要建立的微服務。

為了讓模組可以適用於每個團隊，該模組的 Terraform 程式碼必須具備充裕的彈性、而且要可以調整。譬如說，某團隊也許會用你的模組部署僅需單一執行個體的微服務，而且不會用到負載平衡器，但另一組人心目中的微服務卻可能需要運行一打的執行個體、再加上負載平衡器，才足以將流量分散到各個執行個體當中。那麼你要如何在 Terraform 中加上條件式敘述呢？是否有辦法可以加上 for 迴圈呢？在為微服務套用變更時，能不能讓 Terraform 不至於造成停機時間呢？這些 Terraform 語法中更進階的層面，就是第 5 章的主題。

第五章

Terraform 的奇招異術：迴圈、If 敘述、部署和其他竅門

Terraform 屬於宣告式語言。如同第 1 章時所述，採用宣告式語言的 IaC 傾向於以較為精確的方式提供實際上要部署的外觀，而非以程序化語言逐步描述動作，因此我們比較容易推斷出程式碼的目的，也比較容易保持較小的程式碼規模。但是在宣告式語言當中，還是會有些任務類型是比較難達成的。

舉例來說，由於宣告式語言通常都不具備 for 迴圈，那麼你要如何重複地執行一段邏輯——像是建立多項類似的資源——但不用一再地複製貼上？如果宣告式語言不支援 if 敘述，你要如何視條件設定資源，像是建立一個只會針對特定使用者建置特定資源的 Terraform 模組，但換了別人使用該模組時就不會這樣做？還有，你要如何以宣告式語言來表達一項本質為程序性的概念，譬如說是零停機時間？

還好，Terraform 還是有提供若干原生功能——亦即中介參數 `count`、`for_each` 和 `for` 等表示式，一種三元運算符、一個名為 `create_before_destroy` 的 lifecycle 區塊、加上大量的函式——它們可以讓你製作出特定類型的迴圈、if 敘述、以及零停機時間部署等動作。以下是筆者會在本章中探討的主題：

- 迴圈
- 條件式
- 零停機時間部署
- Terraform 的竅門

範例程式碼

提醒大家，本書全部的範例程式碼皆可從 GitHub 取得（*https://github.com/brikis98/terraform-up-and-running-code*）。

迴圈

Terraform 提供好幾種不同的迴圈結構，每一種的適用場合都略有不同：

- `count` 參數，適於以迴圈掃視資源和模組
- `for_each` 表示式，適於以迴圈掃視資源、資源裡的內嵌區塊、以及模組
- `for` 表示式，適於以迴圈掃視清單（lists）和 maps
- `for` 字串指令（string directive），適於以迴圈掃視字串中的清單和 maps

讓我們一一加以介紹。

以 count 參數製作迴圈

在第 2 章時，大家曾練習建立了一個 AWS Identity and Access Management（IAM）的使用者，當時是在 AWS 的 Console 中用滑鼠點來點去完成的。現在該使用者已經建立，你可以改用 Terraform 來建立和管理其他的 IAM 使用者了。請參閱以下的 Terraform 程式碼，它原應放在 *live/global/iam/main.tf* 裡：

```
provider "aws" {
  region = "us-east-2"
}

resource "aws_iam_user" "example" {
  name = "neo"
}
```

這段程式碼透過 `aws_iam_user` 資源來建立新的 IAM 使用者。可是如果你想一次建立三個 IAM 使用者呢？如果是一般用途的程式語言，你也許會借助於 for 迴圈來達到目的：

```
# This is just pseudo code. It won't actually work in Terraform.
for (i = 0; i < 3; i++) {
  resource "aws_iam_user" "example" {
    name = "neo"
  }
}
```

Terraform 的語言沒有內建 for 迴圈、或是其他傳統程序式的邏輯，因此上例的語法對 Terraform 是沒用的。但是，每一種 Terraform 的資源裡都有一種中介參數可以引用，它就是 count。count 是 Terraform 裡最早存在、最簡單、同時使用方式也最有限的迭代結構：它能做的便只是定義要建立多少份資源的副本。以下便是如何用 count 來建立三個 IAM 使用者的方式：

```
resource "aws_iam_user" "example" {
  count = 3
  name  = "neo"
}
```

這段程式碼的問題在於，所有三位 IAM 使用者的名字都一樣，但這會造成錯誤，因為使用者名稱必須獨一無二。如果你可以使用標準的 for 迴圈，也許你會這樣利用 for 迴圈中的索引 i，替每個使用者賦予一個獨特的名稱：

```
# This is just pseudo code. It won't actually work in Terraform.
for (i = 0; i < 3; i++) {
  resource "aws_iam_user" "example" {
    name = "neo.${i}"
  }
}
```

要在 Terraform 裡做到這一點，你可以藉由 count.index 來取得「迴圈」裡每一輪「迭代」的索引值：

```
resource "aws_iam_user" "example" {
  count = 3
  name  = "neo.${count.index}"
}
```

如果你拿以上的程式碼來執行 plan 命令，就會看到 Terraform 嘗試要建立三個 IAM 使用者，而且每一個名稱都不一樣（"neo.0"、"neo.1"、"neo.2"）：

```
Terraform will perform the following actions:

  # aws_iam_user.example[0] will be created
  + resource "aws_iam_user" "example" {
      + name          = "neo.0"
      (...)
    }

  # aws_iam_user.example[1] will be created
  + resource "aws_iam_user" "example" {
      + name          = "neo.1"
      (...)
    }
```

```
  # aws_iam_user.example[2] will be created
  + resource "aws_iam_user" "example" {
      + name          = "neo.2"
      (...)
    }

Plan: 3 to add, 0 to change, 0 to destroy.
```

當然了，像是 "neo.0" 這樣的使用者名稱不算多好用。如果你把 count.index 拿來搭配 Terraform 的某些內建函式，就可以更進一步地自訂「迴圈」裡每一輪「迭代」的內容。

譬如說，你可以用 *live/global/iam/variables.tf* 把所有的 IAM 使用者名稱，一次都定義在一個輸入變數當中：

```
variable "user_names" {
  description = "Create IAM users with these names"
  type        = list(string)
  default     = ["neo", "trinity", "morpheus"]
}
```

如果你使用的是一般用途的程式語言裡的迴圈和陣列，你就可以利用索引 i 從 var.user_names 陣列裡找出對應值，為每一個 IAM 使用者都設定不同的名稱：

```
# This is just pseudo code. It won't actually work in Terraform.
for (i = 0; i < 3; i++) {
  resource "aws_iam_user" "example" {
    name = vars.user_names[i]
  }
}
```

在 Terraform 裡，你可以把 count 拿來搭配以下方式，達成與上例同樣的動作：

陣列內的搜尋語法

在 Terraform 裡，要從陣列中找出個別元素的語法，跟其他大部分的程式語言都類似：

```
ARRAY[<INDEX>]
```

譬如說，以下是如何從 var.user_names 的索引 1 對應的位置找出其元素：

```
var.user_names[1]
```

length 函式

Terraform 裡也有一個名為 length 的內建函式，其語法如下：

```
length(<ARRAY>)
```

大家也許已經猜到，length 函式會傳回給定的 ARRAY 裡的項目數量。它同樣適用於字串和 maps。

把這些功能兜在一起，就會得到以下的效果：

```
resource "aws_iam_user" "example" {
  count = length(var.user_names)
  name  = var.user_names[count.index]
}
```

現在，當你執行 plan 命令時，就會看到 Terraform 嘗試去建立三個 IAM 使用者，但這回每個使用者都有自己獨特的名稱：

```
Terraform will perform the following actions:

  # aws_iam_user.example[0] will be created
  + resource "aws_iam_user" "example" {
      + name          = "neo"
      (...)
    }

  # aws_iam_user.example[1] will be created
  + resource "aws_iam_user" "example" {
      + name          = "trinity"
      (...)
    }

  # aws_iam_user.example[2] will be created
  + resource "aws_iam_user" "example" {
      + name          = "morpheus"
      (...)
    }

Plan: 3 to add, 0 to change, 0 to destroy.
```

注意，一旦你對某項資源使用了 count，它就會轉變成為一個由資源組成的陣列，而不再只是單一資源。既然 aws_iam_user.example 現在是一個由 IAM 使用者組成的陣列，你就不能再用原本單一資源的標準語法來讀取其屬性（<PROVIDER>_<TYPE>.<NAME>.<ATTRIBUTE>），而是要改以指定陣列中索引位置的方式，去指定你想要取得的 IAM 使用者，語法就跟在陣列中搜尋的方式一樣：

```
<PROVIDER>_<TYPE>.<NAME>[INDEX].ATTRIBUTE
```

譬如說，如果你想取得清單中第一個 IAM 使用者的 Amazon Resource Name（ARN），將其製作成輸出變數，就必須照下面這樣做：

```
output "first_arn" {
  value       = aws_iam_user.example[0].arn
  description = "The ARN for the first user"
}
```

如果你想把全部 IAM 使用者的 ARN 都取出來，就不是使用任一索引值，而是必須利用展開表示式（*splat expression*），也就是「*」：

```
output "all_arns" {
  value       = aws_iam_user.example[*].arn
  description = "The ARNs for all users"
}
```

當你執行 apply 命令時，first_arn 的輸出中便只會包含 neo 的 ARN，而 all_arns 的輸出中會包含所有的 ARN 構成的清單：

```
$ terraform apply

(...)

Apply complete! Resources: 3 added, 0 changed, 0 destroyed.

Outputs:

first_arn = "arn:aws:iam::123456789012:user/neo"
all_arns = [
  "arn:aws:iam::123456789012:user/neo",
  "arn:aws:iam::123456789012:user/trinity",
  "arn:aws:iam::123456789012:user/morpheus",
]
```

從 Terraform 0.13 版開始，在模組中也可以使用 count 參數了。譬如，假設你有一個 *modules/landing-zone/iam-user* 模組，可以用來建立單一 IAM 使用者：

```
resource "aws_iam_user" "example" {
  name = var.user_name
}
```

然後用輸入變數把使用者名稱傳給模組：

```
variable "user_name" {
  description = "The user name to use"
  type        = string
}
```

然後模組會以輸出變數的形式，傳回你所建立 IAM 使用者的 ARN：

```
output "user_arn" {
  value       = aws_iam_user.example.arn
  description = "The ARN of the created IAM user"
}
```

然後就可以拿這個模組搭配 count 參數，一口氣建立三個 IAM 使用者，做法如下：

```
module "users" {
  source = "../../../modules/landing-zone/iam-user"

  count     = length(var.user_names)
  user_name = var.user_names[count.index]
}
```

上述程式碼會透過 count 以迴圈掃過使用者名稱清單：

```
variable "user_names" {
  description = "Create IAM users with these names"
  type        = list(string)
  default     = ["neo", "trinity", "morpheus"]
}
```

接著輸出已建立 IAM 使用者的 ARN，如下所示：

```
output "user_arns" {
  value       = module.users[*].user_arn
  description = "The ARNs of the created IAM users"
}
```

就像先前你在資源中加上 count 之後，會產生一個資源構成的陣列那樣，在模組裡加上 count，也會把它變成一個由模組構成的陣列。

如果你對這段程式碼執行 apply，就會得到以下的輸出：

```
$ terraform apply

(...)

Apply complete! Resources: 3 added, 0 changed, 0 destroyed.

Outputs:

all_arns = [
  "arn:aws:iam::123456789012:user/neo",
  "arn:aws:iam::123456789012:user/trinity",
  "arn:aws:iam::123456789012:user/morpheus",
]
```

就像上面那樣，count 搭配模組的方式，和先前搭配資源的方式差不多。

但可惜的是，count 還是有兩大限制，侷限了它的用途。首先，你雖然可以用 count 以迴圈方式掃過整個資源，卻無法在資源中用它掃過內嵌區塊。

舉例來說，請看 aws_autoscaling_group 資源中是如何設置標籤的：

```
resource "aws_autoscaling_group" "example" {
  launch_configuration = aws_launch_configuration.example.name
  vpc_zone_identifier  = data.aws_subnets.default.ids
  target_group_arns    = [aws_lb_target_group.asg.arn]
  health_check_type    = "ELB"

  min_size = var.min_size
  max_size = var.max_size

  tag {
    key                 = "Name"
    value               = var.cluster_name
    propagate_at_launch = true
  }
}
```

每一個 tag 都需要有自己的內嵌區塊，其中要包含 key、value 和 propagate_at_launch 等等的值。以上的程式碼寫法是把單一標籤的內容都寫死，但你也可能希望讓使用者可以傳入自訂的標籤。你或許會想要試著用 count 參數掃過這些標籤、並產生動態的內嵌 tag 區塊，但是很可惜，這裡不支援在內嵌區塊中使用 count。

count 的第二項限制，是你在變更資料值的時候。請考量你稍早前建立的 IAM 使用者清單：

```
variable "user_names" {
  description = "Create IAM users with these names"
  type        = list(string)
  default     = ["neo", "trinity", "morpheus"]
}
```

如果你把 "trinity" 從清單中拿掉、再執行 terraform plan，會發生什麼事？

```
$ terraform plan

(...)

Terraform will perform the following actions:

  # aws_iam_user.example[1] will be updated in-place
```

```
  ~ resource "aws_iam_user" "example" {
        id          = "trinity"
      ~ name        = "trinity" -> "morpheus"
    }

  # aws_iam_user.example[2] will be destroyed
  - resource "aws_iam_user" "example" {
      - id          = "morpheus" -> null
      - name        = "morpheus" -> null
    }

Plan: 0 to add, 1 to change, 1 to destroy.
```

修但幾勒，這可能不是你預期的結果！plan 的輸出顯示，Terraform 並不是只把 "trinity" 這個 IAM 使用者刪掉，它還試著把 IAM 使用者 "trinity" 改名成 "morpheus"、再把原本的 "morpheus" 使用者刪掉。那ㄟ安捏？

當你在資源中使用 count 參數時，該資源其實會變成一個由資源組成的陣列。但麻煩的是，Terraform 是靠資源在陣列中的位置（也就是索引）來識別陣列中的每項資源。也就是說，一旦你對三個使用者名稱跑過一次 apply，Terraform 內部便會用以下方式來呈現這些 IAM 使用者：

```
aws_iam_user.example[0]: neo
aws_iam_user.example[1]: trinity
aws_iam_user.example[2]: morpheus
```

當你從陣列中間移除一個項目，所有位於被刪除項目之後的其他項目，都會向前移動一個位置，因此當你對只有兩個名稱的內容物執行 plan 時，Terraform 內部的呈現方式會變成這樣：

```
aws_iam_user.example[0]: neo
aws_iam_user.example[1]: morpheus
```

注意 "morpheus" 是怎麼從索引 2 的位置跑到索引 1 的位置。由於 Terraform 用索引識別資源，因此對它而言，像以上的異動方式，可以解釋成「把位於索引 1 的內容物改名成 morpheus，然後把位於索引 2 的內容物刪掉」。換言之，每當你用 count 建立資源清單時，如果你從清單中間移除一個項目，Terraform 便會刪除該項目後面的所有資源，然後重新建立這些資源。真要命。當然最後的結果還是你原本就想要的（亦即剩下 "morpheus" 和 "neo" 兩個 IAM 使用者），但是像這樣刪除資源可能不是你想達成目的的方式，因為過程中你會喪失可用性（在 apply 時你會無法使用 IAM 使用者），更糟的是，你會損失資料（如果你正在刪除的是一個資料庫，那就會連其中的資料都損失掉！）。

為了因應這兩項限制，Terraform 從 0.12 版起引進了 for_each 表示式。

用 for_each 表示式來製作迴圈

你可以用 *for_each* 表示式產生的迴圈來掃視清單（lists）、集合（sets）和 maps，以便建立 (a) 完整資源的多份副本、(b) 資源中內嵌區塊的多份副本、或是 (c) 模組的多份副本。我們先來看看，如何用 for_each 來建立一個資源的多份副本。

其語法如下：

```
resource "<PROVIDER>_<TYPE>" "<NAME>" {
  for_each = <COLLECTION>

  [CONFIG ...]
}
```

這裡的 COLLECTION 就是要用迴圈掃視的集合或 map（清單（lists）必須先以 toset 函式轉化成集合（sets）才能支援），而 CONFIG 裡包含的則是該資源特有的引數、而且可以有一個以上。在 CONFIG 裡，你可以用 each.key 和 each.value 來取得 COLLECTION 當下這一輪迭代項目的鍵和值。

譬如說，以下是你如何對資源套用 for_each，藉以建立同樣的三個 IAM 使用者：

```
resource "aws_iam_user" "example" {
  for_each = toset(var.user_names)
  name     = each.value
}
```

注意上面是如何透過 toset 函式、把 var.user_names 裡的清單轉換成一個集合。這是因為 for_each 套用在資源上時，只能支援集合和 maps 的緣故。當 for_each 迴圈掃過集合時，用 each.value 便可以取出每一個使用者名稱。當然用 each.key 也可以取出使用者名稱，不過，通常就只有需要從 maps 的成對鍵 - 值取出鍵的時候，我們才會用到 each.key。

一旦你對資源套用 for_each，產出的東西就會變成一個由資源構成的 map，而不再只是單一資源（就像用 count 會產出資源的陣列那樣）。為了體驗其中異同，請把原本的輸出變數 all_arns 跟 first_arn 拿掉，再加上新的輸出變數 all_users：

```
output "all_users" {
  value = aws_iam_user.example
}
```

以下便是你執行 terraform apply 時得到的結果：

```
$ terraform apply

(...)

Apply complete! Resources: 3 added, 0 changed, 0 destroyed.

Outputs:

all_users = {
  "morpheus" = {
    "arn" = "arn:aws:iam::123456789012:user/morpheus"
    "force_destroy" = false
    "id" = "morpheus"
    "name" = "morpheus"
    "path" = "/"
    "tags" = {}
  }
  "neo" = {
    "arn" = "arn:aws:iam::123456789012:user/neo"
    "force_destroy" = false
    "id" = "neo"
    "name" = "neo"
    "path" = "/"
    "tags" = {}
  }
  "trinity" = {
    "arn" = "arn:aws:iam::123456789012:user/trinity"
    "force_destroy" = false
    "id" = "trinity"
    "name" = "trinity"
    "path" = "/"
    "tags" = {}
  }
}
```

瞧，Terraform 就像這樣建立了三個 IAM 使用者，至於輸出變數 all_users 當中包含的便是一個 map，而 map 中的鍵便是從 for_each 所取得的鍵（以此例來說，就是使用者名稱），而 map 中的值，就是該資源所有的輸出。如果你還想取得像先前 all_arns 輸出變數那般的內容，就得多費一點手腳，用內建函式 values（此函式只會傳回 map 裡的值）和展開表示式（splat expression）把這些 ARN 擷取出來：

```
output "all_arns" {
  value = values(aws_iam_user.example)[*].arn
}
```

這樣才能取得期望中的輸出：

```
$ terraform apply

(...)

Apply complete! Resources: 0 added, 0 changed, 0 destroyed.

Outputs:

all_arns = [
  "arn:aws:iam::123456789012:user/morpheus",
  "arn:aws:iam::123456789012:user/neo",
  "arn:aws:iam::123456789012:user/trinity",
]
```

用 `for_each` 產出的是一個由資源構成的 map，而不是像 `count` 那樣產出由資源構成的陣列，這一點十分要緊，因為這樣一來你就可以從該集合中安全地移除項目。譬如說，如果你再度從 `var.user_names` 清單中間把 `"trinity"` 拿掉，然後執行 `terraform plan`，結果會像這樣：

```
$ terraform plan

Terraform will perform the following actions:

  # aws_iam_user.example["trinity"] will be destroyed
  - resource "aws_iam_user" "example" {
      - arn           = "arn:aws:iam::123456789012:user/trinity" -> null
      - name          = "trinity" -> null
    }

Plan: 0 to add, 0 to change, 1 to destroy.
```

這才像話嘛！現在你可以精確地刪除單一資源，但不至於讓剩下的資源來個大搬風。此其所以你應該始終採用 `for_each` 的方式來建置資源的多份副本，而不要用 `count`。

用 `for_each` 搭配模組時的方式也大同小異。同樣以先前的 `iam-user` 模組為例，你也可以用 `for_each` 建立三個 IAM 使用者，就像這樣：

```
module "users" {
  source = "../../../modules/landing-zone/iam-user"

  for_each  = toset(var.user_names)
  user_name = each.value
}
```

要輸出這些使用者的 ARN 時，就像這樣做：

```
output "user_arns" {
  value       = values(module.users)[*].user_arn
  description = "The ARNs of the created IAM users"
}
```

對以上程式碼執行 `apply`，就會看到期望中的輸出：

```
$ terraform apply

(...)

Apply complete! Resources: 3 added, 0 changed, 0 destroyed.

Outputs:

all_arns = [
  "arn:aws:iam::123456789012:user/morpheus",
  "arn:aws:iam::123456789012:user/neo",
  "arn:aws:iam::123456789012:user/trinity",
]
```

現在，讓我們把注意力轉往 `for_each` 的另一個優點：亦即在資源中建立多個內嵌區塊的能力。舉例來說，你可以用 `for_each` 替 `webserver-cluster` 模組裡的 ASG 動態地製作 `tag` 內嵌區塊。首先要讓使用者可以自訂標籤，請到 *modules/services/webserver-cluster/variables.tf* 裡加上 map 型態的輸入變數 `custom_tags`：

```
variable "custom_tags" {
  description = "Custom tags to set on the Instances in the ASG"
  type        = map(string)
  default     = {}
}
```

接下來到正式環境 *live/prod/services/webserver-cluster/main.tf* 裡設置一些自訂標籤如下：

```
module "webserver_cluster" {
  source = "../../../../modules/services/webserver-cluster"

  cluster_name           = "webservers-prod"
  db_remote_state_bucket = "(YOUR_BUCKET_NAME)"
  db_remote_state_key    = "prod/data-stores/mysql/terraform.tfstate"

  instance_type        = "m4.large"
  min_size             = 2
  max_size             = 10
```

```
    custom_tags = {
      Owner      = "team-foo"
      ManagedBy = "terraform"
    }
  }
```

以上的程式碼會設置若干好用的標籤：像是 Owner 標籤，便會指定這個 ASG 隸屬於哪一個團隊，而 ManagedBy 標籤則會指出這個基礎架構係由 Terraform 所代管（所以這個基礎架構不該手動更改）。

現在你已經自行指定了標籤，接下來要如何將它們真正放到 aws_autoscaling_group 資源裡？這時你需要的是一個可以掃過 var.custom_tags 的 for 迴圈，做法大致上就像以下的偽程式碼這樣：

```
resource "aws_autoscaling_group" "example" {
  launch_configuration = aws_launch_configuration.example.name
  vpc_zone_identifier  = data.aws_subnets.default.ids
  target_group_arns    = [aws_lb_target_group.asg.arn]
  health_check_type    = "ELB"

  min_size = var.min_size
  max_size = var.max_size

  tag {
    key                 = "Name"
    value               = var.cluster_name
    propagate_at_launch = true
  }

  # This is just pseudo code. It won't actually work in Terraform.
  for (tag in var.custom_tags) {
    tag {
      key                 = tag.key
      value               = tag.value
      propagate_at_launch = true
    }
  }
}
```

以上的偽程式碼實際上是無法運作的，但若以 for_each 表示式改寫後就可以。若要用 for_each 動態地產生內嵌區塊，其語法如下：

```
dynamic "<VAR_NAME>" {
  for_each = <COLLECTION>

  content {
```

```
    [CONFIG...]
  }
}
```

這裡的 VAR_NAME 便是變數名稱，用來儲存每一輪「迭代」時的資料值，COLLECTION 則是要以迭代掃視過去的清單或 map，而 content 區塊則是要從每一輪迭代中產生的內容。你可以利用 content 區塊中的 <VAR_NAME>.key 和 <VAR_NAME>.value，取得 COLLECTION 中當下這一輪迭代的相關鍵和值。注意，當你對清單使用 for_each 時，key 就會是索引，而 value 會是清單中位於該索引位置的項目，而對 map 使用 for_each 時，key 和 value 對應的便是 map 裡的其中一對鍵 - 值。

現在把我們學到的內容兜起來，以下便是如何用 for_each 在 aws_autoscaling_group 資源中動態地產生 tag 區塊的做法：

```
resource "aws_autoscaling_group" "example" {
  launch_configuration = aws_launch_configuration.example.name
  vpc_zone_identifier  = data.aws_subnets.default.ids
  target_group_arns    = [aws_lb_target_group.asg.arn]
  health_check_type    = "ELB"

  min_size = var.min_size
  max_size = var.max_size

  tag {
    key                 = "Name"
    value               = var.cluster_name
    propagate_at_launch = true
  }

  dynamic "tag" {
    for_each = var.custom_tags

    content {
      key                 = tag.key
      value               = tag.value
      propagate_at_launch = true
    }
  }
}
```

如果你在這時執行 terraform plan，就會看到如下的執行計畫：

```
$ terraform plan

Terraform will perform the following actions:
```

```
# aws_autoscaling_group.example will be updated in-place
~ resource "aws_autoscaling_group" "example" {
      (...)

      tag {
          key                 = "Name"
          propagate_at_launch = true
          value               = "webservers-prod"
      }
    + tag {
        + key                 = "Owner"
        + propagate_at_launch = true
        + value               = "team-foo"
      }
    + tag {
        + key                 = "ManagedBy"
        + propagate_at_launch = true
        + value               = "terraform"
      }
  }

Plan: 0 to add, 1 to change, 0 to destroy.
```

實施標籤製作方式的標準

為團隊事先制訂標籤製作標準，並在製作 Terraform 模組時依標準在程式碼中植入標籤，是很好的做法。做法之一是以人為方式確認每個模組中的每項資源都加上了正確的標籤，但是資源的數量一多，這個動作就會很枯燥、又容易出錯。如果你要把標籤套用到你*所有的* AWS 資源上，比較靠得住的做法是直接到每個模組裡，在 `aws` 的 provider 敘述中加上 `default_tags` 區塊：

```
provider "aws" {
  region = "us-east-2"

  # Tags to apply to all AWS resources by default
  default_tags {
    tags = {
      Owner     = "team-foo"
      ManagedBy = "Terraform"
    }
  }
}
```

以上的程式碼會確保你用這個模組所建立的每一個 AWS 資源，都含有 Owner 跟 ManagedBy 兩個標籤（唯二的例外，是不支援標籤功能的資源、以及 aws_autoscaling_group 資源，後者雖然支援標籤功能，但卻無法搭配 default_tags 運作，這也就是何以你在前一小節中必須多費那麼些功夫，才能在 webserver-cluster 模組中設置標籤的緣故）。default_tags 讓你可以確保所有的資源裡都有一致的標籤，但也還是可以針對個別資源覆蓋這些標籤的內容。在第 9 章中，讀者們會學到如何用 OPA 這類的工具，去定義及實施程式碼策略，像是「所有的資源裡必須有 ManagedBy 標籤」。

以 for 表示式製作迴圈

大家已經學到如何以迴圈來建立完整資源及內嵌區塊的多份副本，但如果你想以迴圈設定單一變數或參數呢？

設想你寫了下面這樣的 Terraform 程式碼，其中含有名字構成的清單：

```
variable "names" {
  description = "A list of names"
  type        = list(string)
  default     = ["neo", "trinity", "morpheus"]
}
```

你如何將所有名字改成大寫字母？如果是 Python 這種一般用途的程式語言，就可以寫成下面這樣的 for 迴圈：

```
names = ["neo", "trinity", "morpheus"]

upper_case_names = []
for name in names:
    upper_case_names.append(name.upper())

print upper_case_names

# Prints out: ['NEO', 'TRINITY', 'MORPHEUS']
```

同樣功能的程式碼，Python 還提供另一種單行式的寫法，這種語法就是**列表推導式**（*list comprehension*）：

```
names = ["neo", "trinity", "morpheus"]
upper_case_names = [name.upper() for name in names]
print upper_case_names

# Prints out: ['NEO', 'TRINITY', 'MORPHEUS']
```

Python 甚至允許你設定篩選條件，過濾執行結果的清單：

```
names = ["neo", "trinity", "morpheus"]
short_upper_case_names = [name.upper() for name in names if len(name) < 5]
print short_upper_case_names

# Prints out: ['NEO']
```

Terraform 也提供類似的功能，做法是透過 *for* 表示式（不要跟前一小節介紹的 `for_each` 表示式搞混了）。`for` 表示式的基本語法如下：

```
[for <ITEM> in <LIST> : <OUTPUT>]
```

這裡的 `LIST` 就是要以迴圈掃過的清單，而 `ITEM` 則是指派給 `LIST` 中每個項目的局部變數，`OUTPUT` 則是 `ITEM` 預計轉換方式的表示式。舉例來說，以下是把 `var.names` 中的名稱清單全部轉換成大寫的 Terraform 程式碼：

```
output "upper_names" {
  value = [for name in var.names : upper(name)]
}
```

如果你對它執行 `terraform apply`，輸出會像這樣：

```
$ terraform apply

Apply complete! Resources: 0 added, 0 changed, 0 destroyed.

Outputs:

upper_names = [
  "NEO",
  "TRINITY",
  "MORPHEUS",
]
```

你也可以像 Python 的列表推導式那樣，用條件篩選輸出的清單：

```
output "short_upper_names" {
  value = [for name in var.names : upper(name) if length(name) < 5]
}
```

再次執行 terraform apply，就會看到：

```
short_upper_names = [
  "NEO",
]
```

你也可以用 Terraform 的 for 表示式掃視 map，語法是這樣的：

```
[for <KEY>, <VALUE> in <MAP> : <OUTPUT>]
```

這裡的 MAP 就是要以迴圈掃過的 map，而 KEY 和 VALUE 就是要指派給 MAP 中每一對鍵 - 值的局部變數名稱，至於 OUTPUT 自然就是預計轉換 KEY 和 VALUE 的表示式。以下是一個實際的例子：

```
variable "hero_thousand_faces" {
  description = "map"
  type        = map(string)
  default     = {
    neo      = "hero"
    trinity  = "love interest"
    morpheus = "mentor"
  }
}

output "bios" {
  value = [for name, role in var.hero_thousand_faces : "${name} is the ${role}"]
}
```

當你執行 terraform apply，就會看到如下輸出：

```
bios = [
  "morpheus is the mentor",
  "neo is the hero",
  "trinity is the love interest",
]
```

for 表示式也可以改為輸出 map、而非輸出清單，語法要這樣改：

```
# Loop over a list and output a map
{for <ITEM> in <LIST> : <OUTPUT_KEY> => <OUTPUT_VALUE>}

# Loop over a map and output a map
{for <KEY>, <VALUE> in <MAP> : <OUTPUT_KEY> => <OUTPUT_VALUE>}
```

首要差別在於 (a) 用大括弧把表示式包起來，而非使用中括弧，其次則是 (b) 每一輪迭代輸出的不是單一資料值，而是輸出一對以雙箭頭串接的鍵與值。譬如說，以下便是如何將一個 map 裡全部的鍵和值都轉換成大寫的做法：

```
output "upper_roles" {
  value = {for name, role in var.hero_thousand_faces : upper(name) => upper(role)}
}
```

以下就是執行上述程式碼的輸出：

```
upper_roles = {
  "MORPHEUS" = "MENTOR"
  "NEO" = "HERO"
  "TRINITY" = "LOVE INTEREST"
}
```

以 for 字串指令製作迴圈

大家在本書稍早章節中已經知道了字串展開（string interpolations）的概念，這樣就可以在字串中參照 Terraform 程式碼：

```
"Hello, ${var.name}"
```

藉由**字串指令**（*string directives*），你可以在字串當中加上控制敘述（例如 for 迴圈和 if 敘述），其語法與字串展開很類似，但字串指令使用的不是錢字符號和大括弧（`${…}`），而是改用百分比符號和大括弧（`%{…}`）。

Terraform 支援兩種字串指令：for 迴圈和條件式。在這個小節裡，我們要先學會 for 迴圈；條件式等到下一小節再來說明。`for` 字串指令的語法如下：

```
%{ for <ITEM> in <COLLECTION> }<BODY>%{ endfor }
```

這裡的 `COLLECTION` 代表要以迴圈掃視的清單或 map，`ITEM` 則是要指派給 `COLLECTION` 中每一個項目的局部變數名稱，至於 `BODY` 則是你想在每一輪迭代時加上的花樣（其中會參照 `ITEM`）。以下是實際的例子：

```
variable "names" {
  description = "Names to render"
  type        = list(string)
  default     = ["neo", "trinity", "morpheus"]
}

output "for_directive" {
  value = "%{ for name in var.names }${name}, %{ endfor }"
}
```

執行 terraform apply，就會得到以下輸出：

```
$ terraform apply

(...)

Outputs:

for_directive = "neo, trinity, morpheus, "
```

for 字串指令還有另一種版本的語法，可以從中得知 for 迴圈的索引值：

```
%{ for <INDEX>, <ITEM> in <COLLECTION> }<BODY>%{ endfor }
```

以下便是使用索引的例子：

```
output "for_directive_index" {
  value = "%{ for i, name in var.names }(${i}) ${name}, %{ endfor }"
}
```

執行 terraform apply，會看到如下的輸出：

```
$ terraform apply

(...)

Outputs:

for_directive_index = "(0) neo, (1) trinity, (2) morpheus, "
```

注意，以上兩種輸出的結尾都多了一對逗點和空格。如果加上條件式——準確地說，是 if 字串指令——便能修正這個缺點，下一小節便會談到它。

條件式

正如 Terraform 可以用多種方式達成迴圈效果一樣，它也有好幾種方式可以達成條件式的效果，每一種都各有自己的專門用途、適於略有不同的場合：

count 參數
: 用來依照條件建立資源

for_each 與 for 表示式
: 用來依照條件建立資源和資源裡的內嵌區塊

`if` 字串指令
: 用來建立字串內的條件式

我們這就一個個地說明。

用 count 參數建立條件式

稍早介紹過的 `count` 參數，可以用來產生基本的迴圈。但如果略施小技，同樣的機制其實也可以用來產生基本的條件式。下一小節我們先來看一個 if- 敘述，然後下下個小節再說明 if-else- 敘述。

用 count 參數寫成的 if- 敘述

在第 4 章時，你已建立了一個可以用來部署網頁伺服器叢集的 Terraform 模組「藍圖」。該模組會建置一個 Auto Scaling Group（ASG）、一個應用程式負載平衡器（ALB）、安全群組、以及其他幾種資源。但模組未能做到的，是排程動作。由於你只需要在正式環境中把叢集規模加大，因此你直接在正式環境的 *live/prod/services/webserver-cluster/main.tf* 組態中定義了 `aws_autoscaling_schedule` 資源。是否有辦法在 `webserver-cluster` 模組中直接定義 `aws_autoscaling_schedule` 資源，然後視條件為某些使用模組的對象建立資源，但其他對象可以忽略不計？

我們來試試。第一步就是先到 *modules/services/webserver-cluster/variables.tf* 裡加上一個布林值的輸入變數，以便用來指定模組是否需要啟用規模自動調節：

```
variable "enable_autoscaling" {
  description = "If set to true, enable auto scaling"
  type        = bool
}
```

如果你使用的是一般用途的程式語言，就可以像這樣在 if- 敘述中利用輸入變數：

```
# This is just pseudo code. It won't actually work in Terraform.
if var.enable_autoscaling {
  resource "aws_autoscaling_schedule" "scale_out_during_business_hours" {
    scheduled_action_name  = "${var.cluster_name}-scale-out-during-business-hours"
    min_size               = 2
    max_size               = 10
    desired_capacity       = 10
    recurrence             = "0 9 * * *"
    autoscaling_group_name = aws_autoscaling_group.example.name
  }

  resource "aws_autoscaling_schedule" "scale_in_at_night" {
```

```
    scheduled_action_name  = "${var.cluster_name}-scale-in-at-night"
    min_size               = 2
    max_size               = 10
    desired_capacity       = 2
    recurrence             = "0 17 * * *"
    autoscaling_group_name = aws_autoscaling_group.example.name
  }
}
```

但 Terraform 並不支援 if- 敘述，因此以上的程式碼是無效的。然而你還是可以靠 `count` 參數的兩項特性達成 if- 敘述的效果：

- 如果把資源裡的 `count` 設為 1，你就會得到剛好一份該資源的副本；若是把 `count` 設為 0，該資源就完全不會建立。
- Terraform 能夠支援的條件表示式（*conditional expressions*）格式是這樣的：`<CONDITION> ? <TRUE_VAL> : <FALSE_VAL>`。這就是所謂的*三元語法*（*ternary syntax*），你很可能在其他程式語言中已經看過類似的結構，它會評量 `CONDITION` 裡的布林邏輯式，如果結果為 `true`，你就會得到 `TRUE_VAL` 的結果，反之若結果為 `false`，你得到的就是 `FALSE_VAL`。

結合上述概念，就可以像下面這樣改寫 `webserver-cluster` 模組：

```
resource "aws_autoscaling_schedule" "scale_out_during_business_hours" {
  count = var.enable_autoscaling ? 1 : 0

  scheduled_action_name  = "${var.cluster_name}-scale-out-during-business-hours"
  min_size               = 2
  max_size               = 10
  desired_capacity       = 10
  recurrence             = "0 9 * * *"
  autoscaling_group_name = aws_autoscaling_group.example.name
}

resource "aws_autoscaling_schedule" "scale_in_at_night" {
  count = var.enable_autoscaling ? 1 : 0

  scheduled_action_name  = "${var.cluster_name}-scale-in-at-night"
  min_size               = 2
  max_size               = 10
  desired_capacity       = 2
  recurrence             = "0 17 * * *"
  autoscaling_group_name = aws_autoscaling_group.example.name
}
```

如果 var.enable_autoscaling 的值為 true，則每一個 aws_autoscaling_schedule 資源的 count 參數都會被設為 1，於是每個資源都會得以建立。但若是 var.enable_autoscaling 的值為 false，則每一個 aws_autoscaling_schedule 資源的 count 參數都會被設為 0，於是相關資源都不會被建立。這正好達成了我們所需的條件式邏輯！

現在你可以繼續到暫時環境中（*live/stage/services/webserver-cluster/main.tf*），改寫相同模組的使用方式，亦即將 enable_autoscaling 設為 false，藉以停用規模自動調節：

```
module "webserver_cluster" {
  source = "../../../../modules/services/webserver-cluster"

  cluster_name           = "webservers-stage"
  db_remote_state_bucket = "(YOUR_BUCKET_NAME)"
  db_remote_state_key    = "stage/data-stores/mysql/terraform.tfstate"

  instance_type        = "t2.micro"
  min_size             = 2
  max_size             = 2
  enable_autoscaling   = false
}
```

同理，你也可以依樣畫葫蘆地到正式環境中（*live/prod/services/webserver-cluster/main.tf*），改寫引用模組的方式，把 enable_autoscaling 設為 true、以便啟用規模自動調節（但請記得先把我們在第 4 章時，為正式環境的 *main.tf* 自訂的 aws_autoscaling_schedule 資源拿掉）：

```
module "webserver_cluster" {
  source = "../../../../modules/services/webserver-cluster"

  cluster_name           = "webservers-prod"
  db_remote_state_bucket = "(YOUR_BUCKET_NAME)"
  db_remote_state_key    = "prod/data-stores/mysql/terraform.tfstate"

  instance_type        = "m4.large"
  min_size             = 2
  max_size             = 10
  enable_autoscaling   = true

  custom_tags = {
    Owner     = "team-foo"
    ManagedBy = "terraform"
  }
}
```

用 count 參數寫成的 if-else- 敘述

好，現在我們已經知道如何寫出 if- 敘述了，那 if-else- 敘述呢？

本章稍早時，我們曾建立了好幾個 IAM 使用者，全都只具備 EC2 唯讀權限。假設你想讓其中一名使用者 neo 也能存取 CloudWatch，但是你會讓套用 Terraform 組態的人自行決定是否要賦予 neo 唯讀或讀寫權限。這個範例有點畫蛇添足，但很適合用來展示簡單的 if-else- 敘述。

以下是一個只開放 CloudWatch 唯讀存取的 IAM Policy：

```
resource "aws_iam_policy" "cloudwatch_read_only" {
  name   = "cloudwatch-read-only"
  policy = data.aws_iam_policy_document.cloudwatch_read_only.json
}

data "aws_iam_policy_document" "cloudwatch_read_only" {
  statement {
    effect    = "Allow"
    actions   = [
      "cloudwatch:Describe*",
      "cloudwatch:Get*",
      "cloudwatch:List*"
    ]
    resources = ["*"]
  }
}
```

這裡則是另一個開放 CloudWatch 完整權限（讀取與寫入）的 IAM Policy：

```
resource "aws_iam_policy" "cloudwatch_full_access" {
  name   = "cloudwatch-full-access"
  policy = data.aws_iam_policy_document.cloudwatch_full_access.json
}

data "aws_iam_policy_document" "cloudwatch_full_access" {
  statement {
    effect    = "Allow"
    actions   = ["cloudwatch:*"]
    resources = ["*"]
  }
}
```

目的是要根據 `give_neo_cloudwatch_full_access` 這個新輸入變數的值，把以上其中一種 IAM Policies 掛到 `"neo"` 身上：

```
variable "give_neo_cloudwatch_full_access" {
  description = "If true, neo gets full access to CloudWatch"
  type        = bool
}
```

如果是一般用途的程式語言，那麼也許會這樣寫：

```
# This is just pseudo code. It won't actually work in Terraform.
if var.give_neo_cloudwatch_full_access {
  resource "aws_iam_user_policy_attachment" "neo_cloudwatch_full_access" {
    user       = aws_iam_user.example[0].name
    policy_arn = aws_iam_policy.cloudwatch_full_access.arn
  }
} else {
  resource "aws_iam_user_policy_attachment" "neo_cloudwatch_read_only" {
    user       = aws_iam_user.example[0].name
    policy_arn = aws_iam_policy.cloudwatch_read_only.arn
  }
}
```

不過要在 Terraform 裡做到這一點，你得再度在每一個資源中利用 count 參數和條件表示式：

```
resource "aws_iam_user_policy_attachment" "neo_cloudwatch_full_access" {
  count = var.give_neo_cloudwatch_full_access ? 1 : 0

  user       = aws_iam_user.example[0].name
  policy_arn = aws_iam_policy.cloudwatch_full_access.arn
}

resource "aws_iam_user_policy_attachment" "neo_cloudwatch_read_only" {
  count = var.give_neo_cloudwatch_full_access ? 0 : 1

  user       = aws_iam_user.example[0].name
  policy_arn = aws_iam_policy.cloudwatch_read_only.arn
}
```

以上程式碼包含了兩種 aws_iam_user_policy_attachment 資源。第一種會賦予完整的 CloudWatch 存取權限，它會在 var.give_neo_cloudwatch_full_access 為 true 時將條件表示式評斷為 1，否則結果就會是 0（這是 if- 子句的部分）。第二種則只會賦予 CloudWatch 唯讀權限，其條件表示式的寫法正好反過來，當 var.give_neo_cloudwatch_full_access 為 true 時，其評量結果為 0，反之則是 1（這是 else- 子句的部分）。你猜怎麼著——我們已經寫出一個 if-else 敘述了！

現在你已經知道如何靠 if/else 條件建立某一種或另一種資源了，但如果你需要的是取得某個已建立資源的屬性時，又當如何因應？譬如說，如果你要添加 neo_cloudwatch_policy_arn 這個輸出變數，其中含有你真正附掛的 policy 的 ARN 時，要怎麼做？

最簡單的辦法就是利用三元語法：

```
output "neo_cloudwatch_policy_arn" {
  value = (
    var.give_neo_cloudwatch_full_access
    ? aws_iam_user_policy_attachment.neo_cloudwatch_full_access[0].policy_arn
    : aws_iam_user_policy_attachment.neo_cloudwatch_read_only[0].policy_arn
  )
}
```

目前這種方式還可行，但程式碼卻並非無懈可擊：萬一你修改了 aws_iam_user_policy_attachment 資源中的 count 參數條件式——也許後來該參數會根據多種變數來決定其值，而不再只靠 var.give_neo_cloudwatch_full_access 來決定時——很可能你就會忘了要一併改寫這個輸出變數的條件式，結果在嘗試存取一個也許已不存在的陣列元素時，搞出一個令人丈二金剛摸不著頭的錯誤訊息來。

比較安全的辦法，是改為利用 concat 和 one 這兩個函式。concat 函式會把兩個以上的清單當成輸入，並將其組合成單一清單。one 函式則是以單一清單作為輸入，如果該清單含有元素數量為 0，函式便會傳回 null；如果清單中有 1 個元素，函式便會傳回該元素；萬一清單中的元素數量超過 1，函式就會拋出錯誤。把這些招式組合起來，再搭配展開表示式（splat expression），就可以得出：

```
output "neo_cloudwatch_policy_arn" {
  value = one(concat(
    aws_iam_user_policy_attachment.neo_cloudwatch_full_access[*].policy_arn,
    aws_iam_user_policy_attachment.neo_cloudwatch_read_only[*].policy_arn
  ))
}
```

根據以上 if/else 條件式的輸出，要不就是 neo_cloudwatch_full_access 裡是空的，而 neo_cloudwatch_read_only 會含有一個元素；要不就是反其道而行，一旦你將兩者用 concat 串接起來，就會得到一個只包含單一元素的清單，而函式 one 便會傳回該單一元素。不論你將來怎麼修改 if/else 條件式的組合，這種寫法都不會受到影響。

以 count 和內建函式來模擬 if-else- 敘述，感覺上有點像是駭客的密技，但它卻可以運作得很順暢，而且就像你在程式碼中看到的一樣，你可以把複雜性隱藏起來不讓使用者看到，但他們卻可享用到你設計得既清爽又簡單的 API。

以 for_each 和 for 表示式寫成的條件式

現在你知道如何以 count 參數來處理資源中的條件式邏輯了，也許你正自忖，是否也可以沿用類似的策略，用 for_each 表示式寫出條件式邏輯。

如果你把一個空集合傳給 for_each 表示式，結果就是引用 for_each 的起源不會產生任何資源、內嵌區塊或模組；但若是你傳給它一個非空集合，它就會產生一個以上的資源、內嵌區塊或模組的副本。問題是，你如何視狀況條件判斷該集合是否為空集合？

答案是把 for_each 表示式和 for 表示式合起來使用。舉例來說，請回想先前 webserver-cluster 模組在 *modules/services/webserver-cluster/main.tf* 裡設置標籤的方式：

```
dynamic "tag" {
  for_each = var.custom_tags

  content {
    key                 = tag.key
    value               = tag.value
    propagate_at_launch = true
  }
}
```

如果 var.custom_tags 裡是空的，那麼 for_each 表示式就沒有東西可以用迴圈掃視，也就不會產生任何標籤了。換言之，這裡已經有最基本的條件式邏輯存在了。如果再像下面這樣結合 for_each 和 for 兩個表示式的話：

```
dynamic "tag" {
  for_each = {
    for key, value in var.custom_tags:
    key => upper(value)
    if key != "Name"
  }

  content {
    key                 = tag.key
    value               = tag.value
    propagate_at_launch = true
  }
}
```

被巢狀包覆的 for 表示式會以迴圈掃視 var.custom_tags，將其中的每一個值都轉換成大寫（此舉或許是為了保持外觀一致），再以 for 表示式裡的 if 條件式把任何名稱為 Name 的 key 給篩掉，因為模組裡已經設有它自己的 Name 標籤了。利用在 for 表示式裡過濾值的手段，就能任意組合出條件式邏輯。

但是要注意，在建置多份副本的資源或模組時，就算你應該盡量使用 for_each 而不是 count，但是在建立條件式邏輯的場合，與在 for_each 迴圈中套用空集合或非空集合的手法相比，把 count 設為 0 或 1 的手法要簡單得多。因此筆者通常會建議，要以條件式建立資源或模組時，就使用 count，但是遇到其他類型的迴圈和條件式時，就改用 for_each。

以 if 字串指令寫成的條件式

接著我們來研究 if 字串指令，其語法如下：

```
%{ if <CONDITION> }<TRUEVAL>%{ endif }
```

這裡的 CONDITION 可以是任何評估結果為布林值的表示式，而 TRUEVAL 則是當 CONDITION 評估結果為真時，要如何改寫的表示式。

本章稍早時，我們曾利用 for 字串指令，在字串中進行迴圈掃視動作，藉以輸出多個以逗點區隔的名稱。當時的問題在於，在結果字串的尾端會多出一組逗點和空格。以下的 if 字串指令可以幫你修正這個小缺陷：

```
output "for_directive_index_if" {
  value = <<EOF
%{ for i, name in var.names }
  ${name}%{ if i < length(var.names) - 1 }, %{ endif }
%{ endfor }
EOF
}
```

與原先版本的程式碼相比，以上程式碼有兩處變化：

- 筆者在程式碼中加上了 *HEREDOC*，這種手法可以定義出跨越多行的字串。這樣我就可以把程式碼拆成數行，讀起來比較方便。
- 筆者又用了 if 字串指令，把清單輸出的最後一項訂為沒有逗點和空格尾隨。

一旦執行 terraform apply，輸出如下：

```
$ terraform apply

(...)

Outputs:

for_directive_index_if = <<EOT

  neo,
```

```
    trinity,

    morpheus


  EOT
```

唉呀。尾隨的逗點是清掉了，但卻出現了一堆不請自來的空格（嚴格說是空格和換行字元）。你放到 HEREDOC 裡的每一個空格，都會跑到字串結尾。要修正這一點，可以在你的字串指令中加上所謂的**剝除標記**（*strip markers*，~），它會自動把剝除標記前後多餘的空白都吃掉：

```
output "for_directive_index_if_strip" {
  value = <<EOF
%{~ for i, name in var.names ~}
${name}%{ if i < length(var.names) - 1 }, %{ endif }
%{~ endfor ~}
EOF
}
```

我們再測試一次這個版本：

```
$ terraform apply

(...)

Outputs:

for_directive_index_if_strip = "neo, trinity, morpheus"
```

好，效果不錯：多餘的空白和逗點都沒有了。你還可以再於字串指令中加上一個 `else`，讓輸出效果更好看一點，它的語法如下：

```
%{ if <CONDITION> }<TRUEVAL>%{ else }<FALSEVAL>%{ endif }
```

當 `CONDITION` 的結果評估為偽時，`FALSEVAL` 便是要如何改寫的表示式。以下的範例顯示如何以 `else` 子句在結尾加上一個句點：

```
output "for_directive_index_if_else_strip" {
  value = <<EOF
%{~ for i, name in var.names ~}
${name}%{ if i < length(var.names) - 1 }, %{ else }.%{ endif }
%{~ endfor ~}
EOF
}
```

執行 `terraform apply`，輸出如下：

```
$ terraform apply

(...)

Outputs:

for_directive_index_if_else_strip = "neo, trinity, morpheus."
```

零停機時間部署

現在你的模組已經具備清晰簡單的 API，可以用來部署網頁伺服器叢集，但這時出現了一個大哉問：如何更新叢集？也就是說，當你更改程式碼時，如何在叢集內部署新的 Amazon Machine Image（AMI）？要怎麼做才不會導致使用者感覺到有離線時間？

首先，你得在 *modules/services/webserver-cluster/variables.tf* 裡加上代表 AMI 的輸入變數，這一點應該就已足夠，因為真正的網頁伺服器程式碼會包含在 AMI 當中。但在本書經過簡化的範例中，所有網頁伺服器的程式碼都放在 User Data 的指令碼當中，而 AMI 就只是一個 vanilla 版本的 Ubuntu 映像檔。光是只切換不同版本的 Ubuntu，沒有充分的展示效果，所以除了要改用新的 AMI 輸入變數以外，還需要加上另一個輸入變數，藉以控制 User Data 的指令碼從單行式 HTTP 伺服器傳回的文字：

```
variable "ami" {
  description = "The AMI to run in the cluster"
  type        = string
  default     = "ami-0fb653ca2d3203ac1"
}

variable "server_text" {
  description = "The text the web server should return"
  type        = string
  default     = "Hello, World"
}
```

現在，你得去更新 *modules/services/webserver-cluster/user-data.sh* 這支 Bash 指令碼，讓它在傳回的 `<h1>` 標籤中引用 `server_text` 變數：

```
#!/bin/bash

cat > index.html <<EOF
<h1>${server_text}</h1>
<p>DB address: ${db_address}</p>
```

```
  <p>DB port: ${db_port}</p>
EOF

nohup busybox httpd -f -p ${server_port} &
```

最後，請找出 *modules/services/webserver-cluster/main.tf* 裡的啟動組態，把 `image_id` 參數改為使用 `var.ami`，同時更改 `user_data` 參數裡的 `templatefile` 呼叫，將 `var.server_text` 傳入：

```
resource "aws_launch_configuration" "example" {
  image_id        = var.ami
  instance_type   = var.instance_type
  security_groups = [aws_security_group.instance.id]

  user_data       = templatefile("${path.module}/user-data.sh", {
    server_port = var.server_port
    db_address  = data.terraform_remote_state.db.outputs.address
    db_port     = data.terraform_remote_state.db.outputs.port
    server_text = var.server_text
  })

  # Required when using a launch configuration with an auto scaling group.
  lifecycle {
    create_before_destroy = true
  }
}
```

現在，到暫時環境的 *live/stage/services/webserver-cluster/main.tf* 裡，設定新的 `ami` 和 `server_text` 等參數：

```
module "webserver_cluster" {
  source = "../../../../modules/services/webserver-cluster"

  ami         = "ami-0fb653ca2d3203ac1"
  server_text = "New server text"

  cluster_name           = "webservers-stage"
  db_remote_state_bucket = "(YOUR_BUCKET_NAME)"
  db_remote_state_key    = "stage/data-stores/mysql/terraform.tfstate"

  instance_type      = "t2.micro"
  min_size           = 2
  max_size           = 2
  enable_autoscaling = false
}
```

這段程式碼會使用相同的 Ubuntu AMI，但把 server_text 設為新的內容值。如果你執行 plan 命令，就會看到類似以下的內容：

```
Terraform will perform the following actions:

  # module.webserver_cluster.aws_autoscaling_group.ex will be updated in-place
  ~ resource "aws_autoscaling_group" "example" {
        id                        = "webservers-stage-terraform-20190516"
      ~ launch_configuration      = "terraform-20190516" -> (known after apply)
        (...)
    }

  # module.webserver_cluster.aws_launch_configuration.ex must be replaced
+/- resource "aws_launch_configuration" "example" {
      ~ id                          = "terraform-20190516" -> (known after apply)
        image_id                    = "ami-0fb653ca2d3203ac1"
        instance_type               = "t2.micro"
      ~ name                        = "terraform-20190516" -> (known after apply)
      ~ user_data                   = "bd7c0a6" -> "4919a13" # forces replacement
        (...)
    }

Plan: 1 to add, 1 to change, 1 to destroy.
```

正如各位所見，Terraform 要進行兩項更動：首先是把舊的啟動組態換成含有新版 user_data 內容的新組態；其次是修改既有的 Auto Scaling Group，讓它參照新的啟動組態。但這時問題來了：光是參照新的啟動組態還不夠，還是得要等到 ASG 啟動新的 EC2 執行個體，才會真正發揮作用。那麼該如何要求 ASG 部署新的執行個體呢？

選項一是把 ASG 拆除（例如執行 terraform destroy），再重新產生一組（執行 terraform apply）。問題是，只要你一刪除舊的 ASG，使用者便會感受到服務離線，直到新的 ASG 完全啟動才會恢復。而你需要的是**零停機時間部署**（*zero-downtime deployment*）。要做到這一點，就是先把替代用的 ASG 建立起來，然後才去拆除原本的 ASG。而我們在第 2 章時看過 create_before_destroy 的 lifecycle 設定，其動作順序正如上述。

以下所述便是如何利用上述的 lifecycle 設定，得出零停機時間部署的效果[1]：

1. 把 ASG 裡的 name 參數設為直接依存啟動組態的名稱。這樣每當啟動組態更動時（只要你更改 AMI 或 User Data 就會發生），其名稱便會跟著更動，這樣一來 ASG 的名稱也會更動，於是 Terraform 便會更替 ASG。

1 此一技巧必須歸功於 Paul Hinze（*https://bit.ly/2lksQgv*）。

2. 再把 ASG 裡的 `create_before_destroy` 參數訂為 `true`，這樣一來，每當 Terraform 嘗試要替換時，它就會先建立替代用的 ASG、然後才拆除原本的 ASG。
3. 最後把 ASG 裡的 `min_elb_capacity` 參數設為和叢集的 `min_size` 值一樣，這樣一來，Terraform 至少就會等到新的 ASG 中有這麼多數量的伺服器通過了 ALB 的健康檢測，然後才會著手拆除原本的 ASG。

以下就是 *modules/services/webserver-cluster/main.tf* 裡更新過的 `aws_autoscaling_group` 資源應有的外觀：

```
resource "aws_autoscaling_group" "example" {
  # Explicitly depend on the launch configuration's name so each time it's
  # replaced, this ASG is also replaced
  name = "${var.cluster_name}-${aws_launch_configuration.example.name}"

  launch_configuration = aws_launch_configuration.example.name
  vpc_zone_identifier  = data.aws_subnets.default.ids
  target_group_arns    = [aws_lb_target_group.asg.arn]
  health_check_type    = "ELB"

  min_size = var.min_size
  max_size = var.max_size

  # Wait for at least this many instances to pass health checks before
  # considering the ASG deployment complete
  min_elb_capacity = var.min_size

  # When replacing this ASG, create the replacement first, and only delete the
  # original after
  lifecycle {
    create_before_destroy = true
  }

  tag {
    key                 = "Name"
    value               = var.cluster_name
    propagate_at_launch = true
  }

  dynamic "tag" {
    for_each = {
      for key, value in var.custom_tags:
      key => upper(value)
      if key != "Name"
    }
```

```
        content {
          key                 = tag.key
          value               = tag.value
          propagate_at_launch = true
        }
      }
    }
```

如果你重新執行 plan 命令，就會看到像下面這樣的內容：

```
Terraform will perform the following actions:

  # module.webserver_cluster.aws_autoscaling_group.example must be replaced
+/- resource "aws_autoscaling_group" "example" {
      ~ id     = "example-2019" -> (known after apply)
      ~ name   = "example-2019" -> (known after apply) # forces replacement
        (...)
    }

  # module.webserver_cluster.aws_launch_configuration.example must be replaced
+/- resource "aws_launch_configuration" "example" {
      ~ id               = "terraform-2019" -> (known after apply)
        image_id         = "ami-0fb653ca2d3203ac1"
        instance_type    = "t2.micro"
      ~ name             = "terraform-2019" -> (known after apply)
      ~ user_data        = "bd7c0a" -> "4919a" # forces replacement
        (...)
    }

    (...)

Plan: 2 to add, 2 to change, 2 to destroy.
```

值得注意的關鍵之處，是現在 aws_autoscaling_group 資源會在自己的名稱參數旁多出 forces replacement 的字樣，亦即 Terraform 會用含有新版 AMI 或 User Data 的 ASG 來取代舊有的 ASG。執行 apply 命令以發動部署，當它執行時，請趁此思考它運作的過程。

你一開始運行的是原本的 ASG，我們就說其中包含的是 v1 版本的程式碼好了（圖 5-1）。

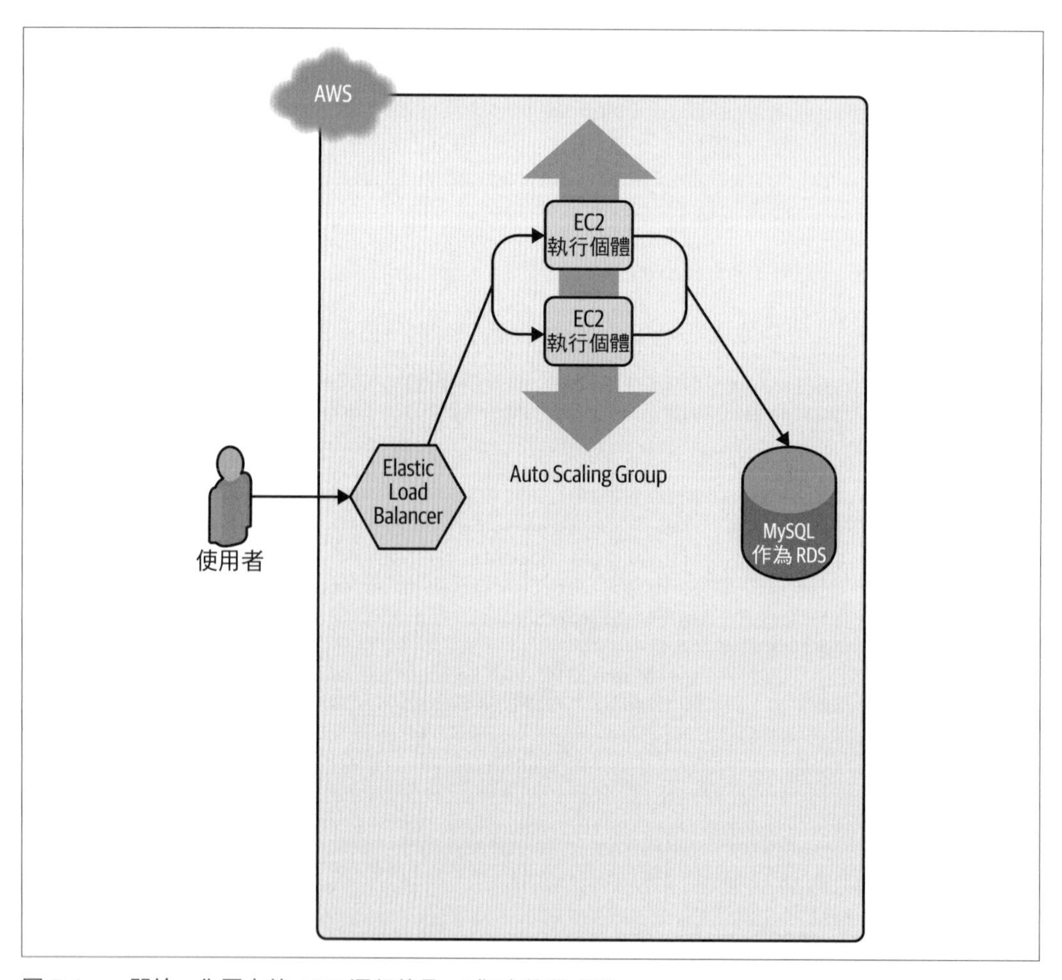

圖 5-1　一開始，你原本的 ASG 運行的是 v1 版本的程式碼

然後你更改了啟動組態中的若干內容，像是切換成含有 v2 版本程式碼的 AMI，然後再度執行 `apply` 命令。這會迫使 Terraform 開始部署含有 v2 版本程式碼的新版 ASG（圖 5-2）。

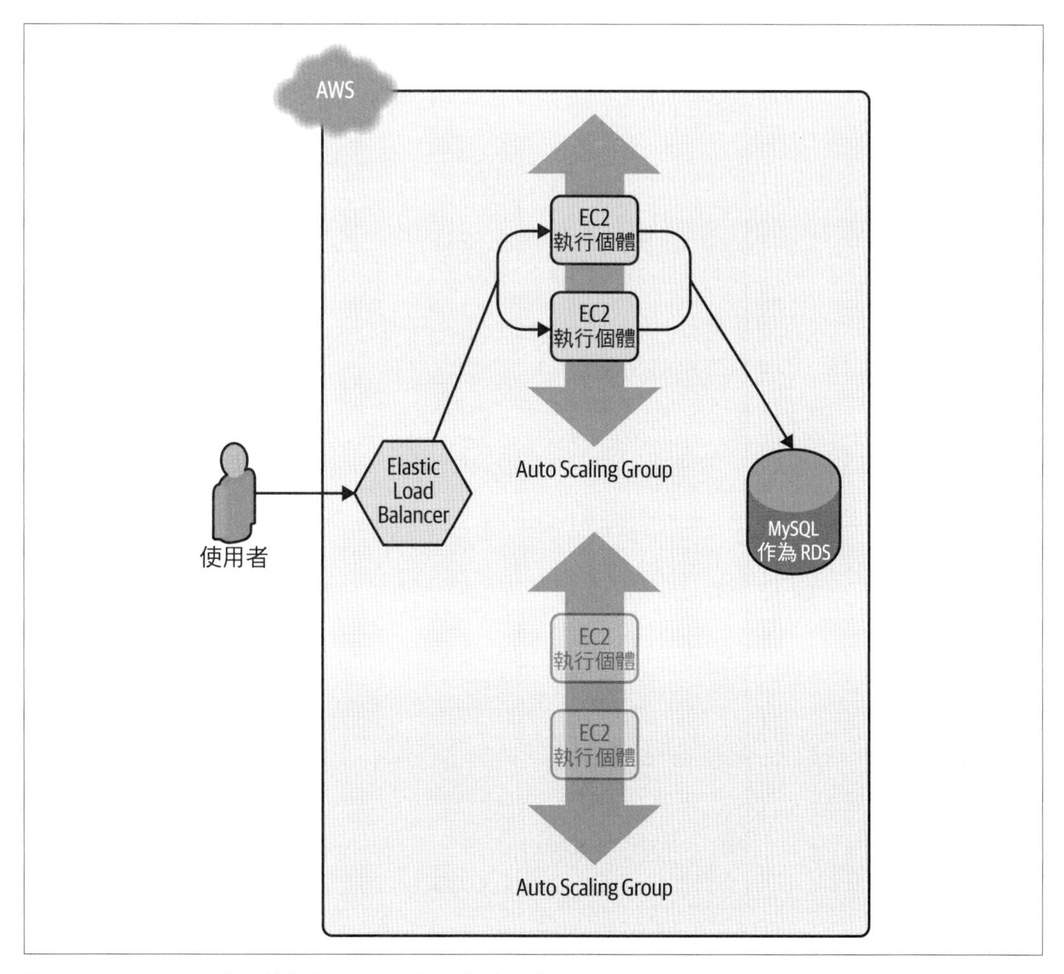

圖 5-2　Terraform 會開始部署含有 v2 版本程式碼的新版 ASG

一兩分鐘以後，新版 ASG 裡的伺服器次第啟動了，連上了資料庫、也在 ALB 中登錄了，並通過了健康檢測。此時你的程式碼有 v1 和 v2 兩個版本同時運作；至於使用者看到的是哪個版本的內容，就要看 ALB 剛好把流量導向何者來決定（圖 5-3）。

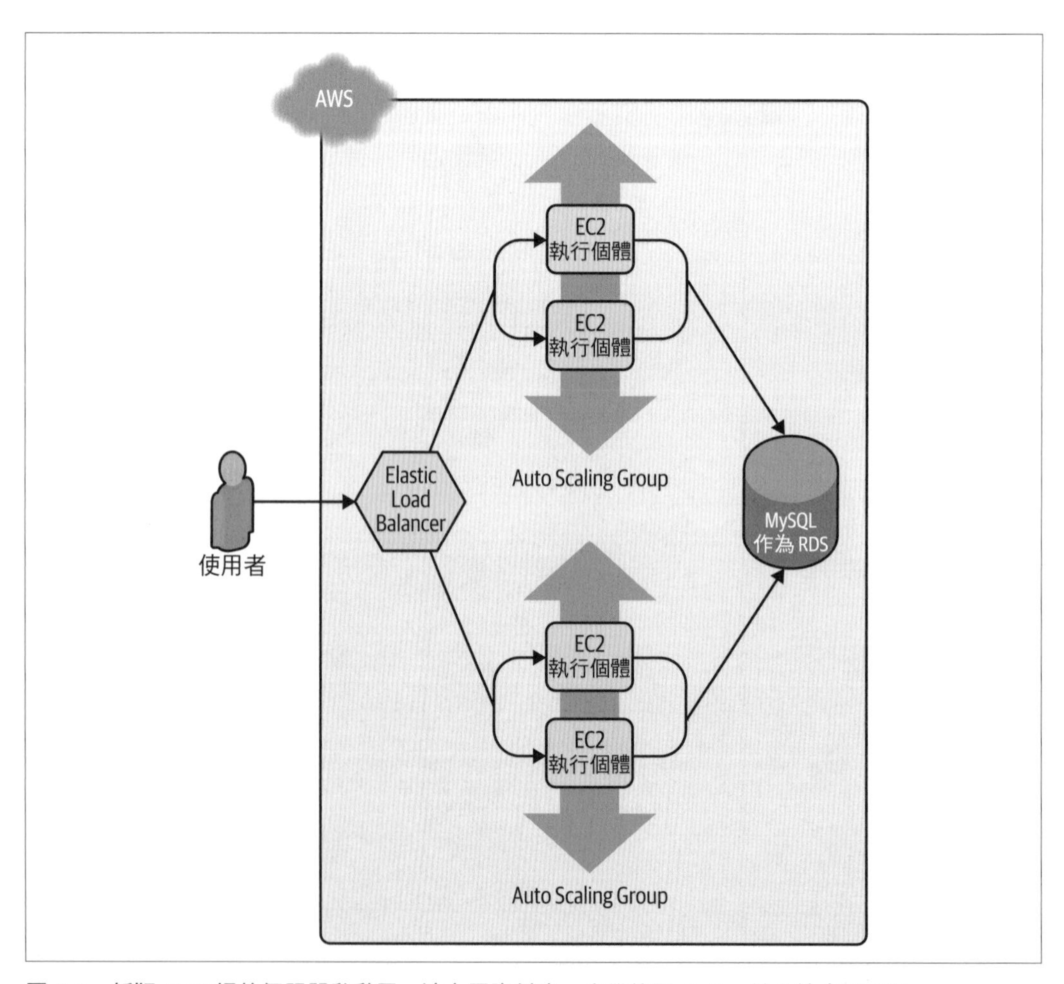

圖 5-3　新版 ASG 裡的伺服器啟動了，連上了資料庫、也登錄了 ALB，並開始處理流量

一旦 v2 版本 ASG 叢集裡有 `min_elb_capacity` 這麼多數量的伺服器完成了 ALB 登錄，Terraform 便會開始著手拆除舊版的 ASG，首先當然是把該 ASG 的伺服器從 ALB 中除名，然後逐一關閉（圖 5-4）。

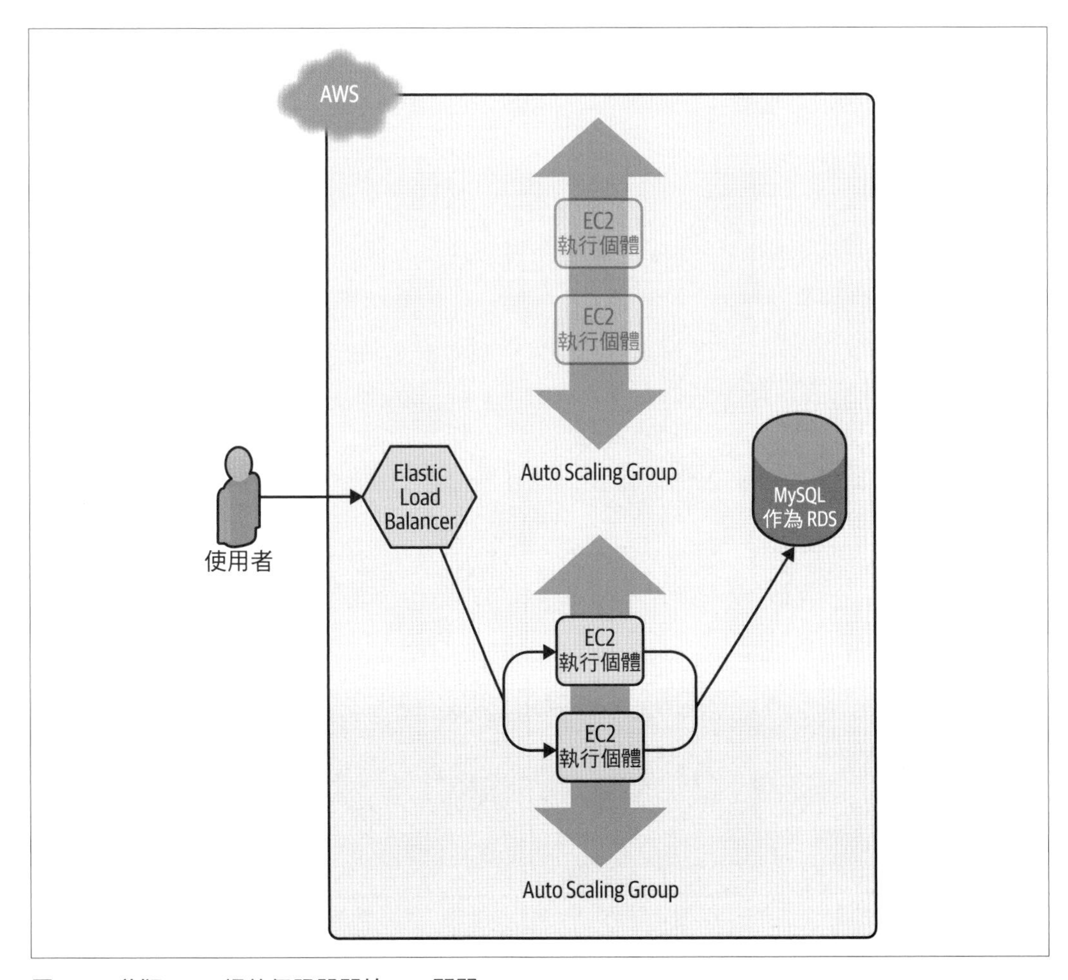

圖 5-4　舊版 ASG 裡的伺服器開始一一關閉

再過一兩分鐘，舊版的 ASG 已經消失無蹤，你手邊會只留下 v2 版本的 app，運作在新版的 ASG 上（圖 5-5）。

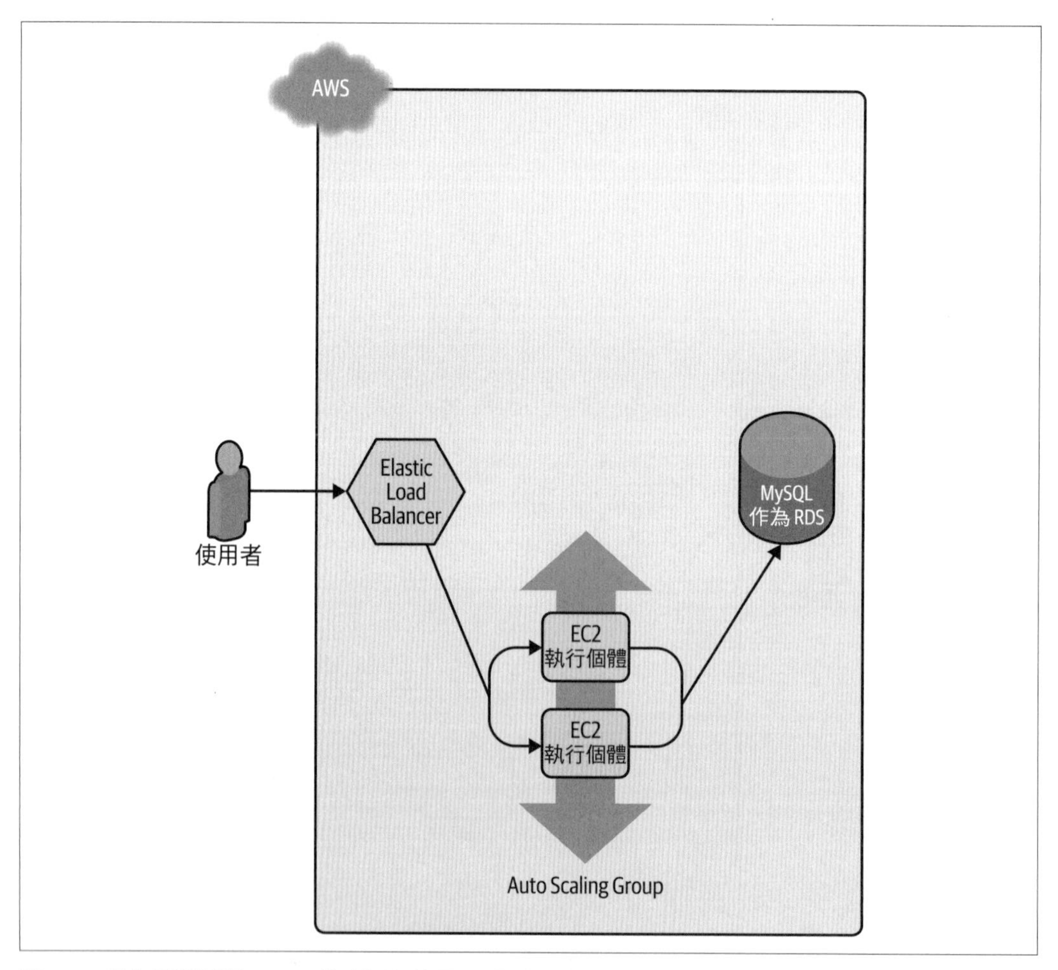

圖 5-5　現在只剩新版 ASG，其中運行的是 v2 版本的程式碼

在這整段過程中，始終會保持有伺服器在線上運作、並從 ALB 接手處理連線請求的狀態，因此不會發生離線狀態。請以你的瀏覽器開啟 ALB 的 URL，應該就會看到像是圖 5-6 的外觀。

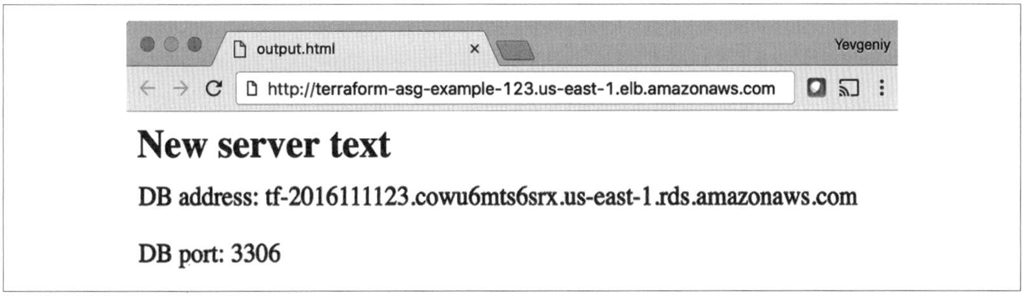

output.html
Yevgeniy
http://terraform-asg-example-123.us-east-1.elb.amazonaws.com

New server text

DB address: tf-2016111123.cowu6mts6srx.us-east-1.rds.amazonaws.com

DB port: 3306

圖 5-6　新程式碼已完成部署

行了！新的伺服器文字已經部署下去。基於趣味起見，不妨再把 `server_text` 參數修改一番——譬如把文字改成「foo bar」——並再次執行 `apply` 命令。如果你使用的是 Linux/Unix/macOS，請到終端機程式的另一個分頁，用一行式的 Bash 命令，以迴圈執行 `curl`，它會每隔一秒存取一次你的 ALB，讓你感受到零停機部署的效果：

```
$ while true; do curl http://<load_balancer_url>; sleep 1; done
```

在頭一分鐘左右，你看到的應該都是一樣的回應：`New server text`。接下來你會開始看到 `New server text` 和 `foo bar` 兩個字樣交替出現。這意味著新的執行個體已經在 ALB 中登錄、也通過了健康檢測。再過一分鐘，`New server text` 的訊息消失了，而你只會看到 `foo bar` 的字樣，這代表舊版的 ASG 已經關閉。輸出的畫面會像下面這樣（為保持簡潔起見，筆者在此只保留了 `<h1>` 標籤的內容）：

```
New server text
New server text
New server text
New server text
New server text
New server text
foo bar
New server text
foo bar
New server text
foo bar
New server text
foo bar
New server text
foo bar
New server text
foo bar
foo bar
foo bar
```

```
foo bar
foo bar
foo bar
```

另一個額外的加分效果，就是當部署時如果出了毛病，Terraform 會自動恢復至原狀。舉例來說，如果 v2 版本的 app 裡有臭蟲、導致無法啟動，新版 ASG 中的執行個體便無法向 ALB 登錄。Terraform 會等上 `wait_for_capacity_timeout` 這麼長的時間（預設為 10 分鐘），看看是否會有 `min_elb_capacity` 這麼多台 v2 版本 ASG 的伺服器去跟 ALB 登錄，如果到時沒有，它便會認定部署已經失敗，同時把 v2 版本 ASG 刪掉，並退出和傳回一個錯誤（同時 v1 版本的 app 會在原本的 ASG 中繼續保持運作）。

Terraform 的竅門

在看過這麼些個奇招異術後，我們要放慢步調，並提出一些跟迴圈、if- 敘述、以及部署技巧有關的竅門，以及其他會影響 Terraform 整體的若干更為一般化的問題：

- `count` 和 `for_each` 仍有其侷限之處。
- 零停機時間也並非全無缺陷。
- 即使有效的計畫也可能失敗。
- 重構可能會很棘手。

count 和 for_each 仍有其侷限之處

在本章的範例中，我們在迴圈和 if- 敘述中廣泛地運用了 `count` 參數和 `for_each` 表示式。它們運作無誤，但讀者們心中仍應有所準備，這種應用並非全無限制：在 `count` 或 `for_each` 裡是不能參照任何資源輸出的。

設想你要部署多個 EC2 執行個體，但基於某些因素，你不想用到 ASG。於是程式碼可能會這樣寫：

```
resource "aws_instance" "example_1" {
  count         = 3
  ami           = "ami-0fb653ca2d3203ac1"
  instance_type = "t2.micro"
}
```

由於 `count` 是以寫死的值設定的，這樣的程式碼運作自然沒有問題，當你執行 `apply` 時，它會如實建立三個 EC2 執行個體，但要是你想在 AWS 現有區域（current region）

的每一個可用區域（Availability Zone，AZ）內各自部署一個 EC2 執行個體時，又當如何處置？你可以改寫以上程式碼，先從 aws_availability_zones 這個資料來源取得 AZ 清單，再以 count 參數和查詢陣列的手法，以「迴圈」方式掃視每一個 AZ，然後在其中建立一個 EC2 執行個體：

```
resource "aws_instance" "example_2" {
  count             = length(data.aws_availability_zones.all.names)
  availability_zone = data.aws_availability_zones.all.names[count.index]
  ami               = "ami-0fb653ca2d3203ac1"
  instance_type     = "t2.micro"
}

data "aws_availability_zones" "all" {}
```

這樣的程式碼也可以運作無誤，因為 count 仍然可以參照資料來源。但若是你需要建立的執行個體數量，必須視某項資源的輸出來決定呢？最簡單的方式自然是利用 random_integer 資源來實驗，讀者們可能已經從其名稱約略猜到這個資源的用途，是的，它會隨機傳回整數：

```
resource "random_integer" "num_instances" {
  min = 1
  max = 3
}
```

以上程式碼會從 1 到 3 之間的整數隨機選出一個。如果你嘗試把此一資源輸出的結果，拿來設為 aws_instance 資源中的 count 參數，看看會怎麼樣：

```
resource "aws_instance" "example_3" {
  count         = random_integer.num_instances.result
  ami           = "ami-0fb653ca2d3203ac1"
  instance_type = "t2.micro"
}
```

要是對這段程式碼執行 terraform plan，它就會以下面的錯誤訊息炸回來：

```
Error: Invalid count argument

  on main.tf line 30, in resource "aws_instance" "example_3":
  30:   count         = random_integer.num_instances.result

The "count" value depends on resource attributes that cannot be determined
until apply, so Terraform cannot predict how many instances will be created.
To work around this, use the -target argument to first apply only the
resources that the count depends on.
```

當 Terraform 在 plan 階段時，會要求可以先得出 count 和 for_each 的結果，然後才著手建立或修改任何資源。這意味著 count 和 for_each 的確可以參照事先已寫死的值、變數、資料來源、甚至是資源清單（只要清單長度可以在 plan 時先決定好就可以），但就是不能參照只能在 plan 或 apply 之後才能計算出來的資源輸出值。

零停機時間也並非全無缺陷

在運用 create_before_destroy 搭配 ASG 來達到零停機部署的效用時，也有一些值得注意的訣竅。

首要的問題在於，它無法配合自動調節的 policies。或者再說明白點，它會在每次部署時都讓你的 ASG 大小退回到 min_size 的等級，如果你事先設有自動調節的 policies、而這些 policies 會自動增加伺服器運行數量的話，問題就來了。譬如說，webserver-cluster 模組裡含有幾個 aws_autoscaling_schedule 資源，會在早上 9 點把叢集中的伺服器數量從 2 增加到 10。假如你是在上午 11 點執行部署，取代進入的 ASG 只會啟動 2 套伺服器、而不是 10 套，這個狀況會一直持續到次日早上 9 點。這種狀況當然有幾種變通辦法，像是調整 aws_autoscaling_schedule 裡的重複（recurrence）參數、或是設定 ASG 裡的 desired_capacity 參數，令其從自訂指令碼取得需要的值，因為該指令碼會從 AWS API 得知部署前已有多少執行個體正在運行當中。

但是第二個更要命的問題是，對於像零停機時間部署這般要緊而且繁瑣的任務而言，你其實真正需要的是原生的一流解決方案，而不是自己用 create_before_destroy、min_elb_capacity 及自訂指令碼東拼西湊的變通辦法。其實 AWS 早已為 Auto Scaling Groups 提供了原生解決方案，就是 *instance refresh*。

請回到你的 aws_autoscaling_group 資源當中，把原本的零停機時間部署方式刪掉：

- 把 name 設回 var.cluster_name，而不再依存 aws_launch_configuration 的名稱。
- 拿掉 create_before_destroy 和 min_elb_capacity 兩個設定。

現在改寫 aws_autoscaling_group 資源，改採 instance_refresh 區塊寫法如下：

```
resource "aws_autoscaling_group" "example" {
  name                 = var.cluster_name
  launch_configuration = aws_launch_configuration.example.name
  vpc_zone_identifier  = data.aws_subnets.default.ids
  target_group_arns    = [aws_lb_target_group.asg.arn]
  health_check_type    = "ELB"

  min_size = var.min_size
```

```
  max_size = var.max_size

  # Use instance refresh to roll out changes to the ASG
  instance_refresh {
    strategy = "Rolling"
    preferences {
      min_healthy_percentage = 50
    }
  }
}
```

如果你用這個 ASG 部署，事後再更改某些參數（譬如更改了 server_text）、並執行 plan，計畫前後的差異便會變回只更新 aws_launch_configuration：

```
Terraform will perform the following actions:

  # module.webserver_cluster.aws_autoscaling_group.ex will be updated in-place
  ~ resource "aws_autoscaling_group" "example" {
        id                        = "webservers-stage-terraform-20190516"
      ~ launch_configuration      = "terraform-20190516" -> (known after apply)
        (...)
    }

  # module.webserver_cluster.aws_launch_configuration.ex must be replaced
+/- resource "aws_launch_configuration" "example" {
      ~ id                          = "terraform-20190516" -> (known after apply)
        image_id                    = "ami-0fb653ca2d3203ac1"
        instance_type               = "t2.micro"
      ~ name                        = "terraform-20190516" -> (known after apply)
      ~ user_data                   = "bd7c0a6" -> "4919a13" # forces replacement
        (...)
    }

Plan: 1 to add, 1 to change, 1 to destroy.
```

若是執行 apply，它會完成得十分迅速，而且一開始還不會有任何新事物部署下去。但是在後端，由於你修改了啟動組態，AWS 就會啟動執行個體更新（instance refresh）程序，如圖 5-7 所示。

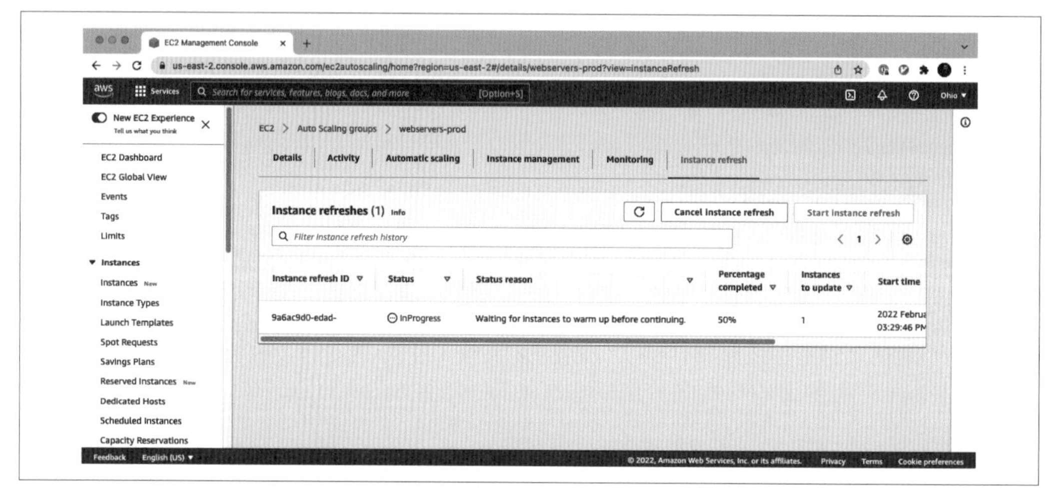

圖 5-7　執行個體正在進行更新

AWS 一開始會先啟動一個新的執行個體，並等到它通過健康檢測，接著便關閉一個舊的執行個體，然後對第二組新舊執行個體重複一樣的過程，直到完成執行個體更新，如圖 5-8 所示。

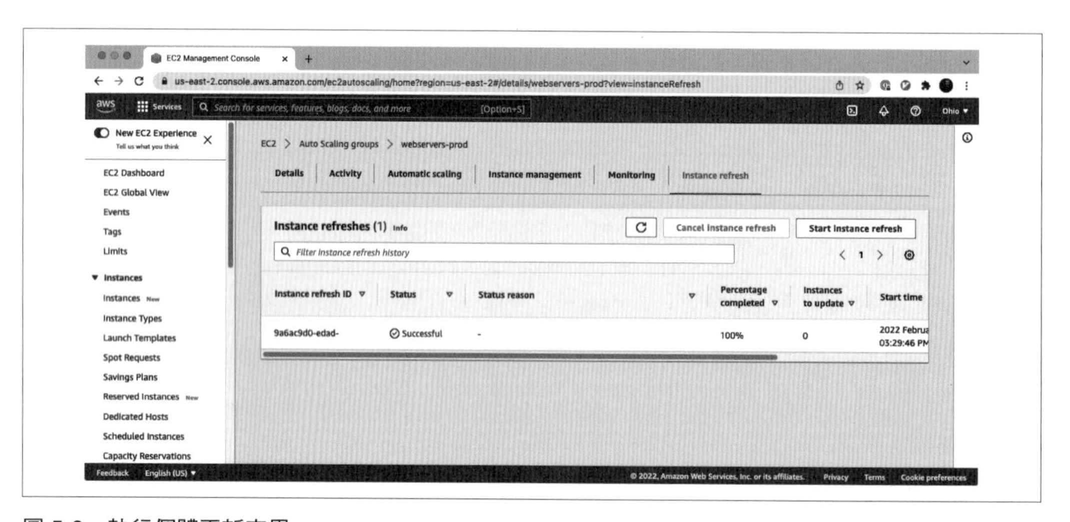

圖 5-8　執行個體更新完畢

這個過程完全由 AWS 控管，而且配置也很合理、又能妥善地處理錯誤，最重要的是它並非變通做法。唯一的缺點是這段過程有時頗為緩慢（光是只替換兩套伺服器就得耗上 20 分鐘），但除此以外，它比大多數的零停機時間部署解決方案要穩當耐用得多。

一般來說，你自然該盡量優先使用 instance refresh 這種一流的原生部署選項。雖說在 Terraform 發展的早期，這種選項還不見得存在，但如今許多資源都已支援原生的部署選項。譬如說，如果你使用了 Amazon Elastic Container Service（ECS）來部署 Docker 容器，那麼 `aws_ecs_service` 這項資源從一開始就可以透過 `deployment_maximum_percent` 和 `deployment_minimum_healthy_percent` 等參數支援零停機時間部署；如果你是以 Kubernetes 來部署 Docker 容器，`kubernetes_deployment` 資源更是天生就支援零停機時間部署，只需事前將 `strategy` 參數訂為 `RollingUpdate`、並以 `rolling_update` 區塊設定組態就行了。請先參閱你所使用資源的文件，並盡量利用原生的功能！

即使有效的計畫也可能失敗

有的時候你執行了 `plan` 命令，而且它明明指出你的計畫看似完美無誤，但實際執行 `apply` 時，卻跳出了錯誤。譬如說，當你嘗試新增一個 `aws_iam_user` 資源、而且它的名稱跟你在第 2 章手動建立的 IAM 使用者名稱雷同：

```
resource "aws_iam_user" "existing_user" {
  # Make sure to update this to your own user name!
  name = "yevgeniy.brikman"
}
```

此時執行 `plan` 命令，Terraform 會顯示一個看起來沒啥問題的計畫：

```
Terraform will perform the following actions:

  # aws_iam_user.existing_user will be created
  + resource "aws_iam_user" "existing_user" {
      + arn           = (known after apply)
      + force_destroy = false
      + id            = (known after apply)
      + name          = "yevgeniy.brikman"
      + path          = "/"
      + unique_id     = (known after apply)
    }

Plan: 1 to add, 0 to change, 0 to destroy.
```

但是當你執行 `apply` 命令時，卻看到以下錯誤：

```
Error: Error creating IAM User yevgeniy.brikman: EntityAlreadyExists:
User with name yevgeniy.brikman already exists.

  on main.tf line 10, in resource "aws_iam_user" "existing_user":
  10: resource "aws_iam_user" "existing_user" {
```

很顯然地，問題在於已經有別的 IAM 使用者用過同樣的名稱了。這種問題並不僅限於 IAM 使用者，而是可能發生在任何資源上。也許是因為某人曾經手動建立、或是用 CLI 命令建立同名的資源，但不管是哪一種方式，就是因為有某些識別方式是重複的，因而發生了衝突。這種錯誤有很多種不同的外貌，而 Terraform 新手往往會因此被搞得不知所措。

關鍵是你必須了解，`terraform plan` 只會檢視自己 Terraform 狀態檔案中存在的資源。如果你**在外部**（*out of band*）建立資源——譬如手動在 AWS Console 中四處點選而成的那一種——它們就不會出現在 Terraform 的狀態檔案當中，因此當你執行 `plan` 命令時，Terraform 就不會將外部建立的資源列入考量。故而外觀如常的計畫也會執行失敗。

這裡我們學到了兩件事：

一旦用了 *Terraform*，就要一直繼續使用 *Terraform*。

當你的基礎架構中有一部分是以 Terraform 管理的時候，就不該再以手動方式更動它們了。否則的話，你不但會讓自己陷入詭異的 Terraform 錯誤漩渦當中，也犧牲了許多一開始引進基礎架構即程式碼時的諸多優點，因為既有的程式碼已無法再準確呈現你的基礎架構了。

如果你手邊有既存的基礎架構，就用 `import` 命令加以匯入。

如果你在採用 Terraform 之前就已建立了基礎架構，可以利用 `terraform import` 命令，把既有的基礎架構添加到 Terraform 的狀態檔案裡，這樣 Terraform 就可以得知該基礎架構的存在、也能加以管理了。`import` 命令需要兩個引數。第一個引數是你 Terraform 組態檔中的資源「位址」（address）。其語法跟資源參照一模一樣，也就是 `<PROVIDER>_<TYPE>.<NAME>`（譬如 `aws_iam_user.existing_user`）。第二個引數則是資源自身的識別碼（ resource-specific ID），讓我們可以識別需要匯入的資源。譬如說，`aws_iam_user` 資源的識別碼就是使用者的名稱（例如 yevgeniy.brikman），而 `aws_instance` 的識別碼便是 EC2 執行個體的 ID（例如 i-190e22e5）。每種資源頁面的最下方都會有文件，其中通常就會提到如何匯入該資源。

舉例來說，你可以用以下的 `import` 命令，把你從 Terraform 組態加入的 `aws_iam_user` 和先前在第 2 章手動建立的 IAM 使用者同步（顯然你得把這裡的「yevgeniy.brikman」換成你自己建立的使用者名稱）：

```
$ terraform import aws_iam_user.existing_user yevgeniy.brikman
```

Terraform 會透過 AWS API 去找出你建立過的 IAM 使用者，並替該使用者和狀態檔案裡的 `aws_iam_user.existing_user` 資源建立關聯。自此而始，每當你再度執行 `plan` 命令，Terraform 就已經知道早先建立的 IAM 使用者確已存在，不會再嘗試重複建立它了。

要注意的是，如果你有很多既存的資源，又想把它們匯入到 Terraform 裡，為它們從頭撰寫 Terraform 程式碼、並逐一匯入，委實是件苦差事，這時你就會想要借助於像是 terraformer（*https://oreil.ly/MRCYv*）和 terracognita（*https://oreil.ly/uemWF*）之類的工具，它們都能從支援的雲端環境同時自動匯入程式碼和狀態資訊。

重構可能會很棘手

重構（*refactoring*）是撰寫軟體時很常見的動作，這時你會重新建構既有程式碼中的各種內部細節，但不影響程式碼運作的外部表現。此舉的目標通常是為了改進程式碼的可讀性、簡化維護、以及程式碼的整體健康程度。重構是撰寫程式碼時的一項基本功，你應該時常為之。但是，一旦涉及 Terraform 或任何 IaC 工具，你就應該審慎地看待何謂程式碼的「外部表現」，不然就會遇上難以預期的怪問題。

舉例來說，常見的重構動作之一就是重新為變數或函式命名，使其具備明確的名稱。許多 IDE 甚至會內建支援重構功能，可以自動幫你更改整段程式碼內的變數及函式名稱。雖說在一般用途的程式語言中，你也許會不假思索地進行這樣的更名動作，但是在 Terraform 裡，這樣的動作卻須審慎為之，不然就會搞出服務中斷的大麻煩。

舉例來說，`webserver-cluster` 模組有一個名為 `cluster_name` 的輸入變數：

```
variable "cluster_name" {
  description = "The name to use for all the cluster resources"
  type        = string
}
```

也許你開始以這個模組來部署微服務，一開始你會把微服務取名為 `foo`。事後你又決定要把服務改名為 `bar`。這個更動看似微不足道，但其實卻可能惹出大麻煩！

這是因為 `webserver-cluster` 模組會在多項資源中用到 `cluster_name` 變數，包括位於兩個安全群組和 ALB 中的 `name` 參數：

```
resource "aws_lb" "example" {
  name               = var.cluster_name
  load_balancer_type = "application"
  subnets            = data.aws_subnets.default.ids
  security_groups    = [aws_security_group.alb.id]
}
```

如果你更動了特定資源的 `name` 參數，Terraform 便會刪除舊版的資源、並另行建立新版資源加以替換。如果你要刪除的資源剛好是個 ALB，這段期間便無法好好地將流量路由至網頁伺服器叢集，直到新的 ALB 完成啟動。同理，如果你刪除的資源碰巧是一個安全群組，那你的伺服器便會拒絕所有的流量，直到建立新的安全群組為止。

另一種你可能會進行的重構，是更改 Terraform 的識別名稱（identifier）。譬如說，請考慮 `webserver-cluster` 模組裡的 `aws_security_group` 資源：

```
resource "aws_security_group" "instance" {
  # (...)
}
```

這個資源的識別名稱就叫做 `instance`。也許你在重構時覺得應該將其更名為 `cluster_instance`，比較名符其實：

```
resource "aws_security_group" "cluster_instance" {
  # (...)
}
```

結果呢？你猜對了：又是停機。

Terraform 會把每個資源識別名稱和 cloud provider 的識別名稱關聯起來，譬如把某個 `iam_user` 資源跟一個 AWS IAM User ID 綁在一起、或是把某個 `aws_instance` 資源跟一個 AWS EC2 Instance ID 綁在一起。如果你更改了某個資源識別名稱，像是把 `aws_security_group` 的識別名稱從 `instance` 改成 `cluster_instance`，一旦 Terraform 意識到這個變動，就會刪除舊資源、並另外建立一個全新的資源。因此如果你套用了上述異動，Terraform 便會刪除舊有的安全群組、並另建新安全群組，而在這段新舊交替期間，你的伺服器便處於不接受所有網路流量的狀態。如果你更動的是與某個模組相關的識別名稱、或是把某個模組拆分成多個模組、或是在某個資源或模組中添加原本從缺的 `count` 或 `for_each`，你可能就會遇上類似的問題。

經過以上探討，我們學到四項重要的教訓：

永遠都要善用 `plan` 命令

只要事先執行 `plan` 命令、謹慎地審閱輸出訊息、並注意 Terraform 是否預備要刪除任何你原本無意觸碰的任何資源，就一定可以善用上述竅門避過各種陷阱。

先建後拆

如果你真的要替換某個資源，請審慎考慮是否應該在刪除原有資源前、先建立替換用的資源。如果確是如此，或許可以採用 create_before_destroy 來達到目的。抑或是可以透過兩階段手動步驟達到同樣的目的：首先在組態中添加新資源、並執行 apply 命令；其次才是從組態中移除舊資源、並再度執行 apply 命令。

重構時要考慮狀態變動

如果你想重構程式碼、而不會一不小心造成離線停機，就必須好好地更新 Terraform 的狀態。然而切忌手動更新 Terraform 的狀態檔案！相反地，你有兩種做法：要不就是手動執行 terraform state mv 命令，抑或是在程式碼中加上一個 moved 區塊，以便自動地更新狀態。

我們先看如何使用 terraform state mv 命令，其語法如下：

```
terraform state mv <ORIGINAL_REFERENCE> <NEW_REFERENCE>
```

這裡的 ORIGINAL_REFERENCE 代表該資源目前的參照表示式，而 NEW_REFERENCE 代表的則是你要異動的新參照目標。譬如說，如果你要把 aws_security_group 群組的名稱從 instance 改成 cluster_instance，就要這樣做：

```
$ terraform state mv \
  aws_security_group.instance \
  aws_security_group.cluster_instance
```

這會指示 Terraform，原本與 aws_security_group.instance 相關聯的狀態，現在要重新與 aws_security_group.cluster_instance 關聯起來。假如你更改了識別名稱、事後也執行了上述命令，只要事後執行 terraform plan 並未顯示任何異動，你就知道更名動作無誤了。

但是請務必記住，手動執行 CLI 命令是很容易出錯的，尤其是當你重構的模組還會讓公司裡成打的團隊共用的時候，而且每個團隊還都需要記得執行 terraform state mv，避免一不小心搞出離線停機。幸好 Terraform 從 1.1 版起加入了可以自動處理這種情形的方式：它就是 moved 區塊。只要你需要進行程式碼重構，就可以加上一個 moved 區塊，藉以偵測應有的狀態更新方式。舉例來說，如果要偵測出 aws_security_group 資源已經從 instance 更名為 cluster_instance，你就要加上如下的 moved 區塊：

```
moved {
  from = aws_security_group.instance
  to   = aws_security_group.cluster_instance
}
```

現在只要有人對這段程式碼執行 apply，Terraform 就有辦法自動偵測出來，進而得知它是否需要更新狀態檔案：

```
Terraform will perform the following actions:

  # aws_security_group.instance has moved to
  # aws_security_group.cluster_instance
    resource "aws_security_group" "cluster_instance" {
        name                   = "moved-example-security-group"
        tags                   = {}
        # (8 unchanged attributes hidden)
    }

Plan: 0 to add, 0 to change, 0 to destroy.

Do you want to perform these actions?
  Terraform will perform the actions described above.
  Only 'yes' will be accepted to approve.

  Enter a value:
```

如果你此時鍵入 **yes**，Terraform 便會自動地更新狀態，當計畫顯示沒有資源被新增、變更或摧毀時，便代表 Terraform 不會進行任何更動——這正是你需要的結果！

有些參數是不可變的

許多資源的參數是不可變的，因此如果你更動了它們，Terraform 便會刪除舊有的該資源、並另建新資源來加以替換。每種資源的文件通常都會指出，如果你更改某項參數，會有什麼效應，因此請習於經常查閱文件。此外要再度強調，務必確保一定會先用 plan 命令檢視、並考慮是否該採行 create_before_destroy 的策略。

結論

雖然 Terraform 屬於宣告式語言，它仍然含括了大量的工具，像是第 4 章談過的變數與模組，以及本章介紹的 count、for_each、for、create_before_destroy、以及內建函式等等，它們為 Terraform 的語言引進了豐富的彈性和表達能力。本章展示了許多種 if- 敘述的組合技巧，因此請多花點時間閱讀函式文件（*https://oreil.ly/Fs2L6*），釋放你心中深藏的駭客魂，儘管天馬行空地做去。也許不見得樣樣都行得通，因為你的程式碼終究還是可能要交由他人維護，但不妨在能夠寫出清爽、美妙 API 模組的前提下，試著盡情地發揮。

現在要進行到第 6 章了，筆者會在此說明如何寫出既可兼顧清爽和美妙的特質、同時又能安全地處理密語與敏感性資料的模組。

第六章

以 Terraform 管理密語

有的時候，你和你的軟體都會被賦予各式各樣的密語（secrets），像是資料庫的密碼、API 的金鑰、TLS 憑證、SSH 金鑰、GPG 金鑰等等。這些都是敏感性的資料，如果落入他人手中，極可能對你的公司及客戶造成重大傷害，如果你負責建構軟體，那麼你便有責任讓這些密語安全無虞。

舉例來說，請設想有以下部署資料庫的 Terraform 程式碼：

```
resource "aws_db_instance" "example" {
  identifier_prefix   = "terraform-up-and-running"
  engine              = "mysql"
  allocated_storage   = 10
  instance_class      = "db.t2.micro"
  skip_final_snapshot = true
  db_name             = var.db_name

  # How to set these parameters securely?
  username = "???"
  password = "???"
}
```

這段程式碼要求設置兩組密語，亦即使用者名稱和密碼，它們是資料庫主控使用者（master user）所需的身分驗證。如果落入他人手中，結果便是一場災難，因為這組身分驗證會讓人具備資料庫的超級使用者權限（superuser access），所有資料都一覽無遺。那麼你該如何將這些密語隱藏起來呢？

這就是**密語管理**（*secrets management*）這項廣泛題材的一部分了，也就是本章的主題。本章將探討：

- 密語管理的基礎
- 密語管理工具
- 搭配 Terraform 的密語管理工具

密語管理的基礎

密語管理的第一大守則是：

　不要以明文儲存密語。

密語管理的第二大守則是：

　還是不要以明文儲存密語。

說真的，絕對不要這樣做。譬如說，**不要**把資料庫的身分驗證資料直接寫死在 Terraform 程式碼裡，甚至還把它置入到版本控管環境當中：

```
resource "aws_db_instance" "example" {
  identifier_prefix   = "terraform-up-and-running"
  engine              = "mysql"
  allocated_storage   = 10
  instance_class      = "db.t2.micro"
  skip_final_snapshot = true
  db_name             = var.db_name

  # DO NOT DO THIS!!!
  username = "admin"
  password = "password"
  # DO NOT DO THIS!!!
}
```

在版本控管環境中以明文儲存密語，絕對是個**餿主意**。以下說明何以你絕不該這樣做：

任何能存取版本控制系統的人，都可以存取置於其中的密語。

　在上例中，你公司裡的每一位能存取以上 Terraform 程式碼的開發人員，都能取得你資料庫的主控身分驗證。

每一部能夠存取版本控制系統的電腦裡，都會留有一份該密語的副本。

每一部曾經從程式儲存庫取出以上程式碼的電腦，其本地硬碟中都可能還留有該密語的副本。你團隊中每位開發人員的電腦、每一部會參與持續整合（CI，此類軟體包括 Jenkins、CircleCI、GitLab 等等）的電腦、每一部會操作版本控制（例如 GitHub、GitLab、BitBucket）的電腦、每一部涉及部署的電腦（例如你所有的預備環境與正式環境）、每一部負責備份（例如 CrashPlan、Time Machine 等等）的電腦，全都屬於這種類型。

每一種你操作過、可以存取該密語的軟體。

由於密語會以明文形式被寫到多個硬碟當中，因此任一台電腦中運行的每一種軟體，都可能曾讀取過該份密語。

你根本無從稽核或註銷密語存取動作。

當密語已經以明文形式被寫到數百部硬碟當中時，你根本沒辦法知道誰曾經存取它們（因為沒有稽核日誌），也沒辦法一勞永逸地讓這類存取動作失效。

簡而言之，只要你用明文儲存密語，等於對惡意對象（可能是黑客、公司競爭對手、心懷不滿的前員工）雙手奉上數不清的管道，讓他們可以取用你公司中最敏感的資料——只需突破版本控制系統、或是破解任一部你使用的電腦、或是破解任一部前述電腦中的任何一種軟體——而你根本不會知道自己已經遭到入侵，也沒辦法一下子就修正這個問題。

因此，最要緊的就是採用正確的**密語管理工具**（*secret management tool*）來儲存你的密語。

密語管理工具

全面地審閱密語管理的諸多面向，已經超出了本書的範疇，但是為了要能搭配 Terraform 使用密語管理工具，仍有必要大略地解釋一下以下主題：

- 你儲存的密語類型
- 你儲存密語的方式
- 你用來存取密語的介面
- 密語管理工具的比較

你儲存的密語類型

密語分成三種主要類型：個人用的密語、客戶用的密語、以及基礎架構用的密語。

個人用的密語
: 屬於個人使用。例如你造訪網站的使用者名稱和密碼、你的 SSH 金鑰、以及你的優良保密協定（Pretty Good Privacy，PGP）金鑰等等。

客戶用的密語
: 屬於客戶使用的。注意，如果你為公司中的其他使用者執行軟體——譬如你管理著公司內部的 Active Directory 伺服器——那麼其他員工便算是你的客戶。像是你的客戶用來登入你的產品所需的使用者名稱和密碼、用於識別你客戶的個人識別資訊（personally identifiable info，PII）、以及客戶的保健資訊（personal health information，PHI）等等，都是此類密語的例子。

基礎架構用的密語
: 屬於基礎架構的。像是資料庫密碼、API 金鑰、以及 TLS 憑證等等。

大部分的密語管理工具都是設計用來儲存以上其中一種類型的密語用的，當然你可以嘗試強制使用某一類型的密語管理工具去儲存並非其原本設計目的的密語，但是從安全或使用性等觀點來看，並不建議這樣做。譬如說，儲存基礎架構用密語的方式，就跟儲存客戶用密語的方式截然不同：前者通常會引用像 AES（Advanced Encryption Standard）這樣的加密演算法，也許還會加上亂數，因為你會需要能夠為密語解密、並取得原始密碼；但另一方面，後者你通常會採用加料（with a salt）的雜湊式演算法（hashing algorithm，例如 bcrypt），因為這裡通常沒辦法還原原始的密碼。如果用錯工具和方式，下場可能很淒慘，因此請選擇適當的工具！

你儲存密語的方式

最常用的密語儲存策略有兩種，檔案式密語儲存、或是集中式密語儲存。

顧名思義，**檔案式密語儲存**會將密語存放在加密檔案裡，而這些檔案通常也會一併置入到版本控管環境當中。為了將檔案加密，你需要一支加密用的金鑰。而這個金鑰本身也屬於密語！這便搞出了一個麻煩：那金鑰本身又該如何安全地儲存？你總不能也把金鑰用明文形式置入版本控管環境，因為這樣便完全失去了加密的意義。當然你可以再用另一支金鑰來加密先前這支金鑰，但這樣便成了無解的循環，因為第二支金鑰仍然需要有效的安全儲存方式。

以上矛盾的最常見解決方案，是借助於雲端供應商所提供的**金鑰管理服務**（*key management service*，KMS），像是 AWS 的 KMS、GCP 的 KMS、或是 Azure 的 Key Vault 等等。這一舉解決了上述的無解循環問題，我們信任雲端供應商能安全地儲存密語並管理其使用方式。另一個選項則是利用 PGP 金鑰。每位開發人員都擁有自己的 PGP 金鑰，其中包含一組**公開金鑰**（*public key*）和**私密金鑰**（*private key*）。如果你以一組以上的公開金鑰對密語加密，那麼便只有當開發人員擁有相應於該公開金鑰的私密金鑰時，才能將密語解密。而這些私密金鑰則是由密碼所保護，這些密碼則只存在於開發人員的腦中、或是個人使用的密語管理工具當中。

集中式密語儲存通常是以網頁式服務的形式存在，你可以經由網路操作，將你的密語加密、然後儲存到 MySQL、PostgreSQL、DynamoDB 之類的資料存儲當中。要對密語加密，這些集中式密語儲存服務也一樣要借助於加密金鑰。通常加密金鑰也一樣是由這個集中式密語服務來管理的，或者是仰賴雲端供應商的 KMS 來防護。

你用來存取密語的介面

大部分的密語管理工具都可以透過 API、CLI 或是 UI 來操作。

幾乎所有的集中式密語儲存都會提供一個 API，讓你可以經由網路請求操作：例如透過 HTTP 操作的 REST API 之類。當你的程式碼需要以程式化的方式讀取密語時，這種 API 就十分方便。譬如說，當 app 啟動時，它可以對集中式密語儲存發出一個 API 呼叫，藉以取得一組資料庫密碼。此外你也可以像本章稍後所述的一樣，寫出相關的 Terraform 程式碼，讓它可以在檯面下操作集中式密語儲存的 API、進而取得密語。

所有檔案式密語儲存都是透過**命令列介面**（*command-line interface*，*CLI*）操作的。很多集中式密語儲存同時也提供 CLI 工具，不過它們骨子裡其實還是靠 API 呼叫在操作服務的。對於需要存取密語的開發人員而言，CLI 工具是很方便的（譬如用幾個 CLI 命令就能加密一個檔案），在 scripting 時也是如此（譬如要寫出一個 script 去把密語加密的時候）。

有些集中式的密語儲存甚至還提供網頁式的、桌面程式型態的、乃至於行動裝置型態的**使用者介面**（*user interface*，*UI*）。對於團隊中的所有人來說，這顯然是更為便利的密語存取方式。

密語管理工具的比較

表 6-1 列舉了廣受歡迎的密語管理工具之間的比較，其中還按照先前小節所述的三種考量一一比較。

表 6-1　密語管理工具的比較

	密語類型	密語儲存方式	密語介面
HashiCorp Vault	基礎架構 [a]	集中式服務	UI、API、CLI
AWS Secrets Manager	基礎架構	集中式服務	UI、API、CLI
Google Secrets Manager	基礎架構	集中式服務	UI、API、CLI
Azure Key Vault	基礎架構	集中式服務	UI、API、CLI
Confidant	基礎架構	集中式服務	UI、API、CLI
Keywhiz	基礎架構	集中式服務	API、CLI
sops	基礎架構	檔案	CLI
git-secret	基礎架構	檔案	CLI
1Password	個人	集中式服務	UI、API、CLI
LastPass	個人	集中式服務	UI、API、CLI
Bitwarden	個人	集中式服務	UI、API、CLI
KeePass	個人	檔案	UI、CLI
Keychain (macOS)	個人	檔案	UI、CLI
Credential Manager (Windows)	個人	檔案	UI、CLI
pass	個人	檔案	CLI
Active Directory	客戶	集中式服務	UI、API、CLI
Auth0	客戶	集中式服務	UI、API、CLI
Okta	客戶	集中式服務	UI、API、CLI
OneLogin	客戶	集中式服務	UI、API、CLI
Ping	客戶	集中式服務	UI、API、CLI
AWS Cognito	客戶	集中式服務	UI、API、CLI

[a] Vault 支援多種**密語引擎**（*secret engines*），其中多半是針對基礎架構用的密語所設計的，但也有少數可以支援客戶用的密語。

由於本書的主題是 Terraform，因此從這裡起，筆者主要將著重在專為基礎架構用密語所設計的管理工具上，這些工具都可以透過 API 或 CLI 操作（不過筆者還是會不時提到個人用的密語管理工具，因為你會經常用這類工具來儲存你用來對基礎架構密語工具進行認證時所需的密語）。

搭配 Terraform 的密語管理工具

現在我們來研究一下，如何搭配 Terraform 使用上述的密語管理工具，並逐一檢視你的 Terraform 程式碼可能會用到密語的三種場合：

- Providers
- 資源及資料來源
- 狀態檔案與計畫檔案

Providers

通常在使用 Terraform 時，最先會觸及密語的部分，便是要跟 provider 進行認證的時候。譬如說，如果你要對一段包含 AWS Provider 的程式碼執行 `terraform apply`，首先就得經過 AWS 認證，這意味著會動用到你的存取金鑰、也就是涉及密語了。你要如何儲存這類密語？又要如何把密語交付給 Terraform？

答案有很多種。其中之一是*決不該考慮的*，即使你偶爾會在 Terraform 文件中看到這種方式，亦即以明文形式直接將密語置入程式碼當中：

```
provider "aws" {
  region = "us-east-2"

  # DO NOT DO THIS!!!
  access_key = "(ACCESS_KEY)"
  secret_key = "(SECRET_KEY)"
  # DO NOT DO THIS!!!
}
```

如本章先前所述，像這樣以明文儲存身分驗證資訊，是不安全的。此外這種方式也不切實際，因為此舉會讓某一模組的所有使用者都共用一組被寫死的身分驗證，但是在大部分情況下，在不同的電腦上（譬如不同的開發人員在引用模組、或是你的 CI 伺服器在執行 `apply` 時）、或是在不同的環境中（開發、暫時、正式環境等等）使用模組時，往往需要不一樣的身分驗證資訊。

要以更安全的方式儲存你的身分驗證資訊、並將其提供給 Terraform 的 providers，有好幾種技術可以達到目的。我們會研究這些技術，並根據使用 Terraform 的對象來分類：

人身使用者

在自己的電腦上執行 Terraform 的開發人員。

機器使用者

在無人介入的情況下執行 Terraform 的自動化系統（例如一部 CI 伺服器）。

人身使用者

Terraform 所有的 providers 幾乎都會允許你以某種方式指定驗證用的身分資訊，而不必直接將這類資訊放進程式碼當中。最常見的選項便是利用環境變數。舉例來說，以下便是以環境變數對 AWS 認證的方式：

```
$ export AWS_ACCESS_KEY_ID=(YOUR_ACCESS_KEY_ID)
$ export AWS_SECRET_ACCESS_KEY=(YOUR_SECRET_ACCESS_KEY)
```

將你的身分驗證設置為環境變數，便可避免明文密語的窘境，並確保每個執行 Terraform 的人都必須自行提供他們自己擁有的身分驗證資訊，同時也確保此類資訊只會存在於記憶體、而不會寫入到磁碟當中[1]。

這時你可能會提出一個要緊的問題：這類存取金鑰的 ID 及祕密存取金鑰本體又該存放在何處？它們都十分冗長、而且內容都是隨機的，根本不可能靠人腦記憶，但如果你用明文將其儲存在自己的電腦中，這些密語仍然不夠安全。由於本小節的重點是人身使用者，因此解法是將這類存取金鑰（及其他密語）放到一個專為個人用密語所設計的密語管理工具裡。譬如先將存取金鑰放在 1Password 或 LastPass 裡，再把它們複製 / 貼上到終端機的 `export` 命令當中。

若你是經常在 CLI 中用到這些身分驗證資訊，那麼改用具備 CLI 介面的密語管理工具豈不更方便？譬如說，1Password 便提供了名為 `op` 的 CLI 工具。在 Mac 跟 Linux 上，你可以在 CLI 中以 `op` 對 1Password 進行認證：

```
$ eval $(op signin my)
```

1 但值得注意的是，在大部分的 Linux/Unix/macOS shells 中，你輸入過的每一個命令都會以某種歷程檔案的形式寫到磁碟當中（譬如 *~/.bash_history*）。這也是何以上例中的 `export` 命令前面會加上空格的緣故：如果你刻意在命令前面加上空格，大部分的 shells 便不會把這種命令寫入到歷程檔案當中。但若是你的 shell 不曾預設啟用這種功能，你就得把環境變數 `HISTCONTROL` 設為「ignoreboth」，以便打開該功能。

一旦通過認證，假如你是用 1Password 應用程式把存取金鑰儲存成「aws-dev」的名稱，其中含有「id」和「secret」等欄位，以下便是如何藉由 op 把金鑰寫進環境變數的做法：

```
$ export AWS_ACCESS_KEY_ID=$(op get item 'aws-dev' --fields 'id')
$ export AWS_SECRET_ACCESS_KEY=$(op get item 'aws-dev' --fields 'secret')
```

雖說向 1Password 跟 op 這樣的工具十分適於一般的密語管理用途，但對於特定的 providers 來說，他們其實自己就提供了專屬的 CLI 工具，可以簡化上述的管理動作。譬如說，若要向 AWS 認證，你可以利用開放原始碼工具 aws-vault。只需像以下這般，用 aws-vault add 命令把存取金鑰儲存在名為 dev 的 *profile* 底下：

```
$ aws-vault add dev
Enter Access Key Id: (YOUR_ACCESS_KEY_ID)
Enter Secret Key: (YOUR_SECRET_ACCESS_KEY)
```

aws-vault 會在檯面下將這些身分驗證資訊安全地儲存到你作業系統自有的密碼管理工具當中（例如 macOS 的 Keychain、或是 Windows 的 Credential Manager）。一旦這些身分認證資訊儲存完畢，就可以經由以下的 CLI 命令向 AWS 進行認證：

```
$ aws-vault exec <PROFILE> -- <COMMAND>
```

這裡的 PROFILE 便是先前你用 add 命令建立的 profile 名稱（亦即 dev），而 COMMAND 則是你要執行的命令。譬如說，如果你要用剛剛儲存的 dev 身分驗證資訊來執行 terraform apply 的話：

```
$ aws-vault exec dev -- terraform apply
```

exec 命令會自動利用 AWS STS[譯註]取得臨時的身分驗證，並將其化為環境變數、再交給你執行的命令（以上例而言，指的就是 terraform apply）。這種做法不僅可以安全地儲存你的永久性身分驗證（位於你作業系統自身的密碼管理工具當中），還能以短期的形式將身分驗證提交給你執行的任何程序，因此身分驗證資訊外洩的風險便得以減少。aws-vault 也支援 IAM 角色指派、啟用多重要素認證機制（multifactor authentication，MFA）、以及從 web console 登入帳號等功能。

機器使用者

雖說人身使用者可以仰賴大腦記憶密碼，但如果沒有人在旁提供密碼呢？譬如說當你在設置一套持續整合 / 持續交付（continuous integration / continuous delivery，CI/CD）管線、需要自動執行 Terraform 程式碼時，你又當如何安全地為管線進行認證？像這種狀

[譯註]STS 是 Security Token Service 的縮寫。

況就是在為**機器使用者**進行認證。問題是，你要如何在不以明文儲存任何密語的前提下，讓某一部機器（譬如你的 CI 伺服器）對另一部機器（譬如 AWS 的 API 伺服器）認證自己的身分？

此處的解決方案大部分要取決於涉及的機器類型：亦即你要從哪一部機器向哪一部機器進行認證。我們來看三個例子：

- 以 CircleCI 擔任 CI 伺服器，搭配儲存的密語
- 以 EC2 執行個體執行 Jenkins、藉此擔任 CI 伺服器，搭配 IAM 角色
- 以 GitHub Actions 作為 CI 伺服器，搭配 OIDC

警告：範例已經過簡化

這個小節中的範例意在清楚地闡明，如何在 CI/CD 的環境中處理 provider 的認證，但對於 CI/CD 工作流程中的其他方面都做了大幅的簡化。到第 9 章時，讀者們才會學到更完整的點到點 CI/CD 工作流程，那才是適於正式環境的程度。

以 CircleCI 擔任 CI 伺服器，搭配儲存的密語。設想你正以 CircleCI 這款廣受愛用的受管 CI/CD 平台來運行 Terraform 程式碼。透過 CircleCI，你會把建置的步驟設定在 *.circleci/config.yml* 檔案當中，其中你也許會這般定義一份工作，藉以執行 `terraform apply`：

```
version: '2.1'
orbs:
  # Install Terraform using a CircleCi Orb
  terraform: circleci/terraform@1.1.0
jobs:
  # Define a job to run 'terraform apply'
  terraform_apply:
    executor: terraform/default
    steps:
      - checkout          # git clone the code
      - terraform/init    # Run 'terraform init'
      - terraform/apply   # Run 'terraform apply'
workflows:
  # Create a workflow to run the 'terraform apply' job defined above
  deploy:
    jobs:
      - terraform_apply
    # Only run this workflow on commits to the main branch
    filters:
      branches:
```

```
        only:
          - main
```

對於 CircleCI 這樣的工具而言，如要向 provider 進行認證，做法就是在這個 provider 的環境中建立一個機器使用者的身分（亦即單純只用來擔任自動化任務的使用者身分，而不是任何人身使用者），再把這個機器使用者的身分驗證資訊存放在 CircleCI 當中，亦即所謂的 *CircleCI Context*，當你進行建置時，CircleCI 便會把存在這個 Context 裡的身分驗證資訊提交給工作流程，作為環境變數。舉例來說，如果你的 Terraform 程式碼需要向 AWS 認證，你就要到 AWS 裡先建立一個新的 IAM 使用者，並賦予該 IAM 使用者足夠的權限，它才能部署你的 Terraform 異動，然後手動將這個 IAM 使用者的存取金鑰複製到一個 CircleCI Context 裡，如圖 6-1 所示。

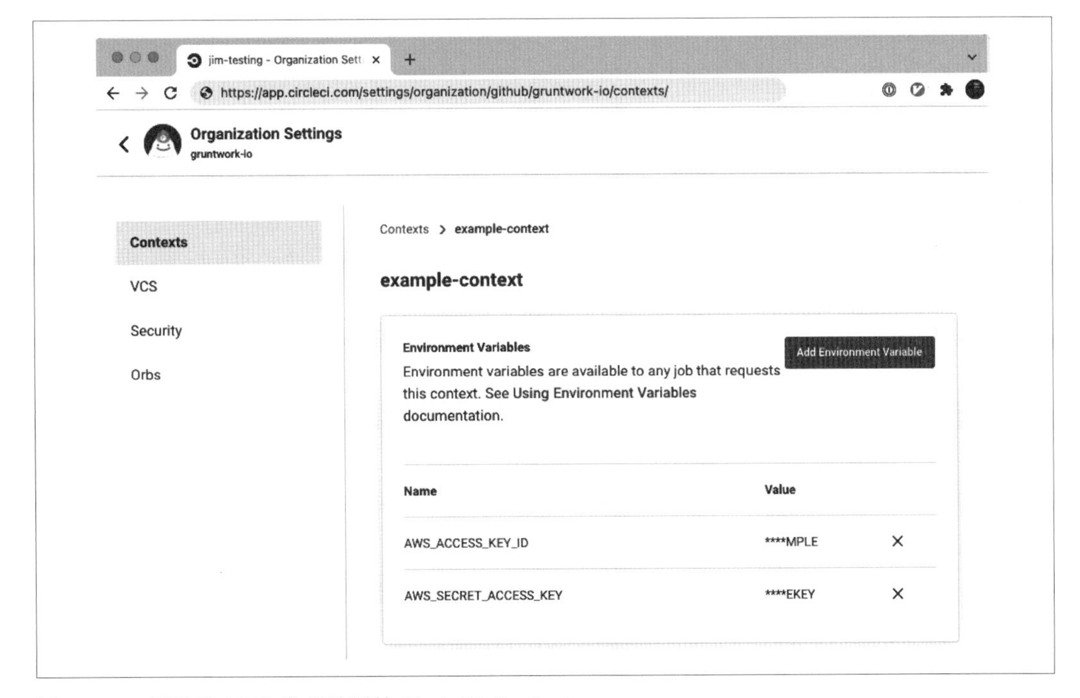

圖 6-1　一個具備 AWS 身分驗證的 CircleCI Context

最後你就可以到 *.circleci/config.yml* 檔案裡更新工作流程，用 context 參數來引用上面設置好的 CircleCI Context：

```
workflows:
  # Create a workflow to run the 'terraform apply' job defined above
  deploy:
    jobs:
```

```
    - terraform_apply
  # Only run this workflow on commits to the main branch
  filters:
    branches:
      only:
        - main
  # Expose secrets in the CircleCI context as environment variables
  context:
    - example-context
```

當你進行建置時，CircleCI 便會自動地把 Context 中的密語以環境變數形式提供出來——以本例來說，就是 AWS_ACCESS_KEY_ID 跟 AWS_SECRET_ACCESS_KEY 這兩個環境變數——然後 terraform apply 就得以自動用這兩個環境變數去跟 provider 做認證。

這種做法最大的缺點在於：(a) 你還是得手動管理身分驗證資訊，還有 (b) 因為手動操作的關係，你不得不使用永久性的身分驗證資訊，一旦你將這類資訊寫入 CircleCI，就幾乎不會（就算會也很少）再更動了。接下來兩個小節裡的例子會提出其他的替代做法。

以 EC2 執行個體運行 Jenkins、藉此擔任 CI 伺服器，搭配 IAM 角色。如果你是以 EC2 執行個體來運行 Terraform 程式碼的話——譬如以 EC2 的執行個體來運行 Jenkins 以作為 CI 伺服器——那麼筆者便會建議另一種認證機器使用者的解決方案，亦即對該 EC2 執行個體賦予一個 IAM 角色。所謂的 *IAM 角色*（*IAM role*，是一種與 IAM 使用者相仿的 AWS 實體，它同樣可以被賦予 IAM 權限。然而 IAM 角色與 IAM 使用者的不同之處，在於它並不與任何單一人身直接關聯，也不具備永久性的身分驗證資訊（即密碼或存取金鑰）。相反地，角色是用來指派給其他 IAM 實體用的：譬如說，你可以指派角色給某一個 IAM 使用者，令其暫時取得它原本並不具備的權限；許多 AWS 服務，包括 EC2 執行個體，都可以透過指派 IAM 角色的方式，賦予你 AWS 帳號中的服務權限。

譬如說，你已經很熟悉以下部署 EC2 執行個體的程式碼：

```
resource "aws_instance" "example" {
  ami           = "ami-0fb653ca2d3203ac1"
  instance_type = "t2.micro"
}
```

若要建立 IAM 的角色，你得先定義一個 *assume role policy*，這是一個 IAM Policy，其中決定了誰有權指派 IAM 角色。你可以直接以 JSON 寫出 IAM Policy，但 Terraform 有更方便的做法，你只需利用 aws_iam_policy_document 這個資料來源，就能建立 policy 所需的 JSON 文件。以下就是如何以 aws_iam_policy_document 定義一個 assume role policy 的做法，它允許 EC2 服務可以指派一個 IAM 角色：

```
data "aws_iam_policy_document" "assume_role" {
  statement {
    effect  = "Allow"
    actions = ["sts:AssumeRole"]

    principals {
      type        = "Service"
      identifiers = ["ec2.amazonaws.com"]
    }
  }
}
```

現在你可以用 aws_iam_role 資源去建立一個 IAM 角色，並從你剛剛定義的 aws_iam_policy_document 把 JSON 資料傳給這個角色，讓它可以引用你的 assume role policy：

```
resource "aws_iam_role" "instance" {
  name_prefix        = var.name
  assume_role_policy = data.aws_iam_policy_document.assume_role.json
}
```

現在 IAM 的角色有了，但它預設還未被賦予任何權限。因此下一步就是要把一個以上的 IAM policies 賦予給這個 IAM 角色，這樣才能知道，當你指派這個角色時，被賦予角色的實體能夠真正從事哪些動作。設想你是以 Jenkins 執行 Terraform 程式碼，以便部署 EC2 執行個體。因此你可以再用 aws_iam_policy_document 資料來源定義一個 IAM Policy，它會賦予對於 EC2 執行個體的管理權限：

```
data "aws_iam_policy_document" "ec2_admin_permissions" {
  statement {
    effect    = "Allow"
    actions   = ["ec2:*"]
    resources = ["*"]
  }
}
```

然後藉由 aws_iam_role_policy 資源，把這個 policy 掛到你的 IAM 角色上[譯註]：

```
resource "aws_iam_role_policy" "example" {
  role   = aws_iam_role.instance.id
  policy = data.aws_iam_policy_document.ec2_admin_permissions.json
}
```

[譯註] 注意，上一個 aws_iam_policy_document 是用來為 IAM 角色加掛 assume role policy 的，也就是允許誰可以指派這角色，是一種可以在角色這項資源的定義中指定的 policy；但第二個 aws_iam_policy_document 則是用來對 IAM 角色賦予資源操作權限的 policy，目的是讓被指派角色的實體取得權限，必須由緊接著建立的 aws_iam_role_policy 把這個 policy 跟角色掛在一起，才能讓角色有權限做某些事。

最後一步就是讓你的 EC2 執行個體可以建立一個 *instance profile*，以便自動地指派 IAM 角色：

```
resource "aws_iam_instance_profile" "instance" {
  role = aws_iam_role.instance.name
}
```

並告知你的 EC2 執行個體，以 `iam_instance_profile` 參數引用該 instance profile：

```
resource "aws_instance" "example" {
  ami           = "ami-0fb653ca2d3203ac1"
  instance_type = "t2.micro"

  # Attach the instance profile
  iam_instance_profile = aws_iam_instance_profile.instance.name
}
```

AWS 在檯面下會在 *http://169.254.169.254* 為每一個 EC2 執行個體運行一個 *instance metadata endpoint*。只有從執行個體內運行的程序才有辦法觸及這個 endpoint，而這些程序可以從該 endpoint 取得關於該執行個體的中介資料。假如你用 SSH 進入其中一個 EC2 執行個體，就可以用 `curl` 這般查詢該 endpoint：

```
$ ssh ubuntu@<IP_OF_INSTANCE>
Welcome to Ubuntu 20.04.3 LTS (GNU/Linux 5.11.0-1022-aws x86_64)
(...)

$ curl http://169.254.169.254/latest/meta-data/
ami-id
ami-launch-index
ami-manifest-path
block-device-mapping/
events/
hibernation/
hostname
identity-credentials/
(...)
```

若是這個執行個體帶有 IAM 角色（經由 instance profile 而來），那麼以上的中介資料裡便會含有 AWS 的身分驗證資訊，可以用來向 AWS 認證、並用於指派 IAM 角色。任何一種會用到 AWS SDK 的工具，包括 Terraform 在內，都會知道如何自動運用以上執行個體中介資料裡的 endpoint 身分驗證資訊，因此只要你對帶有這個 IAM 角色的 EC2 執行

個體執行了 `terraform apply`，你的 Terraform 程式碼就會以這個 IAM 角色認證，進而讓你的程式碼取得順利運行所需的 EC2 管理權限[2]。

對於像 CI 伺服器這種運行在 AWS 當中的自動化程序而言，IAM 角色的認證方式 (a) 無須手動管理身分驗證資訊，而且 (b) AWS 透過執行個體中介資料 endpoint 提供的身分驗證資訊永遠只是暫時的，還會經常輪替。這兩大優勢凌駕了像是 CircleCI 這種在 AWS 帳號外部以手動管理永久性身分驗證的工具。然而下一個例子則會指出，在某些情況下，即使是外部工具也可能擁有同樣的優點。

以 GitHub Actions 作為 CI 伺服器，搭配 OIDC。GitHub Actions 也是極受歡迎的受管 CI/CD 平台，也許你也會以它來運行 Terraform。以前 GitHub Actions 會要求你在各處手動複製身分驗證資訊，與 CircleCI 的情形雷同。但是從 2021 年起，GitHub Actions 提出了更好的替代方式：*Open ID Connect*（*OIDC*）。透過 OIDC，你可以在 CI 系統與你的雲端 provider 中間建立可信的連結（GitHub Actions 支援 AWS、Azure 和 Google Cloud），這樣一來，你的 CI 系統便能向前述的 providers 進行認證，無須再手動管理身分驗證資訊。

你得在 *.github/workflows* 資料夾下的 YAML 檔案中，定義 GitHub Actions 的工作流程（workflows），就像以下的 *terraform.yml* 檔案這樣：

```
name: Terraform Apply
# Only run this workflow on commits to the main branch
on:
  push:
    branches:
      - 'main'
jobs:
  TerraformApply:
    runs-on: ubuntu-latest
    steps:
      - uses: actions/checkout@v2

        # Run Terraform using HashiCorp's setup-terraform Action
      - uses: hashicorp/setup-terraform@v1
          with:
            terraform_version: 1.1.0
```

2 依照預設方式，執行個體的中介資料 endpoint 會對 EC2 執行個體裡所有的 OS 使用者開放。筆者建議，最好是把這個 endpoint 封鎖，以確保只有特定的 OS 使用者能取用：譬如說，如果你在 EC2 執行個體裡以使用者 *app* 這個身分運行某個應用程式，就能透過 `iptables` 或是 `nftables`，只允許 *app* 這個使用者取用執行個體的中介資料 endpoint。這樣一來，就算有攻擊者找出你執行個體的弱點並得以進入執行惡意程式碼，除非他們能以 *app* 這個使用者的身分認證（而不是入侵時的任何使用者身分），才有可能取得 IAM 角色賦予的權限。更有甚者，如果你只有在開機時才用得到 IAM 角色的權限（例如要讀取資料庫密碼），你甚至可以在開機後完全停用執行個體的中介資料 endpoint，這樣後來入侵的攻擊者便根本沒有 endpoint 可資利用了。

```
            terraform_wrapper: false
          run: |
            terraform init
            terraform apply -auto-approve
```

如果你的 Terraform 程式碼需要與 AWS 這樣的 provider 溝通，你就得設法讓上述工作流程能與 provider 認證。為了要用 OIDC 達成目的[3]，首先得在你的 AWS 帳號中以 `aws_iam_openid_connect_provider` 資源建立一個 *IAM OIDC identity provider*，然後設定它去信任取自於 `tls_certificate` 資料來源的 GitHub Actions thumbprint：

```
# Create an IAM OIDC identity provider that trusts GitHub
resource "aws_iam_openid_connect_provider" "github_actions" {
  url             = "https://token.actions.githubusercontent.com"
  client_id_list  = ["sts.amazonaws.com"]
  thumbprint_list = [
    data.tls_certificate.github.certificates[0].sha1_fingerprint
  ]
}

# Fetch GitHub's OIDC thumbprint
data "tls_certificate" "github" {
  url = "https://token.actions.githubusercontent.com"
}
```

現在你可以建立像前一小節一樣的 IAM 角色了——例如帶有 EC2 管理權限的 IAM 角色——只不過這類 IAM 角色的 assume role policy 略有不同：

```
data "aws_iam_policy_document" "assume_role_policy" {
  statement {
    actions = ["sts:AssumeRoleWithWebIdentity"]
    effect  = "Allow"

    principals {
      identifiers = [aws_iam_openid_connect_provider.github_actions.arn]
      type        = "Federated"
    }

    condition {
      test     = "StringEquals"
      variable = "token.actions.githubusercontent.com:sub"
      # The repos and branches defined in var.allowed_repos_branches
      # will be able to assume this IAM role
      values = [
```

3 在本書付梓前，GitHub Actions 與 AWS 之間的 OIDC 支援尚屬處於青澀期，細節仍在調整當中。請務必參閱最新近的 GitHub OIDC 文件（*https://oreil.ly/bF0UT*）以得知其最新進展。

```
        for a in var.allowed_repos_branches :
        "repo:${a["org"]}/${a["repo"]}:ref:refs/heads/${a["branch"]}"
      ]
    }
  }
}
```

這個 policy 允許 IAM OIDC identity provider 透過聯合交互（federated）認證來指派 IAM 角色。注意其中的 condition 區塊，它會確保只有在輸入變數 allowed_repos_branches 裡指定的特定 GitHub 儲存庫及分支，才有權指派該 IAM 角色：

```
variable "allowed_repos_branches" {
  description = "GitHub repos/branches allowed to assume the IAM role."
  type = list(object({
    org    = string
    repo   = string
    branch = string
  }))
  # Example:
  # allowed_repos_branches = [
  #   {
  #     org    = "brikis98"
  #     repo   = "terraform-up-and-running-code"
  #     branch = "main"
  #   }
  # ]
}
```

這一點很要緊，它確保你不會一不小心就讓所有的 GitHub 儲存庫都跟你的 AWS 帳號認證！現在，你可以設定 GitHub Actions 裡的建置內容，以指派這個 IAM 角色。首先在工作流程的開頭對建置內容賦予 id-token: write 權限：

```
permissions:
  id-token: write
```

接著在執行 Terraform 之前添加一個建置步驟，以 configure-aws-credentials 動作向 AWS 進行認證：

```
      # Authenticate to AWS using OIDC
      - uses: aws-actions/configure-aws-credentials@v1
        with:
          # Specify the IAM role to assume here
          role-to-assume: arn:aws:iam::123456789012:role/example-role
          aws-region: us-east-2

      # Run Terraform using HashiCorp's setup-terraform Action
```

```
- uses: hashicorp/setup-terraform@v1
    with:
      terraform_version: 1.1.0
      terraform_wrapper: false
  run: |
    terraform init
    terraform apply -auto-approve
```

現在，當你針對 `allowed_repos_branches` 變數中所列的任一儲藏庫或分支執行如上的建置時，GitHub 就能用臨時的身分驗證資訊自動指派你所設的 IAM 角色，而 Terraform 就會以同樣的 IAM 角色向 AWS 認證，這一切都不需要手動管理任何身分驗證資訊。

資源與資料來源

另一個會在 Terraform 程式碼中用到密語的部位，就是資源和資料來源。舉例來說，我們本章稍早曾看過一個把資料庫的身分驗證資訊傳給 `aws_db_instance` 資源的例子：

```
resource "aws_db_instance" "example" {
  identifier_prefix   = "terraform-up-and-running"
  engine              = "mysql"
  allocated_storage   = 10
  instance_class      = "db.t2.micro"
  skip_final_snapshot = true
  db_name             = var.db_name

  # DO NOT DO THIS!!!
  username = "admin"
  password = "password"
  # DO NOT DO THIS!!!
}
```

筆者在本章中已再三強調這一點，但要緊的事講幾遍都有必要：用明文形式把這樣的身分驗證資訊寫在程式碼當中，極不可取。那麼要怎麼做比較好呢？

你可以運用以下三種主要技術：

- 環境變數
- 加密檔案
- 密語儲存

環境變數

第一項技術是大家在第 3 章時便見識過的，同時也是本章稍早在探討 providers 時使用過的，亦即運用 Terraform 原生支援的環境變數讀取動作，讓程式碼中的明文密語銷聲匿跡。

要運用此一技術，請先替你想要傳入的密語宣告變數：

```
variable "db_username" {
  description = "The username for the database"
  type        = string
  sensitive   = true
}

variable "db_password" {
  description = "The password for the database"
  type        = string
  sensitive   = true
}
```

如第 3 章的做法，這些變數都會標示為 `sensitive = true`，指明它們含有密語（這樣一來，當你執行 `plan` 或 `apply` 的時候，Terraform 就不會把變數的值記錄到日誌裡了），而且這些變數不能設置 `default`（這也是為了避免以明文儲存密語）。接著你就可以把變數傳給需要這些密語的 Terraform 資源了：

```
resource "aws_db_instance" "example" {
  identifier_prefix   = "terraform-up-and-running"
  engine              = "mysql"
  allocated_storage   = 10
  instance_class      = "db.t2.micro"
  skip_final_snapshot = true
  db_name             = var.db_name

  # Pass the secrets to the resource
  username = var.db_username
  password = var.db_password
}
```

現在你可以把資料值傳給每個變數 `foo` 了，只需如此設置環境變數 `TF_VAR_foo` 即可：

```
$ export TF_VAR_db_username=(DB_USERNAME)
$ export TF_VAR_db_password=(DB_PASSWORD)
```

以環境變數將密語傳入，有助於避免在程式碼中以明文儲存密語，但這尚未解決另一個問題：密語本身該當如何安全地保存？使用環境變數的好處之一，在於它幾乎能與任何類型的密語解決方案搭配運作。舉例來說，把密語存放到個人用的密語管理工具裡（譬如 1Password），再手動將這些密語設為終端機的環境變數。另一種方式則是將密語儲存到一個中央式的密語儲存場所（譬如 HashiCorp Vault），再撰寫一段指令碼，從該儲存場所提供的 API 或 CLI 讀出上述密語，再將讀出的內容賦值給環境變數。

採用環境變數有下列的好處：

- 將明文密語摒除在程式碼及版本控管系統之外。
- 儲存密語十分容易，因為你可以借用幾乎任何密語管理解決方案。如果你工作的地方已經有自己的密語管理方式，通常一定可以找出辦法讓它搭配環境變數運作。
- 取出密語也很容易，因為對於任何程式語言，讀取環境變數的動作都是小菜一碟。
- 要整合自動化測試也很簡單，因為你可以輕易地將環境變數訂為模擬值。
- 不像下面探討的某些密語管理工具，使用環境變數是無須付費的。

但採用環境變數也有以下的壞處：

- 這種方式會造成某些事物不是經由 Terraform 程式碼定義的。這使得程式碼的理解和維護都更加困難。所有使用你程式碼的人都必須了解，必須採行額外步驟才能手動設置這些環境變數、或是執行包裝指令碼。
- 難以將密語管理實施方式標準化。由於所有的密語管理都是在 Terraform 外部進行的，程式碼本身並未強制實施任何安全屬性，因此很可能有人還是以不安全的方式在管理密語（譬如以明文存放在某處）。
- 由於密語未與程式碼一併納入版本控管、封裝和測試，很可能會發生設定錯誤，像是在某個環境中加上了新的密語（譬如暫時環境），但卻忘記在另一個環境中如法炮製（例如正式環境）。

加密檔案

第二種技術則必須對密語加密，並將加密過後產生的密文儲存成檔案，再將檔案納入版本控管。

要將檔案中的密語資料加密，就需要用到加密金鑰。本章稍早也提到過，加密金鑰自己也屬於密語，因此你需要有辦法安全地保管它。典型的方式是利用雲端供應商的 KMS（譬如 AWS KMS、Google KMS、Azure Key Vault 等等），或是借用團隊中開發人員所持有的 PGP 金鑰。

我們先以 AWS KMS 為例來觀察。首先你必須建立一個 KMS 的**客戶受管金鑰**（*Customer Managed Key*，CMK），這是 AWS 為你代管的加密用金鑰。要建立 CMK，得先訂好 *key policy*，這也是一種 IAM Policy，只不過其中定義的是誰可以使用這支 CMK 罷了。為了簡化範例起見，我們把 key policy 定義成允許現行的使用者對套用的 CMK 擁有管理權限。你可以透過 `aws_caller_identity` 這個資料來源，取得現行使用者的資訊——如使用者名稱、ARN 等等：

```
provider "aws" {
  region = "us-east-2"
}

data "aws_caller_identity" "self" {}
```

現在你可以在 `aws_iam_policy_document` 資料來源當中，引用 `aws_caller_identity` 這個資料來源的輸出了，如此才能建立所需的 key policy、讓現行使用者擁有對於 CMK 的管理權限：

```
data "aws_iam_policy_document" "cmk_admin_policy" {
  statement {
    effect    = "Allow"
    resources = ["*"]
    actions   = ["kms:*"]
    principals {
      type        = "AWS"
      identifiers = [data.aws_caller_identity.self.arn]
    }
  }
}
```

接下來就是用 `aws_kms_key` 資源建立 CMK：

```
resource "aws_kms_key" "cmk" {
  policy = data.aws_iam_policy_document.cmk_admin_policy.json
}
```

注意，KMS 的 CMKs 預設是只能以冗長的數值識別碼來辨認的（譬如 `b7670b0e-ed67-28e4-9b15-0d61e1485be3`），因此你最好順便用 `aws_kms_alias` 資源為這支 CMK 加上一個便於肉眼判讀的別名（*alias*）：

```
resource "aws_kms_alias" "cmk" {
  name          = "alias/kms-cmk-example"
  target_key_id = aws_kms_key.cmk.id
}
```

這樣一來，當你操作 AWS 的 API 或 CLI 時，就可以用 `alias/kms-cmk-example` 來引用你的 CMK 了，無須借用又臭又長的識別碼 `b7670b0e-ed67-28e4-9b15-0d61e1485be3`。一旦建立了 CMK，便可用它來進行加密與解密。但是注意，根據設計，你是無法讀取（因而也無法意外洩漏）這支加密金鑰內容的。只有 AWS 可以取用這支加密金鑰，但你還是可以透過 AWS 的 API 和 CLI 來操作它，以下就會逐步說明。

首先我們建立一個名為 *db-creds.yml* 的檔案，用它來儲存資料庫身分驗證資訊這類的密語：

```
username: admin
password: password
```

注意，這時**還不要**把這個檔案納入版本控管，因為你還未將其加密處理！要將資料加密，你必須利用 `aws kms encrypt` 命令把產生的密文放到新檔案裡。以下是一段小巧的 Bash 指令碼（適用於 Linux/Unix/macOS），檔名為 *encrypt.sh*，它會透過 AWS 的 CLI 執行加密步驟如下：

```
CMK_ID="$1"
AWS_REGION="$2"
INPUT_FILE="$3"
OUTPUT_FILE="$4"

echo "Encrypting contents of $INPUT_FILE using CMK $CMK_ID..."
ciphertext=$(aws kms encrypt \
  --key-id "$CMK_ID" \
  --region "$AWS_REGION" \
  --plaintext "fileb://$INPUT_FILE" \
  --output text \
  --query CiphertextBlob)

echo "Writing result to $OUTPUT_FILE..."
echo "$ciphertext" > "$OUTPUT_FILE"

echo "Done!"
```

以下展示如何以上述的 *encrypt.sh* 搭配先前建立的 KMS CMK，將 *db-creds.yml* 檔案加密，再把產生的密文寫到 *db-creds.yml.encrypted* 這個新檔案裡：

```
$ ./encrypt.sh \
  alias/kms-cmk-example \
  us-east-2 \
  db-creds.yml \
  db-creds.yml.encrypted

Encrypting contents of db-creds.yml using CMK alias/kms-cmk-example...
Writing result to db-creds.yml.encrypted...
Done!
```

現在你可以把 *db-creds.yml*（內有明文）檔案刪除、並放心地把 *db-creds.yml.encrypted*（經過加密的）檔案納入版本控管了。這時你已經擁有一個內含密語的加密檔案了，要如何才能在你的 Terraform 程式碼中引用它呢？

要能引用檔案，首先當然是得用 `aws_kms_secrets` 資料來源將檔案裡的密語解密：

```
data "aws_kms_secrets" "creds" {
  secret {
    name    = "db"
    payload = file("${path.module}/db-creds.yml.encrypted")
  }
}
```

以上程式碼會利用輔助函式 `file` 從磁碟讀取 *db-creds.yml.encrypted* 檔案，它會假設你已有權限取用 KMS 裡相應的金鑰、並將內容解密。這樣就可以還原先前放在 *db-creds.yml* 檔案裡的原始內容，所以下一步便是剖析原始的 YAML 檔案了：

```
locals {
  db_creds = yamldecode(data.aws_kms_secrets.creds.plaintext["db"])
}
```

這段程式碼會從 `aws_kms_secrets` 資料來源取出資料庫所需的密語、剖析 YAML，並將結果寫入至局部變數 `db_creds` 當中。至此你終於可以從 `db_creds` 取回使用者名稱與密碼，並將這組身分驗證資訊提交給 `aws_db_instance` 資源了：

```
resource "aws_db_instance" "example" {
  identifier_prefix   = "terraform-up-and-running"
  engine              = "mysql"
  allocated_storage   = 10
  instance_class      = "db.t2.micro"
  skip_final_snapshot = true
  db_name             = var.db_name
```

```
  # Pass the secrets to the resource
  username = local.db_creds.username
  password = local.db_creds.password
}
```

所以現在你有辦法把密語儲存在加密檔案當中了，該檔案是可以納入版本控管的，而且你也有辦法讓 Terraform 程式碼自動地從加密檔案中把密語讀出來。

值得注意的是，這種操作加密檔案的手法仍顯得尷尬。若要進行更動，你必須先在本地端用冗長的 `aws kms decrypt` 命令將檔案解密，然後進行編輯，接著再次用冗長的 `aws kms encrypt` 命令將檔案重新加密，全程你都必須十分小心，免得一不小心就把明文資料給放到版本控管當中、或是忘記它仍遺留在你的電腦裡。這個過程既繁瑣又容易出錯。

要讓上述過程不那麼尷尬，你可以引用名為 sops（*https://oreil.ly/GbfET*）的開放原始碼工具。當你執行 `sops <FILE>` 時，sops 便會自動地將 `FILE` 解密、並以你的預設文字編輯器開啟檔案明文內容。一旦編輯完畢並離開文字編輯軟體，sops 就會自動將內容加密。這樣一來，加密與解密的動作都是渾然天成的，你不需要自己去執行冗長的 `aws kms` 命令、也不太可能一不小心把明文的密語納入版本控管。截至 2022 年，sops 已可搭配操作由 AWS KMS、GCP KMS、Azure Key Vault 或 PGP 金鑰加密過的檔案。但是 Terraform 仍無法對 sops 加密的檔案直接進行解密，因此你必須借助於第三方供應商，像是 carlpett/sops（*https://oreil.ly/A1X5p*）或是 Terragrunt 內建的 `sops_decrypt_file` 函式（*https://oreil.ly/98hT1*）。

採用加密檔案有下列的好處：

- 程式碼和版本控管系統中都不會有明文密語存在。
- 你的密語係以加密格式存放在版本控管環境當中，因此它會與你其他的程式碼一併進行版本控制、封裝及測試。此舉有助於減少設定錯誤，譬如在某個環境中（譬如暫時環境）添加了新密語，但卻忘記在另一個環境中（譬如正式環境）一併添加。
- 如果 Terraform 或第三方外掛程式都直接支援你採用的加密格式，那麼要取出密語是十分容易的事。
- 它可以搭配各種不同的加密選項：AWS KMS、GCP KMS、PGP 等等。
- 一切內容都定義在程式碼當中。無須額外的手動步驟或是包裝指令碼（雖說整合 sops 仍需第三方外掛程式協助）。

採用加密檔案也有下列的壞處：

- 密語的儲存相對困難。要不就是執行大量的命令（像是 `aws kms encrypt`）、要不就是藉由 sops 這樣的外部工具來進行。要正確並安全地使用這些工具，需要經過一段學習曲線適應。
- 整合自動化測試也更為困難，因為你必須多做很多動作，才能把加密用的金鑰和經過加密的測試資料提供給測試環境。
- 密語是經過加密了，但它們依舊存在於版本控管環境當中，要輪替及註銷密語也十分不易。如果有人曾取得加密金鑰，他們隨時可以回過頭來用這個金鑰解密曾經以該金鑰加密過的密語。
- 幾乎無法徹底稽核誰曾經取用過密語。如果你用的是雲端的金鑰管理服務（例如 AWS KMS），也許它會保存一份稽核日誌、記錄誰曾經使用過加密金鑰，但你卻無法判斷加密金鑰的實際用途（譬如用金鑰處理了那些密語）。
- 大部分的受管金鑰服務都會收取少量費用。舉例來說，你存放在 AWS KMS 的每個金鑰，每個月都要支付 $1 元，每 10,000 次的 API 呼叫再加收 $3 分錢，而每一次的解密和加密操作都需要進行一次 API 呼叫。典型的使用方式，是你有少量金鑰放在 KMS 裡，而你的 apps 會用到這些金鑰，在開機時將密語解密，通常每個月會花到 $1 至 $10 元。若是大型部署，就可能有成打的 apps 和上百組密語，每個月花費就會到 $10 至 $50 元之譜。
- 要把密語管理實施方式標準化也變難了。不同的開發人員或團隊也許會以各自不同的方式，儲存加密金鑰或管理加密檔案，這樣一來，不論是加密有誤、或是不慎將明文檔案納入版本控管，錯誤都在所難免。

密語儲存

第三種技術則是將你的密語儲存到中央式密語儲存場所當中。

另一種更受歡迎的密語儲存場所，是 AWS 的 Secrets Manager、Google 的 Secret Manager、Azure Key Vault、以及 HashiCorp Vault 等等。我們來看一個實際使用 AWS Secrets Manager 的例子。首先當然是先把你的資料庫身分驗證資訊放進 AWS Secrets Manager，這可以在 AWS 的 Web Console 進行操作，如圖 6-2 所示。

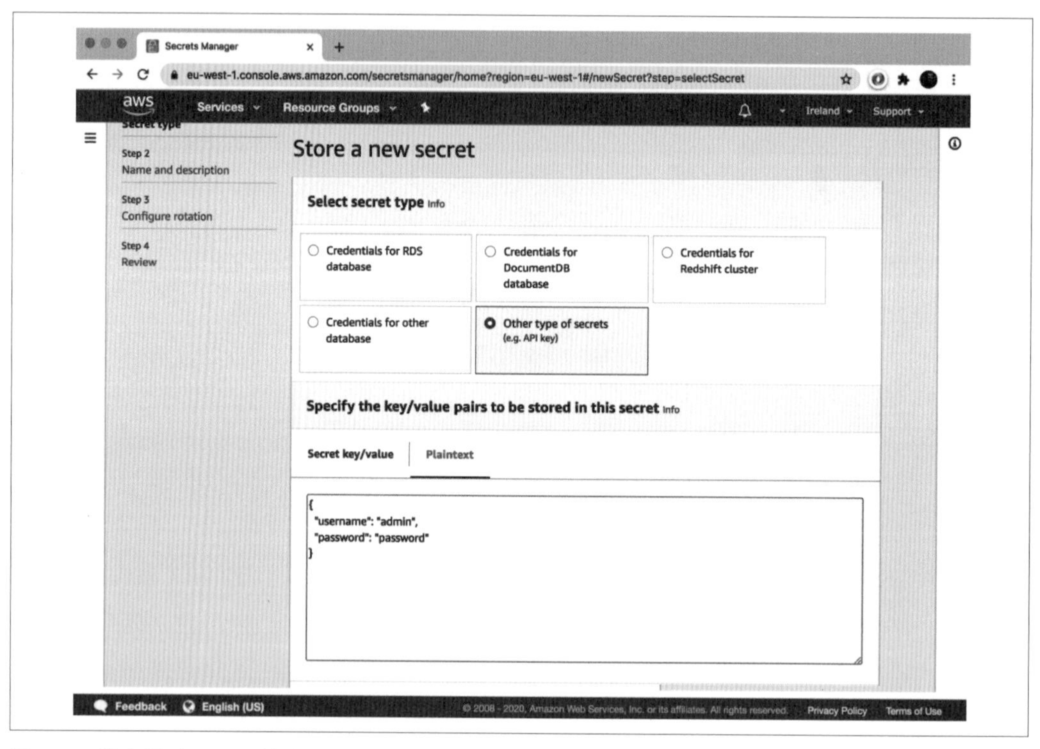

圖 6-2　將密語以 JSON 格式存放到 AWS Secrets Manager

注意，圖 6-2 中的密語是以 JSON 格式儲存的，這也是 AWS Secrets Manager 建議的資料儲存格式。

下一步是確認為密語取一個獨特的名稱，譬如 db-creds，如圖 6-3 所示。

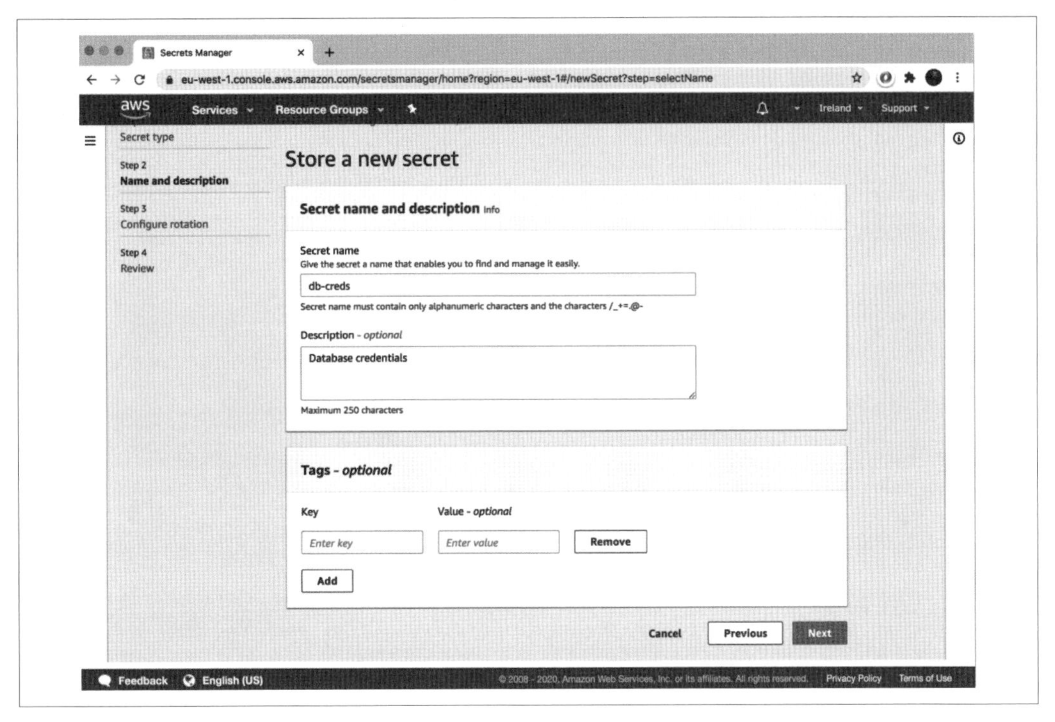

圖 6-3　在 AWS Secrets Manager 裡替你儲存的密語取一個獨特的名稱

點選 Next 和 Store，把密語存進去。現在你可以在自己的 Terraform 程式碼中利用 aws_secretsmanager_secret_version 這個資料來源，來讀取你剛剛命名為 db-creds 的密語了：

```
data "aws_secretsmanager_secret_version" "creds" {
  secret_id = "db-creds"
}
```

由於密語是以 JSON 格式儲存的，你得先用 jsondecode 函式來剖析 JSON 文件，才能把結果寫進局部變數 db_creds：

```
locals {
  db_creds = jsondecode(
    data.aws_secretsmanager_secret_version.creds.secret_string
  )
}
```

現在你可以從 db_creds 讀出資料庫的身分驗證資訊，並將其傳遞給 aws_db_instance 資源：

```
resource "aws_db_instance" "example" {
  identifier_prefix   = "terraform-up-and-running"
  engine              = "mysql"
  allocated_storage   = 10
  instance_class      = "db.t2.micro"
  skip_final_snapshot = true
  db_name             = var.db_name

  # Pass the secrets to the resource
  username = local.db_creds.username
  password = local.db_creds.password
}
```

採用密語儲存場所有以下的好處：

- 程式碼和版本控管系統中都不會有明文密語存在。
- 所有事物都定義在程式碼當中。無須仰賴額外手動步驟或是包裝指令碼。
- 儲存密語很容易，因為通常只需透過 web UI 就能完成。
- 密語儲存場所通常都會支援密語的輪替和註銷，這在密語有洩漏或遭破解的疑慮時十分有用。你甚至可以定期啟用輪替（譬如每 30 天來上一回），作為預防動作。
- 密語儲存場所通常都會支援詳盡的稽核日誌，可以如實顯示誰曾經取用資料。
- 密語儲存場所有助於簡化所有密語實施方式的標準化，因為它們會強制施行特定形式的加密、儲存、及存取方式等等。

採用密語儲存場所也會有以下的壞處：

- 由於密語並未與程式碼一同進行版本控管、封裝及測試，還是很可能發生設定錯誤，像是在某個環境中加上了新的密語（譬如暫時環境），但卻忘記在另一個環境中如法炮製（例如正式環境）。
- 大部分的受管密語儲存服務也會收取費用。舉例來說，AWS Secrets Manager 會針對你儲存的每個密語收取每個月 $4 毛錢，每 10,000 次儲存或取用資料的 API 呼叫再加收 $5 分錢。典型的使用方式，是你把各種環境中好幾打的密語存放在這裡，加上若干 apps 會在開機時讀取這些密語，通常每個月會花到 $10 至 $25 元。若是大規模的部署，就可能有成打的 apps 和上百組密語，每個月花費就會上升達數百元之譜。

- 如果你使用的是像 HashiCorp Vault 這種自行管理的密語儲存場所，那麼你既得花錢營運這種儲存場所（譬如付錢給 AWS 執行 3 到 5 個 EC2 執行個體，才能以高可用模式運行 Vault），又要花錢耗時間讓開發人員部署、設定、管理、更新和監控這個儲存場所。開發人員的計時費用十分昂貴，所以若是他們必須花很多時間設置和管理密語儲存場所，這部分的費用可能高達每月數千元。
- 取得密語變得更困難了，對於自動化環境尤其如此（例如某個 app 開機並嘗試讀取資料庫密碼），因為你還必須解決如何在多部機器之間安全地認證這個問題。
- 與自動化測試的整合也較為困難，因為你測試的程式碼大部分都是仰賴一套運行在外部的系統，你要不就是得模擬該外部系統、或是把測試資料也存放其中。

狀態檔案與計畫檔案

使用 Terraform 時，還有兩個會見到密語的場合：

- 狀態檔案
- 計畫檔案

狀態檔案

讀到這裡，希望本章已經說服各位不要用明文儲存密語，而且也為大家提供了若干更好的替代方式。然而讓許多 Terraform 使用者出乎意料的是，不論你採用何種技術，***任何傳給 Terraform 資源及資料來源的密語，到頭來仍會以明文形式出現在 Terraform 狀態檔當中！***

舉例來說，不論你從何處讀取資料庫身分驗證資訊——環境變數也好、加密檔案也罷、甚至是中央是密語儲存場所——一旦你把這些身分驗證資訊提供給 `aws_db_instance` 這類的資源：

```
resource "aws_db_instance" "example" {
  identifier_prefix   = "terraform-up-and-running"
  engine              = "mysql"
  allocated_storage   = 10
  instance_class      = "db.t2.micro"
  skip_final_snapshot = true
  db_name             = var.db_name

  # Pass the secrets to the resource
  username = local.db_creds.username
  password = local.db_creds.password
}
```

那麼 Terraform 就會把這些身分驗證資訊放進 *terraform.tfstate* 檔案裡，而且是明文形式。這個問題從 2014 年以來便始終是揮之不去的陰影（*https://bit.ly/33gqaVe*），也缺乏一流解決方案的明確計畫。雖說確實有一些變通方式可以從狀態檔中消除密語，但它們不夠成熟、而且很可能在下一次的 Terraform 更新後便無法使用，因此筆者不建議採用。

目前不論是採用以上討論的哪一種技術來管理密語，都必須做到以下事項：

把 Terraform 狀態存放到支援加密的 backend

不要把狀態存放在本地端的 *terraform.tfstate*、也不要將它納入版本控管，你應該採用任一種 Terraform 支援的 backend，而且必須要是能直接支援加密功能的，像是 S3、GCS 及 Azure Blob Storage 等等。這些 backends 會把狀態檔案加密，而且不論是在傳輸過程中（例如透過 TLS 加密）、還是存放在磁碟當中的時候（例如透過 AES-256 加密）。

嚴格控管可以取用 Terraform backend 的對象

由於 Terraform 的狀態檔案中可能含有密語，你必須**嚴加**控管能夠接觸到 backend 的對象，至少要比照存取密語內容時的嚴格控管程度。舉例來說，如果你採用 S3 作為 backend，就必須設置一項 IAM Policy，只對少數值得信任的開發人員開放使用 S3 bucket 以便操作正式環境，或是只開放給用來部署正式環境的 CI 伺服器。

計畫檔案

我們已經見識過 `terraform plan` 命令很多次了。但是有一項功能也許大家尚未注意到，就是你可以把 plan 命令的輸出儲存到檔案裡（亦即「diff」）：

```
$ terraform plan -out=example.plan
```

以上命令會把計畫內容存放到名為 *example.plan* 的檔案裡。你可以事後再用這個預存的計畫檔案來執行 `apply` 命令，以確保 Terraform 會**精準地**套用你先前所見的更動內容：

```
$ terraform apply example.plan
```

Terraform 這項功能很方便，但也引來一項副作用：就跟 Terraform 的狀態一樣，***任何傳給 Terraform 資源及資料來源的密語，到頭來仍會以明文形式出現在 Terraform 計畫檔當中！***舉例來說，如果你對 `aws_db_instance` 的程式碼執行 `plan`，再把計畫檔案存下來，這個計畫檔案中便會含有資料庫使用者名稱和密碼等內容，全都是明文。

因此如果你會用到計畫檔案，就必須做到以下事項：

把 *Terraform* 計畫檔案加密

如果你真要保留計畫檔案，就必須設法將這類檔案加密，而且是不分在傳輸過程中（例如透過 TLS 加密）、還是存放在磁碟當中（例如透過 AES-256 加密）的時候。譬如說，你應該把計畫檔案放到 S3 bucket 裡，因為上述兩種型態加密它都支援。

嚴格控管可以取用計畫檔案的對象

由於 Terraform 的計畫檔案中可能含有密語，你必須控管能夠接觸到它們的對象，至少要比照存取密語內容時的嚴格控管程度。舉例來說，如果你把計畫檔案存放在 S3 上，就必須設置一項 IAM Policy，只對少數值得信任的開發人員開放使用 S3 bucket 以便操作正式環境，或是只開放給用來部署正式環境的 CI 伺服器。

結論

本章內容摘要如下。首先，如果你還沒記住本章任何內容，請先牢記這一點：**不要用明文儲存密語**。

其次，為了把密語遞交給 providers，人身使用者可以利用個人密語管理工具、並設置環境變數，而機器使用者則可以利用預存的身分驗證資訊、IAM 角色、或是 OIDC。機器使用者選項的優劣取捨比較，請參閱下表 6-2。

表 6-2　機器使用者（譬如 CI 伺服器）將密語提交給 Terraform providers 的做法比較

	預存身分驗證資訊	IAM 角色	OIDC
範例	CircleCI	EC2 執行個體裡的 Jenkins	GitHub Actions
避免手動管理身分驗證資訊	x	✓	✓
避免使用永久身分驗證資訊	x	✓	✓
在雲端供應商內部運作	x	✓	x
在雲端供應商以外的場合運作	✓	x	✓
在 2022 年時已有廣泛支援	✓	✓	x

第三，為了把密語提交給資源及資料來源，可以透過環境變數、加密檔案、或是集中式的密語儲存場所。這些選項間的取捨之處，可參閱表 6-3。

表 6-3　將密語提交給 Terraform 資源及資料來源的做法比較

	環境變數	加密檔案	集中式密語儲存場所
程式碼裡不會有明文密語	✓	✓	✓
所有的密語管理皆以程式碼定義	x	✓	✓
加密金鑰存取有稽核日誌可查	x	✓	✓
個別密語存取有稽核日誌可查	x	x	✓
輪替或註銷密語很簡單	x	x	✓
密語管理標準化很簡單	x	x	✓
密語和程式碼一併列入版本控管	x	✓	x
密語儲存很簡單	✓	x	✓
取得密語很簡單	✓	✓	x
整合自動化測試很簡單	✓	x	x
不用錢	0	$	$$$

最後一點，不論你是如何將密語提交給資源或資料來源的，切記 Terraform 還是會把這些密語以明文儲存到你的狀態檔案和計畫檔案當中，因此務必要把這些檔案加密（無論是傳輸中或靜態皆然），並嚴格控管其存取。

現在你已經知道如何在操縱 Terraform 時管理密語了，包括如何安全地把密語提交給 Terraform providers，我們接下來要進入第 7 章，並學習在面對多個 providers 時（包括多個地域、多個帳號、多種雲端）如何使用 Terraform。

第七章

搭配多種 Providers

截至目前為止，本書中幾乎所有的範例都只包括了單一的 provider 區塊：

```
provider "aws" {
  region = "us-east-2"
}
```

這個 provider 區塊會設定你的程式碼，只部署單一 AWS 區域（region）的單一 AWS 帳號。於是便衍生出以下問題：

- 如果需要部署到多個 AWS 區域呢？
- 如果需要部署到多個 AWS 帳號呢？
- 如果需要部署到其他雲端，像是 Azure 或 GCP 呢？

要回答上述問題，本章將會深入介紹 Terraform 的 providers：

- 搭配一種 Provider
- 在同一種 Provider 中搭配多份副本
- 搭配多種不同的 Providers

搭配一種 Provider

看到這裡，你一直是以某種「神奇的」方式來使用 providers 的。對於只含有單一基本 provider 的簡單範例來說，這樣確實就夠了，但如果你必須面對多個區域、帳號、乃至於不同的雲端時，你就不能對內情視而不見了。我們會先來仔細地觀察單一 provider，好好地了解一下它的運作方式：

- 何謂 provider?
- 如何安裝 providers?
- 如何使用 providers?

何謂 Provider？

當筆者在第 2 章初次提到 providers 時，我曾說它們就像是供 Terraform 操作的平台：像是 AWS、Azure、Google Cloud、DigitalOcean 等等。那麼 Terraform 又是如何與這些平台互動的呢？

在檯面下的 Terraform 包含兩個部分：

核心

: 這是指 `terraform` 的二進位檔案，它提供了 Terraform 裡所有平台都會用得到的全部基本功能，就像命令列介面（譬如 `plan`、`apply` 等等）、一個 Terraform 程式碼（HCL）的剖析暨直譯器、以及能夠建立資源及資料來源依存關係圖的功能、還有能夠讀寫狀態檔案的程式邏輯等等。在檯面下，這些功能的程式碼皆是以 Go 語言所撰寫而成，並保存在開放原始碼的 GitHub 儲藏庫中（*https://oreil.ly/xpYGB*），由 HashiCorp 自行管理維護。

Providers

: Terraform 的 providers 其實就是 Terraform 核心的**外掛程式**（*plugins*）。每個外掛程式也是以 Go 撰寫而成，藉以實作特定的介面，而 Terraform 核心會知道如何安裝並執行這些外掛程式。每一種外掛程式都是設計用來操作外部某種平台用的，例如 AWS、Azure 或是 Google Cloud。Terraform 核心會透過**遠端程序呼叫**（*remote procedure calls*，RPCs）與外掛程式溝通，而外掛程式會再透過網路（例如透過 HTTP 呼叫）與相應的平台溝通，如圖 7-1 所示。

: 每一種外掛程式的程式碼通常都會有自己的儲藏庫。舉例來說，你到目前為止在本書中用到的所有 AWS 功能，皆來自一個名為 Terraform AWS Provider 的外掛程式（或簡稱為 AWS Provider），它就有自己的儲藏庫（*https://oreil.ly/ZDk2a*）。雖說 HashiCorp 負責初步建構絕大部分的 providers，而且也會維護若干內容，但如今每一種 provider 大部分的維護工作，都是由擁有底層平台的業者自行維護的：譬如 AWS 的員工便負責維護 AWS Provider、微軟員工負責 Azure provider、Google 員工負責 Google Cloud provider，諸如此類。

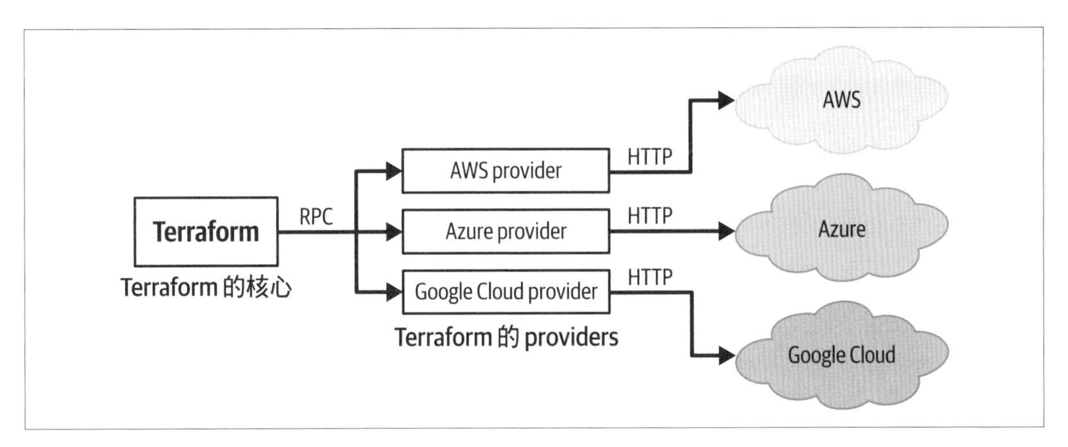

圖 7-1　Terraform 核心與 providers 及外部世界的互動方式

每一種 provider 都會要求特定的前綴（prefix），而且在提供多種資源及資料來源時，其名稱都必定會帶有這個前綴：例如來自 AWS Provider 的資源和資料來源就必定會以 `aws_` 作為前綴（像是 `aws_instance`、`aws_autoscaling_group`、`aws_ami`），而所有來自 Azure provider 的資源和資料來源則會以 `azurerm_` 作為前綴（像是 `azurerm_virtual_machine`、`azurerm_virtual_machine_scale_set`、`azurerm_image`），依此類推。

如何安裝 Providers？

每一種官方的 Terraform providers，就像 AWS、Azure 和 Google Cloud，都只需在你的程式碼中加上對應的 `provider` 區塊即可使用 [1]：

```
provider "aws" {
  region = "us-east-2"
}
```

一旦你執行 `terraform init`，Terraform 便會自動地下載 provider 的程式碼：

```
$ terraform init

Initializing provider plugins...
- Finding hashicorp/aws versions matching "4.19.0"...
- Installing hashicorp/aws v4.19.0...
- Installed hashicorp/aws v4.19.0 (signed by HashiCorp)
```

1　事實上，你甚至可以省略 `provider` 區塊，直接添加源於官方 provider 的任何資源或資料來源，Terraform 自己會從前綴文字知道應該用哪一個 provider：譬如說，如果你加上了 `aws_instance` 資源，Terraform 就會知道，因為有 `aws_` 這個前綴，就要採用 AWS Provider。

很神奇對吧？Terraform 是如何得知你需要哪一種 provider 的？還有它怎麼知道該使用哪一個版本的 provider？或是該從何處下載？雖說在學習和實驗階段，你可以只靠內部的神奇魔術代勞，但是等到實際撰寫正式環境的程式碼時，你可能就需要進一步知道如何微調 Terraform 安裝 providers 的方式。做法是加上一個 `required_providers` 區塊，其語法如下：

```
terraform {
  required_providers {
    <LOCAL_NAME> = {
      source  = "<URL>"
      version = "<VERSION>"
    }
  }
}
```

說明如下：

`LOCAL_NAME`

這裡指的是在模組中給 provider 用的*局部名稱*（*local name*）。每個 provider 都必須有自己獨特的名稱，因為在 `provider` 區塊組態裡你就必須用到這個名稱。在大部分情況下，你可以逕自引用該 provider 所謂的*偏好局部名稱*（*preferred local name*）：譬如說，以 AWS Provider 而言，偏好局部名稱就會是 `aws`，這也是何以你會在 provider 區塊裡寫上 `provider "aws" { … }` 的緣由。但在少數罕見狀況下，你可能會遇上兩個 providers 都使用相同的偏好局部名稱——譬如說，兩家 providers 都會處理 HTTP 請求，因而採用了雷同的偏好局部名稱 `http`——這時你就得自己定義局部名稱來區分它們。

`URL`

這裡指的是 Terraform 應該下載 provider 的來源網址（URL），其格式應該是 `[<HOSTNAME>/]<NAMESPACE>/<TYPE>`，這裡的 `HOSTNAME` 代表 Terraform 登錄所（Registry）的主機名稱，它會分發 provider 的程式碼，而 `NAMESPACE` 代表的則是以組織為名的命名空間（organizational namespace，通常會是業者的公司名稱），至於 `TYPE` 指的則是 provider 所管理的平台名稱（通常 `TYPE` 會與偏好局部名稱一致）。舉例來說，AWS Provider 如果來自公開的 Terraform Registry（*https://registry.terraform.io*），其完整網址就可寫成 `registry.terraform.io/hashicorp/aws`。但是請注意，`HOSTNAME` 是可以省略的，如果你去掉這一段，Terraform 預設會自行到公開的 Terraform Registry 去下載該 provider，因此同一個 AWS Provider 的網址可以簡寫

成 `hashicorp/aws`，這種寫法更常見。通常只有當你從私有的 Terraform Registry（例如在 Terraform Cloud 或是 Terraform Enterprise 運行的私有 Registry）下載自訂的（custom）的 providers 時，才會加上 `HOSTNAME`。

`VERSION`

這裡指的是版本約束條件（version constraint）。舉例來說，你可以指定 `4.19.0` 之類的特定版本，或是像 `> 4.0`、`< 4.3` 之類的版本範圍。第 8 章時會再談到如何處理版本控制。

舉例來說，如欲安裝 4.x 版的 AWS Provider，程式碼可以這樣寫：

```
terraform {
  required_providers {
    aws = {
      source  = "hashicorp/aws"
      version = "~> 4.0"
    }
  }
}
```

所以現在你終於知道先前所見的神奇 provider 安裝行為背後的祕密了。如果你在程式碼中加上了名為 `foo` 的新 `provider` 區塊，但沒有加上 `required_providers` 區塊，那麼當你執行 `terraform init` 時，Terraform 就會自動地進行以下的事情：

- 它會假設 `HOSTNAME` 是公開的 Terraform Registry，再假設 `NAMESPACE` 是 `hashicorp`，也就是它會嘗試從 `registry.terraform.io/hashicorp/foo` 這個網址去下載 `foo` 這個 provider。
- 如果網址確實有效存在，便安裝該網址中能找到的最新版 `foo` provider。

若你想要安裝的 provider 並不在命名空間 `hashicorp` 底下（例如你想要的 providers 來自 Datadog、Cloudflare 或是 Confluent，抑或是你自行打造的 provider），又或者你想控制自己使用的 provider 版本，你就得加上 `required_providers` 區塊。

務必加上 required_providers

讀者們會在第 8 章學到，控制自己使用的 provider 版本是很要緊的，因此筆者鄭重建議，務必要在程式碼中加上 `required_providers` 區塊。

如何使用 Providers？

對於 providers 有了新的認識以後，我們該重新思考其使用方式了。首先該到你的程式碼中加上 `required_providers` 區塊，以便指名你要使用的 provider：

```
terraform {
  required_providers {
    aws = {
      source  = "hashicorp/aws"
      version = "~> 4.0"
    }
  }
}
```

接著就可以在 `provider` 區塊中設定這個 provider：

```
provider "aws" {
  region = "us-east-2"
}
```

到目前為止，我們在 AWS Provider 裡都千篇一律地只設定使用 `region`，但其實你還有很多設定可以改。請隨時檢閱你的 provider 文件詳情：通常該文件也會放在你用來下載該 provider 的同一個 Registry 裡（亦即 `source` 所設的網址）。譬如說，AWS Provider 的文件（*https://oreil.ly/Z8ymG*）也一樣會放到公開的 Terraform Registry 裡。這份文件通常會解釋如何設定 provider，讓它可以搭配不同的使用者、角色、區域、帳號等等運作。

一旦你設定了一個 provider，那麼你就可以把所有該 provider 之下的資源和資料來源（也就是帶有相同前綴字樣的那一堆東西）放進你的程式碼，而它們全都會沿用一致的組態。所以舉例來說，當你把 `aws` 這個 provider 裡的 `region` 設為 `us-east-2` 時，那麼你程式碼中所有以 `aws_` 命名的資源就都會部署到 `us-east-2`。

可要是你只想把一部分資源部署到 `us-east-2`、另一部分則部署到不同的區域，譬如 `us-west-1` 呢？或者是你想把部分資源部署給另一個完全不同的 AWS 帳號呢？要做到這些，你得學會如何設定同一個 provider 下的多份副本，下一個小節就來說明。

在同一種 Provider 中搭配多份副本

為了理解如何在同一種 provider 中搭配多份副本，我們來檢視幾種會出現這種情形的常見案例：

- 搭配多個 AWS 區域
- 搭配多個 AWS 帳號
- 建立可以搭配多個 providers 的模組

搭配多個 AWS 區域

大多數的雲端供應商都允許你部署至全球各地的資料中心（「區域」的另一種說法），但是當你設定 Terraform 的 provider 時，你通常會將其設為只部署至其中一個區域。譬如說，至今我們始終都只部署至一個單一的 AWS 區域，亦即 `us-east-2`：

```
provider "aws" {
  region = "us-east-2"
}
```

如果你想部署至多個區域呢？譬如說，你要如何把部分資源部署到 `us-east-2`、其他資源部署到 `us-west-1`？或許你會想藉由定義兩套 `provider` 組態、每個區域對應一個組態，來解決這個問題：

```
provider "aws" {
  region = "us-east-2"
}

provider "aws" {
  region = "us-west-1"
}
```

但這下問題來了：你如何指定自己的每一種資源、資料來源和模組應該套用哪一組 provider 組態？先以資料來源為例。設想你有兩套 `aws_region` 資料來源的副本，它們都會傳回當下對應的 AWS 區域：

```
data "aws_region" "region_1" {
}

data "aws_region" "region_2" {
}
```

那要如何讓 `region_1` 的資料來源知道自己使用的是 `us-east-2` 這個 provider，而資料來源 `region_2` 使用的 provider 是 `us-west-1`？解法是為每個 provider 都加上一個別名：

```
provider "aws" {
  region = "us-east-2"
  alias  = "region_1"
}
```

```
provider "aws" {
  region = "us-west-1"
  alias  = "region_2"
}
```

所謂別名（*alias*）指的是給 provider 的一個自訂名稱，這樣便能明確地將其指派給個別的資源、資料來源、以及模組，以便讓這些項目可以沿用特定 provider 的組態。要讓這些 aws_region 資料來源可以使用特定的 provider，就要像下面這樣設定 provider 參數：

```
data "aws_region" "region_1" {
  provider = aws.region_1
}

data "aws_region" "region_2" {
  provider = aws.region_2
}
```

現在加上一些輸出變數，以便檢查它們是否如預期般運作：

```
output "region_1" {
  value       = data.aws_region.region_1.name
  description = "The name of the first region"
}

output "region_2" {
  value       = data.aws_region.region_2.name
  description = "The name of the second region"
}
```

接著執行 apply：

```
$ terraform apply

(...)

Outputs:

region_1 = "us-east-2"
region_2 = "us-west-1"
```

果然：每一個 aws_region 資料來源現在都各自使用不同的 provider 了，而且它們各自運行在不同的 AWS 區域。這個技巧也同樣適合用來設定資源中的 provider 參數。以下便是如何把兩個 EC2 個體部署到不同區域的例子：

```
resource "aws_instance" "region_1" {
  provider = aws.region_1
```

```
  # Note different AMI IDs!!
  ami           = "ami-0fb653ca2d3203ac1"
  instance_type = "t2.micro"
}

resource "aws_instance" "region_2" {
  provider = aws.region_2

  # Note different AMI IDs!!
  ami           = "ami-01f87c43e618bf8f0"
  instance_type = "t2.micro"
}
```

注意每一組 `aws_instance` 資源是如何設置 `provider` 參數藉以確保部署至正確區域的。同時也要注意兩個 `aws_instance` 資源裡的 `ami` 參數必須是不同的：這是因為每一個 AWS 區域中的 AMI IDs 都是獨一無二的，因此位於 `us-east-2` 中的 Ubuntu 20.04 識別碼必然跟位於 `us-west-1` 中的 Ubuntu 20.04 識別碼不一樣。然而每次都得自行手動查閱並管理這些 AMI IDs 實在很麻煩、又容易出錯。還好有比較簡單的辦法：那就是利用 `aws_ami` 這個資料來源，加上一些篩選條件，就可以自動找出 AMI IDs。以下便是如何在兩個區域中各自使用這個資料來源，以便查出 Ubuntu 20.04 的 AMI IDs 為何的做法：

```
data "aws_ami" "ubuntu_region_1" {
  provider = aws.region_1

  most_recent = true
  owners      = ["099720109477"] # Canonical

  filter {
    name   = "name"
    values = ["ubuntu/images/hvm-ssd/ubuntu-focal-20.04-amd64-server-*"]
  }
}

data "aws_ami" "ubuntu_region_2" {
  provider = aws.region_2

  most_recent = true
  owners      = ["099720109477"] # Canonical

  filter {
    name   = "name"
    values = ["ubuntu/images/hvm-ssd/ubuntu-focal-20.04-amd64-server-*"]
  }
}
```

注意每一組資料來源是如何藉由 provider 參數來確保會向正確的區域查詢 AMI ID 的。回到先前的 aws_instance 程式碼當中，改寫 ami 參數，並改從這些資料來源的輸出取得識別碼，而不再是以寫死的方式進行：

```
resource "aws_instance" "region_1" {
  provider = aws.region_1

  ami           = data.aws_ami.ubuntu_region_1.id
  instance_type = "t2.micro"
}

resource "aws_instance" "region_2" {
  provider = aws.region_2

  ami           = data.aws_ami.ubuntu_region_2.id
  instance_type = "t2.micro"
}
```

這樣好多了。現在不論你部署到哪一個區域，都可以自動地取得當地 Ubuntu 的正確 AMI ID。若要檢查這些 EC2 執行個體確實已經部署到不同的區域，可以加上輸出變數，藉以顯示目前該執行個體所部署到的可用區域（availability zone，每一個都會正好屬於其中一個區域（region））：

```
output "instance_region_1_az" {
  value       = aws_instance.region_1.availability_zone
  description = "The AZ where the instance in the first region deployed"
}

output "instance_region_2_az" {
  value       = aws_instance.region_2.availability_zone
  description = "The AZ where the instance in the second region deployed"
}
```

現在執行 apply：

```
$ terraform apply

(...)

Outputs:

instance_region_1_az = "us-east-2a"
instance_region_2_az = "us-west-1b"
```

好，現在你知道如何把資料來源和資源部署到不同的區域了。那麼模組呢？譬如說，在第 3 章我們曾使用 Amazon RDS，把單獨一套 MySQL 資料庫的執行個體部署到暫時環境（*stage/data-stores/mysql*）：

```
provider "aws" {
  region = "us-east-2"
}

resource "aws_db_instance" "example" {
  identifier_prefix   = "terraform-up-and-running"
  engine              = "mysql"
  allocated_storage   = 10
  instance_class      = "db.t2.micro"
  skip_final_snapshot = true

  username = var.db_username
  password = var.db_password
}
```

對於暫時環境來說，這樣是夠用了，但對於正式環境而言，單一資料庫意味著致命的故障咽喉點（single point of failure）。還好 Amazon RDS 原本就支援複寫（*replication*）功能，亦即你的資料會自動地從主要資料庫（primary）複製到次要資料庫（secondary）——而且是一份僅供讀取的複本——這對於規模調節會十分有用，而且主要資料庫離線時還可以作為備用資料庫（standby）。你甚至可以複寫到一個完全不同的 AWS 區域，這就算是某個區域都掛了（例如 `us-east-2` 發生大規模事故時），你還是可以切換到另一個區域（譬如 `us-west-1`）。

現在我們來把暫時環境中的 MySQL 程式碼改寫成能夠支援複寫、並可重複使用的 `mysql` 模組。首先把 *stage/data-stores/mysql* 目錄下的內容，包括 *main.tf*、*variables.tf* 和 *outputs.tf* 等檔案，全數複製到新建的 *modules/data-stores/mysql* 資料夾底下。接著打開 *modules/data-stores/mysql/variables.tf* 檔案、再加上兩個新變數：

```
variable "backup_retention_period" {
  description = "Days to retain backups. Must be > 0 to enable replication."
  type        = number
  default     = null
}

variable "replicate_source_db" {
  description = "If specified, replicate the RDS database at the given ARN."
  type        = string
  default     = null
}
```

讀者們等下就會看到，你會針對主要資料庫設置 backup_retention_period 變數，以便啟用複寫，同時也會針對次要資料庫設置 replicate_source_db 變數，將其轉化為複本。現在開啟 *modules/data-stores/mysql/main.tf*，改寫 aws_db_instance 資源如下：

1. 把 backup_retention_period 和 replicate_source_db 兩個變數傳給 aws_db_instance 資源裡的同名參數。
2. 如果資料庫執行個體是複本，AWS 就不會讓你設定 engine、db_name、username 或 password 等參數，因為這些都只需從主要資料庫繼承而來就好。所以你還得在 aws_db_instance 資源中加上一點條件邏輯，在已經設置 replicate_source_db 變數的前提下拿掉這些無用參數。

以下是資源改寫後的樣貌：

```
resource "aws_db_instance" "example" {
  identifier_prefix   = "terraform-up-and-running"
  allocated_storage   = 10
  instance_class      = "db.t2.micro"
  skip_final_snapshot = true

  # Enable backups
  backup_retention_period = var.backup_retention_period

  # If specified, this DB will be a replica
  replicate_source_db = var.replicate_source_db

  # Only set these params if replicate_source_db is not set
  engine   = var.replicate_source_db == null ? "mysql" : null
  db_name  = var.replicate_source_db == null ? var.db_name : null
  username = var.replicate_source_db == null ? var.db_username : null
  password = var.replicate_source_db == null ? var.db_password : null
}
```

請注意，對於複本而言，意味著這個模組裡的 db_name、db_username 和 db_password 等輸入變數都是可以彈性選用的，因此你最好是回到 *modules/data-stores/mysql/variables.tf* 中，把變數的 default 值改成 null：

```
variable "db_name" {
  description = "Name for the DB."
  type        = string
  default     = null
}

variable "db_username" {
  description = "Username for the DB."
```

```
  type        = string
  sensitive   = true
  default     = null
}

variable "db_password" {
  description = "Password for the DB."
  type        = string
  sensitive   = true
  default     = null
}
```

要正確運用 `replicate_source_db` 變數，你得將它賦值為另一個 RDS 資料庫的 ARN，因此你還得額外到 *modules/data-stores/mysql/outputs.tf* 加上能呈現該資料庫 ARN 的輸出變數：

```
output "arn" {
  value       = aws_db_instance.example.arn
  description = "The ARN of the database"
}
```

還有：你必須在這個模組裡加上一個 `required_providers` 區塊，藉以指定模組所需使用的 AWS Provider，同時指定模組期望的 provider 版本。

```
terraform {
  required_providers {
    aws = {
      source  = "hashicorp/aws"
      version = "~> 4.0"
    }
  }
}
```

等會你就會領略到為何這一點對於搭配多重區域也很重要！

好，現在你可以用這個 `mysql` 模組，把主要的 MySQL 和次要的 MySQL 複本部署到正式環境當中了。首先請建立 *live/prod/data-stores/mysql/variables.tf*，藉以提供資料庫使用者名稱暨密碼等輸入變數（這樣才能把這些密語以環境變數的形式傳入，如第 6 章所述）：

```
variable "db_username" {
  description = "The username for the database"
  type        = string
  sensitive   = true
}
```

```
variable "db_password" {
  description = "The password for the database"
  type        = string
  sensitive   = true
}
```

接著再建立 *live/prod/data-stores/mysql/main.tf*，並利用 mysql 模組來設置主要資料庫如下：

```
module "mysql_primary" {
  source = "../../../../modules/data-stores/mysql"

  db_name     = "prod_db"
  db_username = var.db_username
  db_password = var.db_password

  # Must be enabled to support replication
  backup_retention_period = 1
}
```

現在再以另一種方式使用 mysql 模組建置複本：

```
module "mysql_replica" {
  source = "../../../../modules/data-stores/mysql"

  # Make this a replica of the primary
  replicate_source_db = module.mysql_primary.arn
}
```

是不是很簡單明瞭！你只需將主要資料庫的 ARN 傳給 replicate_source_db 參數，就可以順利地將 RDS 資料庫化為複本。

但是還有一個問題：你如何讓程式碼知道，主要資料庫和複本應當部署至不同區域？要做到這一點，請加上兩個 provider 區塊，每一個都要有自己的別名（alias）：

```
provider "aws" {
  region = "us-east-2"
  alias  = "primary"
}

provider "aws" {
  region = "us-west-1"
  alias  = "replica"
}
```

為了告訴模組該使用哪一個 provider，你得設置 providers 參數。以下就是如何將主要的 MySQL 設為使用別名為 primary 的 provider（亦即位於 us-east-2 的那一個）：

```
module "mysql_primary" {
  source = "../../../../modules/data-stores/mysql"

  providers = {
    aws = aws.primary
  }

  db_name     = "prod_db"
  db_username = var.db_username
  db_password = var.db_password

  # Must be enabled to support replication
  backup_retention_period = 1
}
```

另外就是再將 MySQL 複本設為使用別名為 replica 的 provider（亦即位於 us-west-1 的那一個）：

```
module "mysql_replica" {
  source = "../../../../modules/data-stores/mysql"

  providers = {
    aws = aws.replica
  }

  # Make this a replica of the primary
  replicate_source_db = module.mysql_primary.arn
}
```

值得注意的是，引用模組時，providers（複數詞）這個參數屬於 map 型別，但是對於資源和資料來源而言，provider（單數詞）這個參數則屬於單一資料值型別。這是因為每個資源和資料來源皆只能部署至某 provider 所在的單一區域，但一個模組卻可以含有多個資料來源和資源，並使用多個 providers（等下你就會看到引用模組時具有多重 providers 的例子）。在你引用模組時指定的 providers 這個 map 裡，其中的鍵名必須與來源模組中 required_providers 這個 map 裡的 provider 局部名稱一致（以上例而言，指的就是 aws）。這也是何以我們要在每個模組中都明確地定義 required_providers 的緣故。

好了，最後一步就是建立 *live/prod/data-stores/mysql/outputs.tf* 及下列的輸出變數：

```
output "primary_address" {
  value       = module.mysql_primary.address
  description = "Connect to the primary database at this endpoint"
}

output "primary_port" {
  value       = module.mysql_primary.port
  description = "The port the primary database is listening on"
}

output "primary_arn" {
  value       = module.mysql_primary.arn
  description = "The ARN of the primary database"
}

output "replica_address" {
  value       = module.mysql_replica.address
  description = "Connect to the replica database at this endpoint"
}

output "replica_port" {
  value       = module.mysql_replica.port
  description = "The port the replica database is listening on"
}

output "replica_arn" {
  value       = module.mysql_replica.arn
  description = "The ARN of the replica database"
}
```

終於可以著手部署了！注意，執行 apply 以啟動主要和複本資料庫，需要花上一段時間，約莫 20 ～ 30 分鐘，所以請耐心靜候：

```
$ terraform apply

(...)

Apply complete! Resources: 2 added, 0 changed, 0 destroyed.

Outputs:
primary_address = "terraform-up-and-running.cmyd6qwb.us-east-2.rds.amazonaws.com"
primary_arn     = "arn:aws:rds:us-east-2:111111111111:db:terraform-up-and-running"
primary_port    = 3306
replica_address = "terraform-up-and-running.drctpdoe.us-west-1.rds.amazonaws.com"
replica_arn     = "arn:aws:rds:us-west-1:111111111111:db:terraform-up-and-running"
replica_port    = 3306
```

終於好了，這是跨區域的複寫！你可以登入到 RDS Console 裡（*https://oreil.ly/XC4Q8*）去確認複寫是否確實運作。如圖 7-2 所示，你應該會在 `us-east-2` 中看到主要資料庫、在 `us-west-1` 看到它的複本。

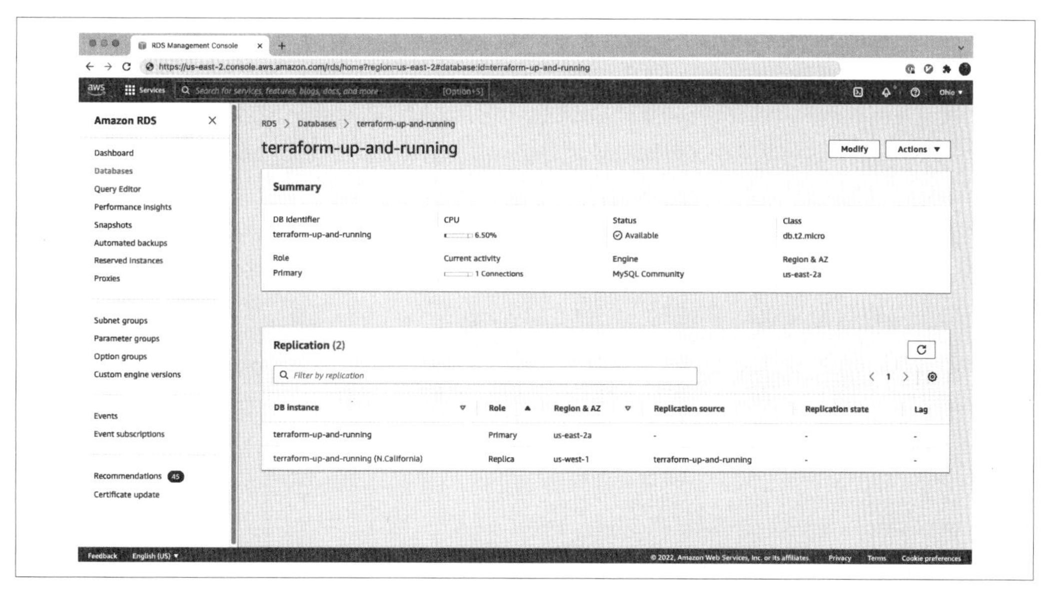

圖 7-2 RDS console 顯示主要資料庫位於 `us-east-2`、而複本位於 `us-west-1`

我刻意把暫時環境（*stage/data-stores/mysql*）的改寫動作留給讀者們作為練習，你也必須透過以上改寫的 `mysql` 模組（*modules/data-stores/mysql*）來改寫暫時環境，但是這裡可以**省略**複寫動作，因為在非正式環境中多半不需要這般程度的可用性等級。

正如上面各項範例所展示的，透過具備別名的多個 providers，要讓 Terraform 跨越多個區域部署資源並非難事。然而筆者要特別提出兩點警告：

警告 1：跨多重區域仍有難度

要在全球多個區域運作基礎架構，**特別還要**是所謂的「active-active」模式，亦即會有一個以上的區域同時主動地回應使用者請求（與先前另一個區域處於待機的形式相反），這樣會衍生出許多難題需要處理，像是如何因應區域之間的延遲時間差、如何選擇單一寫入方（single writer，亦即可用性降低、延遲變長）或是多重寫入方（multiple writers，亦即你必須處理資料的最終一致性或是切片配置（sharding））、設法產生獨一無二的 ID（大多數資料庫中的標準的自動遞增 ID 在此都無法適用）、還要能夠符合當地的資料法規等等。這些挑戰全都不是本書能夠解答的，但筆者至少要在此強調，現實中的多重區域部署並非只是在 Terraform 程式碼中加上幾個 provider 別名就可以應付過去的！

警告 *2*：使用別名時也要小心

雖說使用別名搭配 Terraform 並不難，但筆者仍要提醒大家，不要過度使用它們，*尤其是*在設置多重區域基礎架構的時候。之所要設置多重區域基礎架構的主要原因之一，是你可以在其中一個區域停電時仍保有彈性：譬如要是 `us-east-2` 離線，位於 `us-west-1` 的基礎架構仍能繼續運作。但你若是只以單一 Terraform 模組搭配使用別名的做法部署到這兩個區域，那麼當其中之一離線時，模組便無法連接到離線的區域，那麼任何執行 `plan` 或 `apply` 的嘗試都會失敗。因此當你需要推出變更時——也就是正當發生嚴重離線事故時——你的 Terraform 會無法運作。

一般來說，正如第 3 章所述，大家應該讓各個環境之間完全地隔離開來：不是在單一模組中以別名來管理多重區域，而是用個別的模組分別管理各個區域。這樣才能控制損害範圍，不論是因為你自己犯的錯誤所造成的破壞（例如你一不小心弄壞了某區域的某個東西，也不至於會影響其他的）、還是因為外部環境造成的破壞（像是某區域停電不太可能影響其他區域）等等。

那麼究竟何時才是別名的合理使用時機？當你的基礎架構部署至多個具有別名區域、但它們彼此之間確實緊密耦合（coupled）、而且你總是會一起部署它們的時候，通常就是使用別名的好時機。譬如說，如果你要採用 Amazon CloudFront 作為 CDN（Content Distribution Network，內容傳遞網路），而且利用 AWS Certification Manager（ACM）為其配置 TLS 憑證，那麼 AWS 便需要在 `us-east-1` 區域建立憑證，但無視於你是否剛好要在其他區域使用 CloudFront。這種情況下，你的程式碼可能會有兩個 `provider` 區塊，其中之一作為你要給 CloudFront 使用的主要區域、另一個則含有特地寫死為 `us-east-1` 的 `alias` 以便設置 TLS 憑證。另一種別名使用案例則是當你部署的資源原本就是設計成跨越多個區域使用的時候：譬如說，AWS 會建議把 GuardDuty 這種自動化威脅偵測服務部署到你的 AWS 帳號會使用的每一個區域。這時為每一個 AWS 區域採用含有 `provider` 區塊的單一模組、並使用自訂別名，才可能是合理的用法。

除卻以上少數極端案例以外，是很少用別名來處理多重區域的。比較常見的別名運用案例，是當你有多個 providers、而且各自需要用不同方式認證，譬如每一個 provider 都要以不一樣的 AWS 帳號認證的時候。

搭配多個 AWS 帳號

到目前為止，大家在本書中遇到的可能都是只以單一 AWS 帳號來運作所有的基礎架構。但對於正式環境的程式碼來說，使用多個 AWS 帳號的做法可能還更常見：譬如把暫時環境放在暫時環境專用帳號 stage 裡，而把正式環境放到正式環境專用帳號 prod 裡等等。這個觀念同樣也適用於其他雲端業者的服務，像是 Azure 跟 Google Cloud 等等。注意筆者在本書中始終會使用**帳號**（*account*）這個術語，但有些雲端業者則會用不一樣的術語來代表同樣的概念（譬如 Google Cloud 就會以**專案**（*projects*）來作為帳號的概念）。

採用多重帳號的主要原因包括：

隔離（或者說是分隔，*compartmentalization*）

用分開的帳號來確保不同的環境之間彼此隔離，藉以在出事時侷限「損壞範圍」。譬如說，將暫時和正式環境分開放到個別帳號當中，可確保就算攻擊者突破了暫時環境，他們也無法進一步進佔正式環境。同樣地，這種隔離方式也可以確保開發人員在更動暫時環境時，不太可能一不小心也把正式環境裡的什麼東西一起弄壞。

認證與授權

如果所有事物都放在單一帳戶之下，要給予部分事物（譬如暫時環境）的存取權、但又不想一不小心開放了其他事物（譬如正式環境）的存取權時，就很麻煩。採用多重帳號就可以讓這種事情簡化許多，你可以仔細地調節控制方式，因為開放給某個帳號的權限完全不會影響另一個帳號。

多重帳號的認證需求也有助於減少出錯的機會。當所有事物都位於同一個帳號中時，很容易就會發生你以為自己在更改暫時環境、但其實你正在更改正式環境的這類錯誤（如果你正要進行的更動是棄置（drop）資料庫中的所有資料表，那就會是一場大災難）。如果使用多重帳號，就比較不可能發生這種事，因為每個帳號的認證需要的步驟會各自不同之故。

另外要注意的是，多重帳號**並不**意味著開發人員要擁有多個不同的 user profiles（譬如每個 AWS 帳號下個別的 IAM 使用者）。事實上這種做法正好變成不良示範，因為那樣得管理許多組身分驗證資訊、權限等等。相反地，幾乎所有的主流雲端服務都可以讓你設定，給予每個開發人員單一 user profile，用來認證他們手中的任何帳號。每家雲端業者的跨帳號認證機制不盡相同：以 AWS 為例，你可以透過指派 IAM 角色的方式認證不同的 AWS 帳號，等下大家就會學到怎麼做。

稽核與報表

妥當配置的帳號架構，有助於維持一套稽核機制，用於追蹤你所有環境下發生的一切異動，並檢查是否遵循所有法規要求，以及偵測異常事態。此外你也可以整合計費帳單，把所有帳號的全部收費集中在一處，同時按照帳號、服務、標籤等內容將費用分類。這對於大型機構尤其有用，因為財務部門只需檢視費用與哪個帳號有關，就能追蹤各個團隊的花費和預算支出。

讓我們來看一個 AWS 多重帳號的例子。首先你得建立一個新的 AWS 帳號，以便用於測試。由於你已擁有一個 AWS 帳號，若要建立新的**子帳號**（*child accounts*），可以用 AWS Organizations 來進行，這樣就可確保所有子帳號的計費都可以彙整在主帳號（parent account，有時也稱為**根帳號**（*root account*））底下，同時你也可以用主看板管理全部的子帳號。

請到 AWS Organizations Console（*https://oreil.ly/DBaxx*）底下，點選「Add an AWS account」按鍵，如圖 7-3 所示。

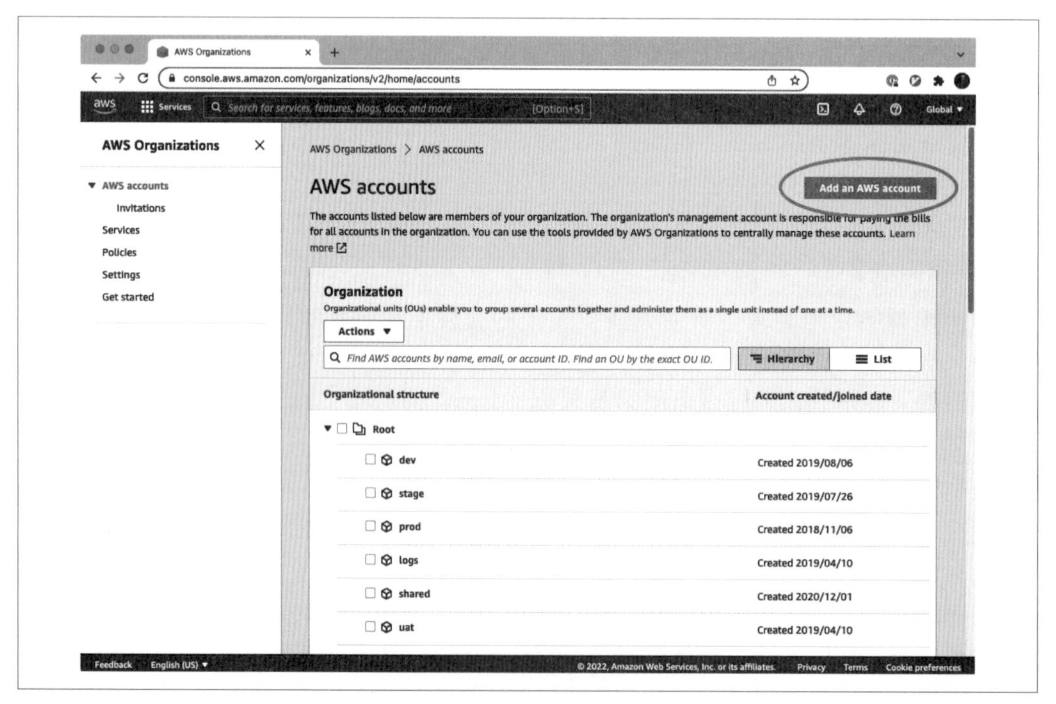

圖 7-3　利用 AWS Organizations 來建立新的 AWS 帳號

下一頁則是填寫以下資訊，如圖 7-4 所示：

AWS 帳號名稱

即帳號的名稱。譬如帳號是用在你的暫時環境時，就可以命名為「staging」。

帳號持有人的電子郵件地址

AWS 帳號的根使用者的電子郵件地址。注意每一個 AWS 帳號都必須為根使用者選用不同的電子郵件地址，因此你不能重複使用先前建立第一個（根）AWS 帳號時用過的電子郵件地址（請參閱第 254 頁的「如何取得單一電子郵件地址的多個別名」來變通處理）。至於子帳號的根使用者[譯註]的密碼呢？根據預設，AWS 不會為新建子帳號的根使用者設定密碼（大家馬上就會看到子帳號的替代認證方式）。如果想在建立子帳號後仍以根使用者登入，就得用這裡設定的信箱，走一遍密碼重設流程。

IAM 角色名稱

當 AWS Organizations 建立 AWS 子帳號時，它會在這個子帳號下自動地建立一個 IAM 角色，具備管理權限、而且可以從主帳號指派。這一點十分方便，因為你可以用這個 AWS 子帳號認證，但無須自行另外建立任何 IAM 使用者或 IAM 角色。筆者建議保留這個 IAM 角色的預設名稱 `OrganizationAccountAccessRole`。

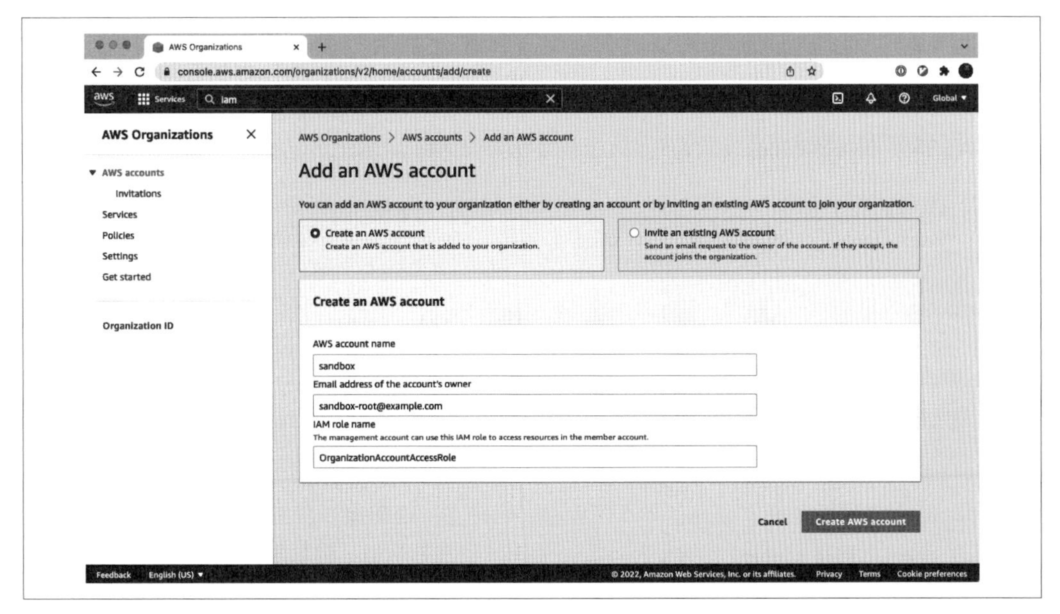

圖 7-4　填寫新的 AWS 帳號所需的詳盡資訊

[譯註] 注意這並非你一開始建立的根帳號，而是同一組織內新建子帳號的根使用者。

如何取得單一電子郵件地址的多個別名？

如果你使用的是 Gmail，你可以利用 Gmail 會忽略電子郵件地址中的 + 號字符後面任何內容的這項特質，產生單一郵址的多個別名。譬如說，如果你的 Gmail 郵址是 *example@gmail.com*，你就可以發信到 *example+foo@gmail.com* 和 *example+any-text-you-want@gmail.com* 等郵址，而且這些電郵全都會寄到 *example@gmail.com*。如果你在工作場合是透過 Google Workspace 使用 Gmail，這也一樣適用，即使是自有的域名也可以：像是 *example+dev@company.com* 和 *example+stage@company.com*，同樣都會寄到 *example@company.com*。

如果你正要建立為數一整打的 AWS 帳號，這一點就很有用了，因為你不必建立一整打各自互異的電子郵件地址，而是以 *example+dev@company.com* 作為 dev 帳號、*example+stage@company.com* 作為 stage 帳號，依此類推；而且 AWS 會將這些電子郵件地址皆視為不同的獨特郵址，但是在檯面下，所有電子郵件仍會被寄往同一個信箱。

點選 Create AWS Account 按鍵，等幾分鐘讓 AWS 建立帳號，然後記下剛建立 AWS 帳號的 12 位數 ID。本章以下篇幅都會使用以下虛構的 ID 內容：

- AWS 主帳號：`111111111111`
- AWS 子帳號：`222222222222`

只需到 AWS Console 點選你的使用者名稱、再選取「Switch role」，就可以用新建的子帳號認證了，如圖 7-5 所示。

接著輸入你要指派的 IAM 角色內容，如圖 7-6 所示：

Account

指的是你要切換的 AWS 帳號的 12 位元 ID。你得在此輸入新建子帳號的 ID。

Role

你要指派給這個 AWS 帳號的 IAM 角色名稱。請輸入之前新建子帳號時使用的 IAM 角色名稱，亦即預設的 `OrganizationAccountAccessRole`。

Display name

AWS 會在瀏覽列（nav）中建立一個捷徑，方便讓你在將來只需一個點選動作，便可切換成這個帳號。這就是捷徑中會顯示的名稱。它只會影響這個瀏覽器裡的 IAM 使用者。

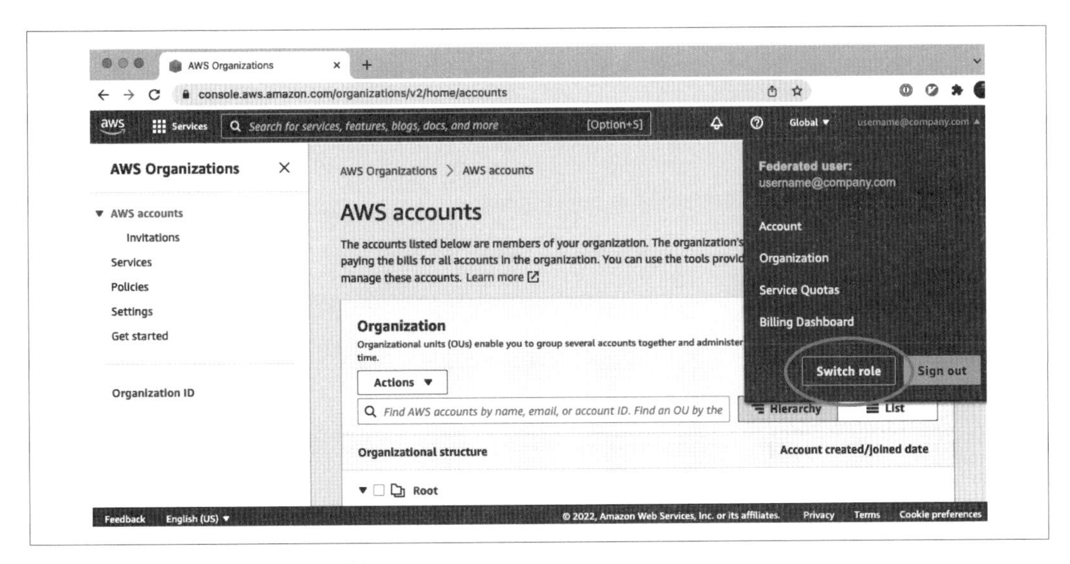

圖 7-5　選擇「Switch role」按鍵

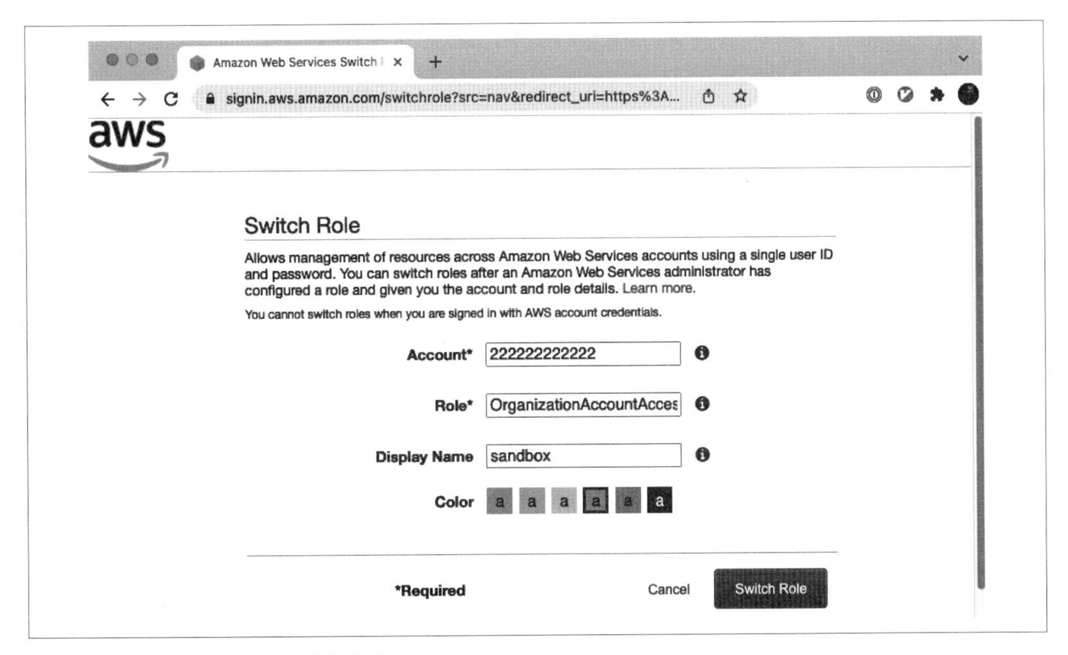

圖 7-6　輸入要切換角色的詳細內容

只需點選 Switch Role，這樣就好了。AWS 會自動把你登入到新 AWS 帳號的 web console！

現在我們來寫 *examples/multi-account-root* 這個示範用的 Terraform 模組，它可以對多個 AWS 帳號認證。就跟先前處理多重區域 AWS 的例子一樣，你也要在 *main.tf* 裡加上兩個 `provider` 區塊，每一個都要有自己的別名。首先是 AWS 主帳號的 `provider` 區塊：

```
provider "aws" {
  region = "us-east-2"
  alias  = "parent"
}
```

接著是 AWS 子帳號的 `provider` 區塊：

```
provider "aws" {
  region = "us-east-2"
  alias  = "child"
}
```

為了要能認證 AWS 子帳號，你必須指派一個 IAM 角色。原本你是在 web console 中用點選 Switch Role 按鍵的方式做這個動作；但是在 Terraform 程式碼裡，就得改在子帳號的 `provider` 區塊中加上 `assume_role` 區塊：

```
provider "aws" {
  region = "us-east-2"
  alias  = "child"

  assume_role {
    role_arn = "arn:aws:iam::<ACCOUNT_ID>:role/<ROLE_NAME>"
  }
}
```

你必須將以上 `role_arn` 參數中的 `ACCOUNT_ID` 替換成你自己的子帳號 ID，同時把 `ROLE_NAME` 換成該帳號的 IAM 角色，就像你先前在 web console 中切換角色時所提供的資訊那樣。以下就是帳號 ID 是 `222222222222`、而角色名稱是 `OrganizationAccountAccessRole` 時插入的程式碼外觀：

```
provider "aws" {
  region = "us-east-2"
  alias  = "child"

  assume_role {
    role_arn = "arn:aws:iam::222222222222:role/OrganizationAccountAccessRole"
  }
}
```

現在為了確認它是否如預期般運作，請加上兩個 `aws_caller_identity` 資料來源，並將每一個設為使用不同的 provider：

```
data "aws_caller_identity" "parent" {
  provider = aws.parent
}

data "aws_caller_identity" "child" {
  provider = aws.child
}
```

最後到 *outputs.tf* 中加上輸出變數，藉以印出帳號 ID：

```
output "parent_account_id" {
  value       = data.aws_caller_identity.parent.account_id
  description = "The ID of the parent AWS account"
}

output "child_account_id" {
  value       = data.aws_caller_identity.child.account_id
  description = "The ID of the child AWS account"
}
```

執行 `apply`，你應該就能看到每個帳號各自不同的 ID：

```
$ terraform apply

(...)

Apply complete! Resources: 0 added, 0 changed, 0 destroyed.

Outputs:

parent_account_id = "111111111111"
child_account_id = "222222222222"
```

你的目的達到了：利用 provider 的別名和 `assume_role` 區塊，就能寫出可以跨越多重 AWS 帳號運作的 Terraform 程式碼。但就像先前在多重區域小節中強調過的，還是有幾點警告：

警告 *1*：跨帳號的 *IAM* 角色具有雙重確認（*double opt-in*）的特性

為了要讓某個 IAM 角色允許從某個 AWS 帳號存取另一個 AWS 帳號——譬如允許可以從帳號 `111111111111` 指派帳號 `222222222222` 的 IAM 角色——你得對這兩個帳號同時開放權限：

- 首先，在 IAM 角色所處的 AWS 帳號裡（譬如子帳號 `222222222222`），你得設定它的 asusme role policy 以便信任其他的 AWS 帳號（譬如主帳號 `111111111111`）。但是 `OrganizationAccountAccessRole` 這個 IAM 角色會神奇地進行以上設定，這是因為 AWS Organizations 會自動設定指派這個 IAM 角色的 assume role policy，以便信任主帳號。但對於任何你自訂的 IAM 角色來說，就得記得自行開放 `sts:AssumeRole` 權限。
- 其次，對於你要指派角色的 AWS 帳號（譬如主帳號 `111111111111`），你同樣也得開放指派 IAM 角色的權限。這個動作先前之所以能自動進行，是因為你在第 2 章時對你的 IAM 使用者賦予了 `AdministratorAccess`，亦即你有權限可以用 AWS 主帳號進行幾乎任何動作，包括指派 IAM 角色。在大部分的現實運用案例中，你的使用者不會是（也不該是！）管理者（admin），因此你必須明確地對使用者賦予 `sts:AssumeRole` 權限，它們才可以指派你允許的 IAM 角色。

警告 2：使用別名時也要小心

筆者在多重區域的範例中便提過這一點，但值得一再強調：雖然使用別名搭配 Terraform 並不難，但筆者仍要提醒大家，不要過度使用它們，搭配多重帳號程式碼時亦是如此。通常你都會用多重帳號來達到隔離的目的，這樣當某個帳號發生問題時，才不至於影響到另外一個帳號。但跨越多重帳號進行部署的模組卻正好違背此一原則。只有當你刻意要把多個帳號下的資源耦合在一起（coupled）並一併部署時，才會這樣做。

建立可以搭配多個 Providers 的模組

在操作 Terraform 的模組時，通常會面對兩種類型的模組：

可重複使用的模組

屬於低階模組，它們不是讓你用來直接部署的，而是用來搭配其他模組、資源、以及資料來源用的。

根模組

屬於高階模組，它把多個可重複使用的模組結合成一個單元，這才是讓你可以用 `apply` 直接部署的內容（根模組的定義其實就是看它是否可以直接用於 `apply` 來決定）。

到目前為止所看過的多重 provider 範例，都是把所有的 `provider` 區塊放在根模組裡。要是你想建立一個可以搭配多重 providers 的可重複使用模組時，又該當如何？譬如說，如果你想要把前一小節裡的多重帳號程式碼轉換成可重複使用模組呢？第一步自然是把所有程式碼原封不動地搬到 *modules/multi-account* 資料夾底下。然後才可以到 *examples/multi-account-module* 資料夾下，另建一個新的範例 *main.tf* 來測試該模組，範例寫法會像這樣：

```
module "multi_account_example" {
  source = "../../modules/multi-account"
}
```

如果對這段程式碼執行 `apply`，它可以運作，但卻有個問題：所有的 `provider` 組態現在都跑到模組當中藏起來了（亦即位於 *modules/multi-account* 底下）。但是在可重複使用的模組裡定義 `provider` 區塊卻正好變成不良示範，原因如下：

組態問題

如果你在可重複使用的模組中定義了 `provider` 區塊，那就是該模組控制了該 `provider` 的所有組態。譬如說，你要用到的 IAM 角色的 ARN 和區域，現在都寫死在 *modules/multi-account* 模組裡了。當然你可以另外用輸入變數來讓使用者設定區域和 IAM 角色的 ARN，但這還只是冰山一角而已。如果你瀏覽一下 AWS Provider 的文件，就會發現約莫有 *50* 種不同的組態選項可供傳入！對於會用到模組的使用者來說，這許多參數都很要緊，因為它們控制了如何對 AWS 認證、要使用哪個區域、要使用哪個帳號（或 IAM 角色）、與 AWS 對話時使用哪一個端點（endpoints）、要套用或忽略哪些標籤等等族繁不及備載。要在模組中額外產生 50 種變數，反會讓模組變得更難維護和使用。

重複的問題

就算你真的在模組中提供了 50 個設定選項，或是任何你認為應該提供的部分選項，你還是在替模組使用者製造重複程式碼的問題。這是因為我們會經常需要將多個模組拼湊在一起，如果你將這 50 種設定中的某些部分傳入至每一次引用模組的段落，藉以正確地進行認證，你就不得不複製和貼上大量的參數，既麻煩又容易出錯。

效能問題

每當你在程式碼中加上 `provider` 區塊，Terraform 就會多啟動一個程序來運行這個 provider，並透過 RPC 與該程序通訊。如果你只有為數不多的 `provider` 區塊倒還無妨，但隨著規模增加，就可能會造成效能問題了。這裡有一個實際案例：筆者在幾年前曾為 CloudTrail、AWS Config、GuardDuty、IAM Access Analyzer 和 Macie 建立過可重複使用的模組。這些 AWS 服務個個都應該要部署到你 AWS 帳號下的每一個區域，而由於 AWS 擁有大約 25 個區域，我就得在每個模組裡加上 25 個 `provider` 區塊。然後筆者又建立了一個根模組來部署全部這些內容，作為我 AWS 帳號下的「基準線」（baseline）：這 5 個模組裡個個都有 25 個 provider 區塊，只要搬著手指頭算一下，就知道總共會有 125 個 provider 區塊。我一執行 apply，Terraform 就會啟動多達 125 個程序，每一個都會發出數百個 API 和 RPC 呼叫。當成千的網路請求同時出現時，我的 CPU 就開始不對勁了，光是做一個 plan 就要花上 20 分鐘。更慘的是，有時還會把網路堆疊搞到掛，導致 API 呼叫間歇性故障，而 apply 也會因零星的錯誤而失敗。

因此就最佳實施方式而言，你應該**不要**在可重複使用的模組中定義任何 provider 區塊，而且要讓使用者只在根模組中建立他們需要的 provider 區塊。那麼話又說回來，我們該如何建立可以搭配多重 providers 的模組？如果模組中沒有 provider 區塊，你要如何才能定義出可以在資源及資料來源中參照的 provider 別名？

答案是**組態別名**（*configuration aliases*）。它和我們先前看過的 provider 別名十分類似，唯一的例外是它們並非定義在 provider 區塊內。相反地，你要改到 required_providers 區塊裡去定義它們。

打開 *modules/multi-account/main.tf*，把巢狀的 provider 區塊拿掉，以 required_providers 區塊取而代之，同時加上以下的組態別名：

```
terraform {
  required_providers {
    aws = {
      source                = "hashicorp/aws"
      version               = "~> 4.0"
      configuration_aliases = [aws.parent, aws.child]
    }
  }
}
```

就像一般的 provider 別名一樣，你可以透過 provider 參數把組態別名傳給資源和資料來源：

```
data "aws_caller_identity" "parent" {
  provider = aws.parent
}

data "aws_caller_identity" "child" {
  provider = aws.child
}
```

組態別名與一般 provider 別名的關鍵差異在於，前者不會自行建立任何 providers；相反地，它們會要求模組使用者必須透過一組 `providers` 的 map，明確地為每一組組態別名傳入一個 provider。

打開 *examples/multi-account-module/main.tf*，並像先前那樣定義 `provider` 區塊：

```
provider "aws" {
  region = "us-east-2"
  alias  = "parent"
}

provider "aws" {
  region = "us-east-2"
  alias  = "child"

  assume_role {
    role_arn = "arn:aws:iam::222222222222:role/OrganizationAccountAccessRole"
  }
}
```

現在你可以引用 *modules/multi-account* 模組時把它們傳進去了：

```
module "multi_account_example" {
  source = "../../modules/multi-account"

  providers = {
    aws.parent = aws.parent
    aws.child  = aws.child
  }
}
```

`providers` 這個 map 中的鍵名必須與來源模組中的組態別名相符；如果組態別名的名稱沒有出現在 `providers` 的 map 當中，Terraform 就會顯示錯誤。這樣一來，當你建構可重複使用的模組時，就可以透過 configuration_aliases 定義模組所需的 providers，Terraform 則會讓使用者必須傳入 providers 資訊；於是當你引用根模組時，便只需定義 `provider` 區塊一次、並將參照結果傳給你使用的可重複使用模組即可。

搭配多種不同的 Providers

大家現在已經學到如何處理多個同類型的 providers：例如多組來自 `aws` 這個 provider 的副本。本小節要探討的則是如何處理不同的 providers。

本書前兩版的讀者們常會問到，有沒有合併使用**多重雲**（*multicloud*）的例子可以參考，但筆者當時並沒找到夠多有用的例子來分享。而且也有部分原因是因為同時操作多重雲並不是個好的做法[2]，就算你真的不得不面對多重雲（大多數大型企業都會面臨多重雲的環境，不論是否有意為之），也很少會出現必須以單一模組管理多重雲的情況，就和我們也很少會以單一模組管理多重區域或帳號是一樣的道理。如果你會使用多種雲端服務，最好是以個別的模組來分別管理比較妥當。

還有，若是在本書中把每一個 AWS 範例都轉換成適用於其他雲端服務（譬如 Azure 或 Google Cloud）的等值解決方案，是不切實際的：因為那樣一來本書篇幅便會失控，而且雖說你藉此熟悉了各種雲端服務，但是過程中卻不會再學到任何新的 Terraform 觀念，而後者才是本書原本的目標。如果你真的想要看看類似的 Terraform 基礎架構程式碼在其他雲端服務中的樣貌，可以去參閱 Terratest 儲存庫下的 *examples* 資料夾（*https://oreil.ly/w2cmM*）。正如各位在第 9 章時會看到的，Terratest 提供了一整套的工具，可以用來替不同類型的基礎架構程式碼、以及不同類型的雲端服務撰寫自動化測試內容，因此在 *examples* 資料夾底下，讀者們可以看到類似的 Terraform 基礎架構程式碼，分別適用於 AWS、Google Cloud 和 Azure，範圍橫跨單一伺服器、伺服器群組、資料庫等等。大家也可以在 *test* 資料夾底下看到 *examples* 資料夾中範例的自動化測試內容。

筆者在本書中的做法是，我不會提出不切實際的多重雲範例，而是改以較為真實的場景來展示如何同時使用多個 providers（這也是本書前兩版的許多讀者們所要求的情形之一）：亦即如何使用 AWS Provider 來搭配 Kubernetes provider，藉以部署 Docker 容器化的 apps。Kubernetes 本身在許多方面都已經算是自成一格的雲端形式——它可以運行應用程式、網路、資料儲存、負載平衡器、密語儲存等服務——因此從某種意義上來說，這已經是一個兼具多重 provider 和多重雲的最佳示範。而且由於 Kubernetes 就像雲端服務一樣複雜，代表有很多內容必須先有所理解，因此筆者不得不逐步建立其概念，先從 Docker 和 Kubernetes 的小型速成課程著手，然後才進展到同時使用 AWS 和 Kubernetes 的多重 provider 完整範例：

- Docker 速成課程
- Kubernetes 速成課程
- 使用 Elastic Kubernetes Service（EKS）在 AWS 中部署 Docker 容器

2 請參閱「Multi-Cloud is the Worst Practice」一文（*https://oreil.ly/U78I0*）。

Docker 速成課程

大家應該還有印象，第 1 章時曾提到 Docker 的映像檔就像是一份自給自足的「快照」，裡面包含了作業系統（OS）、軟體、檔案、以及所有其他的相關細節。現在讓我們來看一些實際的 Docker 應用。

首先，如果你尚未安裝 Docker，請按照 Docker 網站的說明指示（*https://oreil.ly/Ry4yn*），在你的作業系統裡安裝 Docker Desktop。一旦安裝完畢，就可以在命令列使用 `docker` 命令。你可以用 `docker run` 命令在本地端運行 Docker 映像檔：

```
$ docker run <IMAGE> [COMMAND]
```

`IMAGE` 代表要運行的 Docker 映像檔、`COMMAND` 則是搭配執行的命令。舉例來說，若要用 Ubuntu 20.04 的 Docker 映像檔執行一個 Bash shell（注意以下命令還包含 `-it` 旗標，因此你會看到一個互動式的 shell、並可在其中進行操作）：

```
$ docker run -it ubuntu:20.04 bash

Unable to find image 'ubuntu:20.04' locally
20.04: Pulling from library/ubuntu
Digest: sha256:669e010b58baf5beb2836b253c1fd5768333f0d1dbcb834f7c07a4dc93f474be
Status: Downloaded newer image for ubuntu:20.04

root@d96ad3779966:/#
```

瞧，你已經身處 Ubuntu 環境當中了！如果你以前從未使用過 Docker，以上動作或許會讓你覺得神奇無比。請試著執行一些命令。譬如觀察 */etc/os-release* 的內容，驗證一下是否真的在使用 Ubuntu：

```
root@d96ad3779966:/# cat /etc/os-release
NAME="Ubuntu"
VERSION="20.04.3 LTS (Focal Fossa)"
ID=ubuntu
ID_LIKE=debian
PRETTY_NAME="Ubuntu 20.04.3 LTS"
VERSION_ID="20.04"
VERSION_CODENAME=focal
```

這一切是怎麼做到的呢？首先 Docker 會在你的本地檔案系統中尋找 `ubuntu:20.04` 的映像檔。如果你還未曾下載過該映像檔，Docker 便會自動地從 Docker Hub 下載，而 Docker Hub 就是分享 Docker 映像檔的 *Docker 登錄所*（*Docker Registry*）。`ubuntu:20.04` 映像檔恰好又屬於公開的 Docker 映像檔——亦即由 Docker 團隊維護的官方版本——所以你無須經過認證就可以下載來用。但是你也可以建立私有的 Docker 映像檔，只有經過認證的特定使用者才能下載使用。

一旦映像檔下載完畢，Docker 便會運行該映像檔、執行 bash 命令，這會啟動一個互動式的 Bash 提示，可以讓你操作。請嘗試執行 ls 命令列出檔案看看：

```
root@d96ad3779966:/# ls -al
total 56
drwxr-xr-x   1 root root 4096 Feb 22 14:22 .
drwxr-xr-x   1 root root 4096 Feb 22 14:22 ..
lrwxrwxrwx   1 root root    7 Jan 13 16:59 bin -> usr/bin
drwxr-xr-x   2 root root 4096 Apr 15  2020 boot
drwxr-xr-x   5 root root  360 Feb 22 14:22 dev
drwxr-xr-x   1 root root 4096 Feb 22 14:22 etc
drwxr-xr-x   2 root root 4096 Apr 15  2020 home
lrwxrwxrwx   1 root root    7 Jan 13 16:59 lib -> usr/lib
drwxr-xr-x   2 root root 4096 Jan 13 16:59 media
(...)
```

你也許已經注意到，這並非你原本的檔案系統。這是因為 Docker 映像檔係運作在容器當中，對使用者空間層級（userspace level）而言，這裡是完全隔離的：當你處於容器當中時，你就只能看得到容器本身的檔案系統、記憶體和網路功能等等。任何位於其他容器中、甚至是位於底層寄居主機作業系統的資料，你都無法接觸得到，而其他容器或底層寄居主機作業系統也看不到你容器裡的任何資料。這一點使得 Docker 在運行應用程式時非常有用：映像檔格式是自給自足的，因此不論你在何處運行 Docker 映像檔、也不管運行場合還有哪些其他內容在運行，映像檔的運作皆不受影響。

要看實際運作的例子，請寫一些文字內容到 *test.txt* 檔案裡：

```
root@d96ad3779966:/# echo "Hello, World!" > test.txt
```

接著按下 Ctrl-D（在 Windows 和 Linux 上）、或是 Cmd-D（在 macOS 上）以便離開容器，這樣就會回到原本底層主機 OS 的命令提示。如果你再次尋找剛剛寫下的 *test.txt* 檔案，就會發現它不在此處：容器的檔案系統是完全與寄居主機 OS 隔離開來的。

現在試著再度運行同一個 Docker 映像檔：

```
$ docker run -it ubuntu:20.04 bash
root@3e0081565a5d:/#
```

注意，由於 ubuntu:20.04 映像檔已經下載過一次，因此這回容器幾乎是一瞬間便啟動了。這是使得 Docker 在運行應用程式時非常有用的另一優點：容器不像虛擬機器，它十分輕巧、開機迅速、佔用的 CPU 或記憶體又相對地少很多。

也許你也注意到了，第二次啟動容器時，命令提示的文字看起來不一樣了。這是因為這回啟動的是全新的容器；你寫入先前容器中的任何資料，這時也還是接觸不到。試著執行 `ls -al` 看看，你就會發現 *test.txt* 檔案不存在此處。容器不只會與底層主機 OS 隔離，與其他容器也是隔離的。

再次按下 Ctrl-D 或是 Cmd-D 以便離開容器、回到主機 OS，現在試著執行 `docker ps -a` 命令看看：

```
$ docker ps -a
CONTAINER ID   IMAGE          COMMAND    CREATED      STATUS
3e0081565a5d   ubuntu:20.04   "bash"     5 min ago    Exited (0) 16 sec ago
d96ad3779966   ubuntu:20.04   "bash"     14 min ago   Exited (0) 5 min ago
```

這會顯示出你目前系統上所有的容器，包括已經停止的（也就是你剛剛離開的）。只需發出 `docker start <ID>` 命令，並按照 `docker ps` 輸出的 `CONTAINER ID` 欄位、將內容的 ID 填入前述命令的 `ID` 位置，就可以把停止的容器再次啟動起來。舉例來說，以下便是如何可以再度啟動先前第一個容器的做法（而且還是要用 `-ia` 旗標再度掛載一個互動式提示）：

```
$ docker start -ia d96ad3779966
root@d96ad3779966:/#
```

你可以嘗試輸出 *test.txt* 的內容，藉此確認你是否真的位於第一個容器當中：

```
root@d96ad3779966:/# cat test.txt
Hello, World!
```

我們來看一下如何以容器來運作一支網頁應用程式。再度按下 Ctrl-D 或是 Cmd-D 離開容器，回到主機 OS，然後執行新的容器：

```
$ docker run training/webapp
 * Running on http://0.0.0.0:5000/ (Press CTRL+C to quit)
```

training/webapp 這個映像檔（*https://oreil.ly/YO7fb*）裡含有一個以 Python 撰寫的簡單「Hello, World」網頁應用程式，可以用來測試。當你運行該映像檔時，它便會啟動這支網頁應用程式、而且預設會傾聽 5000 號通訊埠。如果你這時在主機作業系統層新開一個終端機畫面，並試著存取該網頁應用程式，是沒有效用的：

```
$ curl localhost:5000
curl: (7) Failed to connect to localhost port 5000: Connection refused
```

問題何在呢？其實這並不是問題，而是刻意設計的功能！Docker 容器是和主機作業系統及其他容器隔離開來的，而且隔離並不僅限於檔案系統層級，也包括網路功能。因此雖然容器本身的確正在傾聽 5000 號通訊埠，但那是相對於容器**內部**的通訊埠，從主機作業系統是接觸不到的。如果你想要把容器通訊埠開放（expose）給主機作業系統，必須加上 `-p` 旗標。

首先按下 Ctrl-C 把 `training/webapp` 容器關閉：注意這次是使用 Ctrl-C 而非 Ctrl-D，而且不分哪一種底層 OS 皆同，因為你其實是要關閉一個程序、而不只是要退出一個互動提示畫面。現在再度運行容器，只不過這回要像下面這樣，加上 `-p` 旗標：

```
$ docker run -p 5000:5000 training/webapp
 * Running on http://0.0.0.0:5000/ (Press CTRL+C to quit)
```

在命令中加上 `-p 5000:5000`，等於告訴 Docker，把容器裡的 5000 號通訊埠開放到主機作業系統的 5000 號通訊埠。現在到主機作業系統另開一個終端機畫面，這時應該可以看得到網頁應用程式正在運作了：

```
$ curl localhost:5000
Hello world!
```

清除容器

每當你執行 `docker run` 再退出，就會把停止的容器留在原地，而這是會消耗磁碟空間的。你會需要以 `docker rm <CONTAINER_ID>` 命令清除這些容器，而 `CONTAINER_ID` 便是你從 `docker ps` 輸出中看到的容器 ID。抑或是你可以在 `docker run` 命令中加上 `--rm` 旗標，這樣一來 Docker 便會在你退出容器時，自動將容器清除。

Kubernetes 速成課程

Kubernetes 其實是一套 Docker 的調度工具，亦即它是一個可以在你的伺服器上運行及管理 Docker 容器的平台，其功能包括排程（scheduling，即挑選以哪一個伺服器來運行給定的容器工作負載）、自動療癒（auto healing，即自動地重新部署發生問題的容器）、自動調節（auto scaling，即增減調整容器數量以便因應負載）、以及負載平衡（將流量分散至各容器）等等。

在檯面下，Kubernetes 主要由兩個部分組成：

控制面

控制面（control plane）負責管理 Kubernetes 叢集。它是整個運作的「大腦」，負責儲存叢集狀態、監視容器、並協調叢集中的動作。它同時也運行一個 API 伺服器程式，負責提供一個 API，讓你可以從命令列工具（例如 kubectl）、從網頁介面（web UIs，例如 Kubernetes Dashboard）、以及從 IaC 工具（例如 Terraform）操作，藉以控制叢集中發生的一切動作。

工作節點

工作節點（worker nodes）係指實際運行容器的伺服器。工作節點完全由控制面管理，後者會指示各個工作節點、應該執行什麼容器。

Kubernetes 是開放原始碼產品，其強項之一便是你可以在任何地方運作它：不論是在任何公有雲服務上（譬如 AWS、Azure、Google Cloud）、在你自己的資料中心、甚至是在你的開發用工作站上都可以運作。在本章稍後的篇幅裡，筆者會告訴大家如何在雲端（AWS）運行，但是目前我們要先從小規模的環境入手，亦即在本地端運行它。如果你曾經安裝最近版本的 Docker Desktop，那麼很容易就可以達到目的，因為只需點選幾個地方，Docker Desktop 就能啟動一個 Kubernetes 叢集。

如果在你的電腦上開啟 Docker Desktop 的 preferences 頁面，應該可以在 nav 畫面看到 Kubernetes 選項，如圖 7-7 所示。

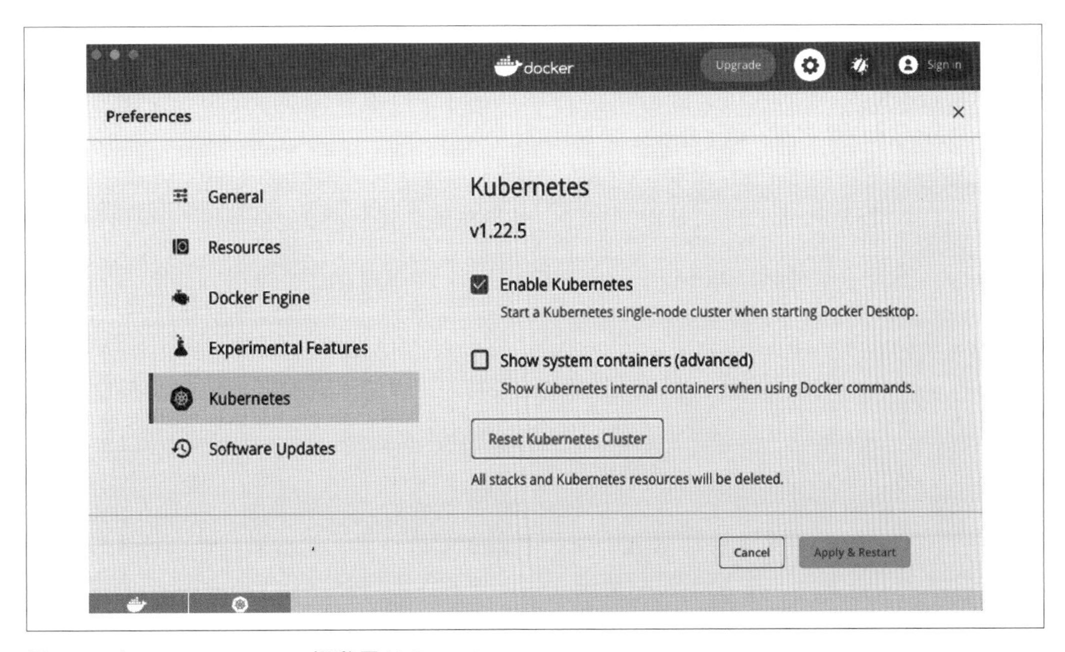

圖 7-7　在 Docker Desktop 裡啟用 Kubernetes

如果它尚未啟用，請勾選 Enable Kubernetes 旁的方框，再點選 Apply & Restart，等幾分鐘讓它完成動作。同時請按照 Kubernetes 官網說明（*https://oreil.ly/dlD82*）安裝 `kubectl`，這是與 Kubernetes 互動所必需的命令列工具。

要操作 `kubectl`，你得先更新它的組態檔案，亦即 *$HOME/.kube/config*（就是位於你的家目錄下的 *.kube* 資料夾），藉此設定它要連接的 Kubernetes 叢集。通常當你在 Docker Desktop 中啟用 Kubernetes 時，它就會為你更新組態、在其中加上 `docker-desktop` 這一項，因此你只需在操作 `kubectl` 時指名使用這個組態即可：

```
$ kubectl config use-context docker-desktop
Switched to context "docker-desktop".
```

現在你可以用 `get nodes` 命令檢查 Kubernetes 叢集是否已經在運作了：

```
$ kubectl get nodes
NAME             STATUS   ROLES                  AGE   VERSION
docker-desktop   Ready    control-plane,master   95m   v1.22.5
```

`get nodes` 命令會顯現叢集中所有節點的資訊。由於你是在本機端運行 Kubernetes 的，因此你的電腦是唯一的節點，而且它身兼控制面和工作節點兩種角色。現在你已經可以運行 Docker 容器了！

要在 Kubernetes 中部署內容，你得先建立 Kubernetes 的**物件**（*objects*），它們其實是你寫在（透過 API 伺服器）Kubernete 叢集中的永久性內容，其中記錄了你的目的：譬如說你想要運行的特定 Docker 映像檔之類。叢集本身會運行一個**調節迴圈**（*reconciliation loop*），它會不斷地檢查你寫入叢集的物件，並設法讓叢集狀態與你的目的相符合。

Kubernetes 裡有很多種物件類型。以本書範例來說，我們需要以下兩種物件：

Kubernetes Deployment

Kubernetes Deployment 是一種在 Kubernetes 中管理應用程式的宣告式（declarative）手法。你會用它來宣告要運行何種 Docker 映像檔、要運行幾份副本（copies，正式說法是 *replicas*，即**複本**）、這些映像檔所需的各種設定（像是 CPU、記憶體、通訊埠號、環境變數等等）、以及對映像檔實施更新時的策略等等，然後 Kubernetes Deployment 就會開始運作，確保你宣告的需求都會達成。譬如說，如果你指定要有三份複本，但其中一個工作節點離線、只剩兩份複本還在運作，Deployment 便會自動地到其他工作節點上再啟動第三份複本。

Kubernetes Service

Kubernetes Service 意指可以將 Kubernetes 上所運行的網頁應用程式加以公開、成為網路化服務的方式。譬如說，你可以用 Kubernetes Service 設定一個負載平衡器，從它身上公開一個公共端點（public endpoint）、並將流量從該端點分散給 Kubernetes Deployment 中的各個複本。

要與 Kubernetes 互動的方式，通常是用 YAML 檔案來描述你的目的——例如其中一個 YAML 檔案定義了 Kubernetes Deployment、另一個則定義了 Kubernetes Service——然後用 `kubectl apply` 命令將這些物件提交至叢集。然而，使用原始的 YAML 是有缺點的，像是缺乏對於程式碼重複使用性的支援（像是變數和模組）、抽象化（譬如迴圈跟 if- 敘述）、以及如何儲存及管理 YAML 檔案的明確標準（例如追蹤叢集隨時間的變化）等等。因此許多 Kubernetes 使用者都改採替代工具，例如 Helm 或是 Terraform。由於本書談的是 Terraform，筆者當然會告訴大家如何建立名為 `k8s-app` 的 Terraform 模組（K8S 是 Kubernetes 的簡稱，就像我們把 internationalization 簡寫成 I18N 是一樣的意思），該模組會用 Kubernetes Deployment 和 Kubernetes Service 在 Kubernetes 中部署應用程式。

請到 *modules/services/k8s-app* 資料夾下建立新模組。先建立 *variables.tf* 檔案，以下列輸入變數定義模組的 API：

```
variable "name" {
  description = "The name to use for all resources created by this module"
  type        = string
}

variable "image" {
  description = "The Docker image to run"
  type        = string
}

variable "container_port" {
  description = "The port the Docker image listens on"
  type        = number
}

variable "replicas" {
  description = "How many replicas to run"
  type        = number
}

variable "environment_variables" {
  description = "Environment variables to set for the app"
```

```
    type        = map(string)
    default     = {}
  }
```

這樣應該已經涵蓋建置 Kubernetes Deployment 和 Service 所需的所有輸入了。接著請新增 *main.tf* 檔案，並在開頭加上 `required_providers` 區塊，其中使用 Kubernetes 作為 provider：

```
  terraform {
    required_version = ">= 1.0.0, < 2.0.0"

    required_providers {
      kubernetes = {
        source  = "hashicorp/kubernetes"
        version = "~> 2.0"
      }
    }
  }
```

哇，新的 provider 耶，真不賴！我們這就用 `kubernetes_deployment` 資源，以這個新的 provider 來建置一份 Kubernetes Deployment：

```
  resource "kubernetes_deployment" "app" {
  }
```

在 `kubernetes_deployment` 資源中有很多設定可以做，所以讓我們一個個地看下去。首先你得設定 `metadata` 區塊：

```
  resource "kubernetes_deployment" "app" {
    metadata {
      name = var.name
    }
  }
```

每一個 Kubernetes 物件都具備一組中介資料（metadata），用來識別它自己、並供給 API 呼叫時對應該物件之用。筆者在以上程式碼中已經用 `name` 輸入變數定義了這組 Deployment 的名稱。

其餘的 `kubernetes_deployment` 資源組態則位於 `spec` 區塊當中：

```
  resource "kubernetes_deployment" "app" {
    metadata {
      name = var.name
    }

    spec {
```

```
  }
}
```

要放到 spec 區塊裡的第一個項目，是先指定要建立的複本（replicas）數量：

```
spec {
  replicas = var.replicas
}
```

接著定義 template 區塊：

```
spec {
  replicas = var.replicas

  template {
  }
}
```

我們在 Kubernetes 裡不會一次只部署一個容器，而是部署所謂的 *Pods*，這是一群刻意要一併部署的容器所構成的單位。譬如說，你可以用一個 Pod 裡的某一容器來運行某個網頁應用程式（譬如先前的 Python app），再用另一個容器來蒐集該應用程式的讀數（metrics）、並將讀數發送給某個中央服務功能（譬如 Datadog）。你得在 template 區塊中定義 *Pod Template*，該範本指定使用若干容器、所需通訊埠及環境變數等等。

Pod Template 裡有一個重要的部分，就是要套用到 Pod 上的標籤（labels）。好幾處都會需要一再用到這些標籤——譬如 Kubernetes Service 便得靠標籤識別需要負載平衡的 Pods——所以我們這就用局部變數 pod_labels 定義這些標籤：

```
locals {
  pod_labels = {
    app = var.name
  }
}
```

現在到 Pod Template 的 metadata 區塊中加上 pod_labels：

```
spec {
  replicas = var.replicas

  template {
    metadata {
      labels = local.pod_labels
    }
  }
}
```

接著在 template 裡面加上它自己的 spec 區塊：

```
spec {
  replicas = var.replicas

  template {
    metadata {
      labels = local.pod_labels
    }

    spec {
      container {
        name  = var.name
        image = var.image

        port {
          container_port = var.container_port
        }

        dynamic "env" {
          for_each = var.environment_variables
          content {
            name  = env.key
            value = env.value
          }
        }
      }
    }
  }
}
```

要解釋的內容相當多，所以我們一個個地看下去：

`container`

位於 template 區塊的 spec 區塊內，你可以定義一個以上的 container 區塊，以便指定 Pod 中要運行哪些 Docker 容器。為簡化範例起見，本例的 Pod 只含有一個 container 區塊。以下的項目都位於這個 container 區塊之內。

`name`

容器名稱。筆者已經將其設為輸入變數 name。

`image`

容器使用的 Docker 映像檔。筆者將其設為輸入變數 image。

port

容器提供的通訊埠。為簡化起見，筆者假設容器僅需傾聽單一通訊埠，並以輸入變數 container_port 定義之。

env

容器需要的環境變數。筆者用了一個 dynamic 區塊搭配 for_each（這兩個觀念請回頭複習第 5 章），藉以設定輸入變數 environment_variables 裡的所有變數。

好，Pod Template 大致就是這樣。還有一樣東西得放到 kubernetes_deployment 資源裡——就是 selector 區塊：

```
spec {
  replicas = var.replicas

  template {
    metadata {
      labels = local.pod_labels
    }

    spec {
      container {
        name  = var.name
        image = var.image

        port {
          container_port = var.container_port
        }

        dynamic "env" {
          for_each = var.environment_variables
          content {
            name  = env.key
            value = env.value
          }
        }
      }
    }
  }

  selector {
    match_labels = local.pod_labels
  }
}
```

selector 區塊會告訴 Kubernetes Deployment 目標為何。將其設為局部變數 pod_labels，便等於要 Kubernetes 管理你剛剛定義的 Pod Template 部署。那為何 Deployment 不乾脆直接認定在該 Deployment 中定義的 Pod Template 就是你倚賴的目標？這是因為 Kubernetes 系統會嘗試盡量保持最大彈性、及避免過度耦合：譬如說，你可以為分別定義的 Pods 再定義一個 Deployment，這樣就必須指定 selector 才能讓 Deployment 知道要倚賴哪些目標 pod。

kubernetes_deployment 資源大致齊備了。下一步就是用 kubernetes_service 資源來建立一套 Kubernetes Service：

```
resource "kubernetes_service" "app" {
  metadata {
    name = var.name
  }

  spec {
    type = "LoadBalancer"
    port {
      port        = 80
      target_port = var.container_port
      protocol    = "TCP"
    }
    selector = local.pod_labels
  }
}
```

讓我們逐一檢視這些參數：

metadata

就如同 Deployment 物件一樣，Service 物件也透過中介資料來辨別 API 呼叫中的目標物件。筆者在以上程式碼中便將 Service 名稱定為輸入變數 name。

type

筆者將這個 Service 的類型訂為 LoadBalancer，亦即會按照 Kubernetes 叢集的設定方式、部署不同類型的負載平衡器：譬如在 AWS 中搭配 EKS 時，你就會部署 Elastic Load Balancer，但是在 Google Cloud 搭配 GKE 時，部署的就會是 Cloud Load Balancer。

port

筆者將這組負載平衡器設為將 80 號通訊埠流量（HTTP 的預設通訊埠）轉往容器正在傾聽的通訊埠。

`selector`

Service 物件也跟 Deployment 物件一樣，會用選擇器來指定該服務倚賴的目標。將選擇器設為 `pod_labels`，該 Service 和上述的 Deployment 便都會以相同的 Pods 來運作。

最後一步便是把 Service 端點（亦即負載平衡器的主機名稱）公開，這就要用到 *outputs.tf* 裡的輸出變數了：

```
locals {
  status = kubernetes_service.app.status
}

output "service_endpoint" {
  value = try(
    "http://${local.status[0]["load_balancer"][0]["ingress"][0]["hostname"]}",
    "(error parsing hostname from status)"
  )
  description = "The K8S Service endpoint"
}
```

這段複雜程式碼得好好開示一下。`kubernetes_service` 資源有一項名為 `status` 的輸出屬性，它會傳回 Service 的最新狀態。筆者將這個屬性放到一個局部變數 `status` 裡。至於這個 LoadBalancer 類型的 Service，其 `status` 中會含有數量相當繁瑣的物件，外觀約莫就像這樣：

```
[
  {
    load_balancer = [
      {
        ingress = [
          {
            hostname = "<HOSTNAME>"
          }
        ]
      }
    ]
  }
]
```

你要查詢的負載平衡器的主機名稱，就深嵌在這堆巢狀物件中。這就是何以必須要用這麼複雜的陣列調閱方式（例如 `[0]`）和 map 調閱方式（例如 `["load_balancer"]`），才能從輸出變數 `service_endpoint` 裡析出主機名稱的緣故。但若是 `kubernetes_service` 資源傳回的 `status` 屬性看起來不太一樣時，又該怎麼辦？這時不論是陣列還是 map 調閱方式都不管用了，只會丟出一大亂不知所云的錯誤。

若要順利地處理這種錯誤，筆者的對策是將整段表示式包在 `try` 函式裡。`try` 函式語法如下：

```
try(ARG1, ARG2, ..., ARGN)
```

以上函式會逐一分析你傳入的所有引數，並傳回第一個分析後沒有錯誤的引數。因此輸出變數 `service_endpoint` 要不就是會含有主機名稱（第一個引數），要不就是在讀取主機名稱時出現錯誤，於是變數便會變成「error parsing hostname from status」（第二個引數）。

好，這樣便構成了 `k8s-app` 模組。要使用該模組，請在 *examples/kubernetes-local* 裡加上一個新的範例，用一個 *main.tf* 檔案寫下以下的內容：

```
module "simple_webapp" {
  source = "../../modules/services/k8s-app"

  name           = "simple-webapp"
  image          = "training/webapp"
  replicas       = 2
  container_port = 5000
}
```

這會將模組設定成部署我們先前運行過的 `training/webapp` 這個 Docker 映像檔，並以兩份複本傾聽 5000 號通訊埠，並將所有的 Kubernetes 物件（依照其中介資料 `metadata`）統一命名為「simple-webapp」。要將這個模組部署到你的本機 Kubernetes 叢集，就要加上以下的 `provider` 區塊：

```
provider "kubernetes" {
  config_path    = "~/.kube/config"
  config_context = "docker-desktop"
}
```

以上程式碼會告訴 Kubernetes provider，認證對象是本機端的 Kubernetes 叢集，所以在使用 `kubectl` 組態時要以 `docker-desktop` 為操作環境。請執行 `terraform apply` 觀察其運作：

```
$ terraform apply

(...)

Apply complete! Resources: 2 added, 0 changed, 0 destroyed.

Outputs:

service_endpoint = "http://localhost"
```

讓 app 花幾秒鐘啟動，然後測試 service_endpoint 看看：

```
$ curl http://localhost
Hello world!
```

行了！

也就是說，這跟先前用 docker run 命令輸出的結果幾乎是一樣的，那為何還要這般大費手腳？既然你都問了，我們就來瞧瞧檯面下的運作為何。請利用 kubectl 來探索你的叢集。首先執行 get deployments 命令：

```
$ kubectl get deployments
NAME            READY   UP-TO-DATE   AVAILABLE   AGE
simple-webapp   2/2     2            2           3m21s
```

你可以看到自己的 Kubernetes Deployment，其名稱正是先前在 metadata 區塊中定義的名稱 simple-webapp。這組 Deployment 回報總共 2/2 套 Pods（即兩套複本）已在運作。要觀察這些 Pods，請再執行 get pods 命令：

```
$ kubectl get pods
NAME                             READY   STATUS    RESTARTS   AGE
simple-webapp-d45b496fd-7d447    1/1     Running   0          2m36s
simple-webapp-d45b496fd-vl6j7    1/1     Running   0          2m36s
```

至此已經突顯出與 docker run 的一項差異了：這裡運作的容器不只一個。還有，這些容器都受到主動的監視與管理。譬如說，若是容器之一當掉，Kubernetes 就會自動地再部署一個替換容器。你可以利用 docker ps 命令觀察實際的過程：

```
$ docker ps
CONTAINER ID   IMAGE              COMMAND             CREATED          STATUS
b60f5147954a   training/webapp    "python app.py"     3 seconds ago    Up 2 seconds
c350ec648185   training/webapp    "python app.py"     12 minutes ago   Up 12 minutes
```

請記下上列輸出的 CONTAINER ID，任選其中之一並對其執行 docker kill 命令、以便關閉容器：

```
$ docker kill b60f5147954a
```

如果馬上再執行 docker ps，就會發現只剩一個容器還在運行：

```
$ docker ps
CONTAINER ID   IMAGE              COMMAND             CREATED          STATUS
c350ec648185   training/webapp    "python app.py"     12 minutes ago   Up 12 minutes
```

但只需幾秒鐘，Kubernetes Deployment 便會發覺只有一份複本還在運行、而不是兩份，於是它會自動地再啟動一個替換容器：

```
$ docker ps
CONTAINER ID   IMAGE            COMMAND            CREATED          STATUS
56a216b8a829   training/webapp  "python app.py"    1 second ago     Up 5 seconds
c350ec648185   training/webapp  "python app.py"    12 minutes ago   Up 12 minutes
```

所以 Kubernetes 的職掌便是確保始終都會有必要數量的容器複本正在運行。此外它還會再運行一個負載平衡器，以便將流量分配給這些複本，只需用 `kubectl get services` 命令觀察便可得知：

```
$ kubectl get services
NAME           TYPE           CLUSTER-IP     EXTERNAL-IP   PORT(S)        AGE
kubernetes     ClusterIP      10.96.0.1      <none>        443/TCP        4h26m
simple-webapp  LoadBalancer   10.110.25.79   localhost     80:30234/TCP   4m58s
```

清單所列的第一個服務指的是 Kubernetes 自己，可以不予理會。第二個才是你所建立的 Service，其名稱也是 `simple-webapp`（也是依照 `metadata` 區塊所定義）。這個服務會為你的 app 運作一套負載平衡器：因此你才能用特定 IP（`localhost`）及其傾聽中的通訊埠（80）存取該服務。

Kubernetes Deployments 同時也提供了自動推出更新的功能。`training/webapp` 這個 Docker 映像檔具備一項趣味技巧，如果你將環境變數 `PROVIDER` 設為某個內容，它就會把「Hello, world!」中的 *world* 字樣換成你設定的文字內容。你可以改寫 *examples/kubernetes-local/main.tf*，將這個環境變數改寫如下：

```
module "simple_webapp" {
  source = "../../modules/services/k8s-app"

  name           = "simple-webapp"
  image          = "training/webapp"
  replicas       = 2
  container_port = 5000

  environment_variables = {
    PROVIDER = "Terraform"
  }
}
```

再執行一次 `apply`：

```
$ terraform apply

(...)

Apply complete! Resources: 0 added, 1 changed, 0 destroyed.
```

```
Outputs:

service_endpoint = "http://localhost"
```

等個幾秒鐘，再測試一次 endpoint 試試：

```
$ curl http://localhost
Hello Terraform!
```

瞧，Deployment 自動地把你更新的內容放上去了：Deployments 預設會在檯面下進行滾動式更新，就像是 Auto Scaling Groups 的做法那樣（但是也請注意，你還是可以在 `kubernetes_deployment` 資源中加上一個 `strategy` 區塊，藉此改變部署方式的設定）。

使用 Elastic Kubernetes Service（EKS）在 AWS 中部署 Docker 容器

Kubernetes 還有一項長處：它的可攜性極佳。也就是說，不論是 Docker 映像檔、還是 Kubernetes 組態，都可以隨意運用在完全不同的叢集當中，但結果卻都是類似的。要證明這一點，讓我們到 AWS 裡部署一個 Kubernetes 叢集試試。

要在雲端中從頭開始設置和管理一套安全的、具備高度可用性、又善於伸縮的 Kubernetes 叢集，是相當複雜的。幸好大多數的雲端供應商都提供了託管的 Kubernetes 服務，由他們代你運作控制面和工作節點：像是 AWS 上的 Elastic Kubernetes Service（EKS）、Azure 上的 Azure Kubernetes Service（AKS）、Google Cloud 的 Google Kubernetes Engine（GKE）等等。筆者會指導大家如何在 AWS 當中部署一套非常基本的 EKS 叢集。

請到 *modules/services/eks-cluster* 下建立一個新模組，並以 *variables.tf* 檔案為該模組定義一組 API，其輸入變數如下：

```
variable "name" {
  description = "The name to use for the EKS cluster"
  type        = string
}

variable "min_size" {
  description = "Minimum number of nodes to have in the EKS cluster"
  type        = number
}

variable "max_size" {
  description = "Maximum number of nodes to have in the EKS cluster"
```

```
  type        = number
}

variable "desired_size" {
  description = "Desired number of nodes to have in the EKS cluster"
  type        = number
}

variable "instance_types" {
  description = "The types of EC2 instances to run in the node group"
  type        = list(string)
}
```

這段程式碼提供了設置 EKS 叢集所需的輸入變數，包括叢集名稱、規模、以及工作節點所使用的執行個體類型。接著在 *main.tf* 裡替控制面建立一個 IAM 角色。

```
# Create an IAM role for the control plane
resource "aws_iam_role" "cluster" {
  name               = "${var.name}-cluster-role"
  assume_role_policy = data.aws_iam_policy_document.cluster_assume_role.json
}

# Allow EKS to assume the IAM role
data "aws_iam_policy_document" "cluster_assume_role" {
  statement {
    effect  = "Allow"
    actions = ["sts:AssumeRole"]
    principals {
      type        = "Service"
      identifiers = ["eks.amazonaws.com"]
    }
  }
}

# Attach the permissions the IAM role needs
resource "aws_iam_role_policy_attachment" "AmazonEKSClusterPolicy" {
  policy_arn = "arn:aws:iam::aws:policy/AmazonEKSClusterPolicy"
  role       = aws_iam_role.cluster.name
}
```

這個 IAM 角色可以由 EKS 服務所指派，而它附掛的受管（Managed）IAM Policy 賦予控制面所需的權限。現在加上 `aws_vpc` 和 `aws_subnets` 等資料來源，以便取得 Default VPC 及其中子網路的相關資訊：

```
# Since this code is only for learning, use the Default VPC and subnets.
# For real-world use cases, you should use a custom VPC and private subnets.
```

```
data "aws_vpc" "default" {
  default = true
}

data "aws_subnets" "default" {
  filter {
    name   = "vpc-id"
    values = [data.aws_vpc.default.id]
  }
}
```

現在你可以利用 `aws_eks_cluster` 資源建立 EKS 叢集的控制面了：

```
resource "aws_eks_cluster" "cluster" {
  name     = var.name
  role_arn = aws_iam_role.cluster.arn
  version  = "1.21"

  vpc_config {
    subnet_ids = data.aws_subnets.default.ids
  }

  # Ensure that IAM Role permissions are created before and deleted after
  # the EKS Cluster. Otherwise, EKS will not be able to properly delete
  # EKS managed EC2 infrastructure such as Security Groups.
  depends_on = [
    aws_iam_role_policy_attachment.AmazonEKSClusterPolicy
  ]
}
```

以上程式碼設定了控制面，令其使用你剛建好的 IAM 角色，並部署到 Default VPC 和子網路當中。

下一步便是工作節點。EKS 支援數種不同類型的工作節點：包括自主管理的 EC2 執行個體（例如你在 ASG 裡建立的）、AWS 代管的 EC2 執行個體（又稱為**受管節點群**，*managed node group*）、以及 Fargate（serverless）[3]。適合本章範例的最簡單選項莫過於受管節點群。

要部署一個受管節點群，首先得建立另一個 IAM 角色：

```
# Create an IAM role for the node group
resource "aws_iam_role" "node_group" {
  name               = "${var.name}-node-group"
  assume_role_policy = data.aws_iam_policy_document.node_assume_role.json
```

3 若要比較不同類型的 EKS worker 節點，請參閱 Gruntwork 部落格（*https://oreil.ly/Tqj2E*）。

```
}

# Allow EC2 instances to assume the IAM role
data "aws_iam_policy_document" "node_assume_role" {
  statement {
    effect  = "Allow"
    actions = ["sts:AssumeRole"]
    principals {
      type        = "Service"
      identifiers = ["ec2.amazonaws.com"]
    }
  }
}

# Attach the permissions the node group needs
resource "aws_iam_role_policy_attachment" "AmazonEKSWorkerNodePolicy" {
  policy_arn = "arn:aws:iam::aws:policy/AmazonEKSWorkerNodePolicy"
  role       = aws_iam_role.node_group.name
}

resource "aws_iam_role_policy_attachment" "AmazonEC2ContainerRegistryReadOnly" {
  policy_arn = "arn:aws:iam::aws:policy/AmazonEC2ContainerRegistryReadOnly"
  role       = aws_iam_role.node_group.name
}

resource "aws_iam_role_policy_attachment" "AmazonEKS_CNI_Policy" {
  policy_arn = "arn:aws:iam::aws:policy/AmazonEKS_CNI_Policy"
  role       = aws_iam_role.node_group.name
}
```

EC2 服務可以指派這個 IAM 角色（很合理，因為受管節點群在檯面下使用的依舊是 EC2 執行個體），而該角色附掛了數個受管（Managed）IAM Policies，讓該受管節點群取得所需的權限。現在你可以使用 `aws_eks_node_group` 資源來建立受管節點群本身了：

```
resource "aws_eks_node_group" "nodes" {
  cluster_name    = aws_eks_cluster.cluster.name
  node_group_name = var.name
  node_role_arn   = aws_iam_role.node_group.arn
  subnet_ids      = data.aws_subnets.default.ids
  instance_types  = var.instance_types

  scaling_config {
    min_size     = var.min_size
    max_size     = var.max_size
    desired_size = var.desired_size
  }
```

```
  # Ensure that IAM Role permissions are created before and deleted after
  # the EKS Node Group. Otherwise, EKS will not be able to properly
  # delete EC2 Instances and Elastic Network Interfaces.
  depends_on = [
    aws_iam_role_policy_attachment.AmazonEKSWorkerNodePolicy,
    aws_iam_role_policy_attachment.AmazonEC2ContainerRegistryReadOnly,
    aws_iam_role_policy_attachment.AmazonEKS_CNI_Policy,
  ]
}
```

這段程式碼會設定受管節點群，令其使用你剛建好的控制面和 IAM 角色，並部署至 Default VPC 當中，並使用你以輸入變數傳入的名稱、規模、以及執行個體類型等參數。

在 *outputs.tf* 中加上以下的輸出變數：

```
output "cluster_name" {
  value       = aws_eks_cluster.cluster.name
  description = "Name of the EKS cluster"
}

output "cluster_arn" {
  value       = aws_eks_cluster.cluster.arn
  description = "ARN of the EKS cluster"
}

output "cluster_endpoint" {
  value       = aws_eks_cluster.cluster.endpoint
  description = "Endpoint of the EKS cluster"
}

output "cluster_certificate_authority" {
  value       = aws_eks_cluster.cluster.certificate_authority
  description = "Certificate authority of the EKS cluster"
}
```

好，現在 `eks-cluster` 模組已經準備好了。現在我們可以用它和先前準備的 `k8s-app` 模組一起部署一套 EKS 叢集、並將 `training/webapp` 的 Docker 映像檔部署至叢集當中。請建立 *examples/kubernetes-eks/main.tf* 檔案，並在其中設置 `eks-cluster` 模組如下：

```
provider "aws" {
  region = "us-east-2"
}

module "eks_cluster" {
  source = "../../modules/services/eks-cluster"
```

```
  name         = "example-eks-cluster"
  min_size     = 1
  max_size     = 2
  desired_size = 1

  # Due to the way EKS works with ENIs, t3.small is the smallest
  # instance type that can be used for worker nodes. If you try
  # something smaller like t2.micro, which only has 4 ENIs,
  # they'll all be used up by system services (e.g., kube-proxy)
  # and you won't be able to deploy your own Pods.
  instance_types = ["t3.small"]
}
```

接著設置 k8s-app 模組：

```
provider "kubernetes" {
  host = module.eks_cluster.cluster_endpoint
  cluster_ca_certificate = base64decode(
    module.eks_cluster.cluster_certificate_authority[0].data
  )
  token = data.aws_eks_cluster_auth.cluster.token
}

data "aws_eks_cluster_auth" "cluster" {
  name = module.eks_cluster.cluster_name
}

module "simple_webapp" {
  source = "../../modules/services/k8s-app"

  name           = "simple-webapp"
  image          = "training/webapp"
  replicas       = 2
  container_port = 5000

  environment_variables = {
    PROVIDER = "Terraform"
  }

  # Only deploy the app after the cluster has been deployed
  depends_on = [module.eks_cluster]
}
```

以上程式碼會設定 Kubernetes provider，向 EKS 叢集進行認證、而不再是向本機的 Kubernetes 叢集（來自 Docker Desktop）做認證。現在它會用 k8s-app 模組來部署 training/webapp 這個 Docker 映像檔，就跟先前部署到 Docker Desktop 時的做法完全一樣；唯一的差異是，這裡加上了 depends_on 參數，目的是要確保 Terraform 只會在 EKS 叢集已經部署完畢後，才會繼續嘗試部署 Docker 映像檔。

接著將 service endpoint 化為輸出變數：

```
output "service_endpoint" {
  value       = module.simple_webapp.service_endpoint
  description = "The K8S Service endpoint"
}
```

好，現在可以部署了！請如常執行 terraform apply（注意部署 EKS 叢集會花上 10 ～ 20 分鐘，所以請耐心一點）：

```
$ terraform apply

(...)

Apply complete! Resources: 10 added, 0 changed, 0 destroyed.

Outputs:

service_endpoint = "http://774696355.us-east-2.elb.amazonaws.com"
```

請等一會讓網頁應用程式開始運作、並通過健康檢測，然後測試 service_endpoint：

```
$ curl http://774696355.us-east-2.elb.amazonaws.com
Hello Terraform!
```

結果正如預期！同樣的 Docker 映像檔和 Kubernetes 程式碼，現在已改在 AWS 的 EKS 叢集上運作了，運作方式就像是在原本你自己電腦上一樣。所有的功能都一模一樣。譬如你可以試著更改 environment_variables、改用不一樣的 PROVIDER 值，譬如改成「Readers」：

```
module "simple_webapp" {
  source = "../../modules/services/k8s-app"

  name           = "simple-webapp"
  image          = "training/webapp"
  replicas       = 2
  container_port = 5000

  environment_variables = {
    PROVIDER = "Readers"
  }

  # Only deploy the app after the cluster has been deployed
```

```
    depends_on = [module.eks_cluster]
  }
```

再次執行 apply，等上幾秒鐘，Kubernetes Deployment 就會把變更過的內容部署下去：

```
$ curl http://774696355.us-east-2.elb.amazonaws.com
Hello Readers!
```

這就是使用 Docker 的好處之一：變更的內容可以迅速完成部署。

你可以再次利用 kubectl 觀察叢集中的動向。要讓 kubectl 向 EKS 叢集認證，可以用 aws eks update-kubeconfig 命令自動更新你的 *$HOME/.kube/config* 檔案：

```
$ aws eks update-kubeconfig --region <REGION> --name <EKS_CLUSTER_NAME>
```

以上的 REGION 代表你的 AWS 區域、而 EKS_CLUSTER_NAME 則是你的 EKS 叢集名稱。在 Terraform 模組中，你部署的是 us-east-2 區域和名為 kubernetes-example 的叢集，因此命令要這樣下：

```
$ aws eks update-kubeconfig --region us-east-2 --name kubernetes-example
```

現在就跟先前一樣，你可以用 get nodes 命令檢視叢集中的工作節點，但這次要加上 -o wide 旗標，以便多取得一點資訊：

```
$ kubectl get nodes
NAME                             STATUS   AGE   EXTERNAL-IP    OS-IMAGE
xxx.us-east-2.compute.internal   Ready    22m   3.134.78.187   Amazon Linux 2
```

以上的輸出訊息片段已經做過大幅精簡，才能適應本書篇幅，但你應該可以從實際上輸出的訊息中看到一個工作節點、其內部與外部 IP、版本資訊、OS 資訊等豐富的內容。

你還可以用 get deployments 命令檢視 Deployments 的狀況：

```
$ kubectl get deployments
NAME            READY   UP-TO-DATE   AVAILABLE   AGE
simple-webapp   2/2     2            2           19m
```

現在用 get pods 觀察所有的 Pods：

```
$ kubectl get pods
NAME            READY   UP-TO-DATE   AVAILABLE   AGE
simple-webapp   2/2     2            2           19m
```

最後再用 `get services` 觀察 Services 內容：

```
$ kubectl get services
NAME            TYPE           EXTERNAL-IP                                   PORT(S)
kubernetes      ClusterIP      <none>                                        443/TCP
simple-webapp   LoadBalancer   774696355.us-east-2.elb.amazonaws.com         80/TCP
```

讀者們應該可以看到自己的負載平衡器和用於測試的 URL 了。

現在一切齊全：兩種不同的 providers，都運作在同一家雲端，讓你可以部署容器化的工作負載。

但就跟先前一樣，筆者必須提出幾點警告：

警告 1：以上的 Kubernetes 範例都已經過極度簡化！

Kubernetes 非常複雜，而且它的進展與變化都十分迅速；光是解釋它的所有細節可能就要耗盡本書篇幅。但因為本書主題是 Terraform 而不是 Kubernetes，筆者在本章中所舉的 Kubernetes 範例，目標只是要盡量保持精簡。因此雖然筆者希望以上示範的程式碼能有助於學習與實驗，但如果你要在現實中的正式環境等級案例裡使用 Kubernetes，那麼範例程式碼中就有很多部分要改寫，像是在 `eks-cluster` 模組中設置若干額外的服務和設定（例如入內控制器（ingress controllers）、密語封裝加密（secret envelope encryption）、安全群組（security groups）、OIDC 認證、基於角色的存取控制（Role-Based Access Control，RBAC）對應、VPC CNI、kube-proxy、CoreDNS 等等），並在 `k8s-app` 模組中提供許多其他設定（例如密語管理（secrets management）、卷冊（volumes）、liveness 探針（liveness probes）、readiness 探針（readiness probes）、標籤（labels）、註記（annotations）、多重通訊埠、多重容器），還有在 EKS 叢集中改用搭配私有子網路的自訂 VPC，而非使用 Default VPC 和公開子網路 [4]。

警告 2：使用多重時 providers 也要小心

雖說你當然可以在單一模組中使用多重 providers，但筆者卻不建議經常如此，理由就跟筆者建議大家不要經常使用 provider 別名是一樣的道理：在多數案例裡，你會希望每個 provider 都隔離在自己的模組裡，這樣才好分開管理，並控制出錯時或受到攻擊時的損害範圍。

4 又或者你可以利用現成的正式環境等級 Kubernetes 模組，像是由 Gruntwork 的 Infrastructure as Code Library 所提供的（*https://oreil.ly/2AATd*）。

還有，Terraform 對於處理 providers 彼此之間依存順序的支援並不理想。舉例來說，在 Kubernetes 的範例裡，你用了單獨一個模組，以 AWS Provider 部署 EKS 叢集，在此同時又以 Kubernetes provider 部署了一個 Kubernetes 應用程式。但事實上，Kubernetes provider 的文件（*https://oreil.ly/kunHW*）很清楚地指出不要這樣做：

> 當你以變數展開（*interpolation*）的方式將身分驗證資訊（*credentials*）從其他資源傳給 *Kubernetes* 時，這些資源不該建立在引用該 *Kubernetes provider* 的同一個 *Terraform* 模組中。這會導致間歇性且無法預測的錯誤，連帶使得除錯和診斷皆難以進行。根本問題就在於 *Terraform* 自己判斷 *provider* 區塊及實際資源間的建置順序。

本書範例程式碼可以藉由與 `aws_eks_cluster_auth` 資料來源的依存關係、變通解決上述問題 ，但這多少有點像是用怪招在處理。因此在正式環境的程式碼當中，筆者一定會建議以一個模組來部署 EKS 叢集，等到叢集部署完畢，再以另一個模組去部署 Kubernetes 應用程式。

結論

讀到這裡，希望大家都已了解如何在 Terraform 程式碼中操作多重 providers，而且也能回答本章開頭時提出的三個問題：

如果需要部署到多個 AWS 區域呢？
: 請使用多個 `provider` 區塊，每一個都要設定不同的 `region` 和 `alias` 參數。

如果需要部署到多個 AWS 帳號呢？
: 也是使用多個 `provider` 區塊，每一個都要設定不同的 `assume_role` 區塊和 `alias` 參數。

如果需要部署到其他雲端、像是 Azure 或 GCP 呢？
: 還是使用多個 `provider` 區塊，但每一個都要設定個別對應的雲端。

然而大家也已經學到，在同一模組中使用多個供應端，並非適當的模式。因此以上問題的正解，尤其是在現實中處理正式環境案例時，其實應該是在個別不同的模組中使用各種 provider，藉此讓不同的區域、帳號及雲端服務彼此隔離開來，這樣才能控管損害範圍。

現在我們要進展到第 8 章了，筆者在此會介紹數種不同的模式，讓你用來打造現實中正式環境案例的 Terraform 模組——也就是那種可以讓你放心託付公司身家的模組。

第八章

正式環境等級的 Terraform 程式碼

打造正式環境等級的基礎架構是件難事。而且備感壓力、又很耗時。當筆者提到所謂**正式環境等級的基礎架構**時，我指的是那種你可以押上公司身家程度的基礎架構。亦即你可以確信自己的基礎架構不會在流量暴增時癱瘓，也不會在故障中斷時遺失資料，更不會在黑客嘗試侵入時洩漏資料——如果你輸了賭注，公司就會掛掉。這就是我在本章提到的正式環境等級基礎架構的那種嚴重程度。

我曾有幸與數百間公司合作，基於以往累積的經驗，筆者在此列出一個正式環境等級基礎架構的專案可能要花費的時間：

- 如果你要部署一項完全由第三方管理的服務，例如用 AWS Relational Database Service（RDS）運行一套 MySQL，你大概可以預估需要花上一至兩週方可讓服務正式上線。
- 如果你要運行自己的無狀態分散式應用程式（stateless distributed app），像是一套運行在 AWS Auto Scaling Group（ASG）上、不會在本地端儲存任何資料（譬如將所有資料寫到 RDS）的 Node.js 應用程式叢集，那大概就要花上多一倍的時間，亦即二到四週才能正式上線。
- 如果你要運行的是自己的有狀態分散式應用程式（stateful distributed app），像是一套運行在 ASG 上的 Elasticsearch 叢集、而且會將資料寫到本地磁碟，那麼耗時就要增加一個等級，亦即二到四個月才能正式上線。

- 如果你要建置的是整套架構，包括所有的應用程式、資料儲存、負載平衡器、監控、警示、安全控管，那耗時就要再提升一個（甚至兩個）等級，或者說是大約半年到三年的作業，對於小型公司來說通常是將近半年、大型公司才通常要花上好幾年。

表 8-1 會將上述資料做一個摘要。

表 8-1　要從頭打造正式環境等級的基礎架構得花上多少時間

基礎架構類型	範例	預計所需時間
代管服務	Amazon RDS	1 到 2 週
自行管理的分散式系統（無狀態）	以 ASG 運行的 Node.js 應用程式	2 到 4 週
自行管理的分散式系統（有狀態）	Elasticsearch 叢集	2 到 4 個月
整套基礎架構	應用程式、資料儲存、負載平衡器、監控等等	6 到 36 個月

如果你從未經歷過建置正式環境等級基礎架構的全套過程，或許會對以上數字感到訝異。筆者常聽到的反應是，「怎麼可能要花那麼久？」或是「我在 < 某某雲 > 上只要幾分鐘就可以部署一部伺服器。絕對用不到幾個月的時間來完成其他部分的工作！」，而更常聽到的是某個自信過頭的工程師會說「我相信這是別人的狀況，要是**我來搞**只需幾天就可以搞定」。

然而，任何親身經歷過大規模雲端轉移、或是曾經從頭組裝過全新基礎架構的人都很清楚，以上數字還算是樂觀的——實際上還是以一切順利的情況來估計。如果你的團隊中缺乏對於建置正式環境等級基礎架構有深入了解的成員，或是你的團隊對一切任務還毫無頭緒、而且無暇顧及基礎架構，那你可能還得再花上更長的時間。

在本章當中，筆者會探討何以建構正式環境等級基礎架構要花這麼長的時間，何謂的真正的正式環境等級，以及建立可以重複使用、正式環境等級的模組時所需的最佳模式：

- 為何打造正式環境等級基礎架構要花這麼久？
- 正式環境等級基礎架構的清單
- 正式環境等級基礎架構的模組
  - 模組要小
  - 模組要便於組合
  - 模組要容易測試
  - 模組要有版本控制
  - Terraform 模組以外的須知

範例程式碼

提醒大家，本書全部的範例程式碼皆可從 GitHub 取得（*https://github.com/brikis98/terraform-up-and-running-code*）。

為何打造正式環境等級基礎架構要花這麼久？

軟體專案的時程估算是出了名的不精確。至於 DevOps 的專案，不準確的程度還要加倍。你原本以為只需花五分鐘的快速調整，結果卻花了一整天；你估算只需一天的工作量就能完成的新進小功能，到頭來花了兩週才完成；你預計兩週內應該可以正式上線的應用程式，過了半年還摸不著邊。基礎架構與 DevOps 專案也許比以上任何一種類型的軟體都要極端，正好是侯世達定律最典型的例子 [1]：

> 侯世達定律：你花的時間絕對比你預期的要長，就算你在預期時已經考慮到侯世達定律的影響也一樣。

筆者覺得導致以上現象的原因主要有三種。首先，DevOps 業界仍算是處於石器時代。我並無貶抑之意，而是從某種程度上來看，業界仍處在起步階段。「雲端運算」、「基礎架構即程式碼」、以及「DevOps」等名詞，都是在 2000 年代中期至晚期出現的，至於 Terraform、Docker、Packer 和 Kubernetes 等工具更是直到 2010 年代中期至晚期才初次登場。所有這些工具和技術都還相當新穎，而且都還在快速演變當中。這意味著它們並不算成熟、而且能深入理解它們的人也並不多，因此相關專案耗時超過預期原在意料之中。

其次是因為，DevOps 似乎特別容易陷入剃毛窘境（*yak shaving*）。如果你從未聽過所謂的「剃毛窘境」，筆者可以打包票，你絕對會愛上（或恨死）這個諷刺說法。我看過對這個窘境最貼切的形容，來自一段 Seth Godin 的部落格貼文 [2]：

> 「我今天想替車子打蠟。」
>
> 「哎呀，打蠟工具去年冬天就弄壞了，我得去大賣場買一套新的。」
>
> 「可是我家附近沒有大賣場，開車又要經過收費站，我又沒裝收費系統，買回數票又要繞路很麻煩。」

1 Douglas R. Hofstadter, *Gödel, Escher, Bach: An Eternal Golden Braid*, 20th anniversary ed. (New York: Basic Books, 1999).

2 Seth Godin, “Don’t Shave That Yak!” Seth’s Blog, March 5, 2005, https://bit.ly/2OK45uL.

「等等，我記得跟鄰居聊天時提過他手上剩很多回數票…」

「但是 Bob 不會借我回數票，除非我先把兒子跟他凹來的抱枕還回去。」

「可是抱枕之所以沒有還，是因為裡面填的絨毛掉光了，我們得弄到犛牛毛才能填回去。」

於是你猜怎麼著，你跑去動物園找犛牛想要剃毛，只因為你得替車子打蠟。

剃毛窘境結合了所有雞毛蒜皮、似乎彼此無關但又非做不可的事，只有完成它們你才能達成原本的目的。如果你要開發軟體，尤其還是在 DevOps 業界，這種狀況你大概已經見過上千遍了。你只想部署修正一個小小的打字錯誤，但卻發現應用程式組態中有一個臭蟲。你又試著為這個應用程式組態部署修正，卻發現被一個 TLS 憑證問題卡住了。到 Stack Overflow 上查了好幾小時以後，你就試著要再上一個修正去處理 TLS 問題，然後發現因為你的部署系統有問題，結果不能上這個修正。你又花了幾小時鑽研問題，結論是你的 Linux 版本太舊。最後你發現自己忙著更新全部伺服器的作業系統，這樣才能繼續「迅速地」部署當初那一份打錯一個字的問題修正內容。

DevOps 似乎又更容易陷入上述的剃毛窘境。一部分是因為 DevOps 技術的未趨成熟、以及現代系統設計過於仰賴基礎架構中各種耦合及重複關係的緣故。每當你在 DevOps 的世界裡做一次變動，就像是要從一箱線材裡抽出一條網路線一樣——總是會牽絲攀藤地扯出一大把不相干的東西出來。但這有一部分要歸咎於「DevOps」概念本身涵蓋的主題原本就廣泛地驚人：從建置、到部署、再到安全，每一件事物皆是如此。

這便引出了 DevOps 工作何以耗時這麼久的第三項原因。前兩項原因——DevOps 的石器時代特質及剃毛窘境——都可以被歸類為附屬的複雜性。所謂**附屬的複雜性**（*accidental complexity*）意指你選擇的特定工具及程序所衍生的問題，這是**本質的複雜性**（*essential complexity*）一語的相對面，後者指的是你正在處理的事物本身所含有的任何問題 [3]。舉例來說，如果你採用 C++ 來撰寫股票交易演算法，那麼處理記憶體分配問題便屬於附屬的複雜性：如果你選用其他會自動管理記憶體的程式語言，這問題便不復存在。但從另一方面來說，要想出一套可以打遍天下無敵手的演算法則屬於本質的複雜性：亦即無論選擇何種程式語言，你都得自行解決這個問題。

3 Frederick P. Brooks Jr., *The Mythical Man-Month: Essays on Software Engineering*, anniversary ed. (Reading, MA: Addison-Wesley Professional, 1995).

DevOps 耗時如此久的第三項原因——問題的本質複雜性——是因為正式環境等級的基礎架構原本就有一長串要你去準備的任務清單。問題是許多開發人員對清單中大部分的內容都一無所知，因此當他們估算專案時程時，便忽略了大量關鍵而且耗時的細節。下一小節就要來談談這個清單。

正式環境等級基礎架構的清單

我們來做個趣味實驗：在公司裡走一圈並發問「要達成正式上線的需求有哪些？」，在大多數的公司裡，如果你向五個人提出這問題，大概會得到五種不同的答案。其中一人會說要有運作指數和警訊；另外一人會說容量規劃和高可用性很要緊；某人會抱怨自動化測試和程式碼審閱的問題；但又有人會提出加密、認證和伺服器強化等議題；如果運氣好，謹慎的人還會記得要有備份和日誌整合。大多數的公司對於上線動作的需求都缺乏明確的定義，亦即基礎架構中部署的每一部分都可能會略有不同，而且可能會錯失若干重大功能。

為了改善這種事態，筆者在此提出一份*正式環境等級的基礎架構檢查清單*，如表 8-2 所示。這份清單涵蓋了大部分你在部署正式環境基礎架構時需要考量的關鍵事項。

表 8-2　正式環境等級的基礎架構檢查清單

任務	說明	工具範例
安裝	安裝軟體二進位檔及所有依存元件。	Bash、Ansible、Docker、Packer
設定	設定軟體的運行形式。包括通訊埠設定、TLS 憑證、服務搜尋、leaders、followers、複寫等等。	Chef、Ansible、Kubernetes
配置	配置基礎架構。包括伺服器、負載平衡器、網路組態、防火牆設定、IAM 權限等等。	Terraform, CloudFormation
部署	在基礎架構上部署服務。推出更新但不造成停機。包括藍 - 綠部署、滾動式和金絲雀部署等方式。	ASG、Kubernetes、ECS
高可用性	能承受各種中斷意外，包括個別的程序、伺服器、服務、資料中心及區域等等。	多重資料中心、多重區域
規模調節	能視負載調節規模大小。水平調節（更多伺服器）及垂直調節（更強的伺服器）。	Auto scaling、複寫
效能	最佳化 CPU、記憶體、磁碟、網路及 GPU 的使用。包括查詢微調、基準測試、負載測試及側面分析。	Dynatrace、Valgrind、VisualVM

任務	說明	工具範例
網路功能	設定靜態與動態 IP、通訊埠、服務搜尋、防火牆、DNS、SSH 存取、以及 VPN 存取。	VPCs、防火牆、Route 53
安全性	傳輸中加密（TLS）及磁碟內加密、認證、授權、密語管理、伺服器強化防禦。	ACM、Let's Encrypt、KMS、Vault
指數	可用性指數、業務用指數、應用程式指數、伺服器指數、事件、可觀測性、追蹤、以及警示。	CloudWatch、Datadog
日誌	輪替磁碟中的日誌。將日誌資料整合至集中位置。	Elastic Stack、Sumo Logic
資料備份	定期備份資料庫、快取、以及其他資料。並複寫至不同的區域 / 雲端帳號。	AWS Backup、RDS snapshots
成本最佳化	挑選適當類型的執行個體，使用 spot 和 reserved 的執行個體，使用 auto scaling，清理無用的資源。	Auto scaling、Infracost
文件	以文件說明你的程式碼、架構、以及實施方式。建立事故的因應劇本。	READMEs、wikis、Slack、IaC
測試	為基礎架構程式碼撰寫自動化測試。每次提交都要測試、每晚都要測試。	Terratest、tflint、OPA、InSpec

大多數的開發人員都熟悉前幾項任務：安裝、設定、配置、以及部署。但是接下來的任務卻讓他們應接不暇。譬如說，你是否思考過服務應有的韌性、以及服務故障離線時、或是負載平衡器離線時、甚至整個資料中心出事時，會發生什麼事？網路功能的相關任務也一樣棘手：設置 VPC、VPN、服務搜尋及 SSH 存取，全都是必要的基礎任務，可能需要耗時數月，但卻將常被完全排除在許多專案計畫及時程估算之外。而像是以 TLS 為傳輸中的資料加密、認證的處理、以及如何儲存密語等安全性相關任務，更是常被遺忘的部分，總是到最後一刻才想起來要處理。

每當你要處理基礎架構中新的部分時，請回頭來檢視這份清單。當然不是基礎架構中的每一部分都需要用到清單中的每一個項目，但你確實應該刻意明確地記錄下自己已經實施的項目，以及你決定跳過的項目和原因。

正式環境等級基礎架構的模組

現在你手中有基礎架構中每一部分所需的任務清單了，我們接著要來談談如何建置可重複使用模組的最佳實施方式，才能完成清單中的任務。以下是筆者要探討的主題：

- 模組要小
- 模組要便於組合
- 模組要容易測試
- 模組要有版本控制
- Terraform 模組以外的須知

模組要小

凡是 Terraform 及一般 IaC 新手的開發人員，通常都會把所有環境的全部基礎架構（開發、暫時、正式環境等等）定義，都包在單一檔案或單一模組當中。我們在第 98 頁的「狀態檔案的隔離」一節中便已探討過這一點，也知道這絕對是個餿主意。事實上筆者還要進一步強調這一點，並重申：大型模組——譬如含有數百行以上程式碼的模組、或是會部署過多彼此緊密關聯基礎架構部件的模組——就應該要視為是有害的。

以下是大型模組的諸多缺點：

大型模組執行起來很慢

　如果你所有的基礎架構都定義在一個 Terraform 模組裡，那麼它執行任何命令都會耗時甚久。筆者見識過，過於膨脹的模組甚至要花上 20 分鐘才能完成一個 `terraform plan` 的動作！

大型模組很不安全

　如果你全部的基礎架構都是以單一模組管理，那當你變動其中任一部分時，都必須要擁有所有牽涉內容的權限。亦即幾乎所有使用者都得變成管理者，這絕對違反了最小授權原則。

大型模組風險過大

　如果雞蛋都放在一個籃子裡，任何一處出錯都可能牽一髮動全身。你也許原本只是要在暫時環境中的前端應用程式做一個小小變動，但打錯字或是下錯命令卻可能導致誤刪正式環境的資料庫。

大型模組難以理解

單一場所的程式碼越多、其他人越難理解全部的內容。如果你無法徹底掌握正在處理的基礎架構，就會犯下代價高昂的錯誤。

大型模組很難審閱

審閱只包含數十行程式碼的模組並不難；但是要審閱數千行程式碼的模組就是近乎苛求了。還有，大型模組不只是會讓 `terraform plan` 花的時間更久，也會產生數千行的輸出內容，這時根本沒人有耐心跟一副利眼，能詳讀每一行訊息。也就是說很可能沒人注意到其中短短一行關於資料庫會被刪除的紅字警訊。

大型模組很難測試

測試基礎架構程式碼並不容易；測試大量的基礎架構程式碼則根本是天方夜譚。筆者在第 9 章會再探討這一點。

簡單地說，你應該用許多小模組來建構程式碼、而每個小模組只做一件事。這不是什麼新穎的見解。也許你已經在別處聽過很多次相似的說法了，只不過對應的情境略有不同而已，譬如《*無瑕的程式碼*》（*Clean Code*）一書中的版本[4]：

> 函式的頭條法則就是要小巧。第二法則則是它們應該比頭條法則說的還要小。

設想你正在使用某種通用程式語言，像是 Java 或 Python 或 Ruby，而你看到一個長達 *20,000* 行的單一函式——你馬上就會警覺到這段程式碼有問題（code smell）。比較好的方式是重構這段程式碼，將其拆解為數個更小的獨立函式、每個函式只負責單一任務。在 Terraform 裡也應該採用相同的策略。

設想你正在面對如圖 8-1 的架構。

如果這個架構定義在單一 Terraform 模組裡、其程式碼長達 20,000 行，你應該馬上警覺這是問題程式碼。你應該重構這個模組，將其拆解為數個更小的獨立模組、每個模組函式只負責單一任務，如圖 8-2 所示。

---

4 Robert C. Martin, *Clean Code: A Handbook of Agile Software Craftsmanship*, 1st ed. (Upper Saddle River, NJ: Prentice Hall, 2008).

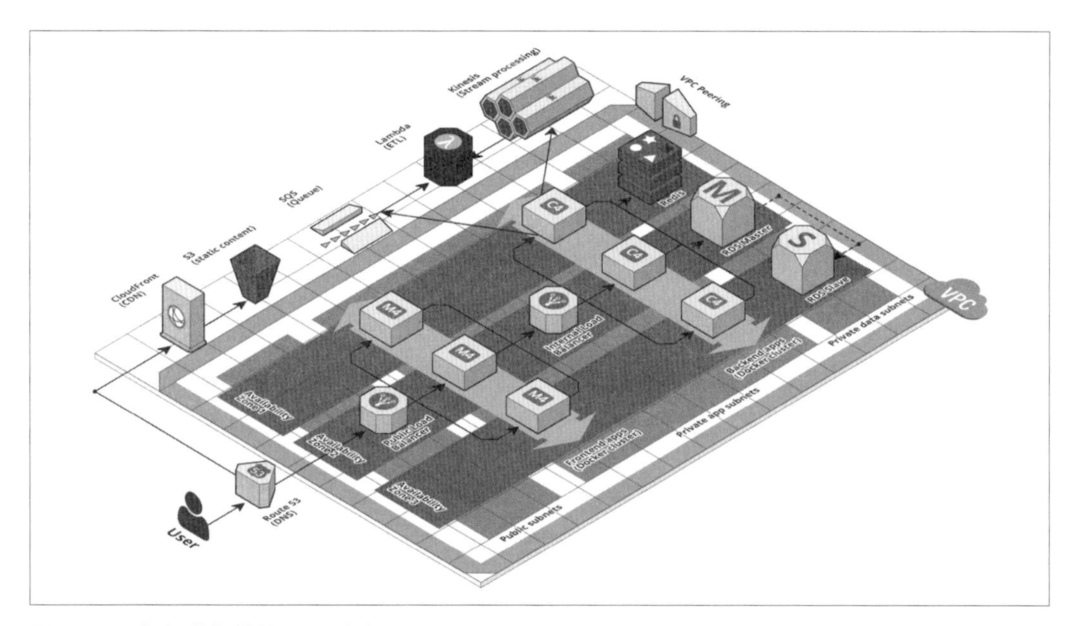

圖 8-1　一組相當複雜的 AWS 架構

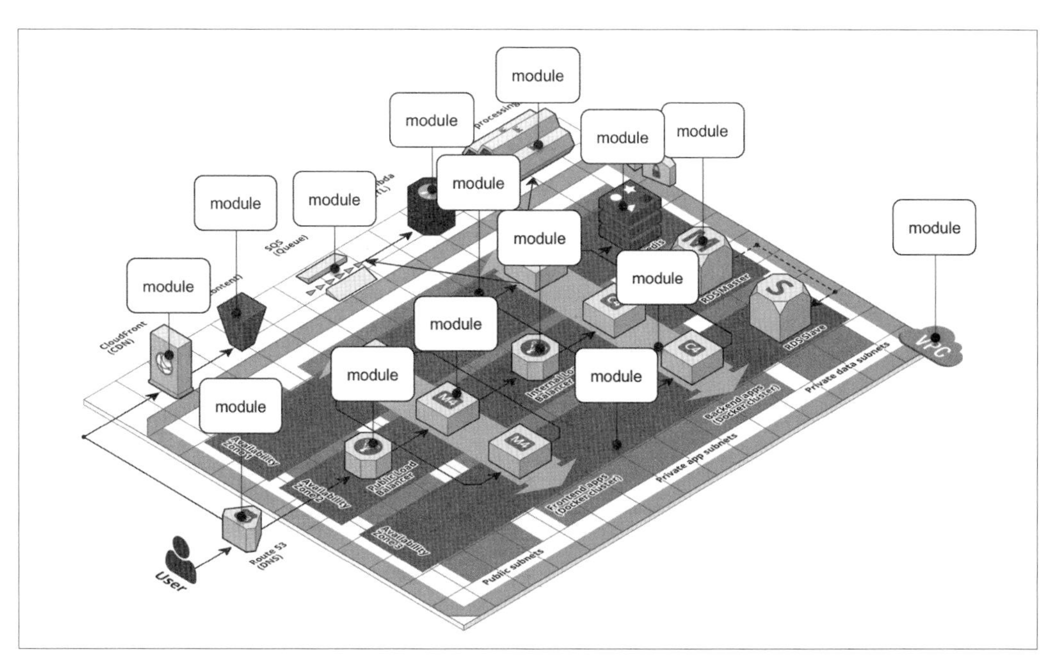

圖 8-2　一組相當複雜的 AWS 架構，但重構為許多個小型模組

譬如說，以我們在第 5 章處理過的 `webserver-cluster` 模組為例。該模組已經變得相當臃腫，因為它需要處理三種彼此互不相干的任務：

Auto Scaling Group（*ASG*）
: `webserver-cluster` 模組會部署一個 ASG，以便達成零停機時間及滾動式部署的目標。

Application Load Balancer（*ALB*）
: `webserver-cluster` 模組還部署了一個 ALB。

Hello, World app
: `webserver-cluster` 模組另外還部署了「Hello, World」這個簡易應用程式。

讓我們根據現況將程式碼重構為三個較小的模組：

`modules/cluster/asg-rolling-deploy`
: 這是一個通用、可重複使用的獨立模組，可以部署一個能達到零停機時間及滾動式部署的 ASG。

`modules/networking/alb`
: 通用、可重複使用的獨立模組，可以部署一個 ALB。

`modules/services/hello-world-app`
: 一個專門部署「Hello, World」應用程式的模組，它其實在檯面下是倚靠上述的 `asg-rolling-deploy` 和 `alb` 等模組。

在開始之前，記得先執行 `terraform destroy`，把先前章節中部署的任何 `webserver-cluster` 內容都清除。然後才著手重組 `asg-rolling-deploy` 和 `alb` 等模組。請新建一個 *modules/cluster/asg-rolling-deploy* 資料夾，接著從 *module/services/webserver-cluster/main.tf* 把以下資源移往 *modules/cluster/asg-rolling-deploy/main.tf*：

- `aws_launch_configuration`
- `aws_autoscaling_group`
- `aws_autoscaling_schedule`（兩個都要移）
- `aws_security_group`（只移動執行個體所需的，不要動與 ALB 有關的）
- `aws_security_group_rule`（只移動執行個體所需的一條規則，不要動與 ALB 有關的）
- `aws_cloudwatch_metric_alarm`（兩個都要移）

接下來，把以下變數從 *module/services/webserver-cluster/variables.tf* 移往 *modules/cluster/asg-rolling-deploy/variables.tf*：

- `cluster_name`
- `ami`
- `instance_type`
- `min_size`
- `max_size`
- `enable_autoscaling`
- `custom_tags`
- `server_port`

現在我們可以處理 ALB 模組了。再新建一個 *modules/networking/alb* 資料夾，然後把下列資源從 *module/services/webserver-cluster/main.tf* 移往 *modules/networking/alb/main.tf*：

- `aws_lb`
- `aws_lb_listener`
- `aws_security_group`（只移動 ALB 所需的那一個，不要動與執行個體有關的）
- `aws_security_group_rule`（只移動 ALB 所需的兩條規則，不要動與執行個體有關的那一條）

建立 *modules/networking/alb/variables.tf*，然後在其中定義單一變數：

```
variable "alb_name" {
  description = "The name to use for this ALB"
  type        = string
}
```

用這個變數作為 `aws_lb` 資源所需的 `name` 引數：

```
resource "aws_lb" "example" {
  name               = var.alb_name
  load_balancer_type = "application"
  subnets            = data.aws_subnets.default.ids
  security_groups    = [aws_security_group.alb.id]
}
```

同時也作為 aws_security_group 資源的 name 引數：

```
resource "aws_security_group" "alb" {
  name = var.alb_name
}
```

要移動的程式碼相當繁瑣，如果你已經亂掉了，不妨直接從 GitHub 借用本章的範例程式碼。

模組要便於組合

現在你手上有兩個縮小的模組了——asg-rolling-deploy 和 alb——每一個都只負責一件事、而且做得很妥當。但你要如何讓它們彼此配合？你如何建置出既可重複使用、又便於組合運用的模組？這個問題並非 Terraform 所獨有，而是數十年以來所有程式設計師腦中縈繞不去的議題。且讓我們借用 Unix 管線及 diff、sort、join 及 tr 等 Unix 工具的原始設計者 Doug McIlroy[5] 曾說過的名言：

> 這是 *Unix* 的哲學：寫出只負責一件事、而且做得很妥當的程式。寫出可以互相配合運作的程式。

要做到這一點，就要靠*函式組合*，你可以把一個函式的輸出傳遞給另一個函式作為輸入。譬如說，如果你用 Ruby 寫出了以下的小型函式：

```
# Simple function to do addition
def add(x, y)
  return x + y
end

# Simple function to do subtraction
def sub(x, y)
  return x - y
end

# Simple function to do multiplication
def multiply(x, y)
  return x * y
end
```

5 Peter H. Salus, *A Quarter-Century of Unix* (New York: Addison-Wesley Professional, 1994).

你就可以用函式組合的方式，把它們組合在一起，將 `add` 和 `sub` 的輸出放到 `multiply` 作為輸入：

```
# Complex function that composes several simpler functions
def do_calculation(x, y)
  return multiply(add(x, y), sub(x, y))
end
```

要讓函式可以彼此組合，主要做法之一就是要盡量減少副作用（*side effects*）：亦即儘可能地避免從外部讀取狀態、而是用輸入變數傳入，同時也避免將狀態寫到外部、而是將運算結果用輸出變數傳回。盡力減少副作用是函式化程式設計的核心宗旨之一，因為它使得程式內容更易於推敲、測試和重複使用。因為你能透過組合簡易函式的方式，逐步地打造出更複雜的函式。

雖說你在處理基礎架構程式碼的內容時無法完全避免副作用，至少仍可在 Terraform 的模組中遵循相同的原則：以輸入變數傳遞一切事物、再以輸出變數傳回一切事物，同時把較簡單的模組組合起來以便打造較複雜的模組。

開啟 *modules/cluster/asg-rolling-deploy/variables.tf*，加上四個新的輸入變數：

```
variable "subnet_ids" {
  description = "The subnet IDs to deploy to"
  type        = list(string)
}

variable "target_group_arns" {
  description = "The ARNs of ELB target groups in which to register Instances"
  type        = list(string)
  default     = []
}

variable "health_check_type" {
  description = "The type of health check to perform. Must be one of: EC2, ELB."
  type        = string
  default     = "EC2"
}

variable "user_data" {
  description = "The User Data script to run in each Instance at boot"
  type        = string
  default     = null
}
```

第一個變數 subnet_ids 會告訴 asg-rolling-deploy 模組該部署至哪些子網路。儘管 webserver-cluster 模組先前是寫死成部署到 Default VPC 和子網路，但引進 subnet_ids 變數，就可以把模組改寫成適用於任何 VPC 或子網路。接下來兩個變數 target_group_arns 和 health_check_type 則用於決定如何整合 ASG 和負載平衡器。先前的 webserver-cluster 模組裡有內建的 ALB，但 asg-rolling-deploy 模組則是刻意要做成通用的模組，因此將負載平衡器的設定改為透過輸入變數提供，就能將 ASG 用在更多種案例當中；例如沒有負載平衡器的情況、單一 ALB 的情況、多重 NLBs 的情況等等。

將這三個新的輸入變數傳給 *modules/cluster/asg-rolling-deploy/main.tf* 裡的 aws_autoscaling_group 資源，以取代先前被寫死的設定，它們都會參照那些並未複製到 asg-rolling-deploy 模組中的資源（例如 ALB）和資料來源（例如 aws_subnets）：

```
resource "aws_autoscaling_group" "example" {
  name                 = var.cluster_name
  launch_configuration = aws_launch_configuration.example.name
  vpc_zone_identifier  = var.subnet_ids

  # Configure integrations with a load balancer
  target_group_arns    = var.target_group_arns
  health_check_type    = var.health_check_type

  min_size = var.min_size
  max_size = var.max_size

  # (...)
}
```

至於第四個變數 user_data，則是用來傳遞 User Data 命令稿時要用到。原本的 webserver-cluster 模組中有一段寫死的 User Data 命令稿，只能用於部署「Hello, World」應用程式，但是將 User Data 命令稿改為輸入變數後，asg-rolling-deploy 模組就可以把任何應用程式部署到 ASG 上。請把 user_data 變數傳給 aws_launch_configuration 資源：

```
resource "aws_launch_configuration" "example" {
  image_id        = var.ami
  instance_type   = var.instance_type
  security_groups = [aws_security_group.instance.id]
  user_data       = var.user_data

  # Required when using a launch configuration with an auto scaling group.
  lifecycle {
    create_before_destroy = true
  }
}
```

你也會想要在 *modules/cluster/asg-rolling-deploy/outputs.tf* 中加上幾個有用的輸出變數：

```
output "asg_name" {
  value       = aws_autoscaling_group.example.name
  description = "The name of the Auto Scaling Group"
}

output "instance_security_group_id" {
  value       = aws_security_group.instance.id
  description = "The ID of the EC2 Instance Security Group"
}
```

輸出這些資料，會讓 `asg-rolling-deploy` 模組更易於重複使用，因為模組用戶可以透過這些輸出去建立其他新的動作，像是將自訂規則附掛到安全群組等等。

基於類似的原因，你應該在 *modules/networking/alb/outputs.tf* 裡也加上若干輸出變數：

```
output "alb_dns_name" {
  value       = aws_lb.example.dns_name
  description = "The domain name of the load balancer"
}

output "alb_http_listener_arn" {
  value       = aws_lb_listener.http.arn
  description = "The ARN of the HTTP listener"
}

output "alb_security_group_id" {
  value       = aws_security_group.alb.id
  description = "The ALB Security Group ID"
}
```

稍後便會看到如何運用它們。

最後一步就是把 `webserver-cluster` 模組改為 `hello-world-app` 模組，以便使用 `asg-rolling-deploy` 和 `alb` 等模組部署「Hello, World」應用程式。要做到這一點，請把 *module/services/webserver-cluster* 改名為 *module/services/hello-world-app*。當以上的內容異動步驟都完成後，在 *module/services/hello-world-app/main.tf* 裡應該就只剩下這些資源和資料來源了：

- `aws_lb_target_group`
- `aws_lb_listener_rule`
- `terraform_remote_state`（給 DB 用的）

- aws_vpc
- aws_subnets

請到 *modules/services/hello-world-app/variables.tf* 裡加上以下變數：

```
variable "environment" {
  description = "The name of the environment we're deploying to"
  type        = string
}
```

現在你可以把先前新建立的 asg-rolling-deploy 模組放到 hello-world-app 模組裡、藉以部署 ASG 了：

```
module "asg" {
  source = "../../cluster/asg-rolling-deploy"

  cluster_name  = "hello-world-${var.environment}"
  ami           = var.ami
  instance_type = var.instance_type

  user_data     = templatefile("${path.module}/user-data.sh", {
    server_port = var.server_port
    db_address  = data.terraform_remote_state.db.outputs.address
    db_port     = data.terraform_remote_state.db.outputs.port
    server_text = var.server_text
  })

  min_size           = var.min_size
  max_size           = var.max_size
  enable_autoscaling = var.enable_autoscaling

  subnet_ids        = data.aws_subnets.default.ids
  target_group_arns = [aws_lb_target_group.asg.arn]
  health_check_type = "ELB"

  custom_tags = var.custom_tags
}
```

再於 helloworld-app 模組裡加上同樣是先前新建的 alb 模組，以此部署 ALB：

```
module "alb" {
  source = "../../networking/alb"

  alb_name   = "hello-world-${var.environment}"
  subnet_ids = data.aws_subnets.default.ids
}
```

注意以上程式碼以輸入變數 environment 來強制實施命名慣例的做法，這樣一來，你所有的資源都會按照環境構成命名空間（例如 hello-world-stage、hello-world-prod 等等）。這段程式碼也會將你稍早加入的 subnet_ids、target_group_arns、health_check_type 及 user_data 等新變數名稱改為適當的名稱。

接下來你得為這個應用程式設置 ALB 的目標群組和接聽程式規則。請改寫 *modules/services/hello-world-app/main.tf* 裡的 aws_lb_target_group 資源，讓它在 name 裡使用 environment 變數：

```
resource "aws_lb_target_group" "asg" {
  name     = "hello-world-${var.environment}"
  port     = var.server_port
  protocol = "HTTP"
  vpc_id   = data.aws_vpc.default.id

  health_check {
    path                = "/"
    protocol            = "HTTP"
    matcher             = "200"
    interval            = 15
    timeout             = 3
    healthy_threshold   = 2
    unhealthy_threshold = 2
  }
}
```

現在改寫 aws_lb_listener_rule 資源中的 listener_arn 參數，令其指向 ALB 模組輸出的 alb_http_listener_arn：

```
resource "aws_lb_listener_rule" "asg" {
  listener_arn = module.alb.alb_http_listener_arn
  priority     = 100

  condition {
    path_pattern {
      values = ["*"]
    }
  }

  action {
    type             = "forward"
    target_group_arn = aws_lb_target_group.asg.arn
  }
}
```

最後把 `asg-rolling-deploy` 和 `alb` 等模組的重要輸出傳給 `hello-world-app` 模組，化為後者的輸出變數：

```
output "alb_dns_name" {
  value       = module.alb.alb_dns_name
  description = "The domain name of the load balancer"
}

output "asg_name" {
  value       = module.asg.asg_name
  description = "The name of the Auto Scaling Group"
}

output "instance_security_group_id" {
  value       = module.asg.instance_security_group_id
  description = "The ID of the EC2 Instance Security Group"
}
```

以上就是現實中會看到的函式組合運用：你以較簡單的部分（ASG 和 ALB）建構出更複雜的行為（一支「Hello, World」應用程式）。

模組要容易測試

到目前為止，你已寫出了大量的程式碼，包括三個模組：`asg-rolling-deploy`、`alb` 和 `hello-world-app`。下一步則要來檢查這些程式碼是否真的能夠運作。

你所建立的模組都並非根模組，亦即無法用於直接部署。若要部署它們，你必須再寫出其他的 Terraform 程式碼，並置入你需要的引數、設置 `provider`、並準備 `backend` 用作儲存等等。最好的辦法是乾脆建立一個 *examples* 資料夾，然後在其中放置要如何使用模組的範例程式，其目的就像資料夾名稱一樣。我們這就來試一試。

先建立 *examples/asg/main.tf* 檔案，其內容如下：

```
provider "aws" {
  region = "us-east-2"
}

module "asg" {
  source = "../../modules/cluster/asg-rolling-deploy"

  cluster_name  = var.cluster_name
  ami           = data.aws_ami.ubuntu.id
  instance_type = "t2.micro"

  min_size           = 1
```

```
  max_size           = 1
  enable_autoscaling = false

  subnet_ids         = data.aws_subnets.default.ids
}

data "aws_vpc" "default" {
  default = true
}

data "aws_subnets" "default" {
  filter {
    name   = "vpc-id"
    values = [data.aws_vpc.default.id]
  }
}

data "aws_ami" "ubuntu" {
  most_recent = true
  owners      = ["099720109477"] # Canonical

  filter {
    name   = "name"
    values = ["ubuntu/images/hvm-ssd/ubuntu-focal-20.04-amd64-server-*"]
  }
}
```

這部分的程式碼引用了 `asg-rolling-deploy` 模組，部署了一個規模只有 1 的 ASG。請嘗試執行 `terraform init` 和 `terraform apply`，然後檢查執行是否順暢無誤、是否真的啟用了一個 ASG。然後在目錄中添加一個 *README.md* 檔案，在檔案中指示操作方式，至此這個小小的範例瞬間便充滿了威力。只不過幾行的程式碼，就構成了以下的內容：

手動測試用的工具

當你改寫 `asg-rolling-deploy` 模組時，可以拿這段範例程式碼一再重複地讓 `terraform apply` 部署、然後用 `terraform destroy` 撤除，藉此檢查模組是否如你預期般運作。

自動化測試的工具

各位將會在第 9 章時學到，這段範例程式碼同樣也是為模組建置自動化測試的方式。筆者通常會建議將這類測試用的程式碼歸類到 *test* 資料夾。

可以執行的文件

一旦你將範例（包括 *README.md*）提交給版本控管，你同組的夥伴就可以看到內容，同時透過它來理解你的模組會如何運作，然後不必自己撰寫程式碼，就能以你的模組啟用相關資源。這樣既便於指導你的組員，而且當你為其撰寫自動化測試時，此舉亦可確保你的教材始終會如預期般運作。

你在 *modules* 資料夾中的每一個 Terraform 模組，都應該要在 *examples* 資料夾中建立相應的範例。同時 *examples* 資料夾中的每一個範例，也都應該要在 *test* 資料夾中建立相應的測試內容。事實上你很可能會讓每個模組擁有多個範例（也因此會對應多種測試），每一個範例都對應到不同的組態及排列，以展示其使用方式。譬如說，你也許還會替 `asg-rolling-deploy` 模組再加上其他示範，藉以展示如何用它搭配 auto scaling policies、如何掛到負載平衡器上、如何設置自訂標籤等等。

結合上述所論，典型的 *modules* 儲存庫資料夾架構看起來應該會像下面這樣：

```
modules
 └ examples
   └ alb
   └ asg-rolling-deploy
     └ one-instance
     └ auto-scaling
     └ with-load-balancer
     └ custom-tags
   └ hello-world-app
   └ mysql
 └ modules
   └ alb
   └ asg-rolling-deploy
   └ hello-world-app
   └ mysql
 └ test
   └ alb
   └ asg-rolling-deploy
   └ hello-world-app
   └ mysql
```

為了讓讀者自行練習起見，筆者讓各位自行為 `alb`、`asg-rolling-deploy`、`mysql` 和 `hello-world-app` 等模組添加大量範例。

開發新模組時，若能**事先**寫出範例程式碼、然後才著手撰寫模組程式碼，會是一種相當好的實施方式。如果你一開始就想先寫出模組，很容易就會陷入模組實作的細節當中，當你回頭來要把模組放到 API 當中時才發現，模組既不直覺又不好用。相對地，如果你、 先寫出範例程式碼，就可以自由地思考關於理想的使用者體驗，並為模組製作出清晰的 API，然後才著手規劃實作方式。由於你始終都會以範例程式碼作為模組的主要測試方式，這樣便形成了所謂的**測試驅動開發**（*Test-Driven Development*，TDD）；筆者會在第 9 章時進一步詳談這個主題，該章節內容將完全以測試為主。

然而在這個小節裡，筆者會專注於建立**會自我驗證的模組**（*self-validating modules*）：亦即能夠自行檢查其行為，以便防範特定類型錯誤的模組。Terraform 內部有兩種方式可以達成此一目的：

- 驗證（validations）
- 事前狀況（preconditions）和事後狀況（postconditions）

驗證

從 Terraform 0.13 版開始，就可以為任何輸入變數添加**驗證區塊**（*validation blocks*），以便進行各種檢查，而且不限於基本的型別約束條件檢查而已。舉例來說，你可以替 `instance_type` 變數加上一個 `validation` 區塊，除了確認使用者傳入的確實是字串值以外（這一點是靠約束條件 `type` 達成的），還能進一步確認字串內容的確屬於 AWS 免費方案所許可的兩個資料值之一：

```
variable "instance_type" {
  description = "The type of EC2 Instances to run (e.g. t2.micro)"
  type        = string

  validation {
    condition     = contains(["t2.micro", "t3.micro"], var.instance_type)
    error_message = "Only free tier is allowed: t2.micro | t3.micro."
  }
}
```

`validation` 區塊運作的方式，是藉由 `condition` 參數評估的結果來決定行止，若資料值有效則結果為 `true`、反之則為 `false`。而 `error_message` 參數則用來向使用者指出，若傳入的資料值無效時會看到的訊息。譬如說，若你嘗試將 `instance_type` 設成 `m4.large` 這個不屬於 AWS 免費方案的內容值時，會發生什麼事：

```
$ terraform apply -var instance_type="m4.large"
│ Error: Invalid value for variable
│
│   on main.tf line 17:
│    1: variable "instance_type" {
│      ├────────────────
│      │ var.instance_type is "m4.large"
```

```
│
│ Only free tier is allowed: t2.micro | t3.micro.
│
│ This was checked by the validation rule at main.tf:21,3-13.
```

每個變數都可以擁有一個以上的 validation 區塊，用來檢查多項不同的條件：

```
variable "min_size" {
  description = "The minimum number of EC2 Instances in the ASG"
  type        = number

  validation {
    condition     = var.min_size > 0
    error_message = "ASGs can't be empty or we'll have an outage!"
  }

  validation {
    condition     = var.min_size <= 10
    error_message = "ASGs must have 10 or fewer instances to keep costs down."
  }
}
```

但另外要注意的是，validation 區塊仍有一項先天的限制：當中的 condition 內容只能參照該區塊所附屬的輸入變數。如果你嘗試參照範圍外的輸入變數、局部變數、資源或是資料來源，就會出現錯誤。因此儘管 validation 區塊對於基本的輸入檢查相當有用，卻無法運用在更複雜的場合：譬如說，你不能用它同時檢查多個變數（像是「你只能在這兩個輸入變數中擇一設置」）、或是進行任何一種動態檢查（像是檢查使用者要求的 AMI 是否使用了 x86_64 架構）。要進行這類更為動態的檢查，你必須改用 precondition 和 postcondition 區塊，下一小節便會介紹它們。

preconditions 和 postconditions

從 Terraform 1.2 版開始，你可以為資源、資料來源及輸出變數加上 precondition 和 postcondition 區塊，藉以進行更彈性化的動態比對檢查。precondition 會捕捉你執行 apply 之前的錯誤。譬如說，用 precondition 可以更有效地檢查使用者傳給 instance_type 的值是否真的屬於 AWS 免費方案。上一小節中我們是靠 validation 區塊和寫死的執行個體類型資料值清單來進行檢查的，但這種清單的資訊要不了多久就會顯得過時。相反地，你可以改以資料來源 instance_type_data 去跟 AWS 取得最新版的資訊：

```
data "aws_ec2_instance_type" "instance" {
  instance_type = var.instance_type
}
```

然後你在 aws_launch_configuration 這個資源中加上 precondition 區塊，並檢查該執行個體的類型是否符合 AWS 免費方案：

```
resource "aws_launch_configuration" "example" {
  image_id        = var.ami
  instance_type   = var.instance_type
  security_groups = [aws_security_group.instance.id]
  user_data       = var.user_data

  # Required when using a launch configuration with an auto scaling group.
  lifecycle {
    create_before_destroy = true
    precondition {
      condition     = data.aws_ec2_instance_type.instance.free_tier_eligible
      error_message = "${var.instance_type} is not part of the AWS Free Tier!"
    }
  }
}
```

precondition 就像 validation 區塊一樣（其實 postcondition 區塊也差不多，我們很快就會學到），其中包含了一個 condition，其評估結果必定是 true 或 false 二者之一，若評估結果是 false，便會向使用者顯示 error_message 的內容。若你嘗試用一個不屬於 AWS 免費方案的執行個體類型來執行 apply，錯誤訊息便應聲而出：

```
$ terraform apply -var instance_type="m4.large"
│ Error: Resource precondition failed
│
│   on main.tf line 25, in resource "aws_launch_configuration" "example":
│   18:     condition = data.aws_ec2_instance_type.instance.free_tier_eligible
│     ├────────────────
│     │ data.aws_ec2_instance_type.instance.free_tier_eligible is false
│
│ m4.large is not part of the AWS Free Tier!
```

postcondition 區塊則是用來在執行 apply 之後捕捉錯誤用的。譬如說，你可以為 aws_autoscaling_group 資源加上一段 postcondition 區塊，以便檢查 ASG 是否部署到一個以上的可用性區域（Availability Zone（AZ）），藉以確保你部署的內容真的能因應至少一個 AZ 出事並離線的狀況：

```
resource "aws_autoscaling_group" "example" {
  name                 = var.cluster_name
  launch_configuration = aws_launch_configuration.example.name
  vpc_zone_identifier  = var.subnet_ids

  lifecycle {
    postcondition {
```

```
      condition     = length(self.availability_zones) > 1
      error_message = "You must use more than one AZ for high availability!"
    }
  }

  # (...)
}
```

注意這裡的 condition 參數，其中包含了一個關鍵字 self。*Self* 表示式（*Self expressions*）的語法如下：

```
self.<ATTRIBUTE>
```

這個特殊語法只能用在 postcondition、connection 和 provisioner 等區塊當中（本章稍後會看到後面這兩項的範例），用來參照外圍資源輸出的 ATTRIBUTE。如果你真的傻傻地按照 aws_autoscaling_group.example.<ATTRIBUTE> 這種標準寫法，就只會得到一串 circular dependency error，因為資源無法參照自己本身，所以才會衍生出這麼奇特的 self 表示式，作為這種特殊運用案例的變通方式。

若你對這個模組執行 apply，Terraform 便會部署它，但隨即進行檢查，如果它發覺使用者傳給輸入變數 subnet_ids 的子網路資料值其實都位於同一個 AZ 當中，那麼 postcondition 區塊便會拋出錯誤。這樣一來，如果你的 ASG 並未正確設定高可用性，就一定會收到警訊提醒。

何時該採用 validations、preconditions 和 postconditions

現在你知道，validation、precondition 和 postcondition 區塊的相似之處了，那何時該使用其中任何一者？

以 validation 區塊進行基本檢查

請在你所有正式環境等級的模組中採用 validation 區塊，以此防止使用者將無效的變數值傳入給模組。其目的為設法在異動內容真正被部署下去之前、事先捕捉基本的輸入錯誤。雖說 precondition 區塊的威力更大更好用，但你仍應儘可能地利用 validation 區塊來檢查變數，由於 validation 區塊就位在它要驗證的變數定義範圍以內，因此相關的 API 更容易讓人理解、也易於維護。

以 precondition 區塊檢查基本假設

請在你所有正式環境等級的模組中採用 precondition 區塊，藉此在異動內容真正被部署下去之前、檢查那些結果必須為「真」的假設條件。其中包括了你無法用 validation 區塊進行的變數檢查（例如需要參照多個變數或資料來源的時候）、以及對於資源和資料來源的檢查等等。其目的為設法在真正造成破壞之前、盡量地多捕捉到一點相關錯誤。

以 `postcondition` 區塊實施基本保證

請在你所有正式環境等級的模組中採用 `postcondition` 區塊，藉此在異動內容被部署下去之後、確認模組遵守了應有的行為方式。其目的是為了讓模組使用者能夠放心，知道模組會在執行 `apply` 之後確實如預期般運作、或是會在發生錯誤時退出。它同時也可以對負責維護模組的人明確地指出模組會實施的行為，如此才不至於在重構時意外錯失模組應有的行為。

以自動化測試工具實作出更進階的假設條件與保證

`validation`、`precondition` 與 `postcondition` 區塊都是十分有用的工具，但它們都只能用在基本的檢查上。這是因為你只能以 Terraform 內建的資料來源、資源及語言結構來進行檢查，而這些檢查對於更為進階的行為通常都無能為力。舉例來說，如果你建置了一個會部署網頁服務的模組，你也許會想要在部署該網頁服務後添加一項檢查，確認它是否能回應 HTTP 請求。要做到這一點，你可以在 `postcondition` 區塊中利用 Terraform 的 http provider（*https://oreil.ly/bHGak*）、對該服務發出 HTTP 請求，但由於大多數的部署都是以非同步形式進行的，因此你可能得設法多次嘗試 HTTP 請求，偏偏這個 provider 又缺乏可以重試的機制。此外，如果你部署的是一項內部網頁服務，就可能無法從公開的網際網路存取該服務，於是你就得設法先連進內部網路、或是借助於 VPN，想要只靠單純的 Terraform 程式碼做到這些事情也很棘手。因此若要進行更可靠的檢查，就得仰賴像是 OPA 和 Terratest 之類的自動化測試工具，兩者都會在第 9 章中介紹。

模組要有版本控制

對於模組，你應該考慮兩種類型的版本控制：

- 模組依存關係的版本控制
- 模組本身的版本控制

讓我們先從模組依存關係的版本控制開始談起。你的 Terraform 程式裡會有三種依存關係存在：

Terraform 核心

你所使用的 `terraform` 二進位檔的版本

Providers

　　你的程式碼必須引用的每一種 provider 的版本，譬如 `aws` 的 provider

模組

　　你從 `module` 區塊取得及引用的每一個模組的版本

基本規則是，你得練習對所有的依存關係進行**版本控制標記**（*versioning pinning*）。亦即你得把上述三種類型的依存關係都一個個標記為特定的已知固定版本。部署的結果應該是可以預測、也可以一再重複的：如果程式碼未曾改變，那麼不論是在今天、還是三個月後、甚至三年以後執行 `apply`，應該永遠都會只產生一樣的結果。要做到這一點，你必須避免一不小心引進新版本的依存關係。相反地，版本升級應該始終都是一個明確、而且經過審慎考量的動作，而且在你交付版本控制的程式碼中應該要看得出這一點。

我們來看看要如何為上述三種類型的 Terraform 依存關係進行版本標記。

要標記第一種類型的依存關係，亦即你的 Terraform 核心版本，可以利用程式碼中的 `required_version` 引數。至少要指定 Terraform 的特定主要版本：

```
terraform {
  # Require any 1.x version of Terraform
  required_version = ">= 1.0.0, < 2.0.0"
}
```

這一點至關重要，因為 Terraform 的每個主要發行版本都有無法回溯相容的現象：譬如從 1.0.0 升級到 2.0.0 時，就可能會引進新的突破性變更，因此你不會想要一不小心升級而造成問題。以上程式碼會讓你只能對該模組使用 1.x.x 版本的 Terraform，因此不論是 1.0.0 版和 1.2.3 版都可以接受，但如果你一不小心用了 0.14.3 版或是 2.0.0 版本的 Terraform 去執行 `terraform apply`，馬上就會看到這樣的錯誤：

```
$ terraform apply

Error: Unsupported Terraform Core version

This configuration does not support Terraform version 0.14.3. To proceed,
either choose another supported Terraform version or update the root module's
version constraint. Version constraints are normally set for good reason, so
updating the constraint may lead to other errors or unexpected behavior.
```

對於正式環境等級的程式碼，你要標記的還不僅限於主要版本，也許連次要及修補版本都得標記：

```
terraform {
  # Require Terraform at exactly version 1.2.3
  required_version = "1.2.3"
}
```

在過去的 Terraform 1.0.0 版之前，這是絕對有必要的，因為每一版的 Terraform 可能都會有無法回溯相容的異動存在其中，甚至包括狀態檔的格式：譬如說，Terraform 的 0.12.0 版就無法讀取 0.12.1 版所產生的狀態檔。幸好在推出 1.0.0 版後這個問題不復存在：根據官方發行的 Terraform v1.0 Compatibility Promises（*https://oreil.ly/AwqpQ*），在 v1.x 版本之間的升級應該不用更動你的程式碼或工作流程。

也就是說，你也許還是不想**一不小心**就升級到新版的 Terraform。新版本確實會帶來新的功能，要是有一部分的電腦（開發人員工作站和 CI 伺服器）開始使用這些新功能，但其他電腦卻還在使用舊版本，就會出現問題。此外，新版的 Terraform 也許仍存在缺陷，你會想要在正式環境引進新功能之前先到其他非正式環境中測試。因此雖然標記主要版本是起碼的要求，筆者仍會建議標記次要及修補版本、並在每一階段的環境中刻意審慎且經常地套用 Terraform 的升級更新。

要注意的是，你偶爾會需要在單一程式碼集合（codebase）中使用不一樣的 Terraform 版本。譬如說，你也許得在暫時環境中測試 Terraform 的 1.2.3 版，但在正式環境中仍繼續使用 1.0.0 版的 Terraform。不論是你自己的電腦還是在 CI 伺服器上，處理多個 Terraform 的版本都是棘手的問題。幸好有開放原始碼的工具 tfenv（*https://oreil.ly/DfEwY*）相助，這個 Terraform 的版本管理工具會讓事態簡化許多。

以最基本層面而言，`tfenv` 可以安裝多個版本的 Terraform、並在其間任意切換。譬如說，你可以用 `tfenv install` 命令安裝特定版本的 Terraform：

```
$ tfenv install 1.2.3
Installing Terraform v1.2.3
Downloading release tarball from
https://releases.hashicorp.com/terraform/1.2.3/terraform_1.2.3_darwin_amd64.zip
Archive:  tfenv_download.ZUS3Qn/terraform_1.2.3_darwin_amd64.zip
  inflating: /opt/homebrew/Cellar/tfenv/2.2.2/versions/1.2.3/terraform
Installation of terraform v1.2.3 successful.
```

Apple Silicon（*M1*、*M2*）上的 *tfenv*

直至 2022 年 6 月為止，tfenv 都無法在 Apple 晶片上安裝正確版本的 Terraform，像是使用 M1 或 M2 處理器的 Macs（此一已知問題的詳情，請參閱 *https://oreil.ly/h2FVo*）。折衷方式是將環境變數 TFENV_ARCH 設為 arm64：

```
$ export TFENV_ARCH=arm64
$ tfenv install 1.2.3
```

你可以用 list 命令列出所有已經安裝的版本：

```
$ tfenv list
  1.2.3
  1.1.4
  1.1.0
* 1.0.0 (set by /opt/homebrew/Cellar/tfenv/2.2.2/version)
```

然後可以再用 use 命令從清單中選擇要使用的 Terraform 版本：

```
$ tfenv use 1.2.3
Switching default version to v1.2.3
Switching completed
```

處理多個版本的 Terraform 時，這些命令都很方便，但是 tfenv 真正的威力在於它支援 *.terraform-version* 檔案。tfenv 會自動地在現行目錄下以及所有上層目錄中尋找 *.terraform-version* 檔案，一直向上找到專案的根目錄為止——亦即版本控制的根部（例如內有 *.git* 資料夾的那一層目錄）——如果它找到該檔案，任何你執行過的 terraform 命令都會自動地採用該檔案指定的版本。

舉例來說，如果你想要在暫時環境中試試 Terraform 的 1.2.3 版，但在正式環境中仍延續使用 1.0.0 版的 Terraform，就要採用以下的目錄架構：

```
live
 └ stage
   └ vpc
   └ mysql
   └ frontend-app
   └ .terraform-version
 └ prod
   └ vpc
   └ mysql
   └ frontend-app
   └ .terraform-version
```

在 *live/stage/.terraform-version* 檔案裡會有如下一般的內容：

```
1.2.3
```

而在 *live/prod/.terraform-version* 裡的內容會像這樣：

```
1.0.0
```

這下子你在 *stage* 或其任何子目錄下執行的任何 `terraform` 命令，都會自動採用 1.2.3 版的 Terraform。你可以執行 `terraform version` 命令驗證這一點：

```
$ cd stage/vpc
$ terraform version
Terraform v1.2.3
```

同理，你在 *prod* 或其任何子目錄下執行的任何 `terraform` 命令，都會自動採用 1.0.0 版的 Terraform：

```
$ cd prod/vpc
$ terraform version
Terraform v1.0.0
```

只要任何開發人員的工作站和你的 CI 伺服器都裝有 `tfenv`，以上方式就會自動運作生效。如果你是 Terragrunt 的用戶，tgswitch（*https://oreil.ly/nrmrn*）也提供了類似的功能，可以根據 *.terragrunt-version* 檔案自動地挑選正確版本的 Terragrunt。

現在我們要來談談 Terraform 程式碼中的第二種依存關係：providers。正如各位在第 7 章中學到的，要標記 provider 的版本，就要用到 `required_providers` 區塊：

```
terraform {
  required_version = ">= 1.0.0, < 2.0.0"

  required_providers {
    aws = {
      source  = "hashicorp/aws"
      version = "~> 4.0"
    }
  }
}
```

這段程式碼會將 AWS Provider 的程式碼固定在任何 4.x 的版本（`~> 4.0` 這段語法等同於 `>= 4.0, < 5.0`）。同樣地，最起碼的要求是固定在特定的主要版本編號，以避免一不小心取得了無法回溯相容的異動內容。從 Terraform 的 0.14.0 版起，你就不必再標記

providers 的次要及修補版本，因為這會靠鎖定檔案（*lock file*）自動發生。當你初次執行 `terraform init` 時，Terraform 會產生一個 *.terraform.lock.hcl* 檔案，其中會記錄以下資訊：

你用過的每一個 *provider* 的精確版本

倘若你將 *.terraform.lock.hcl* 檔案交付給版本控制（而且理當如此！），那麼將來當你在執行過 `terraform init` 的電腦上再度執行相同命令時，Terraform 就會去下載完全相同版本的 provider。這就是何以你不必再於 `required_providers` 區塊中標記次要和修補版本編號的緣故，因為上述動作已經是預設行為。如果你要刻意升級 provider 到某一個版本，可以更改 `required_providers` 區塊裡的版本約束條件，並執行 `terraform init -upgrade`。這樣 Terraform 就會去下載與你的版本約束條件相符的新版 providers，並一併更新 *.terraform.lock.hcl* 檔案；你應當檢視這類更新內容、並將其交付版本控管。

每一個 *provider* 的校驗值

Terraform 會記錄它所下載的每一個 provider 的校驗值（checksum），後續再度執行 `terraform init` 時，若是發現校驗值不符，便會顯示錯誤。這套安全機制可以確保 provider 程式碼未遭有心人士以惡意程式碼冒充。如果 provider 還經過簽章加密（cryptographically signed，大部分 HashiCorp 官方發行的 providers 都屬於此類），Terraform 也會一併驗證簽章，作為額外的檢查機制，以確認程式碼是否可靠。

多重作業系統的鎖定檔案

Terraform 預設只會記錄你執行 `init` 時所處平台的校驗值：譬如說，如果你在 Linux 上執行 `init`，那麼 Terraform 便只會將 Linux 專用 provider 二進位檔案的查驗值記錄在 *.terraform.lock.hcl* 檔案裡。如果你將該檔案交付版本控制，但事後又在另一台 Mac 上針對該程式碼執行 `init`，就會發生錯誤，因為 Mac 的校驗值沒有寫到先前的 *.terraform.lock.hcl* 檔案裡。如果你的團隊就是會使用多種作業系統，你就得執行 `terraform providers lock` 命令，藉以記錄每一種曾使用過的作業系統所對應的校驗值：

```
terraform providers lock \
  -platform=windows_amd64 \ # 64-bit Windows
  -platform=darwin_amd64 \  # 64-bit macOS
  -platform=darwin_arm64 \  # 64-bit macOS (ARM)
  -platform=linux_amd64     # 64-bit Linux
```

最後讓我們來看看第三種類型的依存關係：模組本身。正如第 140 頁的「模組的版本控管」一節中所述，筆者鄭重建議大家利用 source URLs、加上把 ref 參數設為 Git 標籤的方式來標定模組版本（而非只透過本地檔案路徑）：

```
source = "git@github.com:foo/modules.git//services/hello-world-app?ref=v0.0.5"
```

如果你採用這種類型的 URLs，每當你執行 terraform init，Terraform 就一定會為模組下載相同的程式碼。

現在你已經學到如何為程式碼的依存關係設定版本，接下來要談談如何為程式碼本身設定版本。正如第 140 頁的「模組的版本控管」一節中所述，你可以藉由 Git 標籤及語意式版本編號（semantic versioning），為程式碼設定版本：

```
$ git tag -a "v0.0.5" -m "Create new hello-world-app module"
$ git push --follow-tags
```

譬如說，若要將 v0.0.5 版的 hello-world-app 模組部署至暫時環境，就要將以下程式碼寫到 *live/stage/services/hello-world-app/main.tf* 當中：

```
provider "aws" {
  region = "us-east-2"
}

module "hello_world_app" {
  # TODO: replace this with your own module URL and version!!
  source = "git@github.com:foo/modules.git//services/hello-world-app?ref=v0.0.5"

  server_text            = "New server text"
  environment            = "stage"
  db_remote_state_bucket = "(YOUR_BUCKET_NAME)"
  db_remote_state_key    = "stage/data-stores/mysql/terraform.tfstate"

  instance_type      = "t2.micro"
  min_size           = 2
  max_size           = 2
  enable_autoscaling = false
  ami                = data.aws_ami.ubuntu.id
}

data "aws_ami" "ubuntu" {
  most_recent = true
  owners      = ["099720109477"] # Canonical

  filter {
    name   = "name"
```

```
    values = ["ubuntu/images/hvm-ssd/ubuntu-focal-20.04-amd64-server-*"]
  }
}
```

接著在 *live/stage/services/hello-world-app/outputs.tf* 中傳出 ALB DNS 作為輸出變數：

```
output "alb_dns_name" {
  value       = module.hello_world_app.alb_dns_name
  description = "The domain name of the load balancer"
}
```

現在你可以執行 `terraform init` 和 `terraform apply` 來部署有版本編號的模組了：

```
$ terraform apply

(...)

Apply complete! Resources: 13 added, 0 changed, 0 destroyed.

Outputs:

alb_dns_name = "hello-world-stage-477699288.us-east-2.elb.amazonaws.com"
```

如果一切無誤，你隨後就能把完全相同的版本——亦即完全一樣的程式碼內容——部署到其他環境，連正式環境也包括在內。如果你遇上問題，版本標記也會有助於你判斷要倒退回溯到哪一種舊版本。

另一種發佈模組的選項，是將其公開到 Terraform Registry。Public Terraform Registry（*https://registry.terraform.io*）裡會含有數百種可供重複使用、由社群維護的開放原始碼模組，可以用在 AWS、Google Cloud、Azure 及許多其他的 providers 上。要將模組公開到 Public Terraform Registry，有幾項要求必須注意[6]：

- 模組必須位於公開的 GitHub 儲存庫。
- 儲存庫必須以 `terraform-<PROVIDER>-<NAME>` 的格式來命名，這裡的 `PROVIDER` 指的是模組適用的 provider（譬如 `aws`）、而 `NAME` 指的自然是模組名稱（譬如 `rds`）。
- 模組必須遵循特定的檔案結構，包括在儲存庫的根部定義 Terraform 程式碼，提供 *README.md* 作為說明，並沿用 *main.tf*、*variables.tf* 和 *outputs.tf* 等慣用檔案名稱。
- 公開儲存程式庫時必須使用 Git 標籤搭配語意式版本編號（`x.y.z`）。

6 你可以從 Terraform 網站（*https://oreil.ly/yRBAF*）找到公開模組須知的完整細節。

只要你的模組符合以上要求，就可以用你的 GitHub 帳號登入到 Terraform Registry，再透過網頁 UI 公開你的模組、與全世界分享。一旦你的模組進入 Registry，你的團隊就能從網頁 UI 找到模組、並學習如何使用它們。

Terraform 甚至還支援特殊語法，可以透過 Terraform Registry 運用模組。你可以在 `source` 引數中改用 registry 的特殊短網址、並以分開標示的 `version` 引數來指定版本，而無須再繼續沿用冗長的 Git 網址跟難記的 `ref` 參數：

```
module "<NAME>" {
  source  = "<OWNER>/<REPO>/<PROVIDER>"
  version = "<VERSION>"

  # (...)
}
```

這裡的 `NAME` 指的是在你的 Terraform 程式碼中辨識模組的名稱、`OWNER` 指的則是 GitHub 儲存庫的持有人（例如 `github.com/foo/bar` 的持有人便是 `foo`）、`REPO` 則是 GitHub 儲存庫的名稱（例如 `github.com/foo/bar` 的儲存庫就是 `bar`）、`PROVIDER` 指的則是你要套用的 provider（例如 `aws`）、`VERSION` 指的則是應使用的模組版本。以下便是一個如何從 Terraform Registry 引用開放原始碼 RDS 模組的範例：

```
module "rds" {
  source  = "terraform-aws-modules/rds/aws"
  version = "4.4.0"

  # (...)
}
```

如果你正好是 HashiCorp 的 Terraform Cloud 或 Terraform Enterprise 的客戶，在 Private Terraform Registry 上也可以有相同的體驗——這是一個位於你私人 Git 儲存庫中的 registry，因此只有你的團隊有權存取。這也是在公司內分享模組的絕佳方式。

Terraform 模組以外的須知

雖說本書主題是 Terraform，但是為了要建立整套正式環境等級的基礎架構，你還是會需要用到其他工具，像是 Docker、Packer、Chef、Puppet，以及身兼結合這一切內容的老派 DevOps 接著劑，亦即最可靠的 Bash 命令稿。

大部分上述類型的程式碼都可以直接放到 *modules* 資料夾，跟其他的 Terraform 程式碼放在一起：例如你可以用 *modules/packer* 資料夾收容 Packer 的範本、若干用來設定 AMI 的 Bash 指令稿，則可以跟部署 AMI 的 Terraform 模組一併放在 *modules/asg-rolling-deploy* 底下。

然而，你偶爾還是會需要更進一步，從 Terraform 模組中直接執行一些非 Terraform 的程式碼（例如命令稿）。有時這會涉及 Terraform 與其他系統的整合（例如你已經試過用 Terraform 來設定 User Data 裡的命令稿，以便在 EC2 執行個體上執行）；其他則是為了變通因應 Terraform 的限制，像是缺乏 provider 的 API、或是因為 Terraform 自身宣告式語言的特性，而無法實作的複雜程式邏輯等等。如果你上網搜尋，可能還會找到一些 Terraform 裡的特殊「逃生艙門」可以實現以下功能：

- Provisioners
- Provisioners 搭配 `null_resource`
- 外部資源來源

以下便來一一說明。

Provisioners

當你執行 Terraform 時，可以透過它的 *provisioners* 來執行命令稿，不論是本地端或遠端機器皆可，其用途通常為自力啟動（bootstrapping）、組態管理、或單純只是用來清理。provisioners 有好幾種，包括 `local-exec`（可以在本地端機器執行命令稿）、`remote-exec`（可以在遠端資源執行命令稿）、以及 `file`（用來將檔案複製到遠端資源）[7]。

你可以在資源中添加 `provisioner` 區塊。譬如說，以下就是如何以 `local-exec` 這個 provisioner 在你的本地端機器上執行命令稿：

```
resource "aws_instance" "example" {
  ami           = data.aws_ami.ubuntu.id
  instance_type = "t2.micro"

  provisioner "local-exec" {
    command = "echo \"Hello, World from $(uname -smp)\""
  }
}
```

當你對以上程式碼執行 `terraform apply`，它會印出「Hello, World from」的字樣，然後緊接著以 `uname` 命令所取得的本地作業系統詳細資訊：

7 Terraform 網站有完整的 provisioners 清單可供參考（*https://oreil.ly/Jzboi*）。

```
$ terraform apply

(...)

aws_instance.example (local-exec): Hello, World from Darwin x86_64 i386

(...)

Apply complete! Resources: 1 added, 0 changed, 0 destroyed.
```

至於 `remote-exec` 這個 provisioner 的測試則要複雜一點。如欲在某個 EC2 執行個體之類的遠端資源執行程式碼，你的 Terraform 用戶端必須具備以下能力：

可透過網路與該 *EC2* 執行個體通訊

你已知道如何藉由安全群組做到這一點。

向該 *EC2* 執行個體認證

`remote-exec` 這個 provisioner 支援 SSH 和 WinRM 兩種連線。

由於本書範例啟動的都是 Linux（Ubuntu）的 EC2 執行個體，你可以用 SSH 進行認證。亦即你得設定 SSH 金鑰。我們先建立一個安全群組，以允許由外對內的 22 號通訊埠連線，這是 SSH 的預設通訊埠：

```
resource "aws_security_group" "instance" {
  ingress {
    from_port = 22
    to_port   = 22
    protocol  = "tcp"

    # To make this example easy to try out, we allow all SSH connections.
    # In real world usage, you should lock this down to solely trusted IPs.
    cidr_blocks = ["0.0.0.0/0"]
  }
}
```

至於 SSH 金鑰，正常程序是你得在自己的電腦上產生一對 SSH 金鑰，然後把公開金鑰上傳到 AWS，再把私密金鑰儲存在安全場所，讓你的 Terraform 程式碼可以取用。但是為了簡化測試起見，你可以用一個名為 `tls_private_key` 的資源來自動產生私密金鑰：

```
# To make this example easy to try out, we generate a private key in Terraform.
# In real-world usage, you should manage SSH keys outside of Terraform.
resource "tls_private_key" "example" {
  algorithm = "RSA"
  rsa_bits  = 4096
}
```

這個私密金鑰會儲存在 Terraform 狀態裡，這方法對於正式環境的案例並不妥當，但若僅供學習則無妨。接著請以 `aws_key_pair` 資源把公開金鑰上傳至 AWS：

```
resource "aws_key_pair" "generated_key" {
  public_key = tls_private_key.example.public_key_openssh
}
```

現在可以著手撰寫 EC2 執行個體的程式碼了：

```
data "aws_ami" "ubuntu" {
  most_recent = true
  owners      = ["099720109477"] # Canonical

  filter {
    name   = "name"
    values = ["ubuntu/images/hvm-ssd/ubuntu-focal-20.04-amd64-server-*"]
  }
}

resource "aws_instance" "example" {
  ami                    = data.aws_ami.ubuntu.id
  instance_type          = "t2.micro"
  vpc_security_group_ids = [aws_security_group.instance.id]
  key_name               = aws_key_pair.generated_key.key_name
}
```

以上大部分的程式碼應該都不令人陌生：它從資料來源 `aws_ami` 得知 Ubuntu 的 AMI 資訊、再以 `aws_instance` 資源將這個 AMI 部署在 `t2.micro` 類型的執行個體上，再將該執行個體和你先前建立的安全群組掛在一起。唯一新穎的部分是在 `aws_instance` 資源中加上了 `key_name` 屬性，藉以告知 AWS 要把這個私密金鑰和該 EC2 執行個體綁在一起。AWS 會把公開金鑰放到伺服器的 *authorized_keys* 檔案裡，這樣你才可以用相關的私密金鑰，從 SSH 連到該伺服器。

接著把 `remote-exec` 這個 provisioner 放進 `aws_instance` 資源：

```
resource "aws_instance" "example" {
  ami                    = data.aws_ami.ubuntu.id
  instance_type          = "t2.micro"
  vpc_security_group_ids = [aws_security_group.instance.id]
  key_name               = aws_key_pair.generated_key.key_name

  provisioner "remote-exec" {
    inline = ["echo \"Hello, World from $(uname -smp)\""]
  }
}
```

它看起來跟先前 local-exec 的 provisioner 幾乎完全一樣，只除了你是用 inline 引數來傳遞要執行的命令清單，而不是只靠單一的 command 引數。最後，你必須設定 Terraform、讓它在執行到 remote-exec 的 provisioner 時，會以 SSH 連線到這個 EC2 執行個體。這要靠 connection 區塊來達成目的：

```
resource "aws_instance" "example" {
  ami                    = data.aws_ami.ubuntu.id
  instance_type          = "t2.micro"
  vpc_security_group_ids = [aws_security_group.instance.id]
  key_name               = aws_key_pair.generated_key.key_name

  provisioner "remote-exec" {
    inline = ["echo \"Hello, World from $(uname -smp)\""]
  }

  connection {
    type        = "ssh"
    host        = self.public_ip
    user        = "ubuntu"
    private_key = tls_private_key.example.private_key_pem
  }
}
```

這段 connection 區塊會讓 Terraform 連線至 EC2 執行個體的公開 IP 位址，並以「ubuntu」作為 SSH 要用到的使用者名稱（這是 Ubuntu AMI 的 root 使用者預設名稱）、再加上自動產生的私密金鑰。如果你對這段程式碼執行 terraform apply，就會看到以下輸出：

```
$ terraform apply

(...)

aws_instance.example: Creating...
aws_instance.example: Still creating... [10s elapsed]
aws_instance.example: Still creating... [20s elapsed]
aws_instance.example: Provisioning with 'remote-exec'...
aws_instance.example (remote-exec): Connecting to remote host via SSH...
aws_instance.example (remote-exec): Connecting to remote host via SSH...
aws_instance.example (remote-exec): Connecting to remote host via SSH...

(... repeats a few more times ...)

aws_instance.example (remote-exec): Connecting to remote host via SSH...
aws_instance.example (remote-exec): Connected!
aws_instance.example (remote-exec): Hello, World from Linux x86_64 x86_64

Apply complete! Resources: 4 added, 0 changed, 0 destroyed.
```

`remote-exec` 這個 provisioner 並不知道該 EC2 執行個體何時才會完成啟動、並準備好接收連線，因此它會不斷地重試 SSH 連線，直到連線成功、或是等待期限逾時為止（預設的逾時值是五分鐘，但你可以修改它）。總之到頭來連線會成功，你就會從伺服器看到「Hello, World」。

要注意的是，根據預設，當你指定 provisioner 時，它屬於 *creation-time provisioner*（在建置時的配置工具），亦即它只會在 (a)`terraform apply` 當下執行、以及 (b) 只在該資源初始建立時執行。所以 provisioner 不會在日後的 `terraform apply` 時執行，因此 creation-time 的 provisioners 主要對於執行起始的 bootstrap 程式碼有用。如果你在 provisioner 裡加上了 `when = destroy` 引數，它就會搖身一變成為 *destroy-time provisioner*（在清除時的配置工具），亦即只會在你執行 `terraform destroy` 之後、該資源被刪除之前才會運作。

你可以在同一個資源裡指定多個 provisioners，然後 Terraform 會從上到下依序逐一執行它們。還可以加上 `on_failure` 引數，讓 Terraform 知道如何處理 provisioner 拋出的錯誤：如果設為 `"continue"`，Terraform 便會忽略錯誤、並繼續建立或清除資源；如果設為 `"abort"`，Terraform 則會放棄建立或清除的動作。

Provisioners 與 User Data 的對比

現在大家已經看過，以 Terraform 在伺服器上執行命令稿的不同方式：一種是剛剛介紹過 `remote-exec` 的 provisioner，另一種則是透過 User Data 執行命令稿。筆者通常都認為 User Data 是比較有用的工具，原因如下：

- `remote-exec` 的 provisioner 需要你先為伺服器開啟 SSH 或 WinRM 連線，這個管理動作相對複雜（亦即如先前介紹的那樣，要準備安全群組、又要設置 SSH 金鑰），而且安全性比 User Data 差，因為它只需用到 AWS 的 API 存取（以 Terraform 部署到 AWS 時一定會有這項權限）。
- 你可以用 User Data 命令稿搭配 ASGs，藉以確保 ASG 內所有伺服器都會在開機時執行該命令稿，這也包括了因應 auto scaling 或是 auto recovery 等狀況而啟動的伺服器。provisioners 則只有在執行 Terraform 時才會發生作用，而且根本無法搭配 ASGs。

- 你可以在 EC2 console 中看到 User Data 命令稿（請點選任一執行個體，再點選 Actions → Instance Settings → View/Change User Data 即可），也可以在 EC2 執行個體內觀察其執行日誌（通常位於 */var/log/cloud-init*.log*），二者皆有助於除錯，但 provisioners 則不具備這些特質。

在 EC2 執行個體上使用 provisioner 去執行程式碼，唯一的好處是 User Data 的指令稿長度有 16 KB 的長度上限，而 provisioner 的命令稿長度不受限制。

Provisioners 搭配 null_resource

你只能在資源內定義 provisioners，但有些時候你就是需要執行 provisioner、但不想跟任何資源扯上關係。這時 `null_resource` 就可以派上用場了，它的特性就像是正常的 Terraform 資源，只不過實際上不會建立任何事物。在 `null_resource` 裡定義 provisioners，就可以執行命令稿作為 Terraform 執行週期的一部分，但不用附屬於任何「真正的」資源：

```
resource "null_resource" "example" {
  provisioner "local-exec" {
    command = "echo \"Hello, World from $(uname -smp)\""
  }
}
```

`null_resource` 甚至還具備一個十分方便的引數，名為 `triggers`，它可以接收由成對的鍵與值構成的 map。每當 map 中的值變動時，`null_resource` 就會重新建立，這樣一來其中的任一 provisioners 也會跟著再執行一遍。舉例來說，如果你想在每次執行 `terraform apply` 時，都要重新執行 `null_resource` 裡的 provisioner，就可以利用 `uuid()` 這個內建函式，因為每次 `triggers` 引數呼叫它時，它都會隨機產生一個新的 UUID：

```
resource "null_resource" "example" {
  # Use UUID to force this null_resource to be recreated on every
  # call to 'terraform apply'
  triggers = {
    uuid = uuid()
  }

  provisioner "local-exec" {
    command = "echo \"Hello, World from $(uname -smp)\""
  }
}
```

現在只要你執行 terraform apply，local-exec 的 provisioner 都會跟著執行一遍：

```
$ terraform apply

(...)

null_resource.example (local-exec): Hello, World from Darwin x86_64 i386

$ terraform apply

null_resource.example (local-exec): Hello, World from Darwin x86_64 i386
```

外部資料來源

當你需要從 Terraform 內執行命令稿時，首選通常就是 provisioners，但總有它不適用的時候。有時你其實是需要有辦法執行一段命令稿以取得某些資料、再把資料提供給 Terraform 程式碼內部運用。你可以利用 external 這種資料來源做到這一點，它允許把遵循特定協議的外部命令當成是資料來源。

協議是這樣定義的：

- 你可以用 external 這個資料來源裡的 query 引數，將資料從 Terraform 內部傳遞給外部的程式。外部程式會從標準輸入（stdin）讀取這些引數，而引數的資料格式為 JSON。
- 外部程式會同樣以 JSON 的格式寫至標準輸出（stdout）、藉此將資料再傳回給 Terraform。其他部分的 Terraform 程式碼就可以利用 external 資料來源輸出的 result 屬性，從其中的 JSON 內容取出所需的資料。

以下就是一個例子：

```
data "external" "echo" {
  program = ["bash", "-c", "cat /dev/stdin"]

  query = {
    foo = "bar"
  }
}

output "echo" {
  value = data.external.echo.result
}
```

```
output "echo_foo" {
  value = data.external.echo.result.foo
}
```

上例利用了 external 資料來源去執行一支 Bash 命令稿，該命令稿會將它從標準輸入讀取到的資料原封不動地再顯示給標準輸出。於是你先前用 query 引數傳出的任何資料，應該都會再經由 result 這項輸出屬性返回到 Terraform 程式碼內部。當你對這段程式碼執行 terraform apply，就會發生以下的事：

```
$ terraform apply

(...)

Apply complete! Resources: 0 added, 0 changed, 0 destroyed.

Outputs:

echo = {
  "foo" = "bar"
}
echo_foo = "bar"
```

大家可以看出，data.external.<NAME>.result 包含的就是外部程式所傳回 JSON 格式的內容，而你可以透過 data.external.<NAME>.result.<PATH> 這樣的語法（譬如 data.external.echo.result.foo）瀏覽 JSON 格式的內容。

如果你實在需要從 Terraform 程式碼存取某些資料、偏偏又沒有合適的資料來源有辦法取得這類資料，那麼 external 這個資料來源就會是你擺脫困境的唯一救贖。但是當你使用 external 資料來源、或是 Terraform 中任何類似的「逃生門」功能時，切記要謹慎為之，因為它們會犧牲程式碼的可攜性、而且更形脆弱。譬如說，以上的 external 資料來源程式碼便借用了 Bash，因此你就無法從 Windows 部署這個 Terraform 模組。

結論

大家已經看過建置正式環境等級的 Terraform 程式碼所需的一切要素，現在該是把它們兜在一起的時候了。下次當你著手設計新模組時，請按照以下過程進行：

1. 先把表 8-2 所列的正式環境等級基礎架構檢查表再過目一遍，並清楚地標出你要實作的項目、以及要跳過的項目。然後用這份檢查清單的結果配合表 8-1，產生一份預估時程表給你的主管參考。

2. 建立一個 *examples* 資料夾，先寫出範例程式碼，藉由範例來定義出你認為模組該有的最佳使用者體驗、以及清晰的 API。請替模組的每一種重要使用方式組合都寫出範例，並加上充足的文件和適當的預設值，以便讓範例的部署越簡單越好。

3. 接著才建立 *modules* 資料夾，然後用一群小型的、可重複使用的、便於組合的模組，把你設想的 API 實作出來。請結合 Terraform 和 Docker、Packer、Bash 等其他工具來實作這些模組。確認要標記好所有依存關係的版本，包括 Terraform 的核心程式、Terraform 的 providers、以及你會用到的 Terraform 模組等等。

4. 建立一個 *test* 資料夾，並為每一個範例撰寫自動化測試。

最後一點 —— 為你的基礎架構程式碼撰寫自動化測試 —— 這是我們接下來第 9 章的主題。

第九章

如何測試 Terraform 程式碼

DevOps 的世界充滿恐懼：怕當機離線、又怕資料遺失、更怕安全破洞。每次你要進行更動時，總是心裡嘀咕著，會有何影響？它在每個環境中的運作方式都一樣嗎？會不會搞出另一個問題？如果真的引起故障，這次又要搞到多晚才能修復？隨著公司規模增長，風險也越來越大，因此部署過程也越趨恐怖、而且一步都錯不得。許多公司索性用減少部署頻率的方式來減緩風險，但結果卻是每次部署的規模更大、而且更容易出錯。

如果你以程式碼的方式來管理基礎架構，就有比較好的辦法來減緩風險：那就是測試。測試的目的是要讓你對進行更動這件事更有信心。注意，這裡的關鍵字是**信心**：沒有哪一種測試可以擔保你的程式碼萬無一失，因此到頭來一切都是機率問題。如果你能以程式碼掌控全部的基礎架構和部署過程，就可以在非正式環境中測試這些程式碼，只要測試過關，完全相同的程式碼在正式環境中也能正常運作的機會便會大得多。而置身在這個充滿恐懼與不確定性的世界中，只有成功機率更高、更有信心，才是真正有助益的。

在本章當中，筆者會探討測試基礎架構程式碼的過程，包括手動測試和自動化測試，而後者會佔據本章大部分的篇幅：

- 手動測試
  - 手動測試的基礎認識
  - 測試後的清理
- 自動化測試
  - 單元測試
  - 整合測試
  - 點到點測試
  - 其他的測試手法

範例程式碼

再次提醒大家，本書全部的範例程式碼皆可從 GitHub 取得（*https://github.com/brikis98/terraform-up-and-running-code*）。

手動測試

說到如何測試 Terraform 程式碼，如果能跟平常以 Ruby 之類通用程式語言所撰寫程式碼的測試方式做一番比對，會很有幫助。假設你用 Ruby 寫了一個簡易的網頁伺服器 *web-server.rb*：

```
class WebServer < WEBrick::HTTPServlet::AbstractServlet
  def do_GET(request, response)
    case request.path
    when "/"
      response.status = 200
      response['Content-Type'] = 'text/plain'
      response.body = 'Hello, World'
    when "/api"
      response.status = 201
      response['Content-Type'] = 'application/json'
      response.body = '{"foo":"bar"}'
    else
      response.status = 404
      response['Content-Type'] = 'text/plain'
      response.body = 'Not Found'
    end
  end
end
```

這段程式碼會以 200 的響應和網頁本體文字「Hello, World」作為 / 網址的回應，對於 /api 的網址則會以 201 的響應和一段 JSON 本體作為回應，其他格式的網址則一律回應 404。你如何手動測試這段程式碼？典型的解答自然是加上一段在本地主機運行網頁伺服器的程式碼：

```
# This will only run if this script was called directly from the CLI, but
# not if it was required from another file
if __FILE__ == $0
  # Run the server on localhost at port 8000
  server = WEBrick::HTTPServer.new :Port => 8000
  server.mount '/', WebServer

  # Shut down the server on CTRL+C
```

```
  trap 'INT' do server.shutdown end

  # Start the server
  server.start
end
```

當你以 CLI 執行以上檔案，它就會在 8000 號通訊埠啟動一個網頁伺服器：

```
$ ruby web-server.rb
[2019-05-25 14:11:52] INFO  WEBrick 1.3.1
[2019-05-25 14:11:52] INFO  ruby 2.3.7 (2018-03-28) [universal.x86_64-darwin17]
[2019-05-25 14:11:52] INFO  WEBrick::HTTPServer#start: pid=19767 port=8000
```

你可以用網頁瀏覽器或 `curl` 測試這個伺服器：

```
$ curl localhost:8000/
Hello, World
```

手動測試的基礎認識

那麼對於 Terraform 程式碼而言，怎麼進行這類手動測試？譬如說，我們在上一章已經用 Terraform 程式碼部署了一個 ALB。以下便是摘錄自 *modules/networking/alb/main.tf* 的片段：

```
resource "aws_lb" "example" {
  name               = var.alb_name
  load_balancer_type = "application"
  subnets            = var.subnet_ids
  security_groups    = [aws_security_group.alb.id]
}

resource "aws_lb_listener" "http" {
  load_balancer_arn = aws_lb.example.arn
  port              = local.http_port
  protocol          = "HTTP"

  # By default, return a simple 404 page
  default_action {
    type = "fixed-response"

    fixed_response {
      content_type = "text/plain"
      message_body = "404: page not found"
      status_code  = 404
    }
  }
}
```

```
resource "aws_security_group" "alb" {
  name = var.alb_name
}

# (...)
```

如果把這段程式碼與 Ruby 程式碼做比較，就會有一項明顯的差異：你無法在自己的電腦上逕自部署 AWS 的 ALBs、target groups、接聽程式、安全群組和所有其他的基礎架構。

由此便衍生出了**第一個測試關鍵要點**：你不能用本地端主機測試 Terraform 程式碼。其實不僅是 Terraform，很多 IaC 工具亦是如此。唯一實用的手動測試 Terraform 的方式，就是部署到真正的環境當中（譬如部署到 AWS）。換言之，至今本書中讓你手動執行 `terraform apply` 和 `terraform destroy` 的做法，正是 Terraform 的手動測試方式。

這也是我們要在 *examples* 資料夾中，為每個模組都放入容易部署範例的緣故之一，正如第 8 章所述。手動測試 `alb` 模組最簡單的方式，就是利用你在 *examples/alb* 中替模組建立的範例程式碼：

```
provider "aws" {
  region = "us-east-2"
}

module "alb" {
  source = "../../modules/networking/alb"

  alb_name   = "terraform-up-and-running"
  subnet_ids = data.aws_subnets.default.ids
}
```

正如本書至今讓大家已經練習多次的動作，請大家用 `terraform apply` 部署這段範例程式碼：

```
$ terraform apply

(...)

Apply complete! Resources: 5 added, 0 changed, 0 destroyed.

Outputs:

alb_dns_name = "hello-world-stage-477699288.us-east-2.elb.amazonaws.com"
```

一旦部署完畢，你就一樣可以用 `curl` 之類的工具進行測試，譬如說，ALB 的預設動作是傳回 404 的響應：

```
$ curl \
  -s \
  -o /dev/null \
  -w "%{http_code}" \
  hello-world-stage-477699288.us-east-2.elb.amazonaws.com

404
```

驗證基礎架構

本章範例係以 `curl` 及 HTTP 請求來驗證基礎架構確實能夠運作，這是因為你要測試的基礎架構確實包含一組會對 HTTP 請求做出回應的負載平衡器。但是對於其他類型的基礎架構而言，你就得把 `curl` 和 HTTP 請求換成不同形式的驗證方式。譬如說，如果你的基礎架構程式碼部署的是一個 MySQL 資料庫，你就得用 MySQL 用戶端程式來加以驗證；如果你的基礎架構程式碼部署的是一個 VPN 伺服器，你就得改用 VPN 用戶端來驗證；如果你的基礎架構程式碼部署的是一個完全不會傾聽任何連線請求的伺服器，你也許就得用 SSH 連線該伺服器、並在連線時執行若干本機端命令來測試它；諸如此類。因此雖說你可以把本章所述的基本測試架構套用在任何類型的基礎設施上，但是驗證的步驟卻會因為你測試的標的物而有所不同。

簡而言之，在使用 Terraform 時，每一個開發人員都需要優質的範例程式碼來做測試，並以實際的部署環境（例如一個 AWS 帳號）來頂替本地端主機、以便執行測試。在手動測試的過程中，你可能需要一再地建立和消除大量的基礎架構，同時也可能會犯下許多過失，因此這個測試環境應該要與其他像是暫時環境等更為穩定的環境完全隔離開來，與正式環境更該完全隔離。

因此筆者鄭重建議，讓每個團隊都各自設置一套隔離的沙箱環境（*sandbox environment*），開發人員可以在其中任意樓起樓塌地處置基礎架構，而無須擔憂影響他人。事實上，為了減少各個開發人員之間彼此形成衝突的機會（例如兩個開發人員想建立同名的負載平衡器），首要之務便是每一位開發人員都有自己完全與別處區隔來的沙箱環境。譬如說，如果你是在 AWS 上使用 Terraform，那麼就該立刻讓每位開發人員擁有自己的 AWS 帳號，讓他們可以用來盡情測試[1]。

---

1 AWS 並不會針額外的 AWS 帳號收取額外費用，如果你還使用了 AWS Organizations，甚至可以建立多個「子」帳號，並將費用整合至單一的根帳號，一如第 7 章所述。

測試後的清理

建立多重沙箱環境，是確保開發人員生產力的必要之務，但如果你沒有小心管理，結果就可能會把基礎架構搞得到處都是，把你的環境弄得一團亂，並浪費大量支出。

為了預防成本失控，**第二個測試關鍵要點**就是：經常清理你的沙箱環境。

你最起碼得建立一種習慣，讓開發人員記得執行 `terraform destroy`，以清除自己在測試時部署的所有內容。依照你的部署環境，應該都可以找到像是 cloud-nuke（*https://bit.ly/2OIgM9r* 和 aws-nuke（*https://bit.ly/2ZB8lOe*）之類的工具，並定期排程執行（例如 cron job），自動地清除已經無用或老舊的資源。

舉例來說，常見的做法是在每個沙箱環境中以 cron job 每天執行一次 `cloud-nuke`，藉此刪除所有已經超過 48 小時的資源，這是基於一個開發人員為了手動測試而啟用的任何基礎架構，應該在幾天之內就不再需要繼續使用的假設：

```
$ cloud-nuke aws --older-than 48h
```

警告：接下來會有很多程式碼出現、而且多到爆

為基礎架構程式碼撰寫自動化測試，不是隨便誰都可以做得到的。以下的自動化測試小節可說是本書最複雜的部分，不能等閒隨便讀過。如果你還在瀏覽階段，不妨跳過這個部分。但如果你真的想要學習如何測試基礎架構程式碼，那就準備捲起袖子好好寫上一狗票的程式碼！你不需要執行任何 Ruby 的程式碼（上例不過是要讓大家建立印象罷了），但你會需要撰寫和執行很多的 Go 語言程式碼。

自動化測試

自動化測試的概念，就是寫出測試用的程式碼，藉以驗證你的實際程式碼是否如預期般運作。大家會在第 10 章時讀到，你可以設置一套 CI 伺服器，並在每一次的提交動作（commit）後都執行這些測試，如果沒通過測試，就可以即時撤回或修正那些導致失敗的提交內容，繼而讓你的程式碼始終保持可以運作的狀態。

廣泛來說，自動化測試分成三種類型：

單元測試

單元測試會檢查一個小單元程式碼的功能性。所謂**單元**（*unit*）的定義並無一定準則，但在通用型的程式語言中，單元通常指的就是一個函式（function）或類別（class）。在單元測試時，通常任何與外部相關的內容——例如資料庫、網頁服務、甚至是檔案系統——都會以測試用的**替身**（*test doubles*）或**模擬對象**（*mocks*）來代替，以便讓你能全面掌握這些相關內容的行為模式（例如從模擬資料庫傳回事先寫好的回應），藉以測試你的程式碼能否因應各種場合。

整合測試

整合測試檢查的則是多個單元能否彼此一起正常運作。在通用型的程式語言中，整合測試所包含的程式碼會驗證多個函式或類別能否在一起正常運作。整合測試通常會混合運用真正的或是模擬的相關內容：譬如說，假設你正在測試應用程式中會與資料庫溝通的部分，你可能就會用真正的資料庫來做測試，但其他相關的內容仍然是模擬出來的，例如應用程式的認證系統之類。

點到點測試

點到點測試涉及的是整體架構運作——譬如你的應用程式、資料儲存、負載平衡器——這種測試會驗證你的系統能否作為一個整體來運作。通常這樣的測試都會從一般使用者的角度來進行，像是用 Selenium 配合瀏覽器、自動地與你的產品互動操作。點到點測試通常會使用四處可見的真實系統，不會涉及任何模擬出來的對象，並在一個完全對映正式環境的架構中進行（雖然可能會為了省錢而使用較少數或規模較小的伺服器來進行）。

上述每一種類型的測試皆有不同的目的，因此能捕捉的錯誤類型也各自不同，所以你可能得混合使用這三種類型的測試。單元測試的目的，是為了要能儘快地測試、以便立即看到變更後的成效，同時驗證各種可能情況的組合，以便確信程式碼中這部分的基本建構區塊（也就是單元）能如預期般運作。但只有個別的單元私底下正確運作，並不意味著把它們兜在一起時就能一帆風順，因此你才會需要做整合測試，藉以確認基本建構區塊能正確地合作。但話又說回來，即使你系統中各個不同的部分能正確運作，也不代表它們在部署到現實世界中以後也能如常運作，這便是點到點測試的目的，以其驗證你的程式碼在近似於正式環境的條件下也確實能如預期般運作。

現在我們就來看看如何為 Terraform 程式碼撰寫上述類型的測試內容。

單元測試

要理解如何為 Terraform 程式碼寫出單元測試，最好是先來觀察一下，像 Ruby 這樣的通用型程式語言是如何撰寫單元測試的。請先觀察以下用 Ruby 寫出來的網頁伺服器程式碼：

```
class WebServer < WEBrick::HTTPServlet::AbstractServlet
  def do_GET(request, response)
    case request.path
    when "/"
      response.status = 200
      response['Content-Type'] = 'text/plain'
      response.body = 'Hello, World'
    when "/api"
      response.status = 201
      response['Content-Type'] = 'application/json'
      response.body = '{"foo":"bar"}'
    else
      response.status = 404
      response['Content-Type'] = 'text/plain'
      response.body = 'Not Found'
    end
  end
end
```

要寫出能夠直接呼叫 `do_GET` 這個方法的單元測試是頗有難度的，因為你得把 `WebServer`、`request` 和 `response` 等實際物件都化為實例（instantiate），不然就是得為其建立測試用的替身，兩者都需要相當的工作量才能完成。但是當你發覺單元測試很難寫時，其實就暗示著這段程式碼有問題（code smell），需要進行重構（refactored）。要重構這段 Ruby 程式碼藉以簡化單元測試，辦法之一就是把其中的「處理程序」（handlers）抽出來——亦即負責處理 `/`、`/api` 和以上皆非路徑的部分——然後化身為獨立的 `Handlers` 類別：

```
class Handlers
  def handle(path)
    case path
    when "/"
      [200, 'text/plain', 'Hello, World']
    when "/api"
      [201, 'application/json', '{"foo":"bar"}']
    else
      [404, 'text/plain', 'Not Found']
    end
  end
end
```

這段新的 Handlers 類別中有兩個關鍵屬性要注意：

以簡易資料值作為輸入

這個 Handlers 類別不會涉及 HTTPServer、HTTPRequest 或是 HTTPResponse 等內容。相反地，所有的輸入都只不過是簡易的資料值，像是 URL 中的 path，不過是字串而已。

輸出也是簡易資料值

Handlers 這個類別所提供的方法，並不是去對可變的 HTTPResponse 物件設定資料值（這是副作用），而是以簡易資料值的形式回傳 HTTP 響應的內容（一個陣列，其中含有 HTTP 狀態碼、內容的型別（content type）和內文（body）本體）。

能以簡易資料值作為輸入、回傳的輸出也是簡易資料值時，這樣的程式碼通常很容易讓人理解、也易於更新和測試。讓我們先改寫 WebServer 類別，讓它改用新寫好的 Handlers 類別來回應請求：

```
class WebServer < WEBrick::HTTPServlet::AbstractServlet
  def do_GET(request, response)
    handlers = Handlers.new
    status_code, content_type, body = handlers.handle(request.path)

    response.status = status_code
    response['Content-Type'] = content_type
    response.body = body
  end
end
```

以上改寫的程式碼會呼叫 Handlers 類別中的 handle 方法，並以該方法傳回的狀態碼、內容型別和內文作為 HTTP 的響應。如各位所見，Handlers 類別的使用手法乾淨俐落。這樣的性質也可以讓測試變得簡單許多。以下便是針對 Handlers 類別中的每個端點（endpoint）所撰寫的三項單元測試：

```
class TestWebServer < Test::Unit::TestCase
  def initialize(test_method_name)
    super(test_method_name)
    @handlers = Handlers.new
  end

  def test_unit_hello
    status_code, content_type, body = @handlers.handle("/")
    assert_equal(200, status_code)
    assert_equal('text/plain', content_type)
    assert_equal('Hello, World', body)
```

```
    end

    def test_unit_api
      status_code, content_type, body = @handlers.handle("/api")
      assert_equal(201, status_code)
      assert_equal('application/json', content_type)
      assert_equal('{"foo":"bar"}', body)
    end

    def test_unit_404
      status_code, content_type, body = @handlers.handle("/invalid-path")
      assert_equal(404, status_code)
      assert_equal('text/plain', content_type)
      assert_equal('Not Found', body)
    end
  end
```

以下便是執行測試的方式：

```
$ ruby web-server-test.rb
Loaded suite web-server-test
Finished in 0.000572 seconds.
------------------------------------------
3 tests, 9 assertions, 0 failures, 0 errors
100% passed
------------------------------------------
```

只需花 0.0005272 秒，你就可以確信自己的網頁伺服器程式碼確如預期般運作。這便是單元測試的威力：一個快速回應的迴圈，能幫你建立對程式碼的信心。

Terraform 程式碼的單元測試

那麼在 Terraform 程式碼當中，相當上述那樣單元測試的內容是何模樣？第一步自然是要先識別出 Terraform 裡的「單元」為何。在 Terraform 裡，與單一函式或類別最接近的等值概念，自然就只有可重複使用的單一模組，就像你在第 8 章時建立的 `alb` 模組。但是這樣的模組要如何測試？

對於 Ruby 語言來說，要撰寫單元測試，就必須重構程式碼，才能在執行測試時不用涉及複雜的相關內容，像是 `HTTPServer`、`HTTPRequest`、或是 `HTTPResponse`。如果你仔細思考自己的 Terraform 程式碼動作——像是對 AWS 進行 API 呼叫，藉以建立負載平衡器、接聽程式、目標群組等等——便會驚覺 Terraform 程式碼有 99% 都在跟複雜的相關內容進行溝通！你沒辦法把這麼多與外部相關的內容精簡到零，就算做得到，最終結果也可能是根本沒剩多少值得測試的程式碼了[2]。

這便引入了**第三個測試關鍵要點**：你無法為 Terraform 程式碼進行**純粹的**單元測試。

但還不用沮喪。你依舊可以為你在真實環境中（例如一個 AWS 帳號）部署實際基礎架構的程式碼寫出自動化測試，藉以建立 Terraform 程式碼確實如預期般運作的信心。換言之，Terraform 的單元測試程度其實已經相當於整合測試了。只不過筆者仍偏好將其稱為單元測試，主要是為了強調，目標仍然是測試一個單元（例如單一可重複使用的模組），並儘快取得回應的結果。

因此，為 Terraform 撰寫單元測試的基本方針如下：

1. 建立小巧的獨立模組。
2. 為模組建立易於部署的範例。
3. 執行 `terraform apply`，將範例部署到真實環境當中。
4. 驗證你部署的內容確實如預期般運作。這一步要看你測試的基礎架構類型而定：譬如說，對於 ALB，你就得對它發送一個 HTTP 請求、並檢查你是否會收到預期般的回應，以此進行驗證。
5. 測試完畢後，執行 `terraform destroy` 清理環境。

換言之，你要做的事跟先前以手動方式測試時所做的**完全一樣**，只不過是把測試步驟化為程式碼罷了。事實上，這是為 Terraform 程式碼建立自動化測試時的一個良好心理模式：請自忖「我要如何手動測試才能確信它真的能用？」，然後在程式碼中重現這種測試。

你可以用任何程式語言來撰寫測試用的程式碼。在本書當中，所有的測試都是以 Go 語言撰寫而成，這是為了能引用 Terratest 這個開放原始碼的 Go 語言程式庫（*https://terratest.gruntwork.io*），它能夠在多種環境中（例如 AWS、Google Cloud、Kubernetes）測試各式各樣的基礎架構即程式碼工具（例如 Terraform、Packer、Docker、Helm）。

---

2 在少數案例中，我們有可能可以覆蓋 Terraform 用來與 providers 溝通時所需的 endpoints，像是把 Terraform 用來與 AWS 溝通所需的 endpoints 改成 LocalStack 之類的模擬工具（*https://oreil.ly/S3JRC*）。當 endpoints 為數不多時，這是可行的，但大多數的 Terraform 程式碼卻會對底層的 provider 衍生出**數百種**各自不同的 API 呼叫，要將它們一一模擬出來是很不切實際的。就算你能模擬它們，你也無法從這樣的單元測試結果中獲得多少信心：譬如說，如果你為 ASGs 和 ALBs 建立了模擬的 endpoints，你的 `terraform apply` 或許真能運作，但這是否就能證實你的程式碼真能在實際的基礎架構上部署出一套能用的應用程式？

Terratest 幾乎就像瑞士刀一樣，內建數百種工具，讓基礎架構程式碼的測試變得簡單之至，其中也包括了對於剛剛介紹過的測試策略的一流支援，像是用 `terraform apply` 部署若干程式碼、驗證其運作、再於尾聲時執行 `terraform destroy` 進行清理等等。

要使用 Terratest，必須進行以下動作：

1. 安裝 Go（*https://golang.org/doc/install*）（至少要 1.13 版以上）。
2. 建立資料夾以便容納測試用的程式碼：例如名為 *test* 的資料夾。
3. 在上述資料夾中執行 `go mod init <NAME>`，NAME 指的是這個測試套件要使用的名稱，其格式通常為 `github.com/<ORG_NAME>/<PROJECT_NAME>`（例如 `go mod init github.com/brikis98/terraform-up-and-running`）。這樣會產生一個 *go.mod* 檔案，可以用來追蹤你的 Go 語言程式碼之間的依存關係。

為了能迅速地檢查一下你的環境是否設定無誤，請在新資料夾中建立 *go_sanity_test.go*，內容如下：

```
package test

import (
	"fmt"
	"testing"
)

func TestGoIsWorking(t *testing.T) {
	fmt.Println()
	fmt.Println("If you see this text, it's working!")
	fmt.Println()
}
```

用 `go test` 命令進行測試：

```
go test -v
```

旗標 `-v` 的意思是要詳實地顯示資訊，如此可以確保測試時會顯示所有的日誌輸出。你應該會看到類似下面的輸出：

```
=== RUN   TestGoIsWorking

If you see this text, it's working!

--- PASS: TestGoIsWorking (0.00s)
PASS
ok    github.com/brikis98/terraform-up-and-running-code  0.192s
```

一旦運作無誤，就可以放心刪除 *go_sanity_test.go*，並繼續著手撰寫 `alb` 模組的單元測試。請到 *test* 資料夾中建立 *alb_example_test.go* 檔案，並填入如下的單元測試骨架：

```
package test

import (
        "testing"
)

func TestAlbExample(t *testing.T) {
}
```

第一步是要用 `terraform.Options` 型別把 Terratest 導向你的 Terraform 程式碼所在位置：

```
package test

import (
        "github.com/gruntwork-io/terratest/modules/terraform"
        "testing"
)

func TestAlbExample(t *testing.T) {
        opts := &terraform.Options{
                // You should update this relative path to point at your alb
                // example directory!
                TerraformDir: "../examples/alb",
        }
}
```

注意，為了要能測試 `alb` 模組，你要測試的其實是位於 *examples* 資料夾下的範例程式碼（你應該更新 `TerraformDir` 裡相對於 *test* 資料夾的路徑，將其指向你建立範例的資料夾）。

自動化測試的下一步則是執行 `terraform init` 和 `terraform apply` 以便部署程式碼。Terratest 有很方便的輔助工具（helpers）可以做到這一點：

```
func TestAlbExample(t *testing.T) {
        opts := &terraform.Options{
                // You should update this relative path to point at your alb
                // example directory!
                TerraformDir: "../examples/alb",
        }

        terraform.Init(t, opts)
        terraform.Apply(t, opts)
}
```

事實上，在 Terratest 中連續執行 `init` 和 `apply` 幾乎是常態，甚至還有更方便的 `InitAndApply` 這個輔助方法可以一氣呵成：

```
func TestAlbExample(t *testing.T) {
        opts := &terraform.Options{
                // You should update this relative path to point at your alb
                // example directory!
                TerraformDir: "../examples/alb",
        }

        // Deploy the example
        terraform.InitAndApply(t, opts)
}
```

以上程式碼在某種程度上已算是相當堪用的單元測試了，因為它會執行 `terraform init` 和 `terraform apply`，而且也會因為命令無法成功完成（例如 Terraform 程式碼有問題）而導致測試失敗。但是你仍舊可以更進一步對已部署的負載平衡器發出 HTTP 請求，並檢查它是否會傳回你預期中的資料。要做到這一點，你得設法取得已部署負載平衡器的網域名稱。幸好我們 `alb` 的範例中已經可以透過輸出變數取得這項資訊：

```
output "alb_dns_name" {
  value       = module.alb.alb_dns_name
  description = "The domain name of the load balancer"
}
```

Terratest 還內建其他的 helpers，可以從 Terraform 程式碼讀取輸出：

```
func TestAlbExample(t *testing.T) {
        opts := &terraform.Options{
                // You should update this relative path to point at your alb
                // example directory!
                TerraformDir: "../examples/alb",
        }

        // Deploy the example
        terraform.InitAndApply(t, opts)

        // Get the URL of the ALB
        albDnsName := terraform.OutputRequired(t, opts, "alb_dns_name")
        url := fmt.Sprintf("http://%s", albDnsName)
}
```

`OutputRequired` 這個函式會傳回給定輸出變數名稱的內容，如果輸出不存在或內容空白，測試便會失敗。以上程式碼會把這段輸出內容交給 Go 語言內建的 `fmt.Sprintf` 函式，以便組成 URL（別忘了要順便先匯入 `fmt` 套件）。下一步便是利用 `http_helper` 套件對這段網址發出一些 HTTP 請求（記得事先要匯入 `github.com/gruntwork-io/terratest/modules/http-helper`）：

```
func TestAlbExample(t *testing.T) {
	opts := &terraform.Options{
		// You should update this relative path to point at your alb
		// example directory!
		TerraformDir: "../examples/alb",
	}

	// Deploy the example
	terraform.InitAndApply(t, opts)

	// Get the URL of the ALB
	albDnsName := terraform.OutputRequired(t, opts, "alb_dns_name")
	url := fmt.Sprintf("http://%s", albDnsName)

	// Test that the ALB's default action is working and returns a 404
	expectedStatus := 404
	expectedBody := "404: page not found"
	maxRetries := 10
	timeBetweenRetries := 10 * time.Second

	http_helper.HttpGetWithRetry(
		t,
		url,
		nil,
		expectedStatus,
		expectedBody,
		maxRetries,
		timeBetweenRetries,
	)
}
```

這裡的 `http_helper.HttpGetWithRetry` 方法，會對你提供的 URL 發出一個 HTTP GET 請求，並檢查響應中是否含有預期應有的狀態碼和內文。如果沒有，該方法便會依照指定的重試次數和間隔時間重複嘗試。如果它終於取得了預期中的響應，測試便會通過；如果直到重試次數已滿、仍未取得預期的響應，測試便算失敗。在基礎架構測試裡，這種重複嘗試的程式邏輯是十分常見的，因為每當 `terraform apply` 完成後、直到部署的基礎架構真正準備好接收請求，通常都要等上一點時間（例如必須等待通過健康檢查、DNS 更新也需要傳遞時間等等），而且你也無法確知究竟得等上多久，於是最有效的因應方式就是繼續嘗試，直到測試有效、或是測試逾時為止。

最後一個要進行的動作，便是在測試的尾聲執行 terraform destroy，以便清理環境。你或許已經想到，Terratest 裡真的有一個叫做 terraform.Destroy 的 helper 可以達成任務，但如果你真的在測試的尾聲呼叫 terraform.Destroy，萬一在執行到清理用的程式碼之前，有任何測試用的程式碼出現了測試失敗的情形（例如因為 ALB 設定有誤而導致 HttpGetWithRetry 失敗），那麼測試用的程式碼便會在執行流程抵達 terraform.Destroy 之前退出，於是已部署的測試用基礎架構便永遠沒機會可以清除了。

因此，你必須設法在測試不論成功或失敗的情況下，都能確保一定會執行 terraform.Destroy。在許多程式語言中都是以 try / finally 或是 try / ensure 的結構來達到這種目的，但是在 Go 語言裡，我們可以靠 defer 敘述來達成目的，它可以確保你交付的程式碼在外圍函式返回時一定會執行（不論返回是以何種方式進行的）：

```
func TestAlbExample(t *testing.T) {
        opts := &terraform.Options{
                // You should update this relative path to point at your alb
                // example directory!
                TerraformDir: "../examples/alb",
        }

        // Clean up everything at the end of the test
        defer terraform.Destroy(t, opts)

        // Deploy the example
        terraform.InitAndApply(t, opts)

        // Get the URL of the ALB
        albDnsName := terraform.OutputRequired(t, opts, "alb_dns_name")
        url := fmt.Sprintf("http://%s", albDnsName)

        // Test that the ALB's default action is working and returns a 404
        expectedStatus := 404
        expectedBody := "404: page not found"
        maxRetries := 10
        timeBetweenRetries := 10 * time.Second

        http_helper.HttpGetWithRetry(
                t,
                url,
                nil,
                expectedStatus,
                expectedBody,
                maxRetries,
                timeBetweenRetries,
        )
}
```

注意，defer 在前半段便已寫進了程式碼，當下甚至還未呼叫 terraform.InitAndApply，這當然是為了確保沒有其他內容會在抵達 defer 敘述前便造成測試失敗，進而妨礙 terraform.Destroy 可以先排入呼叫佇列。

好，這下單元測試總算準備好了！

Terratest 的版本

本書中的測試用程式碼都是以 Terratest v0.39.0 寫成的。Terratest 仍屬於未臻完善（pre-1.0.0）的工具，因此較新的版本極可能會包含無法回溯相容的異動。為了確保本書中的測試範例能如內文所述地運作，筆者建議大家特別只安裝 v0.39.0 的 Terratest，暫時還不要採用最新版本。要做到這一點，請到 *go.mod* 檔案尾端加上以下敘述：

```
require github.com/gruntwork-io/terratest v0.39.0
```

由於這是全新的 Go 專案，而且是一次性的動作，你要告知 Go 語言環境去下載依存關係組件（包括 Terratest）。此時最簡單的做法就是執行以下命令：

```
go mod tidy
```

這樣就會去下載所有依存關係的內容、並建立一個 *go.sum* 檔案，固定在你指定的版本。

接下來，在可以進行測試之前，你必須如常般認證 AWS 帳號，這是因為測試動作亦會將基礎架構部署到 AWS 當中（請參閱第 47 頁的「其他的 AWS 認證選項」說明）。大家在本章稍早已經讀到，手動測試應該在沙箱環境的帳號中進行；對於自動化測試來說，這一點更形重要，因此筆者建議用一個完全分開的帳號來認證。當你的自動化測試內容日益增加，可能會隨之在每一套測試內容中都啟動成千上百的資源，因此將這些內容跟其他事物完全隔離，是至關重要的。

筆者通常會建議團隊，專為自動化測試另設完全分開的環境（例如不同的 AWS 帳號）——甚至跟用來手動測試的沙箱環境也分開。這樣一來，基於任何測試都不太可能執行那麼久的前提，你就能安心地刪除測試環境中所有已經存在數小時的資源。

一旦你認證過了可以安全地用於測試的 AWS 帳號，就可以動手測試了：

```
$ go test -v -timeout 30m

TestAlbExample 2019-05-26T13:29:32+01:00 command.go:53:
Running command terraform with args [init -upgrade=false]

(...)
```

```
TestAlbExample 2019-05-26T13:29:33+01:00 command.go:53:
Running command terraform with args [apply -input=false -lock=false]

(...)

TestAlbExample 2019-05-26T13:32:06+01:00 command.go:121:
Apply complete! Resources: 5 added, 0 changed, 0 destroyed.

(...)

TestAlbExample 2019-05-26T13:32:06+01:00 command.go:53:
Running command terraform with args [output -no-color alb_dns_name]

(...)

TestAlbExample 2019-05-26T13:38:32+01:00 http_helper.go:27:
Making an HTTP GET call to URL
http://terraform-up-and-running-1892693519.us-east-2.elb.amazonaws.com

(...)

TestAlbExample 2019-05-26T13:38:32+01:00 command.go:53:
Running command terraform with args
[destroy -auto-approve -input=false -lock=false]

(...)

TestAlbExample 2019-05-26T13:39:16+01:00 command.go:121:
Destroy complete! Resources: 5 destroyed.

(...)

PASS
ok    terraform-up-and-running   229.492s
```

請注意 `go test` 的 `-timeout 30m` 這個引數。依照預設模式，Go 語言會對測試動作施加 10 分鐘的為期限制，時間一到它就會強制中斷測試的運作，但這不僅會造成我們的測試失敗，還會拖累清理用程式碼的運作（例如 `terraform destroy`）無法完成。我們的 ALB 測試需時約莫五分鐘，但是當你執行的 Go 語言測試動作會在實際的基礎架構中進行部署時，最好是預留充裕的逾時期限，以避免測試半途被中斷，導致大量各類的基礎架構仍殘留在測試環境當中。

測試會產生大量的日誌輸出，但如果你留神閱讀，應該就可以發現測試中所有的關鍵階段：

1. 執行 `terraform init`
2. 執行 `terraform apply`
3. 以 `terraform output` 讀取輸出變數
4. 重複地對 ALB 發出 HTTP 請求
5. 執行 `terraform destroy`

這樣的單元測試速度自然遠遠不及 Ruby，但也要不了五分鐘，你就能以自動方式得知自己的 `alb` 模組是否如預期般運作。這差不多就跟你從 AWS 中的基礎架構看到的回應一樣快，它應該能讓你對自己的程式碼建立充足的信心，知道它會如預期般運作。

注入依存關係

現在讓我們來看看，如何為單元測試加料，讓它可以測試複雜一點的程式碼。再次回到 Ruby 的網頁伺服器範例，設想如果你要加上新的 `/web-service` 端點，而這個端點的動作是會對外部相關的內容發出 HTTP 呼叫，這樣該如何處理：

```
class Handlers
  def handle(path)
    case path
    when "/"
      [200, 'text/plain', 'Hello, World']
    when "/api"
      [201, 'application/json', '{"foo":"bar"}']
    when "/web-service"
      # New endpoint that calls a web service
      uri = URI("http://www.example.org")
      response = Net::HTTP.get_response(uri)
      [response.code.to_i, response['Content-Type'], response.body]
    else
      [404, 'text/plain', 'Not Found']
    end
  end
end
```

這段經過改寫的 `Handlers` 類別，現在多了可以處理帶有 `/web-service` 的 URL，其動作是對 `example.org` 發出 HTTP GET，再代理取回（proxying）響應。當你以 `curl` 存取這個端點，就會得到以下結果：

```
$ curl localhost:8000/web-service

<!doctype html>
<html>
```

```
<head>
    <title>Example Domain</title>
    <-- (...) -->
</head>
<body>
<div>
    <h1>Example Domain</h1>
    <p>
      This domain is established to be used for illustrative
      examples in documents. You may use this domain in
      examples without prior coordination or asking for permission.
    </p>
    <!-- (...) -->
</div>
</body>
</html>
```

你該如何為這個新建的方法建立單元測試？如果你就這樣直接測試程式碼，你的單元測試就會受到外部依存關係（本例的 `example.org`）行為的影響。這會造成若干缺點：

- 萬一依存的內容正好故障離線，就算不是你的程式碼造成的問題，仍會連累你的測試導致失敗。
- 萬一依存的內容行為模式會不定期地變動（譬如傳回的內文不一樣），你的測試也會不定期地失敗，而你就只能被迫經常地更新測試程式碼，就算不是你的程式碼造成的問題也一樣。
- 萬一依存的內容反應遲緩，你的測試也會變慢，這便違背了單元測試迅速取得回饋的原始精神。
- 萬一你想測試自己的程式碼能否根據依存內容的行為，去處理各種極端狀況（譬如程式碼能否因應重導向（redirects）？），如果你無從控制外部依存的內容，便無法進行這樣的測試。

雖說採用真實的依存內容會有助於整合測試及點到點測試，但對於單元測試而言，你應當設法盡量減少外部的依存內容。典型的策略是採用所謂的**注入依存關係**（*dependency injection*），亦即設法將依存內容從外部傳入（亦即「注入」之意）到你的程式碼內部，而不是在你的程式碼內部用寫死的方式去測試。

舉例來說，改寫過的 `Handlers` 類別不需要處理如何呼叫某網頁服務的一切細節。而是將這段程式邏輯另外拆分成 `WebService` 類別：

```
class WebService
  def initialize(url)
    @uri = URI(url)
  end

  def proxy
    response = Net::HTTP.get_response(@uri)
    [response.code.to_i, response['Content-Type'], response.body]
  end
end
```

這個類別會以 URL 作為輸入，並提供一個 proxy 方法，以便以代理方式從該 URL 網址取回對 HTTP GET 的響應。你可以事後再改寫 Handlers 類別，讓它把 WebService 的實例當成輸入，再於 web_service 方法中引用該輸入實例：

```
class Handlers
  def initialize(web_service)
    @web_service = web_service
  end

  def handle(path)
    case path
    when "/"
      [200, 'text/plain', 'Hello, World']
    when "/api"
      [201, 'application/json', '{"foo":"bar"}']
    when "/web-service"
      # New endpoint that calls a web service
      @web_service.proxy
    else
      [404, 'text/plain', 'Not Found']
    end
  end
end
```

現在你可以到實作的程式碼中加上真正的 WebService 實例，它會對 example.org 發出 HTTP 呼叫：

```
class WebServer < WEBrick::HTTPServlet::AbstractServlet
  def do_GET(request, response)
    web_service = WebService.new("http://www.example.org")
    handlers = Handlers.new(web_service)

    status_code, content_type, body = handlers.handle(request.path)

    response.status = status_code
    response['Content-Type'] = content_type
```

```
    response.body = body
  end
end
```

在你的測試程式碼當中，可以建立一個模擬出來的 WebService 類別，讓你用來指定該傳回何種模擬的響應：

```
class MockWebService
  def initialize(response)
    @response = response
  end

  def proxy
    @response
  end
end
```

現在你可以用這個 MockWebService 類別建立一個實例，並將其注入至你的單元測試中的 Handlers 類別：

```
  def test_unit_web_service
    expected_status = 200
    expected_content_type = 'text/html'
    expected_body = 'mock example.org'
    mock_response = [expected_status, expected_content_type, expected_body]

    mock_web_service = MockWebService.new(mock_response)
    handlers = Handlers.new(mock_web_service)

    status_code, content_type, body = handlers.handle("/web-service")
    assert_equal(expected_status, status_code)
    assert_equal(expected_content_type, content_type)
    assert_equal(expected_body, body)
  end
```

再度執行測試，看看它是否還能運作：

```
$ ruby web-server-test.rb
Loaded suite web-server-test
Started
...

Finished in 0.000645 seconds.
------------------------------------------
4 tests, 12 assertions, 0 failures, 0 errors
100% passed
------------------------------------------
```

讚。藉由注入的依存關係，將外部依存關係的依賴減到最少，這樣就能寫出快速可靠的測試內容，並藉此檢查各種極端的事例。而且由於你先前加入的三種測試案例都能過關，現在你可以放心相信，自己的重構動作並未弄壞任何功能。

現在讓我們把注意力放回到 Terraform 上，看看 Terraform 模組的依存關係注入是什麼樣子，並先從 hello-world-app 模組開始。如果你尚未準備，那首要進行的動作就是到 *examples* 資料夾底下，建立一個容易部署的範例：

```
provider "aws" {
  region = "us-east-2"
}

module "hello_world_app" {
  source = "../../../modules/services/hello-world-app"

  server_text = "Hello, World"
  environment = "example"

  db_remote_state_bucket = "(YOUR_BUCKET_NAME)"
  db_remote_state_key    = "examples/terraform.tfstate"

  instance_type      = "t2.micro"
  min_size           = 2
  max_size           = 2
  enable_autoscaling = false
  ami                = data.aws_ami.ubuntu.id
}

data "aws_ami" "ubuntu" {
  most_recent = true
  owners      = ["099720109477"] # Canonical

  filter {
    name   = "name"
    values = ["ubuntu/images/hvm-ssd/ubuntu-focal-20.04-amd64-server-*"]
  }
}
```

當你注意到 db_remote_state_bucket 和 db_remote_state_key 等參數時，依存關係的問題便浮現了：hello-world-app 模組會假設你已經事先部署了 mysql 模組，也需要你用這兩個參數將 mysql 用來存放狀態的 S3 bucket 細節提供出來。此處的目標自然是要為 hello-world-app 模組建立單元測試，雖說純粹的單元測試應該是全無外部依存關係的，而且這一點 Terraform 偏偏就做不到，但盡量地減少外部依存關係的存在，仍然是應當進行的方向。

要盡量地減少外部依存關係的存在，首要步驟之一便是搞清楚你的模組究竟具備哪些依存關係。你也許得改用不同的檔案命令慣例，將所有代表外部依存關係的資料來源和資源都移往獨立的 *dependencies.tf* 檔案。譬如說，以下是 *modules/services/hello-world-app/dependencies.tf* 的模樣：

```
data "terraform_remote_state" "db" {
  backend = "s3"

  config = {
    bucket = var.db_remote_state_bucket
    key    = var.db_remote_state_key
    region = "us-east-2"
  }
}

data "aws_vpc" "default" {
  default = true
}

data "aws_subnets" "default" {
  filter {
    name   = "vpc-id"
    values = [data.aws_vpc.default.id]
  }
}
```

這樣的慣例讓使用你的程式碼的人能輕易地判斷出來，程式碼會仰賴哪些外部的內容。以 `hello-world-app` 模組為例，你可以馬上看出來它和資料庫、VPC、以及子網路有所關聯。所以你要如何把這些依存關係從模組外部注入，好讓測試動作取得更新的內容？答案呼之欲出：輸入變數。

對於上述的依存關係，你得把這些新的輸入變數放到 *modules/services/hello-world-app/variables.tf* 裡：

```
variable "vpc_id" {
  description = "The ID of the VPC to deploy into"
  type        = string
  default     = null
}

variable "subnet_ids" {
  description = "The IDs of the subnets to deploy into"
  type        = list(string)
  default     = null
}
```

```
variable "mysql_config" {
  description = "The config for the MySQL DB"
  type        = object({
    address = string
    port    = number
  })
  default     = null
}
```

現在有輸入變數可以代表 VPC ID、subnet IDs 和 MySQL 設定內容了。每一個變數都有自己的預設值 `default`，因此它們會變成**選用變數**（*optional variables*），亦即使用者可以自訂其值、或是乾脆略過以便直接沿用預設值。每個變數的 `default` 都訂為 `null`。

值得注意的是，`mysql_config` 這個變數係以 `object` 的型別建構子（constructor）所建立，其中的巢狀型別由 `address` 和 `port` 兩個資料鍵組成。這樣的型別是故意設計出來的，目的是要能對應 `mysql` 模組輸出內容的型別：

```
output "address" {
  value       = aws_db_instance.example.address
  description = "Connect to the database at this endpoint"
}

output "port" {
  value       = aws_db_instance.example.port
  description = "The port the database is listening on"
}
```

此舉的好處之一在於，一旦我們完成重構，你就可以合併使用 `hello-world-app` 和 `mysql` 兩個模組：

```
module "hello_world_app" {
  source = "../../../modules/services/hello-world-app"

  server_text            = "Hello, World"
  environment            = "example"

  # Pass all the outputs from the mysql module straight through!
  mysql_config = module.mysql

  instance_type      = "t2.micro"
  min_size           = 2
  max_size           = 2
  enable_autoscaling = false
  ami                = data.aws_ami.ubuntu.id
}
```

```
module "mysql" {
  source = "../../../modules/data-stores/mysql"

  db_name     = var.db_name
  db_username = var.db_username
  db_password = var.db_password
}
```

由於 mysql_config 的型別正好呼應 mysql 模組輸出的內容型別，因此你可以用一行程式完成內容傳遞。就算將來型別變動導致不再匹配，Terraform 也會立即拋出錯誤，這樣你就會知道要加以修正。這樣一來不只可以讓函式組合運作，也能確保組合時的型別無誤。

但是在那之前，你仍得先完成剩下的程式碼重構動作。既然 MySQL 的組態可以當成輸入的內容直接傳入，亦即 db_remote_state_bucket 和 db_remote_state_key 等變數也都可以是選用的，所以我們可以將它們的 default 值也訂為 null：

```
variable "db_remote_state_bucket" {
  description = "The name of the S3 bucket for the DB's Terraform state"
  type        = string
  default     = null
}

variable "db_remote_state_key" {
  description = "The path in the S3 bucket for the DB's Terraform state"
  type        = string
  default     = null
}
```

接下來要看對應的輸入變數是否為 null，再到 *modules/services/hello-world-app/dependencies.tf* 中以 count 參數選擇性地建立三個資料來源：

```
data "terraform_remote_state" "db" {
  count = var.mysql_config == null ? 1 : 0

  backend = "s3"

  config = {
    bucket = var.db_remote_state_bucket
    key    = var.db_remote_state_key
    region = "us-east-2"
  }
}

data "aws_vpc" "default" {
  count   = var.vpc_id == null ? 1 : 0
```

```
  default = true
}

data "aws_subnets" "default" {
  count = var.subnet_ids == null ? 1 : 0
  filter {
    name   = "vpc-id"
    values = [data.aws_vpc.default.id]
  }
}
```

現在你得去更新會參照這些資料來源的任何內容，將其改為接受輸入變數、或是資料來源。讓我們以局部資料值來擷取它們：

```
locals {
  mysql_config = (
    var.mysql_config == null
      ? data.terraform_remote_state.db[0].outputs
      : var.mysql_config
  )

  vpc_id = (
    var.vpc_id == null
      ? data.aws_vpc.default[0].id
      : var.vpc_id
  )

  subnet_ids = (
    var.subnet_ids == null
      ? data.aws_subnets.default[0].ids
      : var.subnet_ids
  )
}
```

注意這些資料來源都借用了 `count` 參數，因此其型別會變成陣列（arrays），因此每當你需要引用其內容時，就必須借用陣列的搜尋語法（例如 `[0]`）。請再次檢視程式碼，只要找到有任何會參照上列資料來源之處，就要將其改寫為參照以上相應的局部變數。請先把資料來源 `aws_subnets` 改成使用 `local.vpc_id`：

```
data "aws_subnets" "default" {
  count = var.subnet_ids == null ? 1 : 0
  filter {
    name   = "vpc-id"
    values = [local.vpc_id]
  }
}
```

然後把 alb 模組的 subnet_ids 參數也改成使用 local.subnet_ids：

```
module "alb" {
  source = "../../networking/alb"

  alb_name   = "hello-world-${var.environment}"
  subnet_ids = local.subnet_ids
}
```

在 asg 模組裡，請更新如下：將 subnet_ids 參數設為 local.subnet_ids，而在 user_data 變數中，將 db_address 和 db_port 改成從 local.mysql_config 讀取內容。

```
module "asg" {
  source = "../../cluster/asg-rolling-deploy"

  cluster_name  = "hello-world-${var.environment}"
  ami           = var.ami
  instance_type = var.instance_type

  user_data = templatefile("${path.module}/user-data.sh", {
    server_port = var.server_port
    db_address  = local.mysql_config.address
    db_port     = local.mysql_config.port
    server_text = var.server_text
  })

  min_size           = var.min_size
  max_size           = var.max_size
  enable_autoscaling = var.enable_autoscaling

  subnet_ids        = local.subnet_ids
  target_group_arns = [aws_lb_target_group.asg.arn]
  health_check_type = "ELB"

  custom_tags = var.custom_tags
}
```

最後把 aws_lb_target_group 裡的 vpc_id 參數改為使用 local.vpc_id：

```
resource "aws_lb_target_group" "asg" {
  name     = "hello-world-${var.environment}"
  port     = var.server_port
  protocol = "HTTP"
  vpc_id   = local.vpc_id

  health_check {
    path                = "/"
    protocol            = "HTTP"
```

```
    matcher             = "200"
    interval            = 15
    timeout             = 3
    healthy_threshold   = 2
    unhealthy_threshold = 2
  }
}
```

經過以上改寫動作，現在你可以選擇是否要把 VPC ID、subnet IDs、以及 MySQL 的組態等參數，注入到 `hello-world-app module` 當中，或是省略其中任何一者，讓模組自己從合適的資料來源取得資料值。現在讓我們把「Hello, World」這個示範應用程式改成可以允許注入 MySQL 組態、但省略 VPC ID 和 subnet ID 等參數，因為採用 default VPC 已足敷運作所需。請在 *examples/hello-world-app/variables.tf* 裡新增一個輸入變數：

```
variable "mysql_config" {
  description = "The config for the MySQL DB"

  type = object({
    address = string
    port    = number
  })

  default = {
    address = "mock-mysql-address"
    port    = 12345
  }
}
```

在 *examples/hello-world-app/main.tf* 當中，把這個變數傳給 `hello-world-app` 模組：

```
module "hello_world_app" {
  source = "../../../modules/services/hello-world-app"

  server_text = "Hello, World"
  environment = "example"

  mysql_config = var.mysql_config

  instance_type      = "t2.micro"
  min_size           = 2
  max_size           = 2
  enable_autoscaling = false
  ami                = data.aws_ami.ubuntu.id
}
```

現在你可以在單元測試中為這個 `mysql_config` 變數指定任何資料值。請在 *test/hello_world_app_example_test.go* 建立一個單元測試，其內容如下：

```
func TestHelloWorldAppExample(t *testing.T) {
	opts := &terraform.Options{
		// You should update this relative path to point at your
		// hello-world-app example directory!
		TerraformDir: "../examples/hello-world-app/standalone",
	}

	// Clean up everything at the end of the test
	defer terraform.Destroy(t, opts)
	terraform.InitAndApply(t, opts)

	albDnsName := terraform.OutputRequired(t, opts, "alb_dns_name")
	url := fmt.Sprintf("http://%s", albDnsName)

	maxRetries := 10
	timeBetweenRetries := 10 * time.Second

	http_helper.HttpGetWithRetryWithCustomValidation(
		t,
		url,
		nil,
		maxRetries,
		timeBetweenRetries,
		func(status int, body string) bool {
			return status == 200 &&
				strings.Contains(body, "Hello, World")
		},
	)
}
```

這段程式碼跟 `alb` 一例的單元測試幾乎一樣，但只有兩處不同：

- `TerraformDir` 的設定指向 `hello-world-app` 範例程式，而不是先前的 `alb` 範例程式（請確定依需求更改檔案系統路徑）。
- 此處的測試並非以 `http_helper.HttpGetWithRetry` 來檢查有無 404 響應，而是改以 `http_helper.HttpGetWithRetryWithCustomValidation` 方法檢查 200 響應，同時內文要含有「Hello, World」的字樣。這是因為 `hello-world-app` 模組裡的 User Data 命令稿不但會傳回 200 OK 響應，還會包含伺服器文字及含有 HTML 格式的文字內容。

你只需在這項測試中加入一個新的內容——就是設置 mysql_config 變數：

```
opts := &terraform.Options{
	// You should update this relative path to point at your
	// hello-world-app example directory!
	TerraformDir: "../examples/hello-world-app/standalone",

	Vars: map[string]interface{}{
		"mysql_config": map[string]interface{}{
			"address": "mock-value-for-test",
			"port":    3306,
		},
	},
}
```

你可以透過位於 terraform.Options 當中的 Vars 變數設定 Terraform 程式碼中的變數。這段程式碼會將模擬出來的 mysql_config 變數資料傳入。抑或是你可以自行對其賦值：譬如在測試時啟動一個迷你的記憶體型資料庫，然後將 address 指向該資料庫的 IP 位址。

以 go test 執行以上的新測試，並加上 -run 引數，以便僅執行此項測試（不然就會按照 Go 語言的預設行為，跑去執行當下所處資料夾中的全部測試內容，包括你稍早所寫的 ALB 範例測試）：

```
$ go test -v -timeout 30m -run TestHelloWorldAppExample

(...)

PASS
ok  	terraform-up-and-running	204.113s
```

如若一切正常，測試就會執行 terraform apply、並重複地對負載平衡器發出 HTTP 請求，一旦它取得預期中的回應，便執行 terraform destroy 清除測試時部署的一切內容。總之只需幾分鐘，「Hello, World」應用程式就有了一套合理的單元測試結果。

平行測試

在其一小節中，你用了 go test 命令的 -run 引數，以便只執行單一測試。如果你把這項引數去掉，Go 語言便會執行所有的測試——而且是依序執行。雖說以四到五分鐘完成基礎架構程式碼的單一測試並不過份，但要是測試數量有好幾打，每個都只能依序執行，就得花上幾小時來完成全套測試。為了縮短這段回饋過程，你需要以平行方式在同時間內盡量地測試多一點的內容。

要讓 Go 語言進行平行測試，唯一要更動的就是在每段測試開頭加上 `t.Parallel()`。以下是 *test/hello_world_app_example_test.go* 改寫後的樣子：

```
func TestHelloWorldAppExample(t *testing.T) {
	t.Parallel()

	opts := &terraform.Options{
		// You should update this relative path to point at your
		// hello-world-app example directory!
		TerraformDir: "../examples/hello-world-app/standalone",

		Vars: map[string]interface{}{
			"mysql_config": map[string]interface{}{
				"address": "mock-value-for-test",
				"port":    3306,
			},
		},
	}

	// (...)
}
```

同樣地，*test/alb_example_test.go* 也要這樣改：

```
func TestAlbExample(t *testing.T) {
	t.Parallel()

	opts := &terraform.Options{
		// You should update this relative path to point at your alb
		// example directory!
		TerraformDir: "../examples/alb",
	}

	// (...)
}
```

你若是現在便執行 `go test`，這兩項測試便會同時進行。但是有個問題：這些測試所建立的部分資源——譬如 ASG、安全群組和 ALB——在兩種測試中都是使用相同的名稱，這會造成名稱衝突並導致測試失敗。就算你沒在測試中加上 `t.Parallel()`，要是你的團隊中有多人執行相同測試、或是你的測試是在 CI 環境中進行，這樣的名稱衝突便在所難免。

如此便引出了**第四個測試關鍵要點**：所有的資源都應該加上命名空間。

亦即在設計模組與範例時，每種資源的名稱都應該是可以（選擇性地）設定的。以 `alb` 範例而言，就是要讓 ALB 名稱變成是可以設定的。請再到 *examples/alb/variables.tf* 中加上一個輸入變數，並賦予合理的預設值：

```
variable "alb_name" {
  description = "The name of the ALB and all its resources"
  type        = string
  default     = "terraform-up-and-running"
}
```

接著在 *examples/alb/main.tf* 中將這個值傳給 `alb` 模組：

```
module "alb" {
  source = "../../modules/networking/alb"

  alb_name   = var.alb_name
  subnet_ids = data.aws_subnets.default.ids
}
```

然後在 *test/alb_example_test.go* 裡把該變數設為他處沒有的獨特資料值：

```
package test

import (
	"fmt"
	"github.com/stretchr/testify/require"

	"github.com/gruntwork-io/terratest/modules/http-helper"
	"github.com/gruntwork-io/terratest/modules/random"
	"github.com/gruntwork-io/terratest/modules/terraform"
	"testing"
	"time"
)

func TestAlbExample(t *testing.T) {
	t.Parallel()

	opts := &terraform.Options{
		// You should update this relative path to point at your alb
		// example directory!
		TerraformDir: "../examples/alb",

		Vars: map[string]interface{}{
			"alb_name": fmt.Sprintf("test-%s", random.UniqueId()),
		},
	}
```

```
        // (...)
    }
```

以上程式碼會把變數 alb_name 賦值為 test-<RANDOM_ID>，而 RANDOM_ID 則是一個由 Terratest 裡的 random.UniqueId() 這個 helper 所提供的隨機獨特識別碼（ID）。這個 helper 傳回的是一組隨機產生、以六個字元組成的 base-62 字串。其用意在於，因為識別碼不長，所以你可以放到大部分資源名稱當中，但不至於觸及名稱長度上限；又能保持足夠的隨機程度，不至於造成名稱重複的衝突（62^6 = 超過 560 億種組合）。這樣就可以確保有足夠的 ALB 名稱數量可以用來執行平行測試，而不必煩惱會有名稱衝突問題。

請到「Hello, World」應用程式範例中進行類似的改寫，先在 *examples/hello-world-app/variables.tf* 裡加上新的輸入變數：

```
variable "environment" {
  description = "The name of the environment we're deploying to"
  type        = string
  default     = "example"
}
```

然後將變數傳給 hello-world-app 模組：

```
module "hello_world_app" {
  source = "../../../modules/services/hello-world-app"

  server_text = "Hello, World"

  environment = var.environment

  mysql_config = var.mysql_config

  instance_type      = "t2.micro"
  min_size           = 2
  max_size           = 2
  enable_autoscaling = false
  ami                = data.aws_ami.ubuntu.id
}
```

最後在 *test/hello_world_app_example_test.go* 當中，把 environment 變數值訂為含有 random.UniqueId() 字樣：

```
func TestHelloWorldAppExample(t *testing.T) {
        t.Parallel()

        opts := &terraform.Options{
                // You should update this relative path to point at your
```

```
            // hello-world-app example directory!
            TerraformDir: "../examples/hello-world-app/standalone",

            Vars: map[string]interface{}{
                    "mysql_config": map[string]interface{}{
                            "address": "mock-value-for-test",
                            "port":    3306,
                    },
                    "environment": fmt.Sprintf("test-%s", random.UniqueId()),
            },
    }

    // (...)
}
```

做完這樣的改寫後，就可以放心地平行進行所有的測試了：

```
$ go test -v -timeout 30m

TestAlbExample 2019-05-26T17:57:21+01:00 (...)
TestHelloWorldAppExample 2019-05-26T17:57:21+01:00 (...)
TestAlbExample 2019-05-26T17:57:21+01:00 (...)
TestHelloWorldAppExample 2019-05-26T17:57:21+01:00 (...)
TestHelloWorldAppExample 2019-05-26T17:57:21+01:00 (...)

(...)

PASS
ok    terraform-up-and-running   216.090s
```

這樣你應該就可以看到兩種測試同時進行，因此整套測試需時大約就和最慢完成的那組測試相當，而不再是一個接一個完成所有測試所需的加總時間。

另外要注意的是，Go 語言預設可以平行運作的測試數量，是由你電腦上的 CPU 數量來決定的。所以你若是只有一顆 CPU，那麼預設還是只能一次一個地依序測試，而非平行測試。你可以用環境變數 `GOMAXPROCS` 來覆蓋這項預設值，或是在 `go test` 命令後面加上 `-parrallel` 引數。譬如說，若要強迫 Go 語言同時做兩組測試，命令就要這樣下：

```
$ go test -v -timeout 30m -parallel 2
```

在同一資料夾中平行測試

另一種類型的平行測試，是嘗試在同一個 Terraform 資料夾中同時執行多個自動化測試。舉例來說，或許你會想要對 *examples/hello-world-app* 執行好幾種不同的測試，而每一種測試在執行 `terraform apply` 之前，都會提供不同的輸入變數值。如果你就這樣貿然測試，就會遇上一個問題：到頭來測試彼此之間仍會發生衝突，因為它們都會試著去執行 `terraform init`，結果卻是彼此搶著複寫對方的 *.terraform* 資料夾及 Terraform 狀態檔案。

如果你要對同一個資料夾同時進行多個測試，最簡單的解法便是讓每一種測試都將原資料夾的內容複製到各個不同的臨時資料夾中，然後在這些臨時資料夾中執行 Terraform，以避免衝突。當然了，Terratest 是具備內建的 helper，可以代勞這個動作，它甚至可以自行確保各個 Terraform 模組中的相對檔案路徑也運作無誤：詳情請參閱 `test_structure.CopyTerraformFolderToTemp` 方法及其文件。

整合測試

現在你手上已經有幾個單元測試了，讓我們繼續來看整合測試。同樣地，先拿之前用 Ruby 寫的網頁伺服器範例來建構基本的直覺，以便事後運用在 Terraform 程式碼上。要對 Ruby 的網頁伺服器程式碼進行整合測試，你必須做到以下事項：

1. 在本地機器上運行網頁伺服器，令其傾聽某個通訊埠。
2. 對該網頁伺服器發出 HTTP 請求。
3. 驗證你得到的響應是否一如預期。

讓我們到 *web-server-test.rb* 裡建立一個 helper 方法，其中會實作以下步驟：

```
def do_integration_test(path, check_response)
  port = 8000
  server = WEBrick::HTTPServer.new :Port => port
  server.mount '/', WebServer

  begin
    # Start the web server in a separate thread so it
    # doesn't block the test
    thread = Thread.new do
      server.start
    end
```

```
    # Make an HTTP request to the web server at the
    # specified path
    uri = URI("http://localhost:#{port}#{path}")
    response = Net::HTTP.get_response(uri)

    # Use the specified check_response lambda to validate
    # the response
    check_response.call(response)
  ensure
    # Shut the server and thread down at the end of the
    # test
    server.shutdown
    thread.join
  end
end
```

do_integration_test 這個方法會設定網頁伺服器去傾聽 8000 號通訊埠，並以背景模式啟動它（這樣一來網頁伺服器便不會阻擋測試進行），然後對指定的 path 發出一個 HTTP GET，並將得到的 HTTP 響應傳給指定的 check_response 函式去驗證，當測試結束時，將網頁伺服器關閉。以下便是如何以這個方法寫出一段整合測試，用來檢測網頁伺服器的 / 端點：

```
def test_integration_hello
  do_integration_test('/', lambda { |response|
    assert_equal(200, response.code.to_i)
    assert_equal('text/plain', response['Content-Type'])
    assert_equal('Hello, World', response.body)
  })
end
```

這個方法會以 / 路徑搭配呼叫 do_integration_test，並傳入一個 lambda（基本上就是一個 inline function），後者會檢查響應是否為 200 OK、內文是不是「Hello, World」。其他端點的整合測試都大同小異。讓我們執行所有的測試：

```
$ ruby web-server-test.rb

(...)

Finished in 0.221561 seconds.
------------------------------------------
8 tests, 24 assertions, 0 failures, 0 errors
100% passed
------------------------------------------
```

注意，之前只有單元測試時，測試套件僅需 0.000572 秒便可結束，但整合測試卻要花到 0.221561 秒，一差就是 387 倍。當然了，0.221561 秒仍是轉瞬之間就可以完成，但這不過是因為以 Ruby 寫出的網頁伺服器程式碼原就只是刻意簡化的小型範例，其中內容本來就少。以上的重點並不在於絕對的秒數、而是相對的趨勢：整合測試通常都會比單元測試要慢。筆者稍後再來談這一點。

現在讓我們把注意力放回 Terraform 程式碼的整合測試上。如果 Terraform 中的「單元」（unit）指的是單一模組，那麼一項可以驗證多個單元能否彼此配合運作的整合測試，勢必需要部署這麼多涉及測試的模組，才能看得出它們能否彼此配合運作無誤。在前一小節中，我們試著用模擬的資料取代真正的 MySQL DB，藉以部署了「Hello, World」應用程式的範例。但為了整合測試起見，我們得真正部署 MySQL 模組，並確認「Hello, World」應用程式能否順利地整合資料庫。你在 *live/stage/data-stores/mysql* 和 *live/stage/services/hello-world-app* 底下已經有所需的程式碼。亦即你可以為（一部分的）暫時環境建立整合測試了。

當然了，就像本章先前所述，所有的自動化測試都應該在完全隔離的 AWS 帳號中執行。因此雖說你測試的只是暫時環境的程式碼，仍應以隔離的測試用帳號認證、並在該帳號底下執行測試。如果你的模組裡含有任何寫死的暫時環境內容，這時就該把這些資料值改寫為可設定的，這樣才能改用便於測試的資料值來做測試。說精確點，就是先到 *live/stage/data-stores/mysql/variables.tf* 裡，用新的輸入變數 `db_name` 作為提供資料庫名稱的方式：

```
variable "db_name" {
  description = "The name to use for the database"
  type        = string
  default     = "example_database_stage"
}
```

然後在 *live/stage/data-stores/mysql/main.tf* 中將資料值傳給 `mysql` 模組：

```
module "mysql" {
  source = "../../../../modules/data-stores/mysql"

  db_name     = var.db_name
  db_username = var.db_username
  db_password = var.db_password
}
```

現在讓我們用 *test/hello_world_integration_test.go* 建立整合測試的骨架，晚點再填入需要另外實作的細節：

```
// Replace these with the proper paths to your modules
const dbDirStage = "../live/stage/data-stores/mysql"
const appDirStage = "../live/stage/services/hello-world-app"

func TestHelloWorldAppStage(t *testing.T) {
        t.Parallel()

        // Deploy the MySQL DB
        dbOpts := createDbOpts(t, dbDirStage)
        defer terraform.Destroy(t, dbOpts)
        terraform.InitAndApply(t, dbOpts)

        // Deploy the hello-world-app
        helloOpts := createHelloOpts(dbOpts, appDirStage)
        defer terraform.Destroy(t, helloOpts)
        terraform.InitAndApply(t, helloOpts)

        // Validate the hello-world-app works
        validateHelloApp(t, helloOpts)
}
```

這段測試的結構是：部署 `mysql`、部署 `hello-world-app`、驗證應用程式、消除 `hello-world-app`（靠著 `defer` 在程式結尾時執行），最後才消除 `mysql`（同樣靠 `defer` 在程式結尾時執行）。至於 `createDbOpts`、`create HelloOpts` 和 `validateHelloApp` 等方法這時都還不存在，所以我們接下來就要把它們一個個寫出來，先從 `createDbOpts` 方法開始：

```
func createDbOpts(t *testing.T, terraformDir string) *terraform.Options {
        uniqueId := random.UniqueId()

        return &terraform.Options{
                TerraformDir: terraformDir,

                Vars: map[string]interface{}{
                        "db_name":     fmt.Sprintf("test%s", uniqueId),
                        "db_username": "admin",
                        "db_password": "password",
                },
        }
}
```

到這邊還沒什麼新的內容：程式碼以傳入的目錄作為輸入，輸出則是一個指標 `terraform.Options`，並設置了 `db_name`、`db_username` 和 `db_password` 等變數。

下一步則要處理 mysql 模組儲存資料的位置。目前這裡的 backend 組態仍是原本寫死的資料值：

```
backend "s3" {
  # Replace this with your bucket name!
  bucket         = "terraform-up-and-running-state"
  key            = "stage/data-stores/mysql/terraform.tfstate"
  region         = "us-east-2"

  # Replace this with your DynamoDB table name!
  dynamodb_table = "terraform-up-and-running-locks"
  encrypt        = true
}
```

這些寫死的資料值是測試的一大阻礙，如果你不把它們改掉，到頭來會導致把真正的暫時環境狀態檔案給蓋掉！辦法之一自然是利用 Terraform 的 workspaces（在第 99 頁的「以 Workspaces 來隔離」一節中已討論過），但這樣一來仍然需要存取暫時環境帳號的 S3 bucket，而且你應該要在一個完全分開的 AWS 帳號中執行測試才對。較好的辦法自然是改用部分組態（partial configuration），這在第 96 頁的「Terraform 的 Backends 所受的限制」一節中也介紹過。把整段 backend 組態移往外部檔案 *backend.hcl*：

```
bucket         = "terraform-up-and-running-state"
key            = "stage/data-stores/mysql/terraform.tfstate"
region         = "us-east-2"
dynamodb_table = "terraform-up-and-running-locks"
encrypt        = true
```

把 *live/stage/data-stores/mysql/main.tf* 裡的 backend 組態留白：

```
backend "s3" {
}
```

當你將 mysql 模組部署至實際的暫時環境時，會透過 -backend-config 引數告知 Terraform，要使用 *backend.hcl* 檔案裡的 backend 組態：

```
$ terraform init -backend-config=backend.hcl
```

而當你只是要測試 mysql 模組時，就會告訴 Terratest，要用 terraform.Options 的 BackendConfig 參數來傳入便於測試的資料值：

```
func createDbOpts(t *testing.T, terraformDir string) *terraform.Options {
	uniqueId := random.UniqueId()

	bucketForTesting := "YOUR_S3_BUCKET_FOR_TESTING"
	bucketRegionForTesting := "YOUR_S3_BUCKET_REGION_FOR_TESTING"
	dbStateKey := fmt.Sprintf("%s/%s/terraform.tfstate", t.Name(), uniqueId)
```

```
        return &terraform.Options{
                TerraformDir: terraformDir,

                Vars: map[string]interface{}{
                        "db_name":     fmt.Sprintf("test%s", uniqueId),
                        "db_username": "admin",
                        "db_password": "password",
                },

                BackendConfig: map[string]interface{}{
                        "bucket":  bucketForTesting,
                        "region":  bucketRegionForTesting,
                        "key":     dbStateKey,
                        "encrypt": true,
                },
        }
}
```

你得把 bucketForTesting 和 bucketRegionForTesting 兩個變數，更新為你自己會用的資料值。你可以在測試用的 AWS 帳號中建立一個 S3 bucket、當成 backend 來使用，由於 key 組態（bucket 裡的路徑）中包含了 uniqueId，這樣應該就足夠做出隨機的狀態檔路徑名稱，可以在每次測試時都有不同的檔案路徑。

下一步則是更新暫時環境中的 hello-world-app 模組。打開 *live/stage/services/hello-world-app/variables.tf*，並加上 db_remote_state_bucket、db_remote_state_key 和 environment 等變數：

```
variable "db_remote_state_bucket" {
  description = "The name of the S3 bucket for the database's remote state"
  type        = string
}

variable "db_remote_state_key" {
  description = "The path for the database's remote state in S3"
  type        = string
}

variable "environment" {
  description = "The name of the environment we're deploying to"
  type        = string
  default     = "stage"
}
```

然後在 *live/stage/services/hello-world-app/main.tf* 中將變數資料值傳給 hello-world-app 模組：

```
module "hello_world_app" {
  source = "../../../../modules/services/hello-world-app"

  server_text            = "Hello, World"

  environment            = var.environment
  db_remote_state_bucket = var.db_remote_state_bucket
  db_remote_state_key    = var.db_remote_state_key

  instance_type      = "t2.micro"
  min_size           = 2
  max_size           = 2
  enable_autoscaling = false
  ami                = data.aws_ami.ubuntu.id
}
```

現在該來實作 createHelloOpts 方法了：

```
func createHelloOpts(
	dbOpts *terraform.Options,
	terraformDir string) *terraform.Options {

	return &terraform.Options{
		TerraformDir: terraformDir,

		Vars: map[string]interface{}{
			"db_remote_state_bucket": dbOpts.BackendConfig["bucket"],
			"db_remote_state_key":    dbOpts.BackendConfig["key"],
			"environment":            dbOpts.Vars["db_name"],
		},
	}
}
```

注意，db_remote_state_bucket 和 db_remote_state_key 都應配合 mysql 模組設為 BackendConfig 所使用的資料值，方可確保 hello-world-app 模組所讀取的狀態，就是 mysql 模組寫入的狀態。environment 變數則必須呼應 db_name，這樣所有的資源才能以相同的方式做出命名空間的效果。

現在總算可以實作 validateHelloApp 方法了：

```
func validateHelloApp(t *testing.T, helloOpts *terraform.Options) {
	albDnsName := terraform.OutputRequired(t, helloOpts, "alb_dns_name")
	url := fmt.Sprintf("http://%s", albDnsName)
```

```
        maxRetries := 10
        timeBetweenRetries := 10 * time.Second

        http_helper.HttpGetWithRetryWithCustomValidation(
                t,
                url,
                nil,
                maxRetries,
                timeBetweenRetries,
                func(status int, body string) bool {
                        return status == 200 &&
                                strings.Contains(body, "Hello, World")
                },
        )
}
```

這個方法利用了 `http_helper` 套件，就跟單元測試時一樣，只不過這次引用的是 `http_helper.HttpGetWithRetryWithCustomValidation` 方法，它允許你自訂如何驗證 HTTP 響應代碼及內文的規則。若要能檢查出 HTTP 響應中確實**包含了**「Hello, World」的字串、而不僅僅是剛好等於該字串，就有必要改用這種方法，這是因為 `hello-world-app` 模組裡的 User Data 命令稿，傳回的內容不是只有 HTML 響應，還會帶有其他文字之故。

好，現在來執行整合測試看看它是否真能運作：

```
$ go test -v -timeout 30m -run "TestHelloWorldAppStage"

(...)

PASS
ok    terraform-up-and-running   795.63s
```

太好了，現在你有一套整合測試可以用來檢查數個模組能否正確地協同運作。這種整合測試遠比單元測試要來得複雜，而且時間也長了兩倍不止（10 ～ 15 分鐘、而不是 4 ～ 5 分鐘）。一般來說，你是沒什麼辦法能讓這一整套測試再**快上一點**——此處瓶頸在於 AWS 要花多長的時間部署和清除 RDS、ASGs、ALBs 等資源——但在特定情況下，你可以利用**測試的階段**（*test stages*）讓測試用的程式碼**少費一點功夫**。

測試的階段

觀察你的整合測試程式碼，應該會注意到它包含了五種各自不同的「階段」（stages）：

1. 對 `mysql` 模組執行 `terraform apply`。

2. 對 `hello-world-app` 模組執行 `terraform apply`。

3. 驗證一切都運作無誤。

4. 對 `hello-world-app` 模組執行 `terraform destroy`。

5. 對 `mysql` 模組執行 `terraform destroy`。

當你在一套 CI 環境中執行這些測試時，會需要從頭到尾執行上述各個階段。然而，如果你只是在自己的本地開發環境中，一邊來回地修正程式碼、一邊進行測試的話，執行全部階段的測試便沒那麼重要。舉例來說，如果你只是更動了 `hello-world-app` 模組，那麼若是每次修改完都要重跑整套測試，不就等於次次都要部署和清除 `mysql` 模組？更何況你更改的內容跟 `mysql` 模組一點關係都沒有？如此一來，每一輪測試便憑空多了 5 到 10 分鐘的空轉。理想上，工作流程應該改成以下這樣：

1. 對 `mysql` 模組執行 `terraform apply`。

2. 對 `hello-world-app` 模組執行 `terraform apply`。

3. 這時開始反覆地進行開發動作：

   a. 修改 `hello-world-app` 模組。

   b. 對 `hello-world-app` 模組重新執行 `terraform apply`，以便部署你更動過的內容。

   c. 驗證一切都運作無誤。

   d. 如果一切正常，便進行下一步。不然就再回到步驟 3a 重複進行。

4. 對 `hello-world-app` 模組執行 `terraform destroy`。

5. 對 `mysql` 模組執行 `terraform destroy`。

為了要能快速地反覆進行 Terraform 開發，關鍵便在於具備以上步驟 3 中所述的、迅速進行內層迴圈的能力。要做到這一點，你得把測試程式碼分拆成各個階段（*stages*），以便選擇哪些階段需要執行、哪些又可以暫時跳過。

Terratest 的 `test_structure` 套件便支援這種功能。其概念在於，你得把測試中的各個階段包裝成具名函式，然後藉由設定環境變數、指示 Terratest 要略過哪些函式名稱。每個測試階段都會將測試的資料寫到磁碟上，於是後續的測試執行時便能再把這些資料從磁碟讀出來。我們這就拿 *test/hello_world_integration_test.go* 來試一試，先寫出個測試骨架，然後再逐一補上其中引用的各種方法：

```
func TestHelloWorldAppStageWithStages(t *testing.T) {
        t.Parallel()

        // Store the function in a short variable name solely to make the
```

```
        // code examples fit better in the book.
        stage := test_structure.RunTestStage

        // Deploy the MySQL DB
        defer stage(t, "teardown_db", func() { teardownDb(t, dbDirStage) })
        stage(t, "deploy_db", func() { deployDb(t, dbDirStage) })

        // Deploy the hello-world-app
        defer stage(t, "teardown_app", func() { teardownApp(t, appDirStage) })
        stage(t, "deploy_app", func() { deployApp(t, dbDirStage, appDirStage) })

        // Validate the hello-world-app works
        stage(t, "validate_app", func() { validateApp(t, appDirStage) })
}
```

這個架構一如既往——部署 mysql、部署 hello-world-app、驗證 hello-world-app、清除 hello-world-app（靠著 defer 在程式結尾時執行），最後才消除 mysql（同樣靠 defer 在程式結尾時執行）——唯一不同之處在於，這裡的每個階段都被包在 test_structure.RunTestStage 裡。RunTestStage 方法需要以下三種引數：

t

第一個引數是 Go 語言以引數方式傳給每個自動化測試的 t 值。你可以用這個值管理測試狀態。譬如說，呼叫 t.Fail() 就可以讓測試以失敗告終。

Stage name

你可以用這第二個引數指定這個測試階段的名稱。稍後便會看到如何透過這個名稱來跳過測試階段。

要執行的程式碼

第三個引數代表這個測試階段要執行的程式碼。可以是任何函式。

現在我們來實作每個測試階段要用到的函式，先從 deployDb 開始：

```
func deployDb(t *testing.T, dbDir string) {
        dbOpts := createDbOpts(t, dbDir)

        // Save data to disk so that other test stages executed at a later
        // time can read the data back in
        test_structure.SaveTerraformOptions(t, dbDir, dbOpts)

        terraform.InitAndApply(t, dbOpts)
}
```

跟先前一樣，為了部署 mysql，以上程式碼呼叫了 createDbOpts 和 terraform.InitAndApply。唯一不同之處，在於兩步驟之間多了一個對於 test_structure.SaveTerraformOptions 的呼叫。這會把 dbOpts 所含的資料寫到磁碟上，以便其他測試階段可以稍後再讀取。以 teardownDb 的實作為例：

```
func teardownDb(t *testing.T, dbDir string) {
        dbOpts := test_structure.LoadTerraformOptions(t, dbDir)
        defer terraform.Destroy(t, dbOpts)
}
```

以上函式借用了 test_structure.LoadTerraformOptions，將 dbOpts 的資料從磁碟讀出來，該筆資料正是先前 deployDb 函式所寫入的。之所以我們要用磁碟而不是靠記憶體來轉介資料，是因為這樣你可以把每個測試階段當成每一輪測試的一部分來進行——亦即成為不同程序的一部分。大家會在本章稍後篇幅中看到，前幾次執行 go test 時，你也許只想執行 deployDb、但略過 teardownDb，但進行到後面的階段時便反過來，亦即只執行 teardownDb 但略過 deployDb。為了確保在所有測試時都會使用同一套資料庫，你必須將資料庫的資訊放到磁碟上。

現在要來實作 deployHelloApp 函式了：

```
func deployApp(t *testing.T, dbDir string, helloAppDir string) {
        dbOpts := test_structure.LoadTerraformOptions(t, dbDir)
        helloOpts := createHelloOpts(dbOpts, helloAppDir)

        // Save data to disk so that other test stages executed at a later
        // time can read the data back in
        test_structure.SaveTerraformOptions(t, helloAppDir, helloOpts)

        terraform.InitAndApply(t, helloOpts)
}
```

以上函式重複運用了先前的 createHelloOpts 函式，並呼叫 terraform.InitAndApply。同樣地，這裡唯一的新動作就是用 test_structure.LoadTerraformOptions 從磁碟載入 dbOpts，再使用 test_structure.SaveTerraformOptions 把 helloOpts 儲存到磁碟上。這時你大概已經可以想像到要如何實作 teardownApp 方法了：

```
func teardownApp(t *testing.T, helloAppDir string) {
        helloOpts := test_structure.LoadTerraformOptions(t, helloAppDir)
        defer terraform.Destroy(t, helloOpts)
}
```

最後是實作 validateApp 方法：

```
func validateApp(t *testing.T, helloAppDir string) {
        helloOpts := test_structure.LoadTerraformOptions(t, helloAppDir)
        validateHelloApp(t, helloOpts)
}
```

所以整體而言，測試程式碼跟原本的整合測試是相同的，只不過每個階段都被包在一個對 test_structure.RunTestStage 的呼叫當中，而你得多花幾個步驟去儲存和載入資料。這樣的簡單變化發揮了一項重要的功能：你可以告訴 Terratest 略過任何名稱為 foo 的測試階段，只需如此設定 SKIP_foo=true 環境變數即可。讓我們來看一個典型的程式撰寫流程，以便理解這是如何運作的。

一開始的階段，你應該只需執行前半部的測試、但略過最後兩個清除階段，這樣一來，mysql 和 hello-world-app 兩個模組便可以在測試告一段落時仍保持在已部署的狀態。由於清除階段的名稱分別是 teardown_db 跟 teardown_app，因此你得分別設置 SKIP_teardown_db 和 SKIP_teardown_app 這兩個環境變數，以便指示 Terratest 略過這兩個階段：

```
$ SKIP_teardown_db=true \
  SKIP_teardown_app=true \
  go test -timeout 30m -run 'TestHelloWorldAppStageWithStages'

(...)

The 'SKIP_deploy_db' environment variable is not set,
so executing stage 'deploy_db'.

(...)

The 'deploy_app' environment variable is not set,
so executing stage 'deploy_db'.

(...)

The 'validate_app' environment variable is not set,
so executing stage 'deploy_db'.

(...)

The 'teardown_app' environment variable is set,
so skipping stage 'deploy_db'.

(...)
```

```
The 'teardown_db' environment variable is set,
so skipping stage 'deploy_db'.

(...)

PASS
ok    terraform-up-and-running   423.650s
```

這時你可以開始著手對 hello-world-app 模組進行反覆除錯了，每次當你更改若干內容後，就可以重跑一次測試，但這時的測試不只要略過清除階段、連同 mysql 的部署階段也要略過（因為此時 mysql 仍在運行當中），這樣一來，唯一要執行的動作就只剩下 hello-world-app 模組的 deploy app 和驗證而已：

```
$ SKIP_teardown_db=true \
  SKIP_teardown_app=true \
  SKIP_deploy_db=true \
  go test -timeout 30m -run 'TestHelloWorldAppStageWithStages'

(...)

The 'SKIP_deploy_db' environment variable is set,
so skipping stage 'deploy_db'.

(...)

The 'deploy_app' environment variable is not set,
so executing stage 'deploy_db'.

(...)

The 'validate_app' environment variable is not set,
so executing stage 'deploy_db'.

(...)

The 'teardown_app' environment variable is set,
so skipping stage 'deploy_db'.

(...)

The 'teardown_db' environment variable is set,
so skipping stage 'deploy_db'.

(...)

PASS
ok    terraform-up-and-running   13.824s
```

請觀察現在測試加快了多少：不再是每次更改都得等上 10 到 15 分鐘，而是每 10 到 60 秒就可以測出更改的效果（需時多久要看更動內容而定）。假設你在開發階段可能要重跑這些測試階段數十次、甚至幾百次，累積省下的時間便很可觀了。

一旦 `hello-world-app` 模組的調整告一段落，確認它會如預期般運作，這時才可以著手進行清除。請再度執行測試，但這回要略過的是部署和驗證等階段，因此要執行的便只剩下兩個清除階段：

```
$ SKIP_deploy_db=true \
  SKIP_deploy_app=true \
  SKIP_validate_app=true \
  go test -timeout 30m -run 'TestHelloWorldAppStageWithStages'

(...)

The 'SKIP_deploy_db' environment variable is set,
so skipping stage 'deploy_db'.

(...)

The 'SKIP_deploy_app' environment variable is set,
so skipping stage 'deploy_app'.

(...)

The 'SKIP_validate_app' environment variable is set,
so skipping stage 'validate_app'.

(...)

The 'SKIP_teardown_app' environment variable is not set,
so executing stage 'teardown_app'.

(...)

The 'SKIP_teardown_db' environment variable is not set,
so executing stage 'teardown_db'.

(...)

PASS
ok    terraform-up-and-running   340.02s
```

利用測試階段，你可以迅速地看到自動化測試的回饋，並大幅提升反覆開發的速度和品質。它對於你的 CI 環境中的測試時間長度沒有什麼影響，但卻會對開發環境所需的測試時間大有裨益。

重試

一旦你開始經常地對基礎架構程式碼進行自動化測試，也許就會注意到一個問題：flaky tests。意思是測試偶爾會因為暫時性的原因而出現失敗的情形，譬如某個 EC2 執行個體偶爾會無法啟動、或是 Terraform 的最終一致性錯誤（eventual consistency bug）、或是與 S3 通訊時發生 TLS 交握錯誤等等。在基礎架構的世界裡，一切都是一片混沌虛無，因此你可以預期測試會間歇出現失敗的情形，並對此做出因應。

為了讓測試過程更富於韌性，你可以針對已知的錯誤加上重試的機制。譬如說，在本書未付梓前，筆者便偶爾會遇上以下類型的錯誤，特別是在同時進行測試的時候：

```
* error loading the remote state: RequestError: send request failed
Post https://xxx.amazonaws.com/: dial tcp xx.xx.xx.xx:443:
connect: connection refused
```

為了讓測試過程在面臨這類錯誤時能更形可靠，你可以在 Terratest 中打開重複嘗試的機制，包括 `terraform.Options` 提供的 `MaxRetries`、`TimeBetweenRetries` 和 `RetryableTerraformErrors` 等引數：

```
func createHelloOpts(
	dbOpts *terraform.Options,
	terraformDir string) *terraform.Options {

	return &terraform.Options{
		TerraformDir: terraformDir,

		Vars: map[string]interface{}{
			"db_remote_state_bucket": dbOpts.BackendConfig["bucket"],
			"db_remote_state_key":    dbOpts.BackendConfig["key"],
			"environment":            dbOpts.Vars["db_name"],
		},

		// Retry up to 3 times, with 5 seconds between retries,
		// on known errors
		MaxRetries:         3,
		TimeBetweenRetries: 5 * time.Second,
		RetryableTerraformErrors: map[string]string{
```

```
                    "RequestError: send request failed": "Throttling issue?",
                },
            }
        }
```

在 RetryableTerraformErrors 這個引數裡，你可以用一個 map 來定義已知的錯誤、以便引發重試：這個 map 的鍵，便是要在日誌裡找出來的錯誤訊息（你可以利用正規表示式（regular expressions）來定義比對條件），而鍵對應的值，就是當 Terratest 比對出這類錯誤、並發動重試時，要再寫入日誌的額外資訊。現在每當你的測試程式碼撞上你定義的任一已知錯誤時，應該就會在日誌中看到相關訊息，於是測試會按照 TimeBetweenRetries 靜候一陣子，然後再度執行命令：

```
$ go test -v -timeout 30m

(...)

Running command terraform with args [apply -input=false -lock=false
-auto-approve]

(...)

* error loading the remote state: RequestError: send request failed
Post https://s3.amazonaws.com/: dial tcp 11.22.33.44:443:
connect: connection refused

(...)

'terraform [apply]' failed with the error 'exit status code 1'
but this error was expected and warrants a retry. Further details:
Intermittent error, possibly due to throttling?

(...)

Running command terraform with args [apply -input=false -lock=false
-auto-approve]
```

點到點測試

現在你手上有單元測試和整合測試了，最後一種測試類型就是**點到點**（*end-to-end*）的測試。仍以 Ruby 的網頁伺服器為例，它所需的點到點測試會涉及部署網頁伺服器、以及任何所需的資料儲存機制，還有從 Selenium 之類的瀏覽器工具進行的網頁瀏覽測試等等。Terraform 基礎架構所需的點到點測試大致上也差不多：將所有的內容部署到一個模擬的正式環境裡，然後從最終使用者的角度進行測試。

雖說撰寫點到點測試時可以採用跟整合測試一樣的策略——亦即先建立若干測試階段、並執行 `terraform apply`，然後進行驗證，接著再執行 `terraform destroy`——但是現實中卻鮮少如此。其原因與所謂的測試金字塔（*test pyramid*）有關，如圖 9-1 所示。

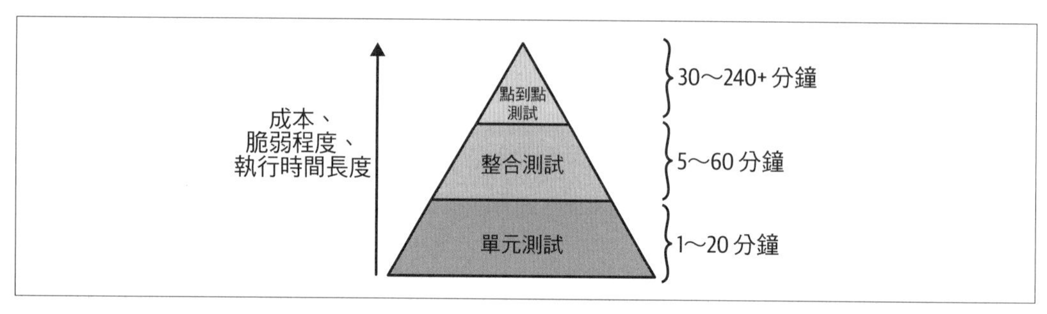

圖 9-1　測試金字塔

測試金字塔所蘊含的概念是，你應該著重於大量的單元測試（金字塔底層）、而整合測試的次數則較少（金字塔中間）、點到點測試的次數會更少（金字塔頂層）。這是因為當你往金字塔頂端移動時，撰寫測試的成本和複雜程度、測試的脆弱程度、以及測試所需花費的時間，全都會增加的緣故。

這便引出了**第五個測試關鍵要點**：較小的模組比較容易測試、完成也比較快。

在先前的小節中，我們已經知道，即便只是測試一個相當簡單的 `hello-world-app` 模組，也需要花上相當的功夫：要隔開命名空間、要注入依存關係、要加上重試機制、要能因應錯誤狀況、還要分階段進行測試。當基礎架構的規模日益增長、內容也日趨複雜，上述的複雜程度只會越發惡化。因此你會需要趁著還在金字塔底層時盡量多做測試，因為金字塔底層的測試能夠提供最迅速也最可靠的回饋循環。

事實上，當你來到金字塔頂端時，以從頭開始部署複雜架構的方式進行測試，會變得不切實際，理由有二：

太過緩慢

從零開始部署整套的架構、然後再全部加以清除，會花上相當長的時間：而且單位要以數小時計算。整套測試若需要這麼長的時間，便會變得無甚意義，因為回饋循環太慢了。這樣一套測試可能要耗上一整晚，亦即你要等到次日一早才能知道測試成敗，然後還要花時間找出原因、提出修正、再等一晚後的測試結果才能知道問題是否已經解決。這等於一天只能嘗試修正錯誤一次。在這樣的情況下，最後只會導致開發人員開始指責他人說測試為何失敗，管理階層決定忽視測試失敗而逕行部署，最後索性完全不理會失敗的測試結果。

太過脆弱

如前一小節所述，基礎架構的世界是一片混沌。當你所部署的基礎架構數量日益增加，遇上間歇性 flaky issue 的機會也會增加。舉例來說，假設單一資源（例如單一 EC2 執行個體）會有千分之一的機會（0.1%）出現間歇性失敗（事實上在 DevOps 世界裡這個失敗率數字還可能更高）。這意味著一個部署單一資源的測試完全不出現間歇性錯誤的機率是 99.9%。如果一次測試要部署兩種資源呢？這樣的測試要成功，就得兩種資源的部署都沒有出現間歇性錯誤，這樣的狀況必須將機率相乘：99.9% × 99.9% = 99.8%。資源累積到三種時，機率便下降至 99.9% × 99.9% × 99.9% = 99.7%。如果有 *N* 種資源，計算公式就是 99.9% 的 *N* 次方。

現在我們來考慮不同的自動化測試類型。如果你有一套單一模組的單元測試，其中涉及部署 20 項資源，那麼成功的機會便是 $99.9\%^{20} = 98.0\%$。亦即每測試 100 次便會有 2 次失敗；如果提高重試的次數，通常可以讓測試較為穩定並易於過關。假設你有一項 3 個模組的整合測試，那就需要部署 60 項資源。而成功的機會進一步下降到 $99.9\%^{60} = 94.1\%$。同樣地，如果重試的次數夠多，通常也可以讓測試趨於穩定有用。但是，如果你要寫的是一套點到點測試，其中得部署整套基礎架構、涉及 30 個模組、或者說是 600 項資源呢？成功機率會遽跌至 $99.9\%^{600} = 54.9\%$。也就是說，幾乎半數的測試都會因暫時性因素而失敗！

確實你可以靠著重試機制來處理一部分的錯誤，但之後便會淪為一場永無止境的打地鼠遊戲。你為 TLS 交握逾時加上了重試機制，但處理 Packer 範本時又遇上了 APT 儲存庫離線；你為 Packer 的建置也加上了重試機制，卻又因為 Terraform 的最終一致性缺陷導致建置失敗；當你為這一部分也貼上 OK 繃權當緊急處置，卻又因為 GitHub 短暫離線而再度建置失敗。由於點到點測試實在太過冗長，你在一天當中也只有最多一兩次的機會來修正這些沒完沒了的問題。

實際上，很少有企業會對複雜的基礎架構進行需要從頭部署一切內容的點到點測試。相反地，較常見的點對點測試邏輯會像這樣：

1. 你支付了費用，一次便把永久性的仿正式環境等級部署起來，但仍稱其為「測試」環境，然後便讓這套環境繼續運作。
2. 每當有人更改基礎架構程式碼的內容，點到點測試便會運行如下：
   a. 將基礎架構的異動套用到測試環境。
   b. 對測試環境進行驗證（譬如以 Selenium 從最終使用者的角度測試你的程式碼），確保事事皆運作如常。

將點到點測試的策略改為只套用漸進式變更之後，就可以減少測試時需要部署的資源數量，從數百種降到也許寥寥幾種，這樣一來測試便會加快、也不容易出錯。

此外，這樣的點到點測試更能模擬出你即將對正式環境部署的異動。畢竟這不是以全部打掉重練整套正式環境的方式推出每一次變更。相反地，你是以漸進的方式套用每一次的變更，因此這樣的點到點測試風格有一大優點：你不但可以測試基礎架構的運作是否正常、也可以測試基礎架構**部署程序**的運作是否正常。

其他的測試手法

本章大部分的篇幅都著重以完整的 `apply` 和 `destroy` 循環來測試 Terraform 的程式碼。這是測試的黃金準則，但其實還有另外三種自動化測試可以運用：

- 靜態分析
- Plan 測試
- 伺服器測試

就像先前的單元測試、整合測試和點到點測試各自只能捕捉特定類型的缺陷一樣，上述這三種測試手法也只能找出特定類型的錯誤，因此你很可能要結合這些技巧，才能達到最理想的效果。讓我們一個個來介紹這些新的測試類別。

靜態分析

靜態分析（*Static analysis*）是 Terraform 程式碼的最基本測試方式：藉由剖析程式碼、並分析其內容，但不會真正執行任何動作。表 9-1 便列舉了若干這類可以搭配 Terraform 的工具，以及它們之間受歡迎及成熟程度的比較，比較的依據係以筆者在 2022 年 2 月間從 GitHub 蒐集的統計資料為準。

表 9-1　Terraform 工具受歡迎程度的統計分析比較

	`terraform validate`	`tfsec`	`tflint`	Terrascan
概述	Terraform 的內建命令	能找出潛在安全問題	可插入的 Terraform linter	能偵測遵循程度和安全違規
授權	（等同 Terraform）	MIT	MPL 2.0	Apache 2.0
背後業者	（等同 Terraform）	Aqua Security	（無）	Accurics
星星數	（等同 Terraform）	3,874	2,853	2,768
貢獻者	（等同 Terraform）	96	77	63
首度面世	（等同 Terraform）	2019	2016	2017

	terraform validate	tfsec	tflint	Terrascan
最近版本	（等同 Terraform）	v1.1.2	v0.34.1	v1.13.0
內建檢查	只檢查語法	AWS、Azure、GCP、Kubernetes、DigitalOcean 等等	AWS、Azure 和 GCP	AWS、Azure、GCP、Kubernetes 等等
自訂檢查	不支援	以 YAML 或 JSON 定義	以 Go 外掛定義	以 Rego 定義

這其中最簡單的工具非 `terraform validate` 莫屬，它是 Terraform 內建的功能，可以捕捉語法問題。譬如說，如果你忘記在 *examples/alb* 中設置 `alb_name` 參數，那麼只要以 `validate` 檢查，就會得到類似下面的輸出：

```
$ terraform validate

| Error: Missing required argument
|
|   on main.tf line 20, in module "alb":
|   20: module "alb" {
|
| The argument "alb_name" is required, but no definition was found.
```

注意，`validate` 只具備語法檢查能力，其他工具則允許你實施其他類型的 policy。例如你可以用 `tfsec` 和 `tflint` 實施以下的 policies：

- 安全群組不能過於寬鬆：例如：允許來自所有 IP（CIDR 區塊為 `0.0.0.0/0`）的阻擋入內規則。
- 所有的 EC2 執行個體必須遵循一定的標籤慣例。

這裡蘊藏的概念，是把 ***policies* 視為程式碼來定義**，以便透過程式碼來實現安全性、遵循程度、以及可靠性等需求。在接下來的小節裡，讀者們會看到幾種 policy 即程式碼的工具。

靜態分析工具的強項

- 執行快速。
- 使用簡單。
- 十分穩定（不會有 flaky tests）。
- 你不需要去跟真正的 provider 做認證（例如實際的 AWS 帳號）。
- 你不需要部署 / 清除真正的資源。

靜態分析工具的短處

- 它們能捕捉的錯誤類型極為有限。也就是說，它們就只能抓到光憑靜態讀取程式碼就能找出的問題，但無法真正模擬執行程式碼：這類問題包括語法錯誤、型別錯誤、以及少量的邏輯問題。譬如說，你可以藉此偵測出違反 policy 的靜態資料值，像是允許來自 CIDR 區塊 `0.0.0.0/0` 對內存取的安全群組（寫死的），但你無法偵測出動態資料值違反 policy 的現象，像是跟上面一樣的安全群組，但它檢查的對內 CIDR 區塊卻是從變數或檔案讀取而來的。
- 這類測試無法檢查程式功能，因此有可能所有檢查都過關，但部署出來的基礎架構卻仍然不能運作！

Plan 測試

另一種可以測試程式碼的方式，就是執行 `terraform plan`，並分析輸出的執行計畫。由於你的確會執行程式碼，它能做的就會比純粹的靜態分析要多一些，但還是比不上單元測試或整合測試，因為程式碼並未完全執行：準確點說，`plan` 會執行的是讀取步驟（譬如取得狀態、執行資料來源）、而不是寫入步驟（譬如建立或修改資源）。表 9-2 列出了若干能執行 `plan` 測試的工具，以及它們受歡迎和成熟程度的比較，比較的依據係以筆者在 2022 年 2 月間從 GitHub 蒐集的統計資料為準。

表 9-2 Terraform 的 plan 測試工具受歡迎程度的比較

	Terratest	Open Policy Agent (OPA)	HashiCorp Sentinel	Checkov	terraform-compliance
概述	Go 的 IaC 測試程式庫	一般用途 policy 引擎	HashiCorp 企業產品的 Policy 即程式碼工具	通用的 Policy 即程式碼工具	BDD 的 Terraform 測試框架
授權	Apache 2.0	Apache 2.0	商用 / 專屬授權	Apache 2.0	MIT
背後業者	Gruntwork	Styra	HashiCorp	Bridgecrew	（無）
星星數	5,888	6,207	（非開放原始碼）	3,758	1,104
貢獻者	157	237	（非開放原始碼）	199	36
首度面世	2016	2016	2017	2019	2018
最近版本	v0.40.0	v0.37.1	v0.18.5	2.0.810	1.3.31
內建檢查	無	無	無	AWS、Azure、GCP、Kubernetes 等等	None
自訂檢查	以 Go 定義	以 Rego 定義	以 Sentinel 定義	以 Python 或 YAML 定義	以 BDD 定義

既然大家已經熟悉了 Terratest，我們這就來迅速地檢視一下，要如何用它對 *examples/alb* 的程式碼進行 plan 測試。如果你手動執行 `terraform plan`，以下便是部分輸出的片段：

```
Terraform will perform the following actions:

  # module.alb.aws_lb.example will be created
  + resource "aws_lb" "example" {
      + arn                        = (known after apply)
      + load_balancer_type         = "application"
      + name                       = "test-4Ti6CP"
      (...)
    }

  (...)

Plan: 5 to add, 0 to change, 0 to destroy.
```

那麼要如何以程式化的方式測試以上輸出的結果呢？以下便是藉由 Terratest 的 `InitAndPlan` 這支 helper 來自動執行 `init` 和 `plan` 的基本測試結構：

```
func TestAlbExamplePlan(t *testing.T) {
        t.Parallel()

        albName := fmt.Sprintf("test-%s", random.UniqueId())

        opts := &terraform.Options{
                // You should update this relative path to point at your alb
                // example directory!
                TerraformDir: "../examples/alb",
                Vars: map[string]interface{}{
                        "alb_name": albName,
                },
        }

        planString := terraform.InitAndPlan(t, opts)
}
```

即便是這樣迷你的測試，也還是有其價值，因為它證明了你的程式碼確實可以成功地執行 `plan`，它也證明了語法確實有效、而且所有讀取的 API 呼叫都能運作。但你可以做的其實更多。其中一項小小的改進就是檢查你得到的 `plan` 輸出的結尾確實有預期中的數字出現：「5 to add, 0 to change, 0 to destroy」。你可以利用 `GetResourceCount` 這個 helper

```
// An example of how to check the plan output's add/change/destroy counts
resourceCounts := terraform.GetResourceCount(t, planString)
require.Equal(t, 5, resourceCounts.Add)
```

```
        require.Equal(t, 0, resourceCounts.Change)
        require.Equal(t, 0, resourceCounts.Destroy)
```

如果改用 `InitAndPlanAndShowWithStructNoLogTempPlanFile` 這個 helper，還可以進行更詳盡的檢查，它會剖析 `plan` 的輸出，將其化為一個 `struct`，這樣你就能以程式化的方式取得 `plan` 所有的輸出值和變動結果。譬如說，你可以檢查 `plan` 輸出中的 `aws_lb` 資源位址是否與 `module.alb.aws_lb.example` 一致，而該資源的 `name` 屬性是否與預期的資料值相同：

```
        // An example of how to check specific values in the plan output
        planStruct :=
                terraform.InitAndPlanAndShowWithStructNoLogTempPlanFile(t, opts)

        alb, exists :=
                planStruct.ResourcePlannedValuesMap["module.alb.aws_lb.example"]
        require.True(t, exists, "aws_lb resource must exist")

        name, exists := alb.AttributeValues["name"]
        require.True(t, exists, "missing name parameter")
        require.Equal(t, albName, name)
```

Terratest 手法在 plan 測試的強項，就是它極富彈性，你可以寫出各式各樣的 Go 語言程式碼，檢查你想知道的一切。但同樣的特性也是它的缺點所在，因為這樣更難以上手。

有的團隊偏好採用更富於宣告式的語言來定義 policies 即程式碼的內容。過去幾年以來，Open Policy Agent（OPA）已經逐漸成為廣受歡迎的 *policy-as-code* 工具，因為它允許你將公司政策化為程式碼，而且採用的是名為 Rego 的宣告式語言。

舉例來說，許多公司都會把要實施的策略加以標記（tagging）。常見的標記方式之一，就是 Terraform 程式碼經常用來確保每種資源都是由 Terraform 管理的標記，亦即 `ManagedBy = terraform` 這個標籤。以下便是一個名為 *enforce_tagging.rego* 的簡單 policy，可以用來檢查上述標籤是否正確設置：

```
package terraform

allow {
   resource_change := input.resource_changes[_]
   resource_change.change.after.tags["ManagedBy"]
}
```

這個 policy 會檢視 `terraform plan` 輸出中的變動部分，並取出 `ManagedBy` 標籤，再設置一個名為 `allow` 的 OPA 變數，如果標籤存在，該變數的值便會是 `true`，不然就會變成 `undefined`。

現在觀察以下的 Terraform 模組：

```
resource "aws_instance" "example" {
  ami           = data.aws_ami.ubuntu.id
  instance_type = "t2.micro"
}
```

這個模組沒有加上必要的 `ManagedBy` 標籤。你如何用 OPA 抓出這一點？

首先自然是執行 `terraform plan`、並將結果存入某個 plan 檔案：

```
$ terraform plan -out tfplan.binary
```

OPA 只能操作 JSON 資料，所以下一步是得先用 `terraform show` 命令把以上的 plan 檔案轉換成 JSON 格式：

```
$ terraform show -json tfplan.binary > tfplan.json
```

終於可以用 `opa eval` 命令和 *enforce_tagging.rego* 這個 policy 來檢查上述的 plan 檔案了：

```
$ opa eval \
  --data enforce_tagging.rego \
  --input tfplan.json \
  --format pretty \
  data.terraform.allow

undefined
```

由於 `ManagedBy` 標籤從缺，OPA 的輸出當然就會是 `undefined`。現在試著加上 `ManagedBy` 標籤：

```
resource "aws_instance" "example" {
  ami           = data.aws_ami.ubuntu.id
  instance_type = "t2.micro"

  tags = {
    ManagedBy = "terraform"
  }
}
```

重新執行 `terraform plan`、`terraform show` 和 `opa eval`：

```
$ terraform plan -out tfplan.binary

$ terraform show -json tfplan.binary > tfplan.json

$ opa eval \
```

```
    --data enforce_tagging.rego \
    --input tfplan.json \
    --format pretty \
    data.terraform.allow

true
```

這次的輸出是 `true`，證明 policy 已經過關。

透過 OPA 這樣的工具，你只需為類似的 policies 設置一個文件庫，再設置一套 CI/CD 管線，在每次提交 Terraform 程式碼之後都根據 policies 進行檢查，就可以達到實施公司要求的效果。

plan 測試工具的強項

- 執行快速——雖說沒有純粹的靜態分析那麼快，但總比單元測試或整合測試快多了。
- 它們還算好用——雖說沒有純粹的靜態分析那般簡單，但也比單元測試或整合測試容易多了。
- 它們很穩定（flaky tests 很少）——雖說沒有純粹的靜態分析那麼穩定，但還是比單元測試或整合測試穩定得多。
- 你不需要實際部署 / 清除資源。

plan 測試工具的短處

- 它們能捕捉的錯誤類型有限。當然它們捕捉到的錯誤會比純粹靜態分析更多，但仍遠比不上單元測試或整合測試能抓到的錯誤數量。
- 你必須對真正的 provider 進行認證（譬如實際的 AWS 帳號）。`plan` 必須如此才能運作。
- 這樣的測試無法檢查程式功能，因此有可能所有檢查都過關，但部署出來的基礎架構卻仍然不能運作！

伺服器測試

有些測試工具是專門用來測試你的伺服器（也包括虛擬機）是否設置正確無誤的。筆者不記得這類工具有任何正式的統稱，因此權且稱其為**伺服器測試**（*server testing*）。坊間並無通用型的工具能夠從所有角度測試你的 Terraform 程式碼。事實上大部分此類工具原本都是用來作為組態管理工具的，像是 Chef 跟 Puppet，它們完全都是著重在如何啟動伺服器這碼事上。但是由於 Terraform 也日益受到歡迎，現在它也很常被用來啟動伺服器了，因此便出現了相關的工具，可以用來驗證你啟動的伺服器是否正常運作。表 9-3 列出了若干伺服器測試工具、以及其受歡迎程度與成熟度的比較，比較的依據係以筆者在 2022 年 2 月間從 GitHub 蒐集的統計資料為準。

表 9-3　常見伺服器測試工具的比較

	InSpec	Serverspec	Goss
概述	稽核與測試框架	對伺服器做 RSpec 測試	迅捷的伺服器測試 / 驗證
授權	Apache 2.0	MIT	Apache 2.0
背後業者	Chef	（無）	（無）
星星數	2,472	2,426	4,607
貢獻者	279	128	89
首度面世	2016	2013	2015
最近版本	v4.52.9	v2.42.0	v0.3.16
內建檢查	無	無	無
自訂檢查	以 Ruby 為基礎的 DSL 定義	以 Ruby 為基礎的 DSL 定義	以 YAML 定義

大部分這類工具都提供了簡明的**領域特定語言**（*domain-specific language*（DSL）），用來檢查你部署的伺服器是否與規格一致。舉例來說，如果你要測試一個部署了 EC2 執行個體的 Terraform 模組，可以利用以下的 inspec 程式碼來驗證，該執行個體中的特定檔案是否具備正確權限、相依元件是否安裝無誤、是否傾聽特定通訊埠等等：

```
describe file('/etc/myapp.conf') do
  it { should exist }
  its('mode') { should cmp 0644 }
end

describe apache_conf do
  its('Listen') { should cmp 8080 }
end

describe port(8080) do
  it { should be_listening }
end
```

伺服器測試工具的強項

- 它們輕易就能驗證伺服器的特定屬性。在一般檢查方面，這類工具提供的 DSLs 遠比你自己設法從頭寫程式檢查要簡單得多。

- 你可以建立自己的檢查文件庫。基於上一項優點，個別的檢查都可以很快地寫好，因此這類工具往往是驗證需求清單的良好方式，尤其是針對遵循程度方面（例如是否遵循 PCI 或 HIPAA 等等）。
- 它們能捕捉許多類型的錯誤。由於你會真正地執行 `apply`、並在事後驗證真正執行中的伺服器，這類測試能夠捕捉到的錯誤類型，往往比純粹的靜態分析或 plan 測試要多上許多。

伺服器測試工具的短處

- 它們並不快。這類測試只能對已經部署的伺服器進行，因此你必須執行完整的 `apply`（事後也許還需要執行 `destroy`）循環，這樣便會花上好一段時間。
- 它們並不穩定（會有一些 flaky tests）。由於你必須執行 `apply`、並一直等到實際的伺服器部署完畢，你有可能遇上各式各樣的間歇性的問題，因而偶爾會變成 flaky tests。
- 你必須對真正的 provider 做認證（譬如實際的 AWS 帳號）。如果要讓 `apply` 能運作並部署伺服器，這是有必要的，此外，伺服器測試工具也需要額外的認證方式——例如 SSH——才能連上你要測試的伺服器。
- 你必須實際部署 / 清除真正的資源。這都會花費時間和金錢。
- 它們雖能徹底驗證伺服器是否運作，卻無法處理其他類型的基礎架構。
- 這樣的測試無法檢查程式功能，因此有可能所有檢查都過關，但部署出來的基礎架構卻仍然不能運作！

結論

在基礎架構的世界裡，沒有什麼是恆久不變的：Terraform、Packer、Docker、Kubernetes、AWS、Google Cloud、Azure 等等，全都是瞬息萬變的標的物。亦即基礎架構程式碼放不了多久就會餿掉。換句話說：

> 沒有自動化測試的基礎架構程式碼與廢物無異。

筆者的意思是，以上這句話既是警世格言、同時也是十足直白的描述。每當我著手撰寫基礎架構的程式碼時，無論我花費多少心力寫出無暇的程式碼、手動進行測試、並進行程式碼審閱，只要我再花點時間寫出自動化測試，就會發現數不清的重大錯誤。當你花時間將測試過程自動化，就會發生神奇的事情，而且它會毫無意外地清洗出你自己想都想不到的問題（但交付到客戶手中時它們就會出現）。而且不只是在初次加上自動化測試時會發現這些錯誤，如果日後每次提交時都執行這類測試，你還會繼續找出錯誤，尤其是當周圍的 DevOps 世界不斷變化的時候。

筆者在基礎架構程式碼中加上的自動化測試，曾經抓出的問題並不僅限於我自己撰寫的程式碼，甚至也能抓出我所使用的工具問題，包括 Terraform、Packer、Elasticsearch、Kafka、AWS 等等的重大問題。撰寫本章當中所展示的自動化測試，**並不是件容易的事**：它需要可觀的心力才能寫出這些測試，要維護這些測試得付出更多心力，同時還要加上充足的重試機制才能讓測試變得可靠，而為了讓測試環境清爽並控制費用支出，付出的心力更是難以估算。但這一切都會是值得的。

舉例來說，當筆者在建構模組以便部署資料儲存時，每當我提交至登錄所，筆者準備的測試便會用各種組態啟動幾十種組合的資料儲存、寫入資料、讀取資料、最後清除一切回到原點。每當通過測試，我就能確信自己的程式碼還能正確運作。如果一切無誤，自動化測試能讓我夜夜安心入眠。而我花在各種重試機制上的時間，終將換回我寶貴的睡眠時間，讓我不必在凌晨三點被吵醒去處理故障離線問題。

這本書也有測試哦！

本書全部的程式碼範例也都附有測試哦。讀者們可以在 GitHub 上找到所有的示範程式碼和相關的測試。

綜覽本章，讀者們學到了 Terraform 程式碼的基本測試過程，以及以下的測試關鍵要點：

測試 *Terraform* 程式碼時，你不能用本地端主機

鑒於這一點，你必須實際將資源部署到一個以上的隔離沙箱環境，以便進行所有手動測試。

你無法為 *Terraform* 程式碼進行純粹的單元測試

鑒於這一點，你必須寫出能將資源真正部署至一個以上隔離沙箱環境的程式碼，以便進行所有的自動化測試。

經常清理你的沙箱環境

不然的話，這環境就會變得一團混亂，成本也會失控。

所有的資源都應該加上命名空間

這樣可以確保同時進行多項測試，但彼此不會衝突。

較小的模組比較容易測試、完成也比較快

這是第 8 章的關鍵要點之一，值得在本章再次強調：較小的模組不但比較容易測試、也比較好維護、好用、又易於測試。

讀者們也在本章中看到了幾種不同的測試手法：單元測試、整合測試、點到點測試、靜態分析等等。表 9-4 顯示了這些不同測試類型之間的取捨之處。

表 9-4　測試手法之間的比較（黑色方塊越多的越好）

	靜態分析	Plan 測試	伺服器測試	單元測試	整合測試	點到點測試
執行迅速	■■■■■	■■■■□	■■■□□	■■□□□	■□□□□	□□□□□
執行成本低	■■■■■	■■■■□	■■■□□	■■□□□	■□□□□	□□□□□
穩定可靠	■■■■■	■■■■□	■■■□□	■■□□□	■□□□□	□□□□□
使用簡單	■■■■■	■■■■□	■■■□□	■■□□□	■□□□□	□□□□□
檢查語法	■■■■■	■■■■■	■■■■■	■■■■■	■■■■■	■■■■■
檢查 policies	■■□□□	■■■■□	■■■■□	■■■■■	■■■■■	■■■■■
檢查伺服器運作	□□□□□	□□□□□	■■■■■	■■■■■	■■■■■	■■■■■
檢查其他基礎架構運作	□□□□□	□□□□□	■■□□□	■■■■□	■■■■■	■■■■■
檢查所有基礎架構一起運作	□□□□□	□□□□□	□□□□□	■□□□□	■■■□□	■■■■■

話說到此，你該使用哪種測試手法呢？答案是：你應該混合搭配它們！每一種測試皆有其強項與短處，因此你應該組合多種測試，以便確信自己的程式碼能如預期般運作。這並不代表你得同樣運用全部類型的測試：請記住我們看過的測試金字塔，以及一般通常如何進行大量的單元測試、較少量的整合測試、以及更少量的高價值點到點測試。此外你也不用一次加上所有的測試。相反地，請選出幾種成效最好、最超值的測試，先引進它們。幾乎任一種測試都會比毫無測試要好，因此如果你現在只做得起靜態分析，那就以它為起點，然後再逐步往上添加其他測試項目。

我們即將邁入第 10 章，在此你會見識到如何將 Terraform 的程式碼與自動化測試的程式碼，整合到團隊的工作流程當中，包括如何管理環境、如何設定 CI/CD 管線等等。

第十章

如何以團隊方式運用 Terraform

當你閱讀本書並照著範例程式碼亦步亦趨地練習時，應該都是只有你一人在進行實驗。但是在現實世界中，你很可能是以團隊成員的身分在工作，這便帶來了若干新的挑戰。你也許得設法說服團隊成員一起來使用 Terraform 及其他的基礎架構即程式碼（IaC）工具。你也許得同時面對很多人，他們都需要瞭解、使用和修改你所撰寫的 Terraform 程式碼。而且你或許還得設法讓 Terraform 融入其他技術堆疊當中，讓它成為你公司中工作流程的一部分。

在本章當中，筆者會深入各種必要的關鍵流程，讓你的團隊可以用 Terraform 和 IaC 來運作：

- 在團隊中推行基礎架構即程式碼
- 部署應用程式碼的工作流程
- 部署基礎架構程式碼的工作流程
- 將一切組合起來

讓我們一一探討這些題材。

範例程式碼

最後一次提醒大家，本書中所有的範例程式碼皆可從 GitHub 取得（*https://github.com/brikis98/terraform-up-and-running-code*）。

在團隊中推行基礎架構即程式碼

如果你的團隊習於手動管理一切的基礎架構，那麼轉換到基礎架構即程式碼的環境，需要做的就不僅僅只是引進一種新工具或技術而已。它還涉及團隊中的文化及流程的變革。變換文化及流程這碼事不能以等閒視之，在大型企業中尤其是如此。由於每個團隊都有各自不同的文化及流程，因此並沒有一個通行四方的做法可以完成任務，但以下幾點是大部分情況下都適用的

- 說服你的主管
- 循序漸進地進行
- 讓你的團隊有時間學習

說服你的主管

筆者在許多家企業目睹過這樣的社內慘劇：某位開發人員發現了 Terraform，並深深為它的威力所傾倒，於是便滿懷熱情地將其引進到工作當中，並向所有人展示 Terraform…然後主管說「我們不用這玩意」。原本滿心期待的開發人員就這麼被劈頭澆了一盆冷水。為什麼其他人看不出好處何在？我們明明可以將一切都自動化的啊！我們明明可以避免這麼多出錯的地方！除此以外還能怎麼償還如山的技術債？為何大家都這般盲目？

問題就在於，雖然該技術人員體會到了採用 Terraform 這樣的 IaC 工具會有多少好處，他們卻沒發覺所有涉及的成本。以下便是採用 IaC 會涉及的部分成本：

技術門檻

轉移至 IaC 意味著你的 Ops 團隊需要花上可觀的時間撰寫大量的程式碼： Terraform 的模組、Go 語言的測試、Chef 的 recipes 等等。雖說有些 Ops 工程師對於鎮日撰寫程式碼並無異議、也很歡迎這樣的變革，但有些人卻可能覺得難以接受這樣的變化。許多 Ops 工程師和系統管理員都已習慣手動進行調整，頂多會用一些簡短的命令稿來協助，而轉換成近乎全職的軟體工程內容勢必需要學習許多新技術、甚至是得另外找人來頂替。

新工具

軟體開發者常會與他們慣用的工具難捨難分；有些已經到了近乎宗教信仰的虔誠程度。每當你引進新工具時，總會有些開發人員對於有新玩意可學感到興奮無比，但有些人則是寧可抱著慣用工具不放，甚至抗拒花費時間和心力去學習新的程式語言及技術。

心態的變化

如果你的團隊成員習於手動管理基礎架構，他們可能也已習慣**直接**進行調整：譬如以 SSH 連進伺服器、再執行若干命令。轉移為 IaC 需要在心態上也有所調整，也就是必須習慣**以間接方式**進行調整，首先是要編輯程式碼、接著是提交程式、然後要讓自動化程序來負責套用變更內容。這一層間接手續很可能讓人一時無法適應：如果只是簡單的任務，會讓人覺得比直接動手的速率慢太多了，尤其是當你還在學習 IaC 新工具的階段時，這種無力感會更顯著。

機會性成本

如果你決心對某項專案投注時間和資源，無形中就等於選擇要減少對於其他專案投注的時間和資源。哪些專案可以容許你將其擱置、讓你可以專心轉移至 IaC？那些專案的重要性相較之下又如何呢？

團隊中有些開發人員會對任務優先清單的變化感到興奮。但有些人卻會肚裡犯嘀咕——其中也包括你的主管。學習新技巧、掌握新工具、並引進全新的心態，也許有利也會有弊，但有一件事是肯定的：不會毫無代價。採行 IaC 是項重大的投資，而且就像任何投資行為一樣，你不但要評估潛在的好處、更必須設想可能會有的壞處。

你的主管尤其會對機會性成本感到敏感。任何經理人的主要職掌之一，便是確保團隊總是會先處理優先度高的專案。當你冒出來大談 Terraform 之時，你的主管真正聽進去的卻可能是「壞了，這聽起來很花工夫。不知要花上多少時間？」。這不是你的主管對於 Terraform 的威力沒有眼光，而是如果你花時間在這上頭，也許你就沒時間去部署一套搜尋團隊已經要求了幾個月的新應用程式，或是沒時間去準備金融卡產業（Payment Card Industry）的下一輪稽核，或是沒時間去研究上週故障離線的真正原因。因此，如果你真的想要說服主管，說團隊應該採行 IaC，你的目標就不是只在證明它具備何種價值，而是它會為團隊帶來多少額外的價值，而且比其他同時間要做的事情更有價值。

最不理想的做法，就是只會條列式地舉出你最喜愛的 IaC 工具的特色：例如 Terraform 是宣告式語言啦、它很受歡迎啦、它是開放原始碼工具啦……等等。這是開發人員該跟業務人員學習的諸多領域之一。大多數的業務都知道，光是著重在功能特色上，通常是最沒效率的銷售手法。比較好的辦法，是專注在好處上：也就是壓根不提產品的能耐（譬如「產品 X 能做到 Y 這件事！」），而是改口強調客戶用這產品能做些什麼（「你可以做到 Y 這件事，只要你使用產品 X！」）。換言之，讓客戶知道你的產品真的能「給他們一對翅膀」。

譬如說，與其跟主管強調 Terraform 是宣告式語言，倒不如談談基礎架構會變得多容易維護。與其高談 Terraform 有多受歡迎，不如改說你會有多少現成的模組和外掛程式可以借用，好讓事情更快完成。與其白費唇舌說 Terraform 是開放原始碼軟體，不如讓主管明白，外界很容易就能找到團隊所需的新開發人員，因為相關的開放原始碼社群規模可觀又極為活躍。

強調好處自然是該有的起點，但最厲害的業務知道更有效的策略：用問題來打入核心。如果你觀察高明的業務交談過程，就會注意到都是客戶在講話。業務大部分時間都只是傾聽，並只觀察一件事情：客戶想解決的關鍵問題為何？客戶最苦惱的事情是什麼？不要試著販售某些功能或好處，業務高手會試著解決客戶的問題。如果某個解決方案剛好包含他們要販賣的產品，自然是上上大吉，但重點不是產品賣出去了、而是問題解決了。

跟你的主管談一談，試著了解他們當季或當年度最亟於解決的重大問題是什麼。你或許會發現這些問題無法藉由 IaC 解決。但這沒有關係！一本以 Terraform 為主題的書籍作者這樣說也許很怪異，但不是所有的團隊都非使用 IaC 不可。採用 IaC 的成本相對高昂，雖說對於某些場合而言，它終究一定會得到回報，但並非所有場合都是如此；譬如說，如果你任職於一間迷你的新創公司，只有一人負責 Ops，抑或是你只是在研究一個原型，幾個月後就會棄之不用，又或者你只是因為有趣而在從事某一項業餘研究，那麼手動管理基礎架構通常已足敷所需。有時就算 IaC 真的很適合你的團隊，不見得就值得以最高優先進行，而且當資源有限時，先處理其他專案有時反倒是正確的選擇。

如果你發覺主管關注的重大問題之一確實能用 IaC 解決，那麼你的目標就應該是向主管展示世界可以變成什麼模樣。譬如說，也許你的主管本季關心的最大問題是要提升上線時間。前幾個月裡發生了大量的故障、服務離線好多個鐘頭、客戶抱怨不斷，而且 CEO 還緊迫盯人地追著你的主管，每天都要知道事情的進展。你深入研究後，發覺一半以上的故障都跟部署時的手動錯誤有關：像是某人在發佈程序中不小心漏掉了一個重要步驟、或是伺服器設定錯誤、或是暫時環境的基礎架構跟正式環境不匹配什麼的。

這下當你跟主管討論時，就不必再提 Terraform 的功能或好處了，只要這樣開頭：「我有個想法，可以有辦法把故障減少一半」。筆者打包票這一定會讓你的主管眼睛一亮。利用這個機會為你老闆繪製出一幅部署過程全自動化、可靠又容易重複使用的美好遠景，這樣一來，先前造成半數故障的手動錯誤便不可能再發生。不僅如此，如果部署可以自動化，你還能加上自動化測試，進一步減少故障數量，並讓全公司的部署頻率倍增。讓你的主管夢想著能向 CEO 得意地回報說，故障數量已經可以減半、部署次數還倍增。然後才舉出你的研究結果，說你相信可以靠 Terraform 讓美夢成真。

當然我不能擔保你的主管一定會頷首同意，但這種說服方式成功的機會會大得多。若你能循序漸進地進行，成功的機會還會增加。

循序漸進地進行

筆者在職涯中學到最重要的一課，就是大多數的大型專案都會以失敗告終。相較於小型 IT 專案（少於美金 100 萬）約莫有四分之三的機會可以成功完成，大型專案（超過美金 1000 萬）準時在預算範圍內成功完成的比率大概只有十分之一，而根本無法完成的大型專案更多達三分之一[1]。

這就是為什麼每當有團隊不僅僅是要導入 IaC，還肖想畢其功於一役，一口氣將大量的基礎設施、所有涉及的團隊都拉下水，而且還是作為更大範圍行動計畫的一部分時，只要我看到這樣的情形，便不禁憂心忡忡。只要是看到大公司的 CEO 或 CTO 大刀闊斧地發號施令，說樣樣事都要打上雲端、傳統資料中心必須棄之如敝屣、人人都要化身為「DevOps」（遑論他們是如何定義這身分的），而且半年內要完成所有上述任務，我便只有搖頭嘆息。說來不誇張，這種搞法筆者已經見識過不下數十次，毫無意外地，每場行動最後都淪落到失敗收場。到頭來兩三年後這些公司都還在搞轉移，舊有的資料中心仍然勉力撐持，沒有人說得上他們是不是真的已經以 DevOps 運作。

如果你真的想要導入 IaC，或是你想要成功地完成任何類型的轉移專案，唯一合理的做法就是一步一腳印、循序漸進地進行。所謂*循序漸進*（*incrementalism*）的關鍵，並不僅僅是把工作切分成一系列較小的步驟而已，而是還要確保切分的每一部分都能創造若干價值——即使後續的步驟因故未能實現，價值也依然有效。

要了解這種方式何以如此重要，請從反向思考，亦即所謂的**錯誤漸進法**（*false incrementalism*）[2]。如果你進行一個大型轉移專案，也確實將步驟切分成若干小型步驟了，但是專案卻只能等到最後步驟也完成的那一刻，才能體現出其實際價值。譬如說，第一步是重寫前端，但你還不能啟用前端，因為它必須靠新的後端才能運作。接著你重寫了後端，但你還是不能啟用它，因為要等到資料已經轉移到新的資料儲存方式上，後端才能運作。到最後一步才是要做資料轉移。只有在最後一步完成後，你才能啟用所有事物，並體會到所有這一切的價值。等到專案結尾時才能獲得全部的好處，這樣做的風險甚大。萬一專案半途而廢、或是因故延誤、或是半途出現重大變化，你耗費的大量投資就可能一無所獲。

---

1 The Standish Group, “CHAOS Manifesto 2013: Think Big, Act Small,” 2013, https://oreil.ly/ydaWQ.

2 Dan Milstein, “How to Survive a Ground-Up Rewrite Without Losing Your Sanity,” OnStartups.com, April 8, 2013, https://oreil.ly/nOGrU.

事實上，這正是大多數大型專案的下場。專案一開始就把場面拉得太大，然後就像大部分的軟體專案一般，耗時超過預期。在這段期間中，市場發生了變化，或是原本的利害關係人已經無心於此（譬如 CEO 原本願意等上三個月的時間讓你清理技術債，但過了一年後就得交付新產品了），於是專案未能完成便胎死腹中。像這樣的錯誤漸進法只能帶來最壞的後果：你白費了大量成本，所得卻是竹籃子打水一場空。

所以，正確地循序漸進是有必要的。你要讓專案的每個部分都能提供若干價值，這樣就算專案無法完成，不論你在哪裡打住，都還是值得的。最好的辦法就是一次只專注解決一個小問題。譬如說，不要想著「一口氣」就轉移到雲端，試著找出一個小型的特定應用程式、或是某個深陷泥淖的團隊，然後只轉移它們就好。不要肖想一下子就可以變成「DevOps」，先試著找出單一的小問題（例如部署時會故障離線），然後針對該問題實施解決方案（像是用 Terraform 把大部分問題頻發的部署給自動化）。

如果你能馬上立竿見影地解決一個問題，並讓一個團隊取得成功，就可以開始形成動力。該團隊會聲援並說服其他團隊也跟著轉移。修復特定部署問題可以讓 CEO 感到滿意、並支援你為更多專案導入 IaC。這樣你就能再次迅速累積成效，然後一個接著一個。如果你能重複這段過程——經常並提前提供價值——你就很有機會在更大型的專案中取得成功。但就算最後的大型轉移專案沒有下文，至少也有一個團隊從中獲益了，而且也有一個部署過程獲得改善了，所以投資並非一無所獲。

讓你的團隊有時間學習

筆者衷心盼望，至此大家已經明白，導入 IaC 是一項可觀的投資。這不是一蹴可及的。也不會只因為主管首肯就會像奇蹟般降臨的。只有讓每一個人都有自覺地參與進來，並提供學習資源（譬如文件、影片課程、當然也包括本書！），並讓團隊成員有充足的時間可以累積知識，才有可能實現。

如果你不給團隊充裕的時間和資源學習，那麼 IaC 轉移就不可能成功。不管程式寫得多好，如果你的團隊沒有參與使用，下場就是像下面這樣：

1. 團隊中有一位開發人員，滿懷對於 IaC 的熱情，耗時數月寫出了絕妙的 Terraform 程式碼，並用來部署大量的基礎架構。
2. 該名開發人員非常開心、也提升了自己的產能，但不幸的是，團隊中其他人沒有時間學習及導入 Terraform。

3. 然後不可避免的事發生了：出現了故障。團隊成員之一必須出面處理，這時他們有兩個選擇：(A) 以慣用的手動修正方式修復故障問題，這只需幾分鐘；或者是 (B) 經由 Terraform 來修復故障，但他們對此一無所悉，因此可能要耗費幾小時或數日才能解決。團隊成員多半明白事理，而他們多半會走選項 A，因為儘快修復才是合理的解法。

4. 現在由於經過了手動變更，Terraform 程式碼已不再與實際部署內容相呼應。因而下次團隊中某人嘗試使用 Terraform 時，很可能就會被詭異的錯誤訊息鬧得一頭霧水。一旦如此，他們便會不再信任 Terraform 程式碼，又再度走上選項 A 的老路，手動處理問題。這使得原本的程式碼愈形偏離現實，因此下一個可憐蟲看到的 Terraform 詭異錯誤訊息會更多，你隨即陷入了惡性循環，團隊成員根本就還是抱著手動調整的方式不放。

5. 要不了多久，所有人依舊回到一切手動進行的老路子，Terraform 程式碼形同廢物，先前花費的月餘開發時間，至此付諸流水。

這情境並非虛構，而是筆者在許多家企業中都曾親眼目睹的。他們建構了富麗堂皇的程式碼基礎，但這些豪華的 Terraform 程式碼終究只是放著堆灰塵。為了防止落入這種窘境，你不只需要說服主管讓你使用 Terraform，還得讓團隊中所有人都能有充分的時間學習相關工具，並在團隊中建立共識，這樣當下一次遇到故障時，才能更容易以程式碼修復問題。

如果能夠清楚地定義一個使用的過程，會有助於團隊更迅速地導入 IaC。當你在一個小組中學習或使用 IaC 時，在一個開發人員的電腦上用老辦法運作應該就夠了。但是隨著公司和 IaC 的用途日益成長，你就得定義出一套更系統化、可以重複使用、而且自動化的工作流程，用來決定如何進行部署。

部署應用程式碼的工作流程

在這個小節裡，筆者會介紹一套典型的工作流程，將應用程式的程式碼（例如以 Ruby on Rails 或 Java/Spring 寫出的應用程式）從開發一路進展到正式環境。這個工作流程對於 DevOps 領域來說相當容易理解，因此你對其中某些部分可能已經相當熟悉。本章後面的篇幅還會再談到基礎架構程式碼（例如 Terraform 的程式碼）從開發一路進展到正式環境的類似工作流程。後者在自身相關領域中便還未達到眾所周知的程度，因此如果能把兩種流程拿來逐步比較，會有助於進一步理解，如何把應用程式碼從開發到上線的步驟轉譯為基礎架構程式碼的類似步驟。

以下便是應用程式的程式碼工作流程：

1. 使用版本控管。
2. 在本地端執行程式碼。
3. 修改程式碼。
4. 提交程式碼以供審閱。
5. 執行自動化測試。
6. 合併與發行。
7. 部署。

讓我們一步步地觀察。

使用版本控管

你所有的程式碼都應該納入版本控管。自從 Joel Spolsky 在 20 多年以前建立經典的 Joel Test（*https://bit.ly/2meqAb7*）以來，這一點始終列於首位，從無意外，從那時至今，唯一有所變化的只有 (a) 藉由 GitHub 之類的工具，版本控管用起來更簡單了，還有 (b) 越來越多的事物都可以用程式碼呈現。包括文件（例如用 Markdown 寫的 README）、應用程式碼的組態（例如用 YAML 寫出的組態檔案）、規格（例如用 RSpec 寫出的測試程式碼）、測試（例如用 JUnit 寫出的自動化測試）、資料庫（例如用 ActiveRecord 所寫的架構轉移），當然基礎架構也是其中之一。

一如本書其他篇幅所假設的一般，筆者認定大家都會採用 Git 作為版本控管工具。舉例來說，以下便是如何將本書的程式碼儲存庫取出（check out）的動作：

```
$ git clone https://github.com/brikis98/terraform-up-and-running-code.git
```

依照預設方式，這會取出儲存庫的主要分支（`main` branch），但是你應該大部分時間都是在另一個分開的分支上作業。以下是以 `git checkout` 命令建立名為 `example-feature` 的分支、並切換至該分支的示範：

```
$ cd terraform-up-and-running-code
$ git checkout -b example-feature
Switched to a new branch 'example-feature'
```

在本地端執行程式碼

現在程式碼已經搬到你的電腦上、可以在本地端執行了。大家應該還記得第 9 章示範的 Ruby 網頁伺服器，它就可以在本地端運行：

```
$ cd code/ruby/10-terraform/team
$ ruby web-server.rb

[2019-06-15 15:43:17] INFO  WEBrick 1.3.1
[2019-06-15 15:43:17] INFO  ruby 2.3.7 (2018-03-28) [universal.x86_64-darwin17]
[2019-06-15 15:43:17] INFO  WEBrick::HTTPServer#start: pid=28618 port=8000
```

現在你可以用 `curl` 手動測試它：

```
$ curl http://localhost:8000
Hello, World
```

抑或是執行自動化測試：

```
$ ruby web-server-test.rb

(...)

Finished in 0.633175 seconds.
-------------------------------------------
8 tests, 24 assertions, 0 failures, 0 errors
100% passed
-------------------------------------------
```

值得注意的關鍵是，不論是手動還是自動化測試，應用程式的程式碼一律都是在你自己電腦的本機端執行的。大家在本章稍後就會看到，對於基礎架構程式碼的變更方式而言，完全在本地端運作是不可能的。

修改程式碼

現在你已經執行過應用程式的程式碼，可以進一步開始修改了。這是一段互動式的過程，期間你會進行修改、重新進行手動或自動化測試以便觀察修改是否有效運作，然後再度修改、再度測試，依此類推。

舉例來說，你可以把 *web-server.rb* 的輸出改成「Hello, World v2」，接著重啟網頁伺服器程式、並觀察成果：

```
$ curl http://localhost:8000
Hello, World v2
```

你也可以更新並重跑自動化測試。這部分工作流程的概念在於將回饋迴圈的效果最佳化，這樣一來，從每次改完內容到看出結果是否有效的時間就可以縮到最短。

在修改期間，記得經常地把異動的程式碼內容提交出去，並加上清楚的提交訊息，以便說明你做過的變更：

```
$ git commit -m "Updated Hello, World text"
```

提交程式碼以供審閱

終於程式碼和測試都如你預期般運作了，這時就該把你更改的程式碼內容交付審閱了。你可以用其他的程式碼審閱工具做到這一點（例如 Phabricator 或是 Review Board），抑或是直接在 GitHub 裡建立一個 *pull request*。建立 pull request 的方式很多。最簡單的就是用 `git push` 把你的 `example-feature` 分支推回到 `origin`（也就是回到 GitHub），然後 GitHub 會自動地在日誌輸出中加上一筆 pull request URL：

```
$ git push origin example-feature

(...)

remote: Resolving deltas: 100% (1/1), completed with 1 local object.
remote:
remote: Create a pull request for 'example-feature' on GitHub by visiting:
remote:      https://github.com/<OWNER>/<REPO>/pull/new/example-feature
remote:
```

用瀏覽器開啟該筆 URL，填上 pull request 的標題和說明，然後點選 Create（建立）。你的團隊成員現在可以審閱異動內容了，如圖 10-1 所示。

執行自動化測試

你還應該額外設置提交附帶動作（commit hooks），以便在每次提交內容推送至版本控管系統時都會執行自動化測試。最常見的方式就是利用**持續整合**（*continuous integration*，CI）伺服器來做這件事，像是 Jenkins、CircleCI 或 GitHub Actions 都可以。大部分主流的 CI 伺服器都附有專與 GitHub 整合的功能，因此不僅是在每次提交時會自動跑測試，還會把測試結果放到 pull request 裡供他人參閱，如圖 10-2 所示。

圖 10-2 顯示的是 CircleCI 執行了單元測試、整合測試、點到點測試、以及若干針對該分支程式碼所做的靜態分析檢查（這是以名為 `snyk` 的工具進行安全弱點掃描的形式進行的），而且全數過關。

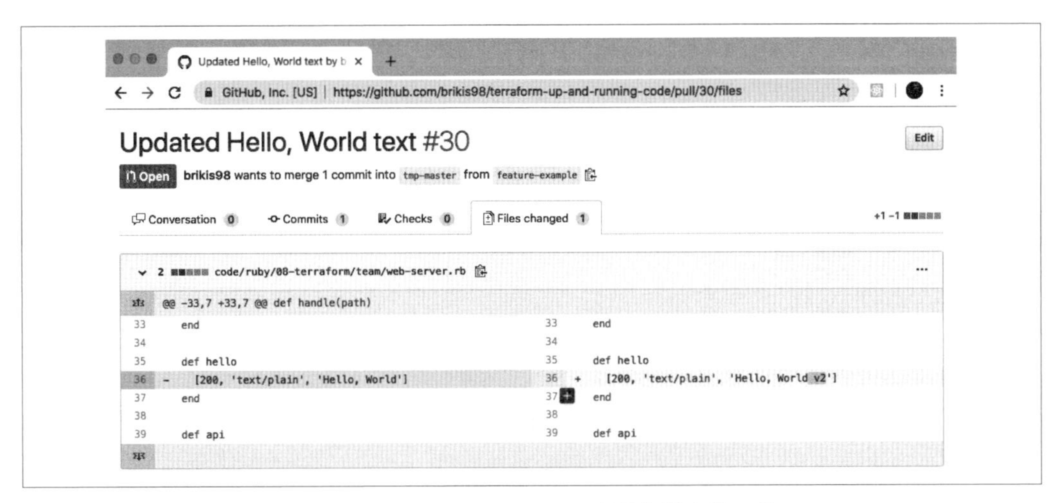

圖 10-1　你的團隊成員可以到 GitHub 的 pull request 裡審閱你做出的更動

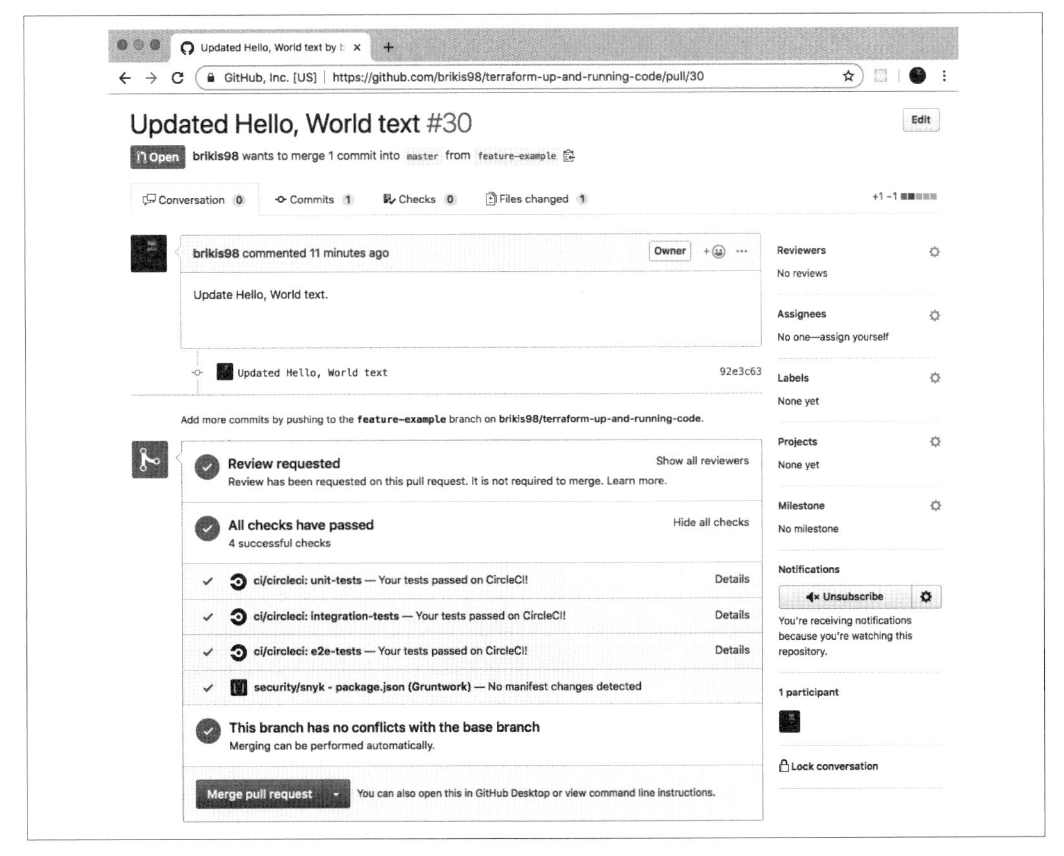

圖 10-2　GitHub 的 pull request 會顯示 CircleCI 的自動化測試結果

合併與發行

你的團隊成員會審閱你更改的程式碼、找出可能有的問題、並檢視是否依循程式撰寫指南（本章稍後會提到）、檢視現有測試是否通過、並確認你確實有替任何新的動作添加相應的測試。如果一切看來正常，你的程式碼就可以合併至 `main` 分支。

下一步就該發行程式碼了。如果你採用的是不可變的（immutable）基礎架構實行方式（如同第 8 頁的「伺服器範本編寫工具」一節所述），那麼發行應用程式的程式碼便等同於要把程式碼封裝成一個全新的、不可變的、有版本標記的製成品（artifact）。依照你想要封裝及部署應用程式的方式，這份成品可能是一個新的 Docker 映像檔、或是一個新的虛擬機映像檔（例如新的 AMI）、一個新的 *.jar* 檔案、或新的 *.tar* 檔案等等。無論是何種格式，都要確認成品是不可變的（亦即內容不會再變動），而且帶有獨一無二的版本編號（這樣才能和其他既有的製成品相區隔）。

譬如說，假如你是用 Docker 來封裝應用程式，就可以把版本編號放在 Docker 的標籤（tag）裡。你可以把提交時的識別碼（ID of the commit，其格式為 sha1 hash）當成標籤內容，這樣就可以把部署的 Docker 映像檔和它包含的程式碼關聯起來：

```
$ commit_id=$(git rev-parse HEAD)
$ docker build -t brikis98/ruby-web-server:$commit_id .
```

以上程式碼會建置一個名為 `brikis98/ruby-web-server` 的新版 Docker 映像檔，同時以最新一次提交的識別碼作為映像檔標籤，識別碼看起來就像 `92e3c6380ba6d1e8c9134452ab6e26154e6ad849` 這樣。稍後如果你要對 Docker 映像檔進行除錯，只需檢視 Docker 映像檔中標籤所對應的提交識別碼，就能對應到正確的程式碼內容：

```
$ git checkout 92e3c6380ba6d1e8c9134452ab6e26154e6ad849
HEAD is now at 92e3c63 Updated Hello, World text
```

提交識別碼的缺點之一，就是它不太容易用肉眼判讀、又不好記。替代方式是改用 Git tag：

```
$ git tag -a "v0.0.4" -m "Update Hello, World text"
$ git push --follow-tags
```

Git 的 tag 其實不過是一個指標，它會指向特定某次 Git 提交動作，但會以較容易判讀的名稱來命名。你可以把這個 Git tag 用來關聯 Docker 映像檔：

```
$ git_tag=$(git describe --tags)
$ docker build -t brikis98/ruby-web-server:$git_tag .
```

於是當你進行除錯時，只需取出帶有特定 tag 的程式碼即可：

```
$ git checkout v0.0.4
Note: checking out 'v0.0.4'.
(...)
HEAD is now at 92e3c63 Updated Hello, World text
```

部署

現在你擁有一個帶有版本資訊的製成品，該來部署它了。部署應用程式碼的方式很多，要看應用程式的類型、你封裝的方式、打算如何執行它、你所採用的架構、你所使用的工具等等來決定。以下是幾項考量的要點：

- 部署工具
- 部署策略
- 部署用的伺服器
- 在各種環境之間升級發行

部署工具

可以用來部署應用程式的工具有很多，要看你封裝和執行的方式來選擇。以下是幾個例子：

Terraform

正如大家在本書中學的，Terraform 可以用來部署某些類型的應用程式。譬如先前的章節中，我們建立過名為 `asg-rolling-deploy` 的模組，它們能夠以滾動式部署建構出零停機時間的 ASG。如果你把應用程式封裝成 AMI（譬如用 Packer 來封裝），你只需修改 Terraform 程式碼中的 `ami` 參數、再執行 `terraform apply`，就可以用 `asg-rolling-deploy` 這個模組來部署新版的 AMI。

調度工具

坊間有很多設計用來部署及管理應用程式的調度工具，像是 Kubernetes（有人說它是最受歡迎的 Docker 調度工具）、Amazon ECS、HashiCorp Nomad，以及 Apache Mesos 等等。在第 7 章時，大家已經看過如何用 Kubernetes 來部署 Docker 容器的例子。

命令稿

Terraform 和大多數的調度工具都只能支援一組有限的部署策略（下一小節便會探討）。如果你的需求更為繁瑣，也許就得自行撰寫命令稿才能滿足這些需求。

部署策略

部署應用程式時，有好幾種不同的策略可資運用，但要看你的需求來選擇。設想你有五套舊版的應用程式仍在運作，而你想要推出新版本。以下便是幾種最常用的策略：

替換進行滾動式部署

關閉其中一份舊版應用程式、並部署新版以便頂替它，當新版應用程式啟動、也通過了健康程度檢查，便讓這套新版應用程式接手處理現實流量，同時重複以上過程，直到所有的舊版都被替換為止。一邊替換一邊進行滾動式部署，可以確保你絕對不會有超過五套應用程式同時運作，如果你的運轉容量有限（例如每套應用程式都是個別運行在一台實體伺服器上時），或是你得處理一套有狀態的系統、而且其中每套應用程式都有獨特的身分時（這在 Apache ZooKeeper 這樣的 consensus 系統中很常見），這樣就會很有用。注意這套部署策略同樣適用於以較多數量進行（也就是說，只要負載允許、而且不會在應用程式運行容量變少的狀況下損失資料，你就可以一次替換一套以上的應用程式），而且部署時會有新舊版應用程式同時運行的狀況。

不替換進行滾動式部署

逕行部署一份新版應用程式，等它啟動並通過健康程度檢查，便讓這套新版應用程式接手處理現實流量，然後才清除舊版應用程式，接著重複以上過程，直到所有的舊版都被替換為止。像這樣進行滾動式部署但不事先替換，只適用於你沒有容量問題時（例如你的應用程式在雲端運行，因此可以隨時啟用新的虛擬伺服器擴充容量），抑或是你的應用程式可以容許有五套以上的副本同時運作。這種策略的好處在於你手中同時運行的應用程式副本決不會少於五份，因此部署期間的應用程式容量不會低落。另外也要注意，這套部署策略也同樣適用於以較多數量進行（也就是說，只要容量允許，你可以一次部署全部五套新版應用程式），而且在部署期間，同樣會是新舊版應用程式同時運行的狀況。

藍綠部署

部署五套新版應用程式，等到它們都啟動並通過健康程度檢查，就把所有的現實流量同時轉給這五套新版應用程式，然後才清除舊版應用程式。藍綠部署只適用於你沒有容量問題時（例如你的應用程式在雲端運行，因此可以隨時啟用新的虛擬伺服器擴充容量），抑或是你的應用程式可以容許有五套以上的副本同時運作。這種策略的好處在於，在同一時間內就只會有一個版本的應用程式會面對外界，而且應用程式運行副本數量同樣不會低於五組，因此部署期間的應用程式容量不至於低落。

金絲雀部署

先部署一套新版的應用程式，等它啟動並通過健康程度檢查，然後讓它處理現實流量，但這時先停下部署。在暫停部署期間，把新版和舊版應用程式的行為加以比較，新版的便是所謂的「金絲雀組」(canary)、而舊版就是所謂的「控制組」(control)[譯註]。你可以從多種角度比較這兩組：CPU 使用量、記憶體使用量、延遲反應、吞吐量、日誌中出現錯誤的比率、HTTP 響應碼等等。理想上這二者應該毫無區別，如此一來你就可以確信，新版的程式碼確實運作無誤。這時你就可以繼續進行部署，並運用先前的滾動式部署策略之一繼續完成部署。換言之，如果你發覺有異狀，就可能意味著新版程式碼有潛在問題，而你可以在此取消部署，並將金絲雀組清除，以免事態進一步惡化。

這個饒富趣味的名稱，源於「煤礦坑的金絲雀」這個典故，以前的礦工會在下坑時帶著一籠金絲雀，萬一坑道中充滿了有毒氣體（例如一氧化碳），這類氣體便會讓金絲雀在礦工中毒前先出現異狀，算是一種早期預警功能，讓礦工可以意識到礦坑中環境有問題、必須儘快撤離，以免發生更嚴重的事故。金絲雀部署策略就具備這樣的優點，你可以在正式環境中有系統地測試新版程式碼，而且就算出了問題，也可以及早得知，因為這時受影響的還只有一小部分的使用者，你還有充裕的時間可以即時反應，防止損害進一步擴大。

金絲雀部署策略也經常和**功能切換**（*feature toggles*）搭配進行，亦即你會把所有的新功能包在一段 if 敘述當中。依照預設模式，這段 if 敘述的結果會落入 false 段落，因而在你初步部署程式碼時，新版功能都會先切換成關閉狀態。由於所有的新功能都還是關閉的，因此當你部署金絲雀伺服器時，其行為應該跟控制組並無二致，只要兩者之間出現差異，就會自動地標示為問題所在、並觸發復原返回動作。如果沒有發生問題，你稍後便可用一個內部網頁介面啟動功能切換，讓一部分的使用者可以使用新功能。也許你一開始只針對員工啟用新功能；如果運作正常，便繼續為 1% 的使用者啟用新功能；如果仍無異狀，便再把比例上調至 10%；依此類推。如果在任何時間點發生問題，當下便可利用功能切換，將啟用的比例反向下調。這段過程可以讓你把新版程式碼的**部署**和新功能的**發佈**分開來。

部署用的伺服器

進行部署時，應當從 CI 伺服器進行，而不是從開發人員自己的電腦進行。這種方式的好處如下：

[譯註] 亦即我們在學校學過的所謂實驗組和對照組的概念。

完全自動化

如果從 CI 伺服器部署，你就必須將所有的部署步驟完全自動化。如此有助於確保部署過程必須化為程式碼，也就不會因為人為失誤意外錯失任何步驟，而且部署可以變得既迅速又便於重複進行。

一致的環境

如果開發人員從自己的電腦進行部署，就會因為這類電腦與部署環境之間的設定差異而導致問題：譬如不同的作業系統、不同的依存關係版本（例如不一樣版本的 Terraform）、不同的組態、以及實際部署內容的差異（例如開發人員意外部署了一個並未提交版本控管的變更內容）。如果能從相同的 CI 伺服器開始部署一切內容，所有這些問題便可不藥而癒。

權限管理較完善

你可以只針對 CI 伺服器授權，而不是把部署權限開放給每一個開發人員（尤其不該開放對於正式環境的部署權限）。只對單一伺服器套用良好的安全實施方式，顯然要比管理一大群開發人員對正式環境的安全權限要容易得多。

在各種環境之間升級發行

如果你採行了不可變基礎架構的實施方式，那麼推出更新內容的方式便是將完全相同版本的製成品從某個環境升級發行（promote）到另一個環境。舉例來說，如果你擁有開發（dev）、暫時（staging）和正式（production）三套環境，那麼當你要發佈 `v0.0.4` 的應用程式時，就會是這樣進行的：

1. 將 `v0.0.4` 的應用程式部署到開發環境。
2. 在開發環境中進行手動和自動化測試。
3. 如果 `v0.0.4` 在開發環境中運作正常，便在暫時環境中重複以上步驟 1 和 2，部署 `v0.0.4` 到暫時環境（這就是升級發行（*promoting*）一項製成品的概念）。
4. 如果 `v0.0.4` 在暫時環境中也運作無誤，便進一步對正式環境也執行步驟 1 和 2，將 `v0.0.4` 升級發行到正式環境。

由於你在所有環境運行的都是一樣的製成品，因此如果其中一個環境能正常運作，在其他環境中應該也很有機會一樣正常運作。就算發生問題，你隨時可以重新部署舊版的製成品，就能返回到原有版本。

部署基礎架構程式碼的工作流程

現在大家已經看過應用程式碼的部署工作流程，該來研究基礎架構程式碼的部署工作流程了。在這個小節裡，當筆者提及「基礎架構程式碼」時，指的是以任何 IaC 工具（當然也包括 Terraform）寫出、可以用來部署任何基礎架構異動的程式碼，而不僅僅是單一應用程式：例如部署資料庫、負載平衡器、網路組態、DNS 設定等等。

以下就是基礎架構程式碼的部署工作流程：

1. 使用版本控管
2. 在本地端執行程式碼
3. 修改程式碼
4. 提交程式碼以供審閱
5. 執行自動化測試
6. 合併與發行
7. 部署

乍看之下，以上流程跟應用程式的工作流程並無二致，但是檯面下卻有重大的差異。基礎架構程式碼的異動內容在部署時會更為繁瑣，而且涉及的技術並不常為人所熟知，因此如果能與應用程式碼工作流程的每個步驟逐一對比，應該更有助於理解基礎架構程式碼的部署工作流程。我們這就來研究它。

使用版本控管

正如應用程式碼一般，所有的基礎架構程式碼也應該要納入版本控管。亦即你需要用 `git clone` 取出程式碼，跟先前的做法一樣。然而基礎架構程式碼還多了幾項需求：

- *Live* 儲存庫和 *modules* 儲存庫
- Terraform 的黃金法則
- 分支的問題

Live 儲存庫和 modules 儲存庫

正如第 4 章所述，Terraform 的程式碼通常會需要至少兩個分開的版本控管儲存庫：一個給模組使用；另一個給實際基礎架構（live infrastructure）使用。模組的儲存庫是你從中建立可重複使用、有版本區分的模組所在地，譬如你在本書前一章建置的所有模組（`cluster/asg-rolling-deploy`、`data-stores/mysql`、`networking/alb`，以及 `services/hello-world-app` 等等）。至於實際基礎架構的儲存庫中定義的，自然是每個環境中實際部署的基礎架構（開發環境、暫時環境、正式環境等等）。

有一種行之有效的模式，就是在你的公司中成立一個基礎架構專職團隊，負責建構可重複使用的、紮實的、可供正式環境等級使用的模組。該團隊可以建構出一個模組程式庫，從中實現第 8 章所有的概念，為公司創造出非凡的影響力；程式庫中的每個模組都有可供組裝的 API、有詳盡的文件（包括 *examples* 資料夾中的可執行文件）、有完善的自動化測試套件、有版本區分、而且可以實現公司對正式環境等級的基礎架構清單（例如安全性、法規遵循、可延展性、高可用性、監控等等）的所有需求。

如果你打造出這樣的程式庫（或是買一套現成的[3]），公司中其他團隊便可像是從目錄郵購一般自由引用模組，進而部署和管理自己的基礎架構，而無須 (a) 讓各團隊自己花上幾個月、從頭開始組裝基礎架構；或是 (b) 讓 Ops 團隊變成瓶頸，因為他們必須為其他團隊部署及管理基礎架構。或是反過來，由 Ops 團隊花大部分的時間撰寫基礎架構程式碼，其他團隊則可以獨立運作，利用開發出來的模組來運行自己的基礎架構。而且由於所有團隊都是使用相同的示範模組，隨著公司規模成長和需求變動，Ops 團隊可以為所有其他團隊推出新版的模組，確保一切都保持一致且可以維護。

或者，只要你遵循 Terraform 的黃金法則，它就是可以維護的。

Terraform 的黃金法則

這是檢查 Terraform 程式碼是否健康無虞的快捷方式：進入 *live* 儲存庫，隨機挑選幾個資料夾，並逐一執行 `terraform plan`。如果輸出始終是「no changes」（無異動），就代表一切正常，因為這代表你的基礎架構程式碼與實際部署內容之間並無出入。如果輸出顯示小幅的差異，而且也偶爾耳聞團隊中有人認罪（「喔，對了，我手動改了某某東西但忘記順手更新程式碼」），就代表你的程式碼與現實不符，而且再發展下去就會有麻煩。如果 `terraform plan` 完全失敗而且拋出一堆詭異錯誤，或是每次跑 `plan` 都顯示一狗票的差異，你的 Terraform 程式碼便已完全脫離現實，很可能已經成了廢物。

3 請參閱 Gruntwork 的基礎架構即程式碼程式庫（*https://oreil.ly/T7m32*）。

黃金標準，或者說是你一貫的目標，就是筆者所謂的 *Terraform* 黃金法則：

live 儲存庫的主要分支與正式環境中的實際部署內容，應該要一模一樣。

我們把這段話拆開來分析，先從尾端倒回來看：

「…實際部署內容」

唯一可以確認 *live* 儲存庫中的 Terraform 程式碼真能呈現實際部署現況的辦法，就是絕對不要以程式碼以外的方式做調整。一旦開始使用 Terraform，就不要再用任何網頁介面、或是手動的 API 呼叫、或任何其他方式做變動。如第 5 章所述，以程式碼以外的方式做調整不僅僅會導致怪異的錯誤，還會使得當初採用 IaC 的許多優點都付諸流水。

「…一模一樣…」

如果瀏覽你的 *live* 儲存庫，應該一眼就可以看出在哪些環境中部署了什麼資源。亦即在 *live* 儲存庫中，每種資源都應該有與自身對應的某一行程式碼。這一點乍看之下理所當然，但其實很容易出錯。而出錯的緣由之一，就是筆者上面提到的以程式碼以外的方式做調整，結果變成程式碼是一碼事、但實際的基礎架構卻是另一碼事。另一種更為微妙的錯誤起因，則是以 Terraform workspaces 來管理環境，導致雖有實際的基礎架構存在、卻缺乏對應的程式碼。亦即如果你採用 workspaces，你的 *live* 儲存庫裡就只會有一份程式碼副本，但對應的環境卻可能有 3 或 30 套之多！觀察程式碼卻無從確認實際已經部署了多少東西，這樣就會造成錯誤、也使得維護愈形困難。因此就像第 99 頁的「以 Workspaces 來隔離」所述，不要用 workspaces 來管理環境，而是讓每個環境都有自己的定義資料夾、使用不同的檔案，這樣才能讓你只靠觀察 *live* 儲存庫便可看出哪些環境部署了什麼內容。大家在本章稍後會看到如何以最少的複製貼上動作來做到這一點。

「主要分支…」

你應該只需觀察單一分支便能掌握正式環境中部署的內容。通常這個分支就是主要分支。亦即所有會影響正式環境的變動內容，應該都合併在主要分支當中（雖然你可以另建分支，但只有在該分支要併入主要分支時才建立一筆 pull request），而且你應該只用主要分支來對正式環境執行 `terraform apply`。筆者會在下一小節裡說明緣由。

分支的問題

在第 3 章時，大家已經看過可以利用 Terraform 後端內建的鎖定機制，在團隊中有兩人同時對同一組 Terraform 組態執行 `terraform apply` 時，可以確保他們的異動內容不至於彼此覆蓋對方。但不幸的是，這只能解決一部分的問題。就算 Terraform 的後端提供了 Terraform 狀態鎖定，卻無法提供 Terraform 程式碼自身層級的鎖定。尤其是當兩個團隊成員從同一段程式碼的不同分支部署至相同環境時，便會發生衝突，連鎖定機制也無法對此加以防範。

譬如說，假設你團隊成員之一的 Anna 更動了應用程式「foo」的 Terraform 組態，其中含有一個 EC2 執行個體：

```
resource "aws_instance" "foo" {
  ami           = data.aws_ami.ubuntu.id
  instance_type = "t2.micro"
}
```

該應用程式必須處理大量的流量，因此 Anna 決定把 `instance_type` 從 `t2.micro` 升級成 `t2.medium`：

```
resource "aws_instance" "foo" {
  ami           = data.aws_ami.ubuntu.id
  instance_type = "t2.medium"
}
```

於是 Anna 執行 `terraform plan` 時會看到這樣的變動：

```
$ terraform plan

(...)

Terraform will perform the following actions:

  # aws_instance.foo will be updated in-place
  ~ resource "aws_instance" "foo" {
        ami                           = "ami-0fb653ca2d3203ac1"
        id                            = "i-096430d595c80cb53"
        instance_state                = "running"
      ~ instance_type                 = "t2.micro" -> "t2.medium"
        (...)
    }

Plan: 0 to add, 1 to change, 0 to destroy.
```

看起來沒有問題，所以她便著手將其部署至暫時環境。

但在此同時，Bill 也正在更改同一支應用程式的 Terraform 組態，但他引用的是另一個分支。Bill 要做的只是為應用程式加上標籤：

```
resource "aws_instance" "foo" {
  ami           = data.aws_ami.ubuntu.id
  instance_type = "t2.micro"

  tags = {
    Name = "foo"
  }
}
```

注意，Anna 變動的內容已經部署至暫時環境，但因為她引用的是不一樣的分支，因此在 Bill 引用的程式碼裡，`instance_type` 仍舊是原本的 `t2.micro`。於是當執行 `plan` 命令時，就會看到以下內容（以下日誌輸出已針對排版精簡過了）：

```
$ terraform plan

(...)

Terraform will perform the following actions:

  # aws_instance.foo will be updated in-place
  ~ resource "aws_instance" "foo" {
        ami                          = "ami-0fb653ca2d3203ac1"
        id                           = "i-096430d595c80cb53"
        instance_state               = "running"
      ~ instance_type                = "t2.medium" -> "t2.micro"
      + tags                         = {
          + "Name" = "foo"
        }
        (...)
    }

Plan: 0 to add, 1 to change, 0 to destroy.
```

哎呀，他這下要把 Anna 升級的 `instance_type` 打回原形了！如果 Anna 還在測試暫時環境，一定會十分納悶，為何伺服器突然做了重新部署、反應也變得怪怪地？幸好 Bill 有好好地檢視 `plan` 的輸出，因此在影響到 Anna 之前先發覺了錯誤。儘管如此，這個例子的重點在於突顯從不同分支部署共用環境，會發生什麼後果。

Terraform 後端的鎖定機制對此並無助益，因為這種衝突形式並非同時修改狀態檔所導致；Bill 和 Anna 分別套用變更也許相隔已有一段時間，但問題依舊存在。潛藏在背後的問題在於 Terraform 原就不適合與分支搭配運用。Terraform 天性就是從 Terraform 程式碼對應到真實世界中的部署內容。由於真實世界只有一個，因此 Terraform 程式碼出現多個分支，便不符合 Terraform 一一對應的本質。所以無論是何種共用環境（譬如暫時或正式環境），務必都要從單一分支進行部署。

在本地端執行程式碼

現在你已將程式碼取回到自己的電腦當中，下一步便是嘗試加以執行。但 Terraform 的弔詭之處是，它與應用程式碼不一樣，沒有真正的「localhost」；舉例來說，你無法實際將 AWS 的 ASG 部署到自己的筆電裡。正如同第 333 頁的「手動測試的基礎認識」一節所述，唯一能手動測試 Terraform 程式碼的辦法，就是在一個沙箱環境中進行，例如一個專屬於開發人員的 AWS 帳號（更理想的是每一位開發人員都有自己的 AWS 帳號）。

一旦有了可資手動測試的沙箱環境，就可以在其中執行 `terraform apply` 了：

```
$ terraform apply

(...)

Apply complete! Resources: 5 added, 0 changed, 0 destroyed.

Outputs:

alb_dns_name = "hello-world-stage-477699288.us-east-2.elb.amazonaws.com"
```

然後就能以 `curl` 之類的工具驗證已部署的基礎架構是否可以運作：

```
$ curl hello-world-stage-477699288.us-east-2.elb.amazonaws.com
Hello, World
```

若要執行以 Go 語言撰寫的自動化測試，就一樣在測試專屬的沙箱帳號中執行 `go test`：

```
$ go test -v -timeout 30m

(...)

PASS
ok    terraform-up-and-running   229.492s
```

修改程式碼

現在你已初步執行過 Terraform 程式碼，可以著手進行反覆除錯的更改動作了，就跟先前處理應用程式碼的做法一樣。每當變更過後，便可再度執行 `terraform apply` 部署異動內容，再以 `curl` 驗證異動是否生效：

```
$ curl hello-world-stage-477699288.us-east-2.elb.amazonaws.com
Hello, World v2
```

抑或是再用 go test 確認是否仍能通過測試：

```
$ go test -v -timeout 30m

(...)

PASS
ok      terraform-up-and-running    229.492s
```

這裡與應用程式碼做法的唯一差異，在於基礎架構程式碼的測試通常耗時較久，因此你得多花費一些心思，設法縮短測試循環時間以便儘快取得回饋。在第 373 頁的「測試的階段」一節中，大家已經看到如何針對特定測試階段執行該階段的測試套件，藉以大幅縮短回饋迴圈的時間。

每當進行變更，務必記得要經常把內容提交給版本控管：

```
$ git commit -m "Updated Hello, World text"
```

提交程式碼以供審閱

一旦你的程式碼能如預期般運作，就可以建立一筆 pull request，讓程式碼交付審閱了，就跟應用程式碼的做法一致。你的團隊可以審閱程式碼異動內容、檢視其中有無缺失、同時檢查內容是否按照**程式撰寫指南**進行。只要你是在團隊中撰寫程式碼，則不論程式碼類型為何，都應該為所有人定義一套遵循的指南。筆者最欣賞的「無暇的程式碼」定義，源於筆者早期著作中（《*Hello, Startup*》，*https://www.hello-startup.net*）與 Nick Dellamaggiore 的一場訪談：

> 如果我在審視一份由十個工程師合寫的單一檔案，那麼它看起來應該要渾然天成、像是同一個人寫的一樣。那樣才是我心目中無暇的程式碼。
>
> 要做到這一點，必須透過程式碼審閱、以及公佈你的撰寫風格指南、樣式、以及程式語言的慣例（*language idioms*）。一旦熟悉了這些事，每個人的生產力都會有所提升，因為大家都知道如何用一致的方式寫程式。這時重點才會回到你撰寫的程式內容，而不是如何撰寫程式碼。
>
> —Nick Dellamaggiore，Coursera 基礎架構主管

對於各個團隊而言，什麼樣的 Terraform 的程式碼指南才有意義可言，是見仁見智的，因此筆者在此列出一些常見的、對大多數團隊都有用的部分：

- 文件
- 自動化測試
- 檔案佈局
- 風格指南

文件

從某種程度而言，Terraform 程式碼本身就多少已經有點文件的意味。它以簡易的語言精確地描述了你部署的基礎架構、以及其設定方式。但是世間沒有真正能徹底說明自身的程式碼。雖說寫得好的程式碼可以讓你看得出它**做了什麼**，但筆者還不曉得有哪一種程式語言（Terraform 也不例外）能告訴你它**為何要這樣做**。

這就是為何包括 IaC 在內的所有軟體都需要在程式碼以外另寫文件的緣故。文件的類型有好幾種，你可以從中衡量，並讓團隊成員在審閱程式碼時要求提供文件：

撰寫好的文件

大部分的 Terraform 模組應該都附有 README，其中解釋了模組的功用、為何需要該模組、如何使用它、以及如何進行修改。其實你或許應該在實際動手撰寫任何 Terraform 程式碼之前，先寫出 README，因為這樣才能讓你好好思考要建造出**什麼樣的內容**，以及**為何要這樣做**，然後才開始投入寫程式，這樣便不至於一開始便陷入**如何建構**的漩渦之中[4]。先花個 20 分鐘寫出 README，往往可以避免你花費幾小時卻寫出方向錯誤的程式碼。除卻基本的 README，你可能還得加上使用教學（tutorials）、API 文件、wiki 文件、以及設計文件，它們能進一步深入說明程式碼運作，以及為何要這樣建構。

程式碼內文件

在程式碼內部，你也可以加上註解（comments）作為某種形式的文件。Terraform 會將任何以井字符號（`#`）開頭的文字視為註解。但不要用註解來解釋程式碼的行為；這一點程式碼應該要能以自身內容呈現。註解的用途在於闡述無法以程式碼呈現的資訊，例如程式碼應如何使用、或是該程式碼何以採用特定設計方式。Terraform 允許每個輸入和輸出變數宣告自己的 `description` 參數，這是說明變數使用方式的絕佳場所。

4 先寫出 README 的做法，又稱為 Readme 驅動開發（*https://bit.ly/1p8QBor*）。

示範程式碼

如第 8 章所述，每一個 Terraform 模組都應該包括示範的程式碼，用來顯示模組的正確用法。這是突顯應使用方式的絕佳方式，而且可以讓使用者不用自己寫程式就能試用該模組，同時也是為模組添加自動化測試的主要做法。

自動化測試

整個第 9 章都在說明如何測試 Terraform 程式碼，因此筆者在此不再贅述，只是再度強調，未經測試的基礎架構程式碼等於廢物。因此在任何程式碼審閱過程中，你能加上最重要的意見就是「你是如何測試它的？」。

檔案佈局

你的團隊應當定義出各項慣例，包括 Terraform 程式碼的存放位置、以及應採用的檔案佈局。由於 Terraform 所採的檔案佈局同時也決定了 Terraform 儲存狀態的方式，你應該格外留意檔案佈局會如何影響你提供隔離的能力，像是確保暫時環境中的變動不至於意外造成正式環境中的問題。在審閱程式碼時，你也許還得要求實施第 105 頁的「以檔案佈局來隔離」一節中所提及的檔案佈局，以便隔離不同環境（像是暫時環境和正式環境）、以及不同元件（例如整個環境的網路拓樸、以及該環境中的單一應用程式）。

風格指南

每個團隊都應該有自己一套程式碼風格的慣例，像是空格字元的使用方式、換行的方式、縮排的方式、大括號的位置、變數的命名方式等等。雖說程式設計師總愛爭論空格跟 tab 鍵孰優孰劣、大括號到底該不該換行放置等等，但更重要的是，所有程式碼都該協調採用一致的寫法。

Terraform 本身內建有 fmt 命令，可以自動把程式碼重新排版成一致的風格：

```
$ terraform fmt
```

筆者建議把這個命令的執行動作跟提交動作綁在一起，藉此確保提交至版本控管的程式碼都保有一致的風格。

執行自動化測試

基礎架構程式碼應該要跟應用程式碼一樣，利用提交附帶動作（commit hooks），在每一次提交後都會從 CI 伺服器中發起自動化測試，並順便將測試結果顯示在 pull request 當中。在第 9 章中，大家已經知道如何為 Terraform 程式碼撰寫單元測試、整合測試及點到點測試。其實還有一項關鍵類型的測試應該進行：就是 `terraform plan`。這條規則很簡短：

> *永遠都要在 apply 之前先執行 plan。*

每當你執行 `apply`，Terraform 便會自動顯示 `plan` 的輸出，所以上述規則的含義其實是你應該總是在部署前停下來檢查 `plan` 的輸出！光是花個半分鐘檢視輸出中的「diff」段落，你必定會訝異竟能在此抓到這麼多種問題。有一個好辦法可以鼓勵眾人養成先跑 `plan` 的習慣，就是把 `plan` 動作整合至程式碼審閱流程當中。譬如說，開放原始碼工具 Atlantis（*https://www.runatlantis.io*）就會自動地在提交時執行 `terraform plan`，並把 `plan` 的輸出放到 pull requests 裡當成註解，如圖 10-3 所示。

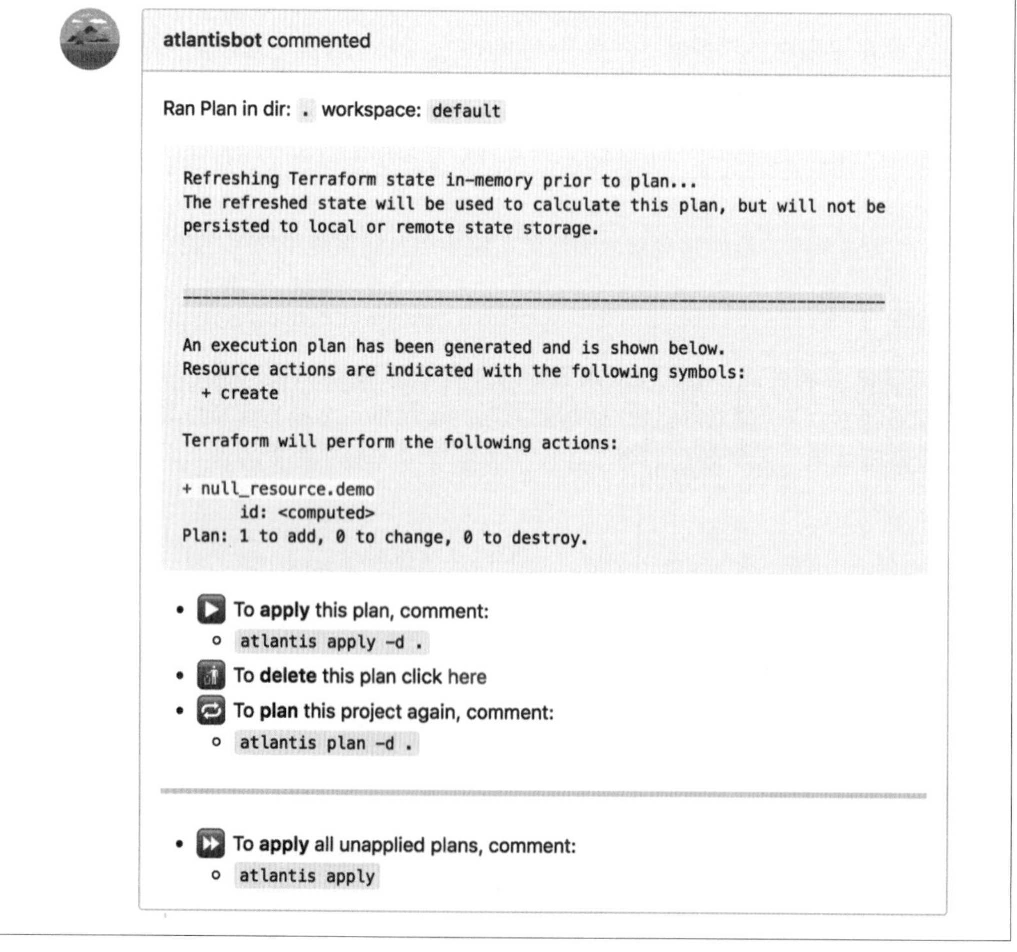

圖 10-3　Atlantis 會自動地把 `terraform plan` 命令的輸出附加到 pull requests 的註解當中

Terraform Cloud 和 Terraform Enterprise、以及 HashiCorp 自家的付費工具，也都支援在 pull requests 中自動執行 `plan` 的功能。

合併與發行

一旦你的團隊成員審閱了程式碼和 `plan` 的輸出，所有測試也都過關，就可以著手將變更內容合併到主要分支當中、並發行新的程式碼了。就跟在處理應用程式碼的時候一樣，你可以利用 Git 標籤來建立有版本區分的發行內容：

```
$ git tag -a "v0.0.6" -m "Updated hello-world-example text"
$ git push --follow-tags
```

在處理應用程式碼時，你通常是另外部署一套新版的製成品（artifact），像是 Docker 映像檔或是 VM 映像檔之類，但由於 Terraform 原本就支援從 Git 下載程式碼內容，而且帶有特定標籤的儲存庫**也是**不可變的，因此這樣部署的製成品同樣也會有版本的區別。

部署

現在你手上有一套不可變的、也有版本區分的製成品，該來部署它了。以下是部署 Terraform 程式碼的幾項考量重點：

- 部署工具
- 部署策略
- 用於部署的伺服器
- 在各種環境之間升級發行製成品

部署工具

在部署 Terraform 程式碼時，Terraform 本身便是主要工具。但你其實還有其他幾種工具可以運用：

Atlantis

各位稍早已經見識過這套開放原始碼工具，它不僅僅可以把 `plan` 的輸出附掛到你的 pull requests 當中，也可以讓你在 pull request 加上特殊註解，藉以觸發 `terraform apply`。雖說此項功能為 Terraform 部署提供了方便的網頁式介面，但請留意它是不支援版本區分的，這可能會對大型專案的維護和除錯造成一些困擾。

Terraform Cloud 和 *Terraform Enterprise*

兩者皆為 HashiCorp 的付費產品，它們提供網頁式介面，讓你不但可以從中執行 `terraform plan` 跟 `terraform apply`，也可以管理變數、密語和存取權限。

Terragrunt

這是一種開放原始碼工具，它其實是一層 Terraform 的外包程式（wrapper），其用途在於補足若干 Terraform 的不足之處。大家在本章稍後就會見識到，如何以 Terragrunt 在多個環境之中部署有版本區分的 Terraform 程式碼，但複製貼上各種程式碼的次數可以降到最少，但只需最小程度的複製貼上各種程式碼。

命令稿

一如既往，你依舊可以用通用型程式語言撰寫命令稿，例如 Python、Ruby 或是 Bash，藉以自訂 Terraform 的使用方式。

部署策略

對於大部分類型的基礎架構異動來說，Terraform 並不提供任何內建的部署策略：譬如說，你無法以藍綠部署的方式去部署 VPC 的異動，也無法為資料庫的異動進行功能切換。基本上就只有 `terraform apply` 可用，它要不就是成功、要不就是失敗。少數的異動可以支援部署策略，例如我們在稍早章節中以 `asg-rolling-deploy` 建立零停機時間的滾動式部署，但這些只是少數例外、並非常態。

基於上述限制，因此將部署發生問題時的狀況列入考量也很要緊。在部署應用程式時，很多種類的錯誤都可以靠部署策略加以發覺；譬如要是應用程式無法通過健康程度檢查，負載平衡器便決不會將實際流量交付處理。此外，滾動式部署或藍綠部署策略都可以在發生錯誤時自動倒退回到前一版本的應用程式。

話說回來，Terraform 就是*無法在發生錯誤時自動倒退回到前一版本*。部分原因是因為缺乏一個合理的方式去還原這麼多種類的基礎架構異動：舉例來說，要是應用程式部署失敗，倒退回到舊版應用程式幾乎不會有什麼問題，但若是你部署的 Terraform 異動失敗了，而該次異動又涉及刪除某個資料庫、甚至清除一部伺服器，要倒退還原可就不是嘴上說說那麼容易了。

因此你應該以錯誤一定會發生的狀況來預做準備，並確保以最好的方式來因應：

重試機制

有些特定類型的 Terraform 錯誤只是暫時性的，如果你重新執行 `terraform apply`，它們就會消失。用來搭配 Terraform 的部署工具應該要能偵測到這類已知的錯誤，並自動地在短暫的暫停之後自動重試。Terragrunt 便內建了針對已知錯誤自動重試的功能（*https://oreil.ly/0OWis*）。

Terraform 狀態錯誤

Terraform 偶爾會在執行 `terraform apply` 時無法儲存狀態。舉例來說，要是你在執行 `apply` 的半途中突然與網際網路斷線，那樣不僅是 `apply` 會失敗、Terraform 也會無法把更新過的狀態檔寫到你的 remote backend（例如 Amazon S3）。在這種狀態下，Terraform 會把狀態寫到本地磁碟中一個名為 *errored.tfstate* 的檔案。務必確認你的 CI 伺服器不會去刪除這些檔案（例如在建置後即刻進行清理 workspace 之類的動作！）。如果在部署失敗後你還能取得該檔案，那麼只要當網際網路連線一恢復，你就可以用 `state push` 命令把該檔案再度推送到 remote backend（例如 S3），這樣便不至於遺失狀態資訊了：

```
$ terraform state push errored.tfstate
```

釋放錯誤訊息的鎖定

Terraform 偶爾也會無法釋放鎖定。舉例來說，如果你的 CI 伺服器在執行 `terraform apply` 中途當機，Terraform 狀態便會持續被鎖定。任何人要是想對同一個模組再次執行 `apply`，都只會得到一個錯誤訊息，指出狀態已遭鎖定、並秀出鎖定識別碼。如果你十分肯定這個鎖定是因意外事故遺留下來的，可以用 `force-unlock` 命令加上鎖定識別碼，強制要求釋放該錯誤訊息造成的鎖定：

```
$ terraform force-unlock <LOCK_ID>
```

用於部署的伺服器

一如應用程式碼，所有基礎架構程式碼的異動也應從 CI 伺服器展開套用動作，而不是從開發人員自己的電腦進行。你可以從 Jenkins、CircleCI、GitHub Actions、Terraform Cloud、Terraform Enterprise、Atlantis，或任何其他夠安全的自動化平台來執行 `terraform`。這樣就可以享有像部署應用程式碼一樣的好處：你必須把部署過程完全自動化，這可以確保部署始終源於一致的環境，你也能夠更審慎地控管誰有權接觸正式環境。

此外，部署基礎架構程式碼的權限遠比應用程式碼部署所需的權限要棘手許多。對於應用程式碼，通常只需賦予 CI 伺服器最起碼的一組混合權限，便能部署應用程式；以部署 ASG 為例，CI 伺服器通常只需少數特定的 `ec2` 和 `autoscaling` 的權限。但若是要部署任何一種基礎架構程式碼的異動（例如你的 Terraform 程式碼可能會嘗試部署一個資料庫、或是 VPC、甚至全新的 AWS 帳號），CI 伺服器所需的權限便五花八門——也就是得動用管理者權限。這樣問題就來了。

之所以會有問題，是因為 CI 伺服器是 (a) 出了名的難以強化安全[5]，(b) 又對公司內所有開發人員開放使用，(c) 還可用來執行任何程式碼。如果再對它賦予永久的管理者權限，那無異於自尋死路！此舉等同於對團隊中每個人都賦予管理者權限，而且還把 CI 伺服器變成攻擊者覬覦的無價目標。

你可以做幾件事來降低風險：

將 *CI* 伺服器上鎖保護

確保它只能以 HTTPs 操作，而且所有的使用者都必須經過認證，並遵循伺服器強化安全的實行方式（例如加上防火牆防護、安裝 fail2ban、啟用稽核日誌等等）。

不要把 *CI* 伺服器暴露在公開網際網路上

也就是說，在私有子網路中運作 CI 伺服器，不設置任何公共 IP 給它，這樣就只能從 VPN 連線才能操作它。這樣一來，只有具備有效網路存取身分（例如 VPN 憑證）的使用者，才有權接觸到 CI 伺服器。但注意這還是有缺點的：也就是來自外部系統的 webhooks 將會無法運作。譬如說，GitHub 無從觸發你的 CI 伺服器上的建置動作；相反地，你得修改 CI 伺服器，令其從版本控制系統拉取更新內容。這是強化 CI 伺服器安全性所需付出的小小代價。

實施核准工作流程

將你的 CI/CD 管線設置成每次部署都需經過至少一人核准（而且不能是一開始要求部署的同一人）。在這個核准步驟中，審閱者應該要能同時看得到程式碼變動的內容、以及 `plan` 的輸出，作為執行 `apply` 前最後一個確認一切都正確的把關動作。這可以保障每一次部署時，程式碼異動和 `plan` 輸出都至少經過兩個不同的人過目。

不要讓 *CI* 伺服器具備永久性的 *credentials*

正如第 6 章所述，不要採用手動管理的永久性 credentials（例如把 AWS 存取金鑰複製 / 貼上到 CI 伺服器當中），而是應該改用採行暫時 credentials 的認證機制，像是 IAM 角色和 OIDC 等等。

---

5 請參閱 10 個 CI/CD 管線遭破解的真實案例（*https://oreil.ly/Z7R5M*），保證大開眼界。

不要把管理者 *credentials* 交給 *CI* 伺服器

相反地，把管理者的 credentials 隔離在一個完全分開的、與它處隔離的 *worker* 身上：例如另一台伺服器、另一個容器之類。這個 worker 應該受到嚴格限制，沒有一個開發人員能接觸它，而它的任務也只有一個，就是讓 CI 伺服器透過嚴格限制的遠端 API 去觸發這個 worker。例如說，worker 的 API 只能執行特定命令（像是 `terraform plan` 跟 `terraform apply`），而且只能從特定儲存庫執行（例如你的 live 儲存庫），還只能執行特定分支（例如主要分支）等等。這樣一來，就算有攻擊者真的突破了 CI 伺服器，他們仍然接觸不到管理者的 credentials，而他們能從中做的，也只能是要求部署已經位於你版本控制系統中的某些程式碼，這樣一來就不會像管理者 credentials 外洩的傷害那樣嚴重了[6]。

在各種環境之間升級發行製成品

正如同應用程式的製成品一樣，你遲早也會需要把不可變的、有版本區分的基礎架構製成品，從一個環境搬去另一個環境：譬如把 `v0.0.6` 從開發環境升級發行到正式環境[7]。規則一樣很簡單：

務必在非正式環境中先測試過 *Terraform* 的異動，然後才放進正式環境。

由於 Terraform 已將一切都自動化，因此若能在進入正式環境前，先在暫時環境中試一下你變動的內容，並不會多花什麼功夫，反倒還有助於捕捉為數龐大的錯誤。在非正式環境中測試之所以這麼重要，是因為正如本章稍早所提，Terraform 在發生錯誤時是無法回頭的。如果你執行了 `terraform apply`、卻發現出了問題，就得自己設法修復。而你若是在非正式環境中就能預先發覺錯誤，在這裡進行除錯，總比在正式環境上除錯時面臨的壓力要小得多。

跨越不同環境之間升級發行 Terraform 程式碼，跟先前升級發行應用程式製成品的過程也相去不遠，只不過前者多了一個上一小節提到的核准步驟，讓你可以執行 `terraform plan` 並讓他人有機會手動審閱輸出及核准部署。部署應用程式時通常不用涉及核准動作，因為大多數的應用程式部署都差不多、而且風險也低得多。然而，每一種基礎架構的部署都完全不同，出錯的代價也高得多（譬如資料庫沒了），因此有機會能再看一眼 `plan` 的輸出，絕對是值得的。

---

6 關於這種 worker 風格的實際範例，請參閱 Gruntwork Pipelines（*https://gruntwork.io/pipelines*）。

7 如何在各個環境之間升級發行 Terraform 程式碼的做法，要歸功於 Kief Morris 的論述：以管線管理基礎架構即程式碼環境（Manage Environments with Infrastructure as Code，*https://bit.ly/2lJmus8*）。

以下是升級發行的過程，例如把 `v0.0.6` 的 Terraform 模組從開發環境、暫時環境，一路發行至正式環境：

1. 將開發環境更新到 `v0.0.6`，然後執行 `terraform plan`。
2. 請某人審閱並核准計畫結果；譬如透過 Slack 發一封自動化訊息。
3. 一旦核准，便執行 `terraform apply` 把 `v0.0.6` 部署到開發環境。
4. 在開發環境中執行手動及自動化測試。
5. 如果 `v0.0.6` 在開發環境中運行良好，便重複上述步驟 1 ～ 4，將 `v0.0.6` 升級發行至暫時環境。
6. 如果 `v0.0.6` 在暫時環境中運行良好，再重複上述步驟 1 ～ 4，將 `v0.0.6` 升級發行至正式環境。

在 *live* 儲存庫的各個環境之間有一個亟需處理的重大問題，就是所有重複的程式碼。下一頁以圖 10-4 所顯示的 *live* 儲存庫為例。

這個 *live* 儲存庫跨越大量的區域（regions），而且在每一個區域中都用到了大量的模組，但大部分都是以複製貼上的形式引用的。當然了，每個模組目錄中都有一個 *main.tf*，負責參照實際位於 *modules* 儲存庫中的模組，因此實際上複製和貼上的內容並不如想像中的多，但就算只是將單一模組化為實例（instantiating），仍需在各個環境之間複製大量的範本如下：

- `provider` 組態
- `backend` 組態
- 傳入給模組的輸入變數
- 從模組傳出的輸出變數

這會在每個模組中增加數十甚至數百行幾乎完全雷同的程式碼，全都會複製貼到各個環境當中。要讓這類程式碼更趨近於 DRY 的風格，也為了簡化 Terraform 程式碼在不同環境間升級發行的方式，你可以借助於筆者稍早提過的開放原始碼工具 Terragrunt。Terragrunt 基本上是一個包覆在 Terraform 外部的工具，亦即你可以用它執行所有標準的 `terraform` 命令，唯一的差異是要改用 `terragrunt` 作為二進位執行檔：

```
$ terragrunt plan
$ terragrunt apply
$ terragrunt output
```

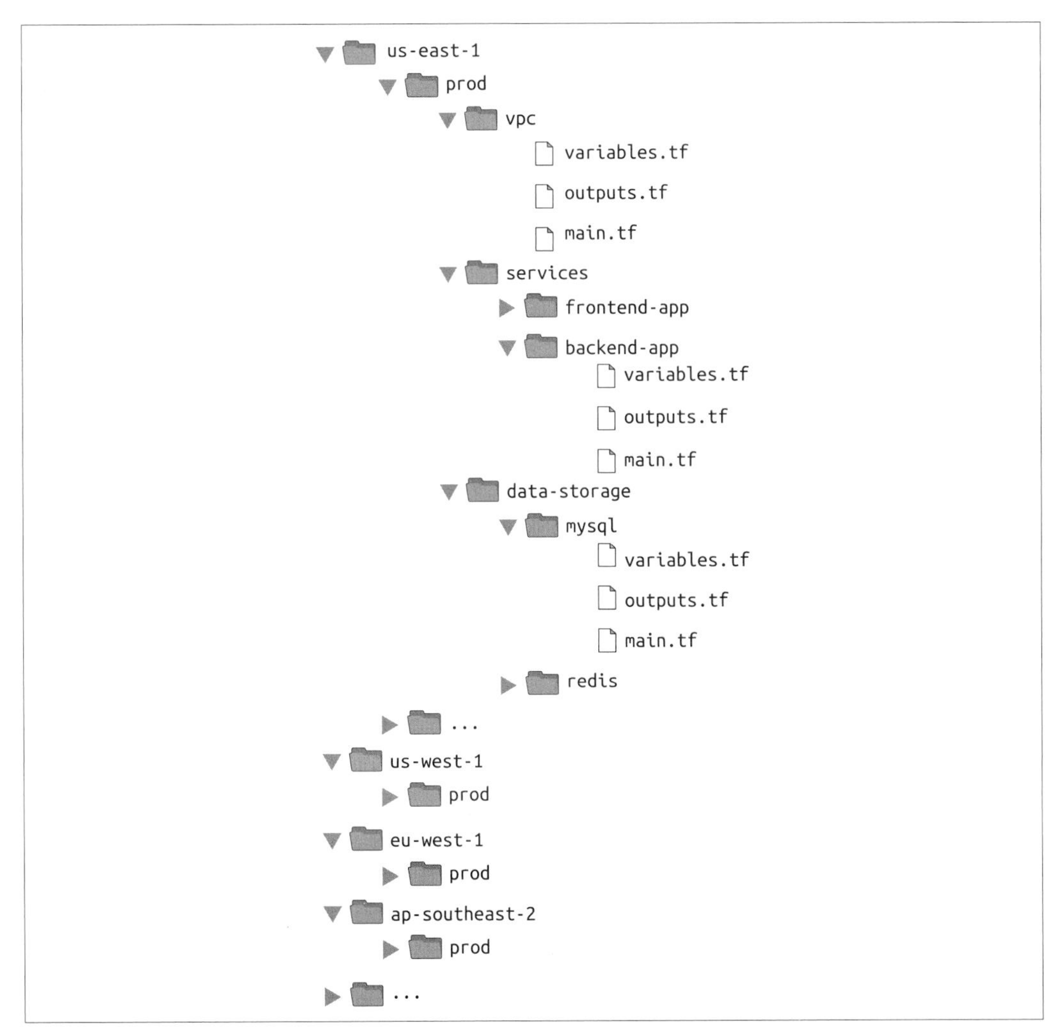

圖 10-4　每個環境中的檔案佈局都充滿了大量複製 / 貼上的環境資訊及模組

Terragrunt 會如實執行 Terraform、並加上你指定的命令，但是透過你在 *terragrunt.hcl* 檔案設置的組態，還可再加上一些附加行為模式。準確點說，就是 Terragrunt 允許你只需在 *modules* 儲存庫中一次定義所有的 Terraform 程式碼，至於在 *live* 儲存庫中，就只需放入一個 *terragrunt.hcl* 檔案，以此達成 DRY 的效果，可以在每個環境中設定及部署各個模組。這樣一來，*live* 儲存庫裡的檔案和程式碼數量都會少得多，如圖 10-5 所示。

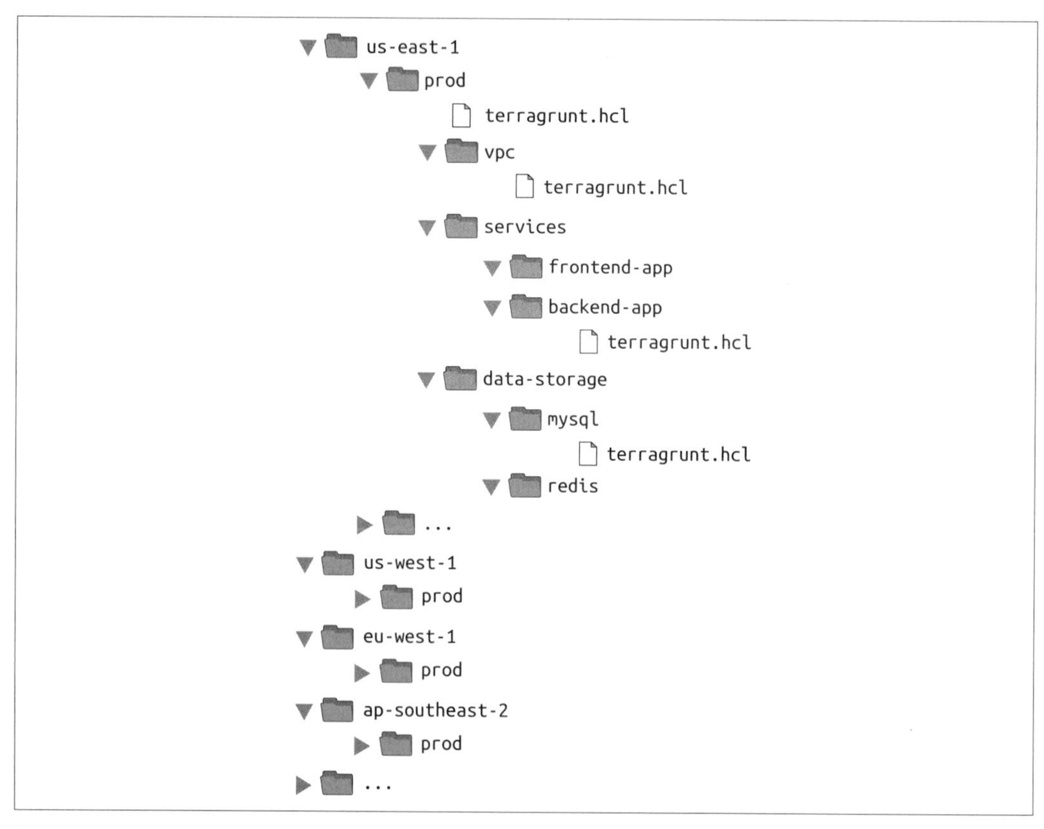

圖 10-5　在 live 儲存庫中使用 Terragrunt 以便精簡程式碼的複製量

要開始這樣做，得先參閱 Terragrunt 官網說明（*https://oreil.ly/L7IaY*）安裝 Terragrunt。接著就是在 *modules/data-stores/mysql/main.tf* 和 *modules/services/hello-world-app/main.tf* 當中加上 `provider` 的組態資訊：

```
provider "aws" {
  region = "us-east-2"
}
```

請提交這些變動內容，並在 *modules* 儲存庫中發佈新版本：

```
$ git add modules/data-stores/mysql/main.tf
$ git add modules/services/hello-world-app/main.tf
$ git commit -m "Update mysql and hello-world-app for Terragrunt"
$ git tag -a "v0.0.7" -m "Update Hello, World text"
$ git push --follow-tags
```

現在請改至 *live* 儲存庫，把原有的 *.tf* 全部清除。接著要替每個模組都以單一的 *terragrunt.hcl* 檔案，來取代所有需要複製和貼上的 Terraform 程式碼。舉例來說，以下就是一個位於 *live/stage/data-stores/mysql/terragrunt.hcl* 的 *terragrunt.hcl* 檔案：

```
terraform {
  source = "github.com/<OWNER>/modules//data-stores/mysql?ref=v0.0.7"
}

inputs = {
  db_name = "example_stage"

  # Set the username using the TF_VAR_db_username environment variable
  # Set the password using the TF_VAR_db_password environment variable
}
```

正如讀者所見，*terragrunt.hcl* 檔案採用了跟 Terraform 本身相同的 HashiCorp Configuration Language（HCL）語法。當你執行 `terragrunt apply`、而它又找到了 *terragrunt.hcl* 檔案裡的 `source` 參數，Terragrunt 便會執行下列動作：

1. 從 `source` 指定的 URL 將內容取出至臨時資料夾當中，這裡的 URL 語法和 Terraform 模組所採的 `source` 參數是相同的，因此你可以填入本地檔案路徑、Git URLs、帶有版本區分的 Git URLs（亦即帶有 `ref` 參數，正如上例所示）等等。

2. 在臨時資料夾中執行 `terraform apply`，並將你在 `inputs = { … }` 區塊中指定的輸入變數傳入給模組。

這種做法的好處是，位於 *live* 儲藏庫裡的程式碼，可以精簡到每個模組中只剩一個 *terragrunt.hcl* 檔案，而其中包含的就只是一個指向模組內容所在處（特定版本）的指標，再加上特定環境所需的輸入變數。這樣一來便達成了 DRY 的效果。

Terragrunt 也有助於讓 `backend` 組態保持 DRY 風格。你可以不必再於每個模組中一一定義 `bucket`、`key`、`dynamodb_table` 等內容，而是在每個環境中用一個 *terragrunt.hcl* 檔案定義即可。譬如說，請定義 *live/stage/terragrunt.hcl* 如下：

```
remote_state {
  backend = "s3"

  generate = {
    path      = "backend.tf"
    if_exists = "overwrite"
  }

  config = {
    bucket         = "<YOUR BUCKET>"
```

```
    key            = "${path_relative_to_include()}/terraform.tfstate"
    region         = "us-east-2"
    encrypt        = true
    dynamodb_table = "<YOUR_TABLE>"
  }
}
```

從這個 `remote_state` 區塊，Terragrunt 便可動態地替每個模組都產生一組 `backend` 組態，並將該組態寫入到 `generate` 參數所指定的檔案當中。注意 `config` 裡的 `key` 值引用了 Terragrunt 的內建函式 `path_relative_to_include()`，它會傳回此一 *terragrunt.hcl* 根檔案、和其他含有 include 資訊的子模組之間的相對路徑。譬如說，如果要在 *live/stage/data-stores/mysql/terragrunt.hcl* 裡 include 上述的根檔案，就要這樣加上 `include` 區塊：

```
terraform {
  source = "github.com/<OWNER>/modules//data-stores/mysql?ref=v0.0.7"
}

include {
  path = find_in_parent_folders()
}

inputs = {
  db_name = "example_stage"

  # Set the username using the TF_VAR_db_username environment variable
  # Set the password using the TF_VAR_db_password environment variable
}
```

於是這個 `include` 區塊便會透過 Terragrunt 內建函式 `find_in_parent_folders()` 去找出根檔案的 *terragrunt.hcl*，然後自動地繼承上層檔案裡的所有設定，也包括 `remote_state` 組態。於是這樣一來，這個 `mysql` 模組便會沿用和根檔案一樣的 `backend` 設定，而 `key` 值也會自動地解譯為 *data-stores/mysql/terraform.tfstate*。這便代表你的 Terraform 狀態也會按照和 *live* 儲存庫一樣的資料夾結構來儲存，於是就能輕易判斷出某狀態檔案來自哪一個模組了。

要部署此一模組，就執行 `terragrunt apply`：

```
$ terragrunt apply --terragrunt-log-level debug
DEBU[0001] Reading Terragrunt config file at terragrunt.hcl
DEBU[0001] Included config live/stage/terragrunt.hcl
DEBU[0001] Downloading Terraform configurations into .terragrunt-cache
DEBU[0001] Generated file backend.tf
DEBU[0013] Running command: terraform init
```

```
(...)

Initializing the backend...

Successfully configured the backend "s3"! Terraform will automatically
use this backend unless the backend configuration changes.

(...)

DEBU[0024] Running command: terraform apply

(...)

Terraform will perform the following actions:

(...)

Plan: 5 to add, 0 to change, 0 to destroy.

Do you want to perform these actions?
  Terraform will perform the actions described above.
  Only 'yes' will be accepted to approve.

  Enter a value: yes

(...)

Apply complete! Resources: 5 added, 0 changed, 0 destroyed.
```

通常 Terragrunt 只會顯示來自於 Terraform 本身的日誌輸出，但筆者在此加上了 `--terragrunt-log-level debug`，於是以上的輸出中便額外顯示了 Terragrunt 在檯面下的動作：

1. 在你執行 `apply` 時所在的 *mysql* 資料夾底下，讀取 *terragrunt.hcl* 檔案。
2. 從被引用的 *terragrunt.hcl* 根檔案取得所有設定內容。
3. 從 `source` 指定的 URL 下載 Terraform 程式碼，並放到臨時資料夾 *.terragruntcache*。
4. 用你的 `backend` 組態產生 *backend.tf* 檔案。
5. 偵測到 `init` 尚未執行，於是自動執行（Terragrunt 甚至會在得知你的 S3 bucket 和 DynamoDB 資料表不存在時自動加以建立）。
6. 執行 `apply` 部署異動內容。

只靠少數幾個小小的 *terragrunt.hcl* 檔案便達成這麼多事情，真不賴！

現在，你可以再加上 *live/stage/services/hello-world-app/terragrunt.hcl* 檔案，執行 terragrunt apply 將 hello-world-app 模組部署到暫時環境：

```
terraform {
  source = "github.com/<OWNER>/modules//services/hello-world-app?ref=v0.0.7"
}

include {
  path = find_in_parent_folders()
}

dependency "mysql" {
  config_path = "../../data-stores/mysql"
}

inputs = {
  environment = "stage"
  ami         = "ami-0fb653ca2d3203ac1"

  min_size = 2
  max_size = 2

  enable_autoscaling = false

  mysql_config = dependency.mysql.outputs
}
```

這個 *terragrunt.hcl* 檔案也利用了 source 指向的 URL 和輸入，就跟前一個模組一樣，而且它也一樣靠 include 從根檔案的 *terragrunt.hcl* 取得了設定，因此它也可以繼承相同的 backend 設定，唯一的差異則是 key，因為這裡它也會被內建函式 path_relative_to_include() 自動改設為另一個相對路徑 *services/hello-world-app/terraform.tfstate*，正如你預期。這個 *terragrunt.hcl* 檔案裡還有一個新的部分，就是 dependency 區塊：

```
dependency "mysql" {
  config_path = "../../data-stores/mysql"
}
```

這是 Terragrunt 的功能之一，它可以自動讀取另一個 Terragrunt 模組的輸出變數，以便將其作為現行模組的輸入變數，就像這樣：

```
mysql_config = dependency.mysql.outputs
```

換言之，dependency 區塊的作用，便相當於代替 terraform_remote_state 這項資料來源，用來在模組之間傳遞資料。雖說 terraform_remote_state 資料來源的優點在於它是 Terraform 的原生功能，但其缺點卻在於它們會讓模組之間緊密耦合而難以脫鉤，因為每個模組都得知道其他模組儲存狀態的方式。如果改用 Terragrunt 的 dependency 區塊，模組便可以把 mysql_config 跟 vpc_id 之類的一般性輸入提出來，無須仰賴資料來源，這樣一來模組之間的耦合關係便較為鬆散，也比較容易測試和重複使用。

一旦你的 hello-world-app 也能在暫時環境中運作，你就可以著手在 *live/prod* 環境中也建立相近的 *terragrunt.hcl* 檔案群，然後對每個模組執行 terragrunt apply，把同樣的 v0.0.7 製成品升級發行到正式環境。

將一切組合起來

現在大家已經看過如何把應用程式跟基礎架構的程式碼從開發環境一路帶進正式環境了。表 10-1 大致顯示了這兩種工作流程間的比較。

表 10-1　應用程式與基礎架構兩種程式碼的工作流程

	應用程式碼	基礎架構程式碼
使用版本控管	• git clone • 每個應用程式自有儲存庫 • 可使用分支	• git clone • 分成 *live* 和 *modules* 兩個儲存庫 • 不要使用分支
在本地端執行程式碼	• 在本機執行 • ruby web-server.rb • ruby web-server-test.rb	• 在沙箱環境執行 • terraform apply • go test
修改程式碼	• 直接修改程式碼 • ruby web-server.rb • ruby web-server-test.rb	• 直接修改程式碼 • terraform apply • go test • 分階段測試
提交程式碼以供審閱	• 提交 pull request • 實行程式撰寫指南	• 提交 pull request • 實行程式撰寫指南
執行自動化測試	• 在 CI 伺服器進行測試 • 單元測試 • 整合測試 • 點到點測試 • 靜態分析	• 在 CI 伺服器進行測試 • 單元測試 • 整合測試 • 點到點測試 • 靜態分析 • terraform plan

	應用程式碼	基礎架構程式碼
合併與發行	• `git tag` • 建立有版本、不可變的製成品	• `git tag` • 建立有版本、不可變的製成品
部署	• 用 Terraform 或調度工具（或是命令稿進行部署） • 多種部署策略：滾動式部署、藍綠部署、金絲雀部署等等 • 從 CI 伺服器展開部署 • 賦予 CI 伺服器有限的權限 • 在各環境之間升級發行不可變的、有版本區分的製成品 • 每當合併 pull request 時便自動部署	• 用 Terraform、Atlantis、Terraform Cloud、Terraform Enterprise、Terragrunt 或命令稿部署 • 部署策略有限（務必確認好好處理錯誤：利用重試和 `errored.tfstate`！） • 從 CI 伺服器展開部署 • 賦予 CI 伺服器臨時身分，僅用於呼叫個別的、嚴格受限的 worker，這個 worker 才擁有管理者權限 • 在各環境之間升級發行不可變的、有版本區分的製成品 • 每當合併 pull request 時，便進入核准工作流程，由某人最後檢視一次 `plan` 的輸出，然後才自動部署

如果你照著程序走，就能在開發環境中運行應用程式及基礎架構的程式碼、並加以測試、進行審閱，然後將其封裝為有版本區分、不可變的製成品，最後將其發行至各個環境當中，如圖 10-6 所示。

結論

如果你一路耐心讀到這裡，應該已經學會一切在現實中運用 Terraform 所需了解的內容，包括如何撰寫 Terraform 程式碼；如何管理 Terraform 的狀態；如何建立可資重複使用的 Terraform 模組；如何建立迴圈、if- 敘述及部署；如何管理密語；如何使用多個區域、帳號和雲端服務；如何寫出正式環境等級的 Terraform 程式碼；如何測試 Terraform 程式碼；以及如何在團隊中採用 Terraform。讀者們已經透過各種範例，部署並管理了伺服器、伺服器叢集、負載平衡器、資料庫、排程動作、CloudWatch 警訊、IAM 使用者、可重複使用的模組、零停機時間部署、AWS Secrets Manager、Kubernetes 叢集、自動化測試等等。哇！真不少呢！還有，練習過後別忘記對每個模組執行 `terraform destroy` 哦。

Terraform 的威力，或者更具體地說，應該是 IaC 的威力，在於你也可以透過應用程式自身的程式撰寫原則，來管理應用程式運作時的一切問題。如此一來，軟體工程的所有功能都可以運用在基礎架構當中，包括模組、程式碼審閱、版本控管、以及自動化測試等等。

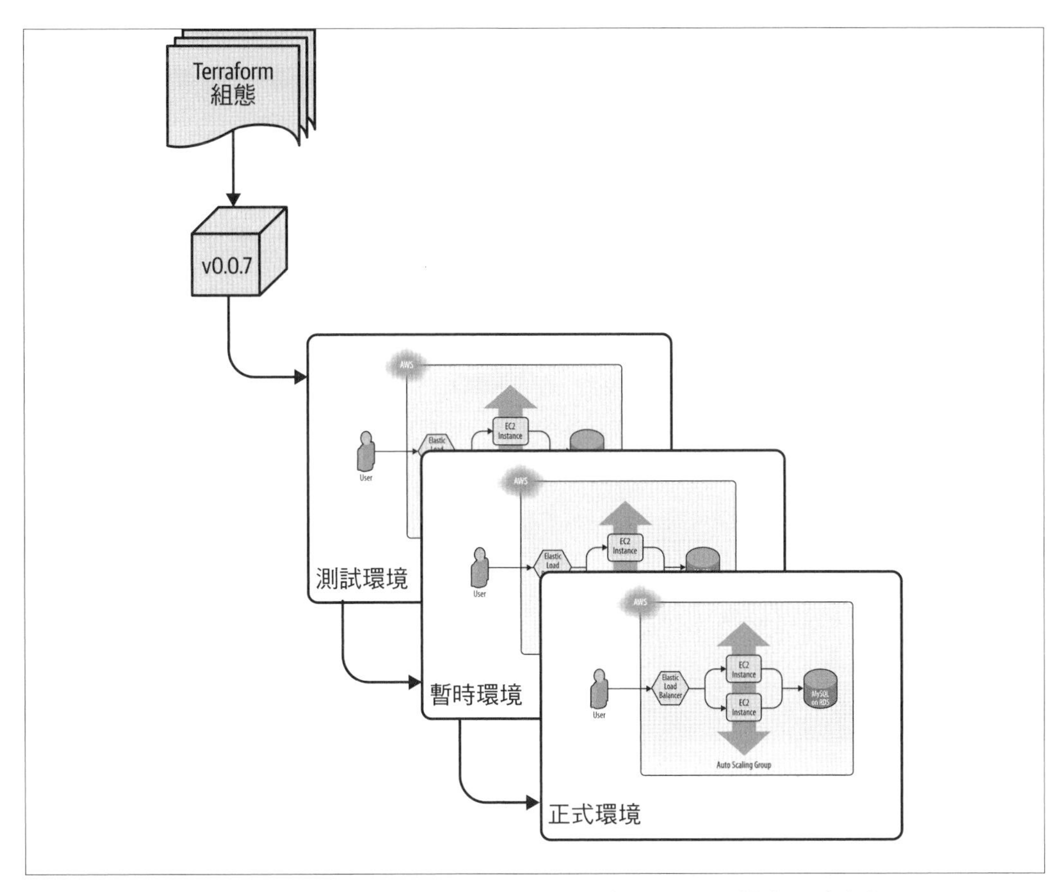

圖 10-6 將不可變的、具有版本區分的 Terraform 程式碼製成品發行到各個環境當中

如果你能正確地運用 Terraform，你的團隊便能更迅速地進行部署，也能對變化做出更快捷的回應。如果一切順利，部署將會變成無聊的例行公事——而在營運的領域裡，無聊才是好事。如果事情做對了方向，不再是花大把時間以手動方式管理基礎架構，你的團隊就能把更多時間用在改善基礎架構上，讓一切事物進展更為快速。

這是本書的尾聲，但只是你的 Terraform 之旅的起點。若要進一步學習 Terraform、IaC 和 DevOps，請繼續參閱後面附錄中的推薦參考讀物清單。如果你有問題要反映，筆者很樂意在 *jim@ybrikman.com* 為大家解答。感謝你選讀本書！

推薦參考讀物

以下列出若干筆者認為與基礎架構即程式碼和 DevOps 領域有關的最佳資源，包括參考書籍、部落格文章、電子報和訪談。

參考書

- *Infrastructure as Code: D ynamic Systems for the Cloud Age*，Kief Morris 著（O'Reilly）（台灣歐萊禮有繁體中文版譯本，「基礎架構即程式碼：管理雲端伺服器」，蔣大偉譯）
- *Site Reliability Engineering: How Google Runs Production Systems*，由 Betsy Beyer、Chris Jones、Jennifer Petoff 和 Niall Richard Murphy 合著（O'Reilly）（台灣歐萊禮有繁體中文版譯本，「網站可靠性工程：Google 的系統管理之道」，孫宇聰譯）
- *The DevOps Handbook: How To Create World-Class Agility, Reliability, and Security in Technology Organizations*，由 Gene Kim、Jez Humble、Patrick Debois 和 John Willis 合著（IT Revolution Press）（碁峰資訊有繁體中文版譯本，「DevOps Handbook：打造世界級技術組織的實踐指南（中文版）」，沈佩誼譯）
- *Designing Data-Intensive Applications*，Martin Kleppmann 著（O'Reilly）（台灣歐萊禮有繁體中文版譯本，「資料密集型應用系統設計」，李健榮譯）
- *Continuous Delivery: Reliable Software Releases through Build, Test, and Deployment Automation*，由 Jez Humble 和 David Farley 合著（Addison-Wesley Professional）（博碩文化有繁體中文版譯本，「Continuous Delivery 中文版：利用自動化的建置、測試與部署完美創造出可信賴的軟體發佈」，喬梁譯、傅育文審校）

- *Release It! Design and Deploy Production-Ready Software*，Michael T. Nygard 著（The Pragmatic Bookshelf）
- *Kubernetes in Action*，Marko Luksa 著（Manning）
- *Leading the Transformation: Applying Agile and DevOps Principles at Scale*，由 Gary Gruver 和 Tommy Mouser 合著（IT Revolution Press）
- *Visible Ops Handbook*，由 Kevin Behr、Gene Kim 和 George Spafford 合著（Information Technology Process Institute）
- *Effective DevOp*，由 Jennifer Davis 和 Ryn Daniels 合著（O'Reilly）（台灣歐萊禮有繁體中文版譯本，「Effective DevOps 中文版」，陳正瑋譯）
- *Lean Enterprise*，由 Jez Humble、Joanne Molesky 和 Barry O'Reilly 合著（O'Reilly）（台灣歐萊禮有繁體中文版譯本，「精實企業｜高績效組織如何達成創新規模化」，黃詩涵譯）
- *Hello, Startup: A Programmer's Guide to Building Products, Technologies, and Teams*，Yevgeniy Brikman 著（O'Reilly）

部落格

- High Scalability（*https://highscalability.com*）
- Code as Craft（*https://codeascraft.com*）
- AWS News Blog（*https://aws.amazon.com/blogs/aws*）
- Kitchen Soap（*https://www.kitchensoap.com*）
- Paul Hammant's blog（*https://paulhammant.com*）
- Martin Fowler's blog（*https://martinfowler.com/bliki*）
- Gruntwork Blog（*https://blog.gruntwork.io*）
- Yevgeniy Brikman blog（*https://www.ybrikman.com/writing*）

訪談

- Yevgeniy Brikman，“Reusable, Composable, Battle-Tested Terraform Modules”（*https://bit.ly/32b28JD*）（「可重複使用、便於組合、迭經實戰的 Terraform 模組」）
- Yevgeniy Brikman，“5 Lessons Learned from Writing Over 300,000 Lines of Infrastructure Code”（*https://bit.ly/2ZCcEfi*）（「撰寫超過 30 萬行基礎架構程式碼所學到的五堂課」）
- Yevgeniy Brikman，“Automated Testing for Terraform, Docker, Packer, Kubernetes, and More”（*https://oreil.ly/6GoG1*）（「為 Terraform、Docker、Packer、Kubernetes 等環境進行自動化測試」）
- Yevgeniy Brikman，“Infrastructure as Code: Running Microservices on AWS using Docker, Terraform, and ECS”（*https://bit.ly/30TYaVu*）（「基礎架構即程式碼：以 Docker、Terraform 和 ECS 在 AWS 上運行微服務」）
- Yevgeniy Brikman，“Agility Requires Safety”（*https://bit.ly/2YJuqJb*）（「敏捷也需要安全」）
- Jez Humble，“Adopting Continuous Delivery”（*https://oreil.ly/ObdAu*）（「採用持續交付」）
- Michael Rembetsy 與 Patrick McDonnell，“Continuously Deploying Culture”（*https://vimeo.com/51310058*）（「持續部署的文化」）
- John Allspaw 與 Paul Hammond，“10+ Deploys Per Day: Dev and Ops Cooperation at Flickr”（*https://youtu.be/LdOe18KhtT4*）（「一日部署超過 10 次：Flickr 的 Dev 與 Ops 協作」）
- Rachel Potvin，“Why Google Stores Billions of Lines of Code in a Single Repository”（*https://youtu.be/W71BTkUbdqE*）（「為何 Google 將數十億行程式碼存放在單一儲存庫」）
- Rich Hickey，“The Language of the System”（*https://youtu.be/ROor6_NGIWU*）（「系統的語言」）
- Glenn Vanderburg，“Real Software Engineering”（*https://youtu.be/NP9AIUT9nos*）（「實用軟體工程」）

電子報

- DevOps Weekly（*https://www.devopsweekly.com*）
- Gruntwork Newsletter（*https://www.gruntwork.io/newsletter*）
- Terraform: Up & Running Newsletter（*https://bit.ly/32dnRAW*）
- Terraform Weekly Newsletter（*https://weekly.tf*）

線上論壇

- Terraform subforum of HashiCorp Discuss（*https://oreil.ly/5mGzF*）
- Terraform subreddit（*https://oreil.ly/RqIhJ*）
- DevOps subreddit（*https://www.reddit.com/r/devops*）

索引

※ 提醒您：由於翻譯書籍排版的關係，部分索引內容的對應頁碼會與實際頁碼有一頁之差。

A

B

C

D

E

F

G

H

I

N

O

P

R

S

T

U

V

W

Z

關於作者

Yevgeniy (Jim) Brikman 熱愛撰寫程式、寫作、演說、旅遊，以及舉重。他是 Gruntwork 的共同創辦人，該公司專精於 DevOps 即服務（DevOps as a Service）。他同時也是 O'Reilly Media 另一本刊物《*Hello, Startup: A Programmer's Guide to Building Products, Technologies, and Teams*》的作者。先前他曾於 LinkedIn、TripAdvisor、Cisco Systems 及 Thomson Financial 等機構擔任軟體工程師，並擁有康乃爾大學的學士及碩士學位。詳情可參閱 *ybrikman.com*。

出版記事

本書的封面動物，俗稱飛龍蜥（flying dragon lizard，*Draco Volans*），是一種小型爬蟲類，其名稱源自於牠可以利用形似翅膀的大片皮膚（*patagia*）進行滑翔的能力。這片皮膚色澤鮮豔，足以讓牠滑行達八公尺之遙。飛龍蜥常見於多數東南亞國家，包括印尼、樂壇、泰國、菲律賓及新加坡。

飛龍蜥以昆蟲為主食，身長可生長至超過 20 公分。主要居住在叢林區域，靠著在樹木間滑行尋找獵物、並躲避獵食者。雌性只有在需要到地面隱蔽洞穴中產卵時才會離開樹上下到地表。雄性則極具地域意識，會在樹叢之間驅趕敵手。

雖說飛龍蜥曾一度被認為帶有毒性，但牠其實對人類無害，有時甚至被當作寵物飼養。牠們目前並未受到危害或是瀕臨滅絕。歐萊禮書籍封面的許多動物都正瀕臨滅絕，牠們對我們的世界都至關重要。

封面彩繪由 Karen Montgomery 繪製，取材於《*Johnson's Natural History*》一書的仿古雕刻版印刷。

Terraform 建置與執行 第三版

作　　者：Yevgeniy Brikman
譯　　者：林班侯
企劃編輯：蔡彤孟
文字編輯：江雅鈴
設計裝幀：陶相騰
發 行 人：廖文良

發 行 所：碁峰資訊股份有限公司
地　　址：台北市南港區三重路 66 號 7 樓之 6
電　　話：(02)2788-2408
傳　　真：(02)8192-4433
網　　站：www.gotop.com.tw
書　　號：A707
版　　次：2023 年 12 月初版
建議售價：NT$780

國家圖書館出版品預行編目資料

Terraform 建置與執行 / Yevgeniy Brikman 原著；林班侯譯. -- 初版. -- 臺北市：碁峰資訊, 2023.12
面；　公分
譯自：Terraform: up & running: writing infrastructure as code, 3rd ed.
ISBN 978-626-324-681-2(平裝)
1.CST：雲端運算　2.CST：資訊管理系統
312.136　　112018671